VDE-Schriftenreihe **133**

Der Autor

Baudirektor Dipl.-Ing. Joachim Jackisch arbeitet seit mehr als 25 Jahren als Regierungsbaumeister der Fachrichtung Maschinenwesen/Elektrotechnik bei der Staatsbauverwaltung des Freistaats Bayern. In dieser Zeit war er elf Jahre als Leiter der Abteilung Elektrotechnik an verschiedenen staatlichen Bauämtern und drei Jahre als Referent für Elektrotechnik an der Regierung von Niederbayern für die fachgerechte und gesetzeskonforme Planung und Abwicklung von elektrotechnischen Baumaßnahmen des Bundes, des Freistaates Bayern und der Kommunen sowie für das erfolgreiche Zusammenwirken von Bauherrn, Planern und Fachfirmen während des Bauablaufs verantwortlich. Seit dem Jahr 2009 ist er bei der Regierung von Oberbayern für die baufachliche Begutachtung und zuwendungsrechtliche Prüfung von Vorhaben im öffentlichen Personennahverkehr zuständig.

VDE-Schriftenreihe Normen verständlich **133**

Der BGB-Werkvertrag in der Elektrotechnik

BGB-Verweisparagrafen auf einen Blick

Ausgewählte Begriffe und Grundsatzfragen zum BGB-Werkvertrag und ähnliche Verträge §§ 631 bis 650v, unter Berücksichtigung der Schuldrechtsreform zum 1. Januar 2018 mit Praxisbeispielen aus den Bereichen Bauwesen, Elektrotechnik und Ingenieurwesen

Fallbeispiele mit BGH-Urteilen

Dipl.-Ing. Joachim Jackisch

2., neu bearbeitete und erweiterte Auflage

VDE VERLAG GMBH

ICS 91.010.20; 91.040.20; 91.140.50

Bibliografische Information der Deutschen Nationalbibliothek
Die Deutsche Nationalbibliothek verzeichnet diese Publikation in der Deutschen Nationalbibliografie; detaillierte bibliografische Daten sind im Internet über http://dnb.dnb.de abrufbar.

ISBN 978-3-8007-4845-7 (Buch)
ISBN 978-3-8007-4846-4 (E-Book)
ISSN 0506-6719

Satz: Text- und Software-Service Manuela Treindl, Fürth
Druck: Medienhaus Plump GmbH, Rheinbreitbach
Printed in Germany

2019-01

Vorwort

Die Regelungen zum Titel 9 des Bürgerlichen Gesetzbuchs „Werkvertrag und ähnliche Verträge“ sind in den Paragrafen §§ 631 bis 650v enthalten. Der Gesetzestext des BGB ist für Nichtjuristen schwierig zu verstehen und schwer lesbar. Ein wesentlicher Grund dafür liegt bei der Nennung von diversen Verweisparagrafen im jeweiligen anzuwendenden Gesetzestext des BGB. In diesen Verweisparagrafen wird oft auf weitere Regelungen (Verweisparagrafen) verwiesen. Mit dem Verweis ist das zeitintensive und mühevolle Aufsuchen dieser Paragrafen oder deren Absätze, Sätze usw. verbunden. Dabei kann es leicht passieren, dass der bisher gelesene Text vergessen wird. So gelingt es oft schwer, die jeweiligen einzelnen gesetzlichen Regelungen mit den zugehörigen Verweistexten inhaltlich im Überblick zu behalten.

In diesem Buch werden im Kapitel 1 nach einem Überblick zum BGB und zur Schuldrechtsreform zum 1. Januar 2018 bezüglich der §§ 631 bis 650v BGB zum jeweiligen Paragrafen die Verweisparagrafen in einer Übersicht gezeigt. Anschließend werden die Gesetzestexte des betrachteten Paragrafen mit den zugehörigen Texten der Verweisparagrafen in Bildern dargestellt. Das ermöglicht ein relativ durchgängiges Lesen der einzelnen Regelungen.

Im Kapitel 2 werden beispielhaft Begriffe des Werkvertragsrechts und Bauvertragsrechts erläutert sowie ausgewählte Grundsatzfragen zu den Paragrafen beantwortet.

Kapitel 3 behandelt beispielhaft Begriffe des Titels 9 BGB zu Ingenieurleistungen und ausgewählte Grundsatzfragen zu den Paragrafen.

Beispielfälle zum Werkvertragsrecht, unter Berücksichtigung der Schuldrechtsreform mit BGH-Urteilen stehen im Kapitel 4. Übersichten zum Verbraucherbaurecht im Kapitel 5 runden die einführenden Betrachtungen zum Titel 9 des Bürgerlichen Gesetzbuchs „Werkvertrag und ähnliche Verträge“ ab. Die VOB wird nicht betrachtet.

Die Erläuterungen und Antworten werden mit Beispielen aus dem Bauwesen und der Elektrotechnik sowie Bildern verdeutlicht. Der Autor gibt keine juristische Wertung ab. Für jeden Fall ist eine spezielle juristische Prüfung durchzuführen.

Mit dem Buch soll die Lesbarkeit des Titels 9 des Bürgerlichen Gesetzbuchs „Werkvertrag und ähnliche Verträge“, §§ 631 bis 650v verbessert und ein grober Einblick in die komplexe Materie des Titels 9 BGB „Werkvertrag und ähnliche Verträge“ gegeben werden.

Inhalt

1 Werkvertrag und ähnliche Verträge §§ 631 bis 650v BGB, Paragrafen und Verweisparagrafen im Überblick

1.1 BGB

1.1.1 Aufbau und Inhalt

Aus welchen Teilen besteht das BGB? [1.1]

Die Regelungen im BGB sind in fünf Büchern mit insgesamt 2385 Paragrafen enthalten, siehe **Bild 1.1**.

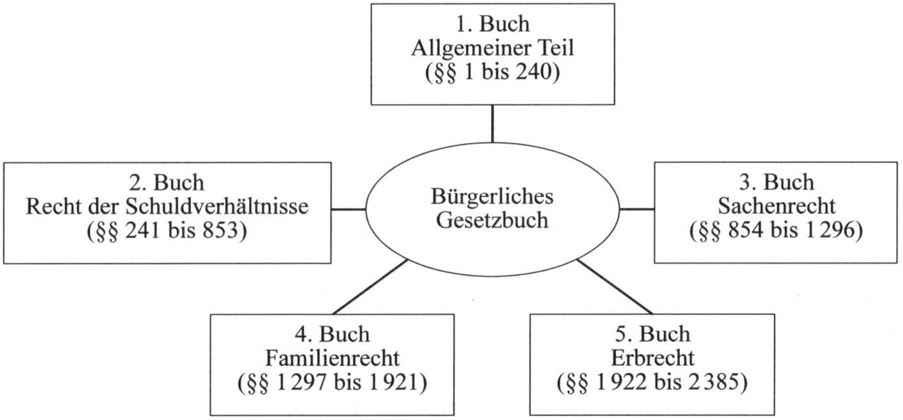

Bild 1.1 Aufbau und Inhalt des BGB

Wo gibt es Regelungen zum Werkvertragsrecht im BGB? Zitat [1.2]

Im Bürgerlichen Gesetzbuch, BGB, Bild 1.1, sind Regelungen zum Werkvertrag unter Titel 9. Mit der Schuldrechtsreform zum 1. Januar 2018 besteht der Titel 9 des Bürgerlichen Gesetzbuchs „Werkvertrag und ähnliche Verträge“ aus vier Untertiteln. Der Untertitel 1 „Werkvertrag“ enthält vier Kapitel, siehe **Bild 1.2**.

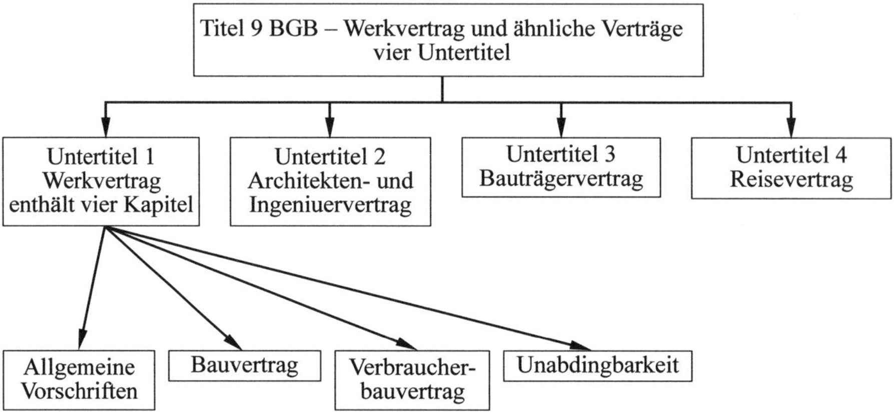

Bild 1.2 Übersicht Titel 9 des Bürgerlichen Gesetzbuchs mit Untertiteln und Kapiteln

1.1.2 Schuldrechtsreform zum 1. Januar 2018 im BGB

Welche Auswirkungen hat die Schuldrechtsreform zum 1. Januar 2018 auf das BGB? [1.1], [1.3]

Das Gesetz zur Reform des Bauvertragsrechts, zur Änderung der kaufrechtlichen Mängelhaftung, zur Stärkung des zivilprozessualen Rechtsschutzes und zum maschinellen Siegel im Grundbuch- und Schiffsregisterverfahren vom 28. April 2017 (BGBl. I 69 (2017) Nr. 23 vom 4.5.2017, S. 969–979) – Schuldrechtsreform – trat zum 1. Januar 2018 in Kraft. Dieses Gesetz ändert als Artikelgesetz zahlreiche Vorschriften in bestehenden Gesetzen und ergänzt im Kern das besondere Schuldrecht des BGB im Titel 9 „Werkvertrag und ähnliche Verträge“ um die Vertragstypen „Bauvertrag“, „Verbraucherbauvertrag“, „Architektenvertrag und Ingenieurvertrag“ und „Bauträgervertrag“. Daneben finden sich relevante Regelungen sowohl im allgemeinen Schuldrecht als auch im Kaufrecht. Nähere Erläuterungen zu den Auswirkungen der Schuldrechtsreform enthält Kapitel 2 in diesem Buch. **Bild 1.3** zeigt eine Übersicht der geänderten und neuen Paragrafen im BGB durch die Schuldrechtsreform zum 1. Januar 2018.

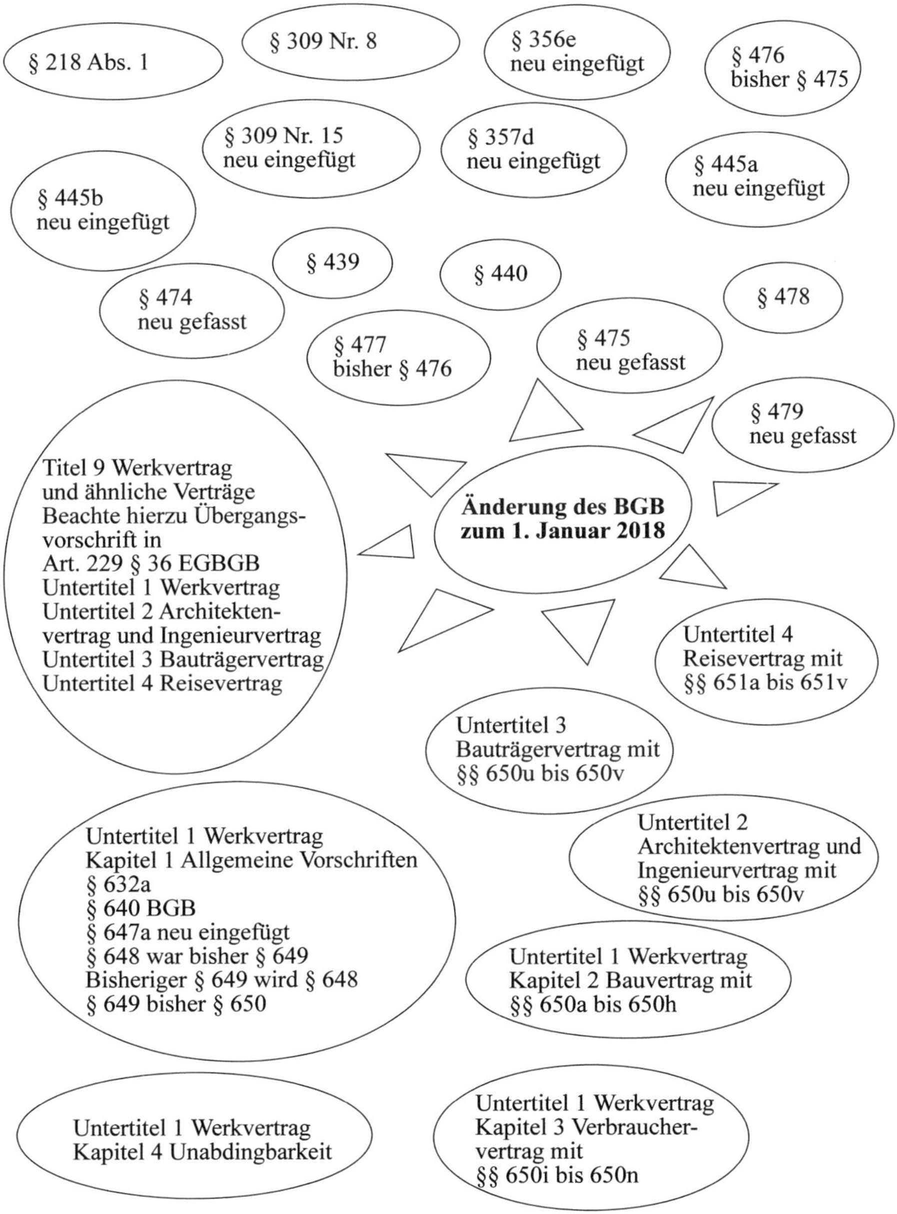

Bild 1.3 Übersicht der geänderten und neuen Paragrafen im BGB durch die Schuldrechtsreform zum 1. Januar 2018

Die nachfolgenden **Bilder 1.4 bis 1.17** [1.1] zeigen die Gesetzestexte zu Bild 1.3. Zu den Inhalten der Paragrafen im Titel 9 BGB werden in den Kapiteln 2, 3 und 4 dieses Buchs Erläuterungen gegeben.

§ 218 BGB Unwirksamkeit des Rücktritts
(1) 1 Der Rücktritt wegen nicht oder nicht vertragsgemäß erbrachter Leistung ist unwirksam, wenn der Anspruch auf die Leistung oder der Nacherfüllungsanspruch verjährt ist und der Schuldner sich hierauf beruft. 2 Dies gilt auch, wenn der Schuldner nach § 275 Abs. 1 bis 3, § 439 Abs. 4 oder § 635 Abs. 3 nicht zu leisten braucht und der Anspruch auf die Leistung oder der Nacherfüllungsanspruch verjährt wäre. 3 § 216 Abs. 2 Satz 2 bleibt unberührt.

Bild 1.4 § 218 BGB Unwirksamkeit des Rücktritts [1.1]

§ 356e [1] BGB Widerrufsrecht bei Verbraucherbauverträgen
1 Bei einem Verbraucherbauvertrag (§ 650i Abs. 1) beginnt die Widerrufsfrist nicht, bevor der Unternehmer den Verbraucher gemäß Art. 249 § 3 des Einführungsgesetzes zum Bürgerlichen Gesetzbuche über sein Widerrufsrecht belehrt hat. 2 Das Widerrufsrecht erlischt spätestens zwölf Monate und 14 Tage nach dem in § 355 Abs. 2 Satz 2 genannten Zeitpunkt.

Bild 1.5 § 356e BGB Widerrufsrecht bei Verbraucherbauverträgen [1.1]

§ 309 Nr. 8 und Nr. 15 BGB Klauselverbote ohne Wertungsmöglichkeit
Auch soweit eine Abweichung von den gesetzlichen Vorschriften zulässig ist, ist in Allgemeinen Geschäftsbedingungen unwirksam
...
8. (Sonstige Haftungsausschlüsse bei Pflichtverletzung)
a) (Ausschluss des Rechts, sich vom Vertrag zu lösen)
eine Bestimmung, die bei einer vom Verwender zu vertretenden, nicht in einem Mangel der Kaufsache oder des Werks bestehenden Pflichtverletzung das Recht des anderen Vertragsteils, sich vom Vertrag zu lösen, ausschließt oder einschränkt; dies gilt nicht für die in der Nr. 7 bezeichneten Beförderungsbedingungen und Tarifvorschriften unter den dort genannten Voraussetzungen;
b) (Mängel)
eine Bestimmung, durch die bei Verträgen über Lieferungen neu hergestellter Sachen und über Werkleistungen
aa) (Ausschluss und Verweisung auf Dritte)
die Ansprüche gegen den Verwender wegen eines Mangels insgesamt oder bezüglich einzelner Teile ausgeschlossen, auf die Einräumung von Ansprüchen gegen Dritte beschränkt oder von der vorherigen gerichtlichen Inanspruchnahme Dritter abhängig gemacht werden;
bb) (Beschränkung auf Nacherfüllung)
die Ansprüche gegen den Verwender insgesamt oder bezüglich einzelner Teile auf ein Recht auf Nacherfüllung beschränkt werden, sofern dem anderen Vertragsteil nicht ausdrücklich das Recht vorbehalten wird, bei Fehlschlagen der Nacherfüllung zu mindern oder, wenn nicht eine Bauleistung Gegenstand der Mängelhaftung ist, nach seiner Wahl vom Vertrag zurückzutreten;
cc) (Aufwendungen bei Nacherfüllung)
die Verpflichtung des Verwenders ausgeschlossen oder beschränkt wird, die zum Zweck der Nacherfüllung erforderlichen Aufwendungen nach § 439 Abs. 2 und 3 oder § 635 Abs. 2 zu tragen oder zu ersetzen;
dd) (Vorenthalten der Nacherfüllung)
der Verwender die Nacherfüllung von der vorherigen Zahlung des vollständigen Entgelts oder eines unter Berücksichtigung des Mangels unverhältnismäßig hohen Teils des Entgelts abhängig macht;
ee) (Ausschlussfrist für Mängelanzeige)
der Verwender dem anderen Vertragsteil für die Anzeige nicht offensichtlicher Mängel eine Ausschlussfrist setzt, die kürzer ist als die nach dem Doppelbuchstaben ff zulässige Frist;
ff) (Erleichterung der Verjährung)
die Verjährung von Ansprüchen gegen den Verwender wegen eines Mangels in den Fällen des § 438 Abs. 1 Nr. 2 und des § 634a Abs. 1 Nr. 2 erleichtert oder in den sonstigen Fällen eine weniger als ein Jahr betragende Verjährungsfrist ab dem gesetzlichen Verjährungsbeginn erreicht wird;
...
15. (Abschlagszahlungen und Sicherheitsleistung)
eine Bestimmung, nach der der Verwender bei einem Werkvertrag
a) für Teilleistungen Abschlagszahlungen vom anderen Vertragsteil verlangen kann, die wesentlich höher sind als die nach § 632a Abs. 1 und § 650m Abs. 1 zu leistenden Abschlagszahlungen, oder
b) die Sicherheitsleistung nach § 650m Abs. 2 nicht oder nur in geringerer Höhe leisten muss.

Bild 1.6 § 309 Nr. 8 und Nr. 15 BGB Klauselverbote ohne Wertungsmöglichkeit [1.1]

§ 357d BGB Rechtsfolgen des Widerrufs bei Verbraucherbauverträgen
1 Ist die Rückgewähr der bis zum Widerruf erbrachten Leistung ihrer Natur nach ausgeschlossen, schuldet der Verbraucher dem Unternehmer Wertersatz. 2 Bei der Berechnung des Wertersatzes ist die vereinbarte Vergütung zugrunde zu legen. 3 Ist die vereinbarte Vergütung unverhältnismäßig hoch, ist der Wertersatz auf der Grundlage des Marktwerts der erbrachten Leistung zu berechnen.

Bild 1.7 § 357d BGB Rechtsfolgen des Widerrufs bei Verbraucherbauverträgen [1.1]

§ 440 BGB Besondere Bestimmungen für Rücktritt und Schadensersatz
1 Außer in den Fällen des § 281 Abs. 2 und des § 323 Abs. 2 bedarf es der Fristsetzung auch dann nicht, wenn der Verkäufer beide Arten der Nacherfüllung gemäß § 439 Abs. 4 verweigert oder wenn die dem Käufer zustehende Art der Nacherfüllung fehlgeschlagen oder ihm unzumutbar ist. 2 Eine Nachbesserung gilt nach dem erfolglosen zweiten Versuch als fehlgeschlagen, wenn sich nicht insbesondere aus der Art der Sache oder des Mangels oder den sonstigen Umständen etwas anderes ergibt.

Bild 1.8 § 440 BGB Besondere Bestimmungen für Rücktritt und Schadensersatz [1.1]

§ 439 BGB Nacherfüllung
(1) Der Käufer kann als Nacherfüllung nach seiner Wahl die Beseitigung des Mangels oder die Lieferung einer mangelfreien Sache verlangen.
(2) Der Verkäufer hat die zum Zwecke der Nacherfüllung erforderlichen Aufwendungen, insbesondere Transport-, Wege-, Arbeits- und Materialkosten zu tragen.
(3) 1 Hat der Käufer die mangelhafte Sache gemäß ihrer Art und ihrem Verwendungszweck in eine andere Sache eingebaut oder an eine andere Sache angebracht, ist der Verkäufer im Rahmen der Nacherfüllung verpflichtet, dem Käufer die erforderlichen Aufwendungen für das Entfernen der mangelhaften und den Einbau oder das Anbringen der nachgebesserten oder gelieferten mangelfreien Sache zu ersetzen. 2 § 442 Abs. 1 ist mit der Maßgabe anzuwenden, dass für die Kenntnis des Käufers an die Stelle des Vertragsschlusses der Einbau oder das Anbringen der mangelhaften Sache durch den Käufer tritt.
(4) 1 Der Verkäufer kann die vom Käufer gewählte Art der Nacherfüllung unbeschadet des § 275 Abs. 2 und 3 verweigern, wenn sie nur mit unverhältnismäßigen Kosten möglich ist. 2 Dabei sind insbesondere der Wert der Sache in mangelfreiem Zustand, die Bedeutung des Mangels und die Frage zu berücksichtigen, ob auf die andere Art der Nacherfüllung ohne erhebliche Nachteile für den Käufer zurückgegriffen werden könnte. 3 Der Anspruch des Käufers beschränkt sich in diesem Fall auf die andere Art der Nacherfüllung; das Recht des Verkäufers, auch diese unter den Voraussetzungen des Satzes 1 zu verweigern, bleibt unberührt.
(5) Liefert der Verkäufer zum Zwecke der Nacherfüllung eine mangelfreie Sache, so kann er vom Käufer Rückgewähr der mangelhaften Sache nach Maßgabe der §§ 346 bis 348 verlangen.

Bild 1.9 § 439 BGB Nacherfüllung [1.1]

§ 445a BGB Rückgriff des Verkäufers
(1) Der Verkäufer kann beim Verkauf einer neu hergestellten Sache von dem Verkäufer, der ihm die Sache verkauft hatte (Lieferant), Ersatz der Aufwendungen verlangen, die er im Verhältnis zum Käufer nach § 439 Abs. 2 und 3 sowie § 475 Abs. 4 und 6 zu tragen hatte, wenn der vom Käufer geltend gemachte Mangel bereits beim Übergang der Gefahr auf den Verkäufer vorhanden war.
(2) Für die in § 437 bezeichneten Rechte des Verkäufers gegen seinen Lieferanten bedarf es wegen des vom Käufer geltend gemachten Mangels der sonst erforderlichen Fristsetzung nicht, wenn der Verkäufer die verkaufte neu hergestellte Sache als Folge ihrer Mangelhaftigkeit zurücknehmen musste oder der Käufer den Kaufpreis gemindert hat.
(3) Die Abs. 1 und 2 finden auf die Ansprüche des Lieferanten und der übrigen Käufer in der Lieferkette gegen die jeweiligen Verkäufer entsprechende Anwendung, wenn die Schuldner Unternehmer sind.
(4) § 377 des Handelsgesetzbuchs bleibt unberührt.

Bild 1.10 § 445a BGB Rückgriff des Verkäufers [1.1]

§ 474 BGB Verbrauchsgüterkauf
(1) 1 Verbrauchsgüterkäufe sind Verträge, durch die ein Verbraucher von einem Unternehmer eine bewegliche Sache kauft. 2 Um einen Verbrauchsgüterkauf handelt es sich auch bei einem Vertrag, der neben dem Verkauf einer beweglichen Sache die Erbringung einer Dienstleistung durch den Unternehmer zum Gegenstand hat.
(2) 1 Für den Verbrauchsgüterkauf gelten ergänzend die folgenden Vorschriften dieses Untertitels. 2 Dies gilt nicht für gebrauchte Sachen, die in einer öffentlich zugänglichen Versteigerung verkauft werden, an der der Verbraucher persönlich teilnehmen kann.

Bild 1.11 § 474 BGB Verbrauchsgüterkauf [1.1]

§ 475 BGB Anwendbare Vorschriften
(1) 1 Ist eine Zeit für die nach § 433 zu erbringenden Leistungen weder bestimmt noch aus den Umständen zu entnehmen, so kann der Gläubiger diese Leistungen abweichend von § 271 Abs. 1 nur unverzüglich verlangen. 2 Der Unternehmer muss die Sache in diesem Fall spätestens 30 Tage nach Vertragsschluss übergeben. 3 Die Vertragsparteien können die Leistungen sofort bewirken.
(2) § 447 Abs. 1 gilt mit der Maßgabe, dass die Gefahr des zufälligen Untergangs und der zufälligen Verschlechterung nur dann auf den Käufer übergeht, wenn der Käufer den Spediteur, den Frachtführer oder die sonst zur Ausführung der Versendung bestimmte Person oder Anstalt mit der Ausführung beauftragt hat und der Unternehmer dem Käufer diese Person oder Anstalt nicht zuvor benannt hat.
(3) 1 § 439 Abs. 5 ist mit der Maßgabe anzuwenden, dass Nutzungen nicht herauszugeben oder durch ihren Wert zu ersetzen sind. 2 Die §§ 445 und 447 Abs. 2 sind nicht anzuwenden.
(4) 1 Ist die eine Art der Nacherfüllung nach § 275 Abs. 1 ausgeschlossen oder kann der Unternehmer diese nach § 275 Abs. 2 oder 3 oder § 439 Abs. 4 Satz 1 verweigern, kann er die andere Art der Nacherfüllung nicht wegen Unverhältnismäßigkeit der Kosten nach § 439 Abs. 4 Satz 1 verweigern. 2 Ist die andere Art der Nacherfüllung wegen der Höhe der Aufwendungen nach § 439 Abs. 2 oder Abs. 3 Satz 1 unverhältnismäßig, kann der Unternehmer den Aufwendungsersatz auf einen angemessenen Betrag beschränken. 3 Bei der Bemessung dieses Betrages sind insbesondere der Wert der Sache in mangelfreiem Zustand und die Bedeutung des Mangels zu berücksichtigen.
(5) § 440 Satz 1 ist auch in den Fällen anzuwenden, in denen der Verkäufer die Nacherfüllung gemäß Abs. 4 Satz 2 beschränkt.
(6) Der Verbraucher kann von dem Unternehmer für Aufwendungen, die ihm im Rahmen der Nacherfüllung gemäß § 439 Abs. 2 und 3 entstehen und die vom Unternehmer zu tragen sind, Vorschuss verlangen.

Bild 1.12 § 475 BGB Anwendbare Vorschriften [1.1]

§ 476 BGB Abweichende Vereinbarungen
(1) 1 Auf eine vor Mitteilung eines Mangels an den Unternehmer getroffene Vereinbarung, die zum Nachteil des Verbrauchers von den §§ 433 bis 435, 437, 439 bis 443 sowie von den Vorschriften dieses Untertitels abweicht, kann der Unternehmer sich nicht berufen. 2 Die in Satz 1 bezeichneten Vorschriften finden auch Anwendung, wenn sie durch anderweitige Gestaltungen umgangen werden.
(2) Die Verjährung der in § 437 bezeichneten Ansprüche kann vor Mitteilung eines Mangels an den Unternehmer nicht durch Rechtsgeschäft erleichtert werden, wenn die Vereinbarung zu einer Verjährungsfrist ab dem gesetzlichen Verjährungsbeginn von weniger als zwei Jahren, bei gebrauchten Sachen von weniger als einem Jahr führt.
(3) Die Abs. 1 und 2 gelten unbeschadet der §§ 307 bis 309 nicht für den Ausschluss oder die Beschränkung des Anspruchs auf Schadensersatz.

Bild 1.13 § 476 BGB Abweichende Vereinbarungen [1.1]

§ 477 BGB Beweislastumkehr
Zeigt sich innerhalb von sechs Monaten seit Gefahrübergang ein Sachmangel, so wird vermutet, dass die Sache bereits bei Gefahrübergang mangelhaft war, es sei denn, diese Vermutung ist mit der Art der Sache oder des Mangels unvereinbar.

Bild 1.14 § 477 BGB Beweislastumkehr [1.1]

§ 478 BGB Sonderbestimmungen für den Rückgriff des Unternehmers
(1) Ist der letzte Vertrag in der Lieferkette ein Verbrauchsgüterkauf (§ 474), findet § 477 in den Fällen des § 445a Abs. 1 und 2 mit der Maßgabe Anwendung, dass die Frist mit dem Übergang der Gefahr auf den Verbraucher beginnt.

(2) 1 Auf eine vor Mitteilung eines Mangels an den Lieferanten getroffene Vereinbarung, die zum Nachteil des Unternehmers von Abs. 1 sowie von den §§ 433 bis 435, 437, 439 bis 443, 445a Abs. 1 und 2 sowie von § 445b abweicht, kann sich der Lieferant nicht berufen, wenn dem Rückgriffsgläubiger kein gleichwertiger Ausgleich eingeräumt wird. 2 Satz 1 gilt unbeschadet des § 307 nicht für den Ausschluss oder die Beschränkung des Anspruchs auf Schadensersatz. 3 Die in Satz 1 bezeichneten Vorschriften finden auch Anwendung, wenn sie durch anderweitige Gestaltungen umgangen werden.

(3) Die Abs. 1 und 2 finden auf die Ansprüche des Lieferanten und der übrigen Käufer in der Lieferkette gegen die jeweiligen Verkäufer entsprechende Anwendung, wenn die Schuldner Unternehmer sind.

Bild 1.15 § 478 BGB Sonderbestimmungen für den Rückgriff des Unternehmers [1.1]

§ 479 BGB Sonderbestimmungen für Garantien
(1) 1 Eine Garantieerklärung (§ 443) muss einfach und verständlich abgefasst sein. 2 Sie muss enthalten:

1. den Hinweis auf die gesetzlichen Rechte des Verbrauchers sowie darauf, dass sie durch die Garantie nicht eingeschränkt werden, und

2. den Inhalt der Garantie und alle wesentlichen Angaben, die für die Geltendmachung der Garantie erforderlich sind, insbesondere die Dauer und den räumlichen Geltungsbereich des Garantieschutzes sowie Namen und Anschrift des Garantiegebers.

(2) Der Verbraucher kann verlangen, dass ihm die Garantieerklärung in Textform mitgeteilt wird.

(3) Die Wirksamkeit der Garantieverpflichtung wird nicht dadurch berührt, dass eine der vorstehenden Anforderungen nicht erfüllt wird.

Bild 1.16 § 479 BGB Sonderbestimmungen für Garantien [1.1]

§ 632a
§ 640
§ 647a neu eingefügt
§ 648 war bisher § 649, bisheriger § 649 wird § 648
§ 649 bisher § 650
Kapitel 2 Bauvertrag mit §§ 650a bis 650h
Kapitel 3 Verbrauchervertrag mit §§ 650i bis 650n
Kapitel 4 Unabdingbarkeit § 650o
Untertitel 2 Architektenvertrag und Ingenieurvertrag §§ 650p bis 650t
Untertitel 3 Bauträgervertrag §§ 650u bis 650v

Auf den Inhalt der nachfolgenden Paragrafen wird in den Kapiteln dieses Buchs eingegangen:
§ 632a
§ 640 BGB
§ 647a neu eingefügt
§ 648 war bisher § 649, bisheriger § 649 wird § 648
§ 649 bisher § 650
Kapitel 2 Bauvertrag mit §§ 650a bis 650h
Kapitel 3 Verbrauchervertrag mit §§ 650i bis 650n
Kapitel 4 Unabdingbarkeit § 650o
Untertitel 2 Architektenvertrag und Ingenieurvertrag §§ 650p bis 650t
Untertitel 3 Bauträgervertrag §§ 650u bis 650v

Bild 1.17 BGB-Paragrafen Titel 9 Werkvertragsrecht nach der Schuldrechtsreform zum 1. Januar 2018

Welche Auswirkungen hat die Schuldrechtsreform zum 1. Januar 2018 auf den Werklieferungsvertrag und das Kaufvertragsrecht im BGB?

Bild 1.18 zeigt Beispiele zu den Auswirkungen der Schuldrechtsreform zum 1. Januar 2018 auf den Werklieferungsvertrag und das Kaufvertragsrecht im BGB.

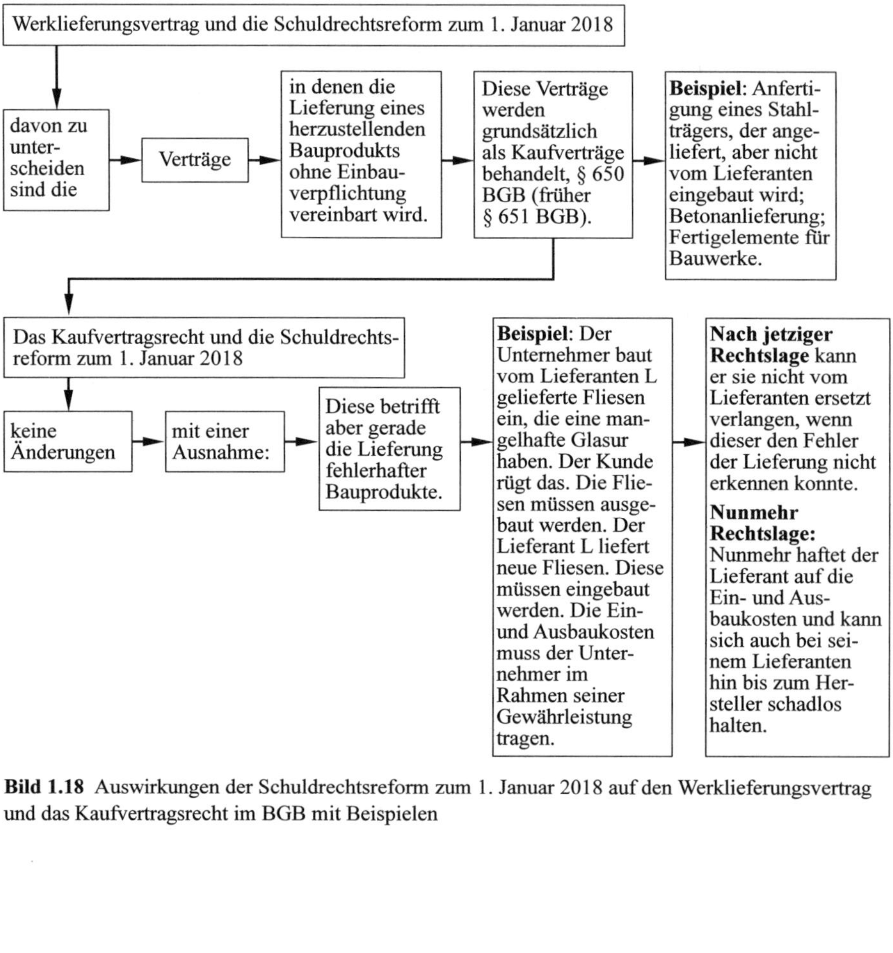

Bild 1.18 Auswirkungen der Schuldrechtsreform zum 1. Januar 2018 auf den Werklieferungsvertrag und das Kaufvertragsrecht im BGB mit Beispielen

Wie wirkt die Schuldrechtsreform zum 1. Januar 2018 auf den Bauträgervertrag? Zitat [1.2]

Ein Bauträgervertrag ist ein Vertrag, der die Errichtung oder den Umbau eines Hauses oder eines vergleichbaren Bauwerks (§ 650u BGB Rdn. 12 f.) zum Gegenstand hat und gleichzeitig die Verpflichtung zur Eigentumsverschaffung oder Übertragung eines Erbbaurechts enthält, § 650u BGB.

Sind auf einen Bauträgervertrag die Regelungen des Werkvertragsrechts, des Bauvertrags und des Verbraucherbauvertrags anwendbar? Zitat [1.2]

Grundsätzlich sind alle Regelungen des Werkvertragsrechts, des Bauvertrags und des Verbraucherbauvertrags anwendbar, soweit es um die Errichtung geht. Das Gesetz enthält jedoch erhebliche Ausnahmen.

1.2 Paragrafen und Verweisparagrafen zum Werkvertrag und ähnliche Verträge in den §§ 631 bis 650v BGB im Überblick [1.1]

1.2.1 §§ 280 bis 283 BGB „Regelungen zum Schadensersatz“

In den Paragrafen des Werkvertragsrechts wird an verschiedenen Stellen auf die Regelungen der §§ 280 bis 283 BGB verwiesen. In diesem Kapitel werden diese Paragrafen gezeigt.

Auf welche Regelungen wird in den §§ 280 bis 283 BGB verwiesen?

In § 280 BGB „Schadensersatz wegen Pflichtverletzung“ wird auf Regelungen zu

- dem Verzug des Schuldners,
- Schadensersatz statt der Leistung wegen nicht oder nicht wie geschuldet erbrachter Leistung,
- Schadensersatz statt der Leistung wegen Verletzung einer Pflicht nach § 241 Abs. 2,
- Schadensersatz statt der Leistung bei Ausschluss der Leistungspflicht

verwiesen. Siehe Bild 1.19 und Bild 1.20 mit Gesetzestexten.

In § 281 BGB „Schadensersatz statt der Leistung wegen nicht oder nicht wie geschuldet erbrachter Leistung“ wird auf Regelungen zu

- Schadensersatz wegen Pflichtverletzung,
- Rücktritt/Rückgewähr

verwiesen. Vergleiche Bild 1.19 und Bild 1.21 mit Gesetzestexten.

In § 282 BGB „Schadensersatz statt der Leistung wegen Verletzung einer Pflicht nach § 241 Abs. 2“ wird auf Regelungen zu

- Pflichten aus dem Schuldverhältnis,
- Schadensersatz wegen Pflichtverletzung

verwiesen. Siehe Bild 1.19 und Bild 1.22 mit Gesetzestexten.

In § 283 BGB „Schadensersatz statt der Leistung bei Ausschluss der Leistungspflicht“ wird auf Regelungen zu

- dem Ausschluss der Leistungspflicht,
- Schadensersatz wegen Pflichtverletzung,
- Schadensersatz statt der Leistung wegen nicht oder nicht wie geschuldet erbrachter Leistung,
- Rücktritt/Rückgewähr

verwiesen. Vergleiche Bild 1.19 und Bild 1.23 mit Gesetzestexten.

Bild 1.19 zeigt eine Übersicht der Verweisparagrafen zu den §§ 280 bis 283 BGB „Regelungen zum Schadensersatz“.

Bild 1.20 zeigt den Gesetzestext zu § 280 BGB mit dem Verweisparagrafen § 286 BGB und Bildverweise zu den §§ 281, 282, 283 BGB.

Bild 1.21 zeigt den Gesetzestext zu § 281 BGB mit dem Verweisparagrafen § 280 Abs. 1 BGB und Bildverweisen zu den §§ 346 bis 348 BGB.

Bild 1.22 zeigt den Gesetzestext zu § 282 BGB mit den Verweisparagrafen § 241 Abs. 2 BGB und § 280 Abs. 1 BGB.

Bild 1.23 zeigt den Gesetzestext zu § 283 BGB mit den Verweisparagrafen § 275 Abs. 1 bis 3 BGB, § 280 Abs. 1 BGB, § 281 Abs. 1 Satz 2 und 3 sowie Abs. 5 BGB.

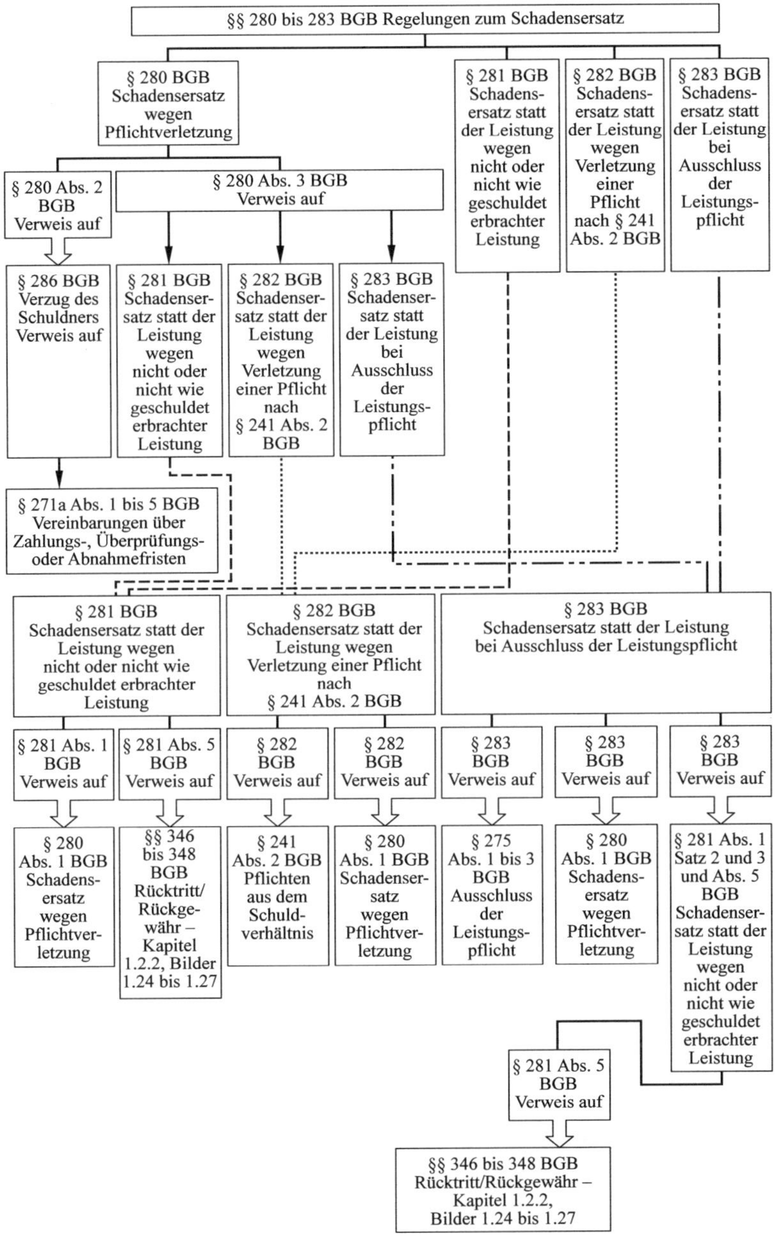

Bild 1.19 Übersicht Verweisparagrafen zu den §§ 280 bis 283 BGB „Regelungen zum Schadensersatz“

§ 280 BGB Schadensersatz wegen Pflichtverletzung

(1) Verletzt der Schuldner eine Pflicht aus dem Schuldverhältnis, so kann der Gläubiger Ersatz des hierdurch entstehenden Schadens verlangen. Dies gilt nicht, wenn der Schuldner die Pflichtverletzung nicht zu vertreten hat.

(2) Schadensersatz wegen Verzögerung der Leistung kann der Gläubiger nur unter der zusätzlichen Voraussetzung des § 286 verlangen.

(3) Schadensersatz statt der Leistung kann der Gläubiger nur unter den zusätzlichen Voraussetzungen des § 281, des § 282 oder des § 283 verlangen.

§ 286 BGB Verzug des Schuldners

(1) Leistet der Schuldner auf eine Mahnung des Gläubigers nicht, die nach dem Eintritt der Fälligkeit erfolgt, so kommt er durch die Mahnung in Verzug. Der Mahnung stehen die Erhebung der Klage auf die Leistung sowie die Zustellung eines Mahnbescheids im Mahnverfahren gleich.

(2) Der Mahnung bedarf es nicht, wenn

1. für die Leistung eine Zeit nach dem Kalender bestimmt ist,

2. der Leistung ein Ereignis vorauszugehen hat und eine angemessene Zeit für die Leistung in der Weise bestimmt ist, dass sie sich von dem Ereignis an nach dem Kalender berechnen lässt,

3. der Schuldner die Leistung ernsthaft und endgültig verweigert,

4. aus besonderen Gründen unter Abwägung der beiderseitigen Interessen der sofortige Eintritt des Verzugs gerechtfertigt ist.

(3) Der Schuldner einer Entgeltforderung kommt spätestens in Verzug, wenn er nicht innerhalb von 30 Tagen nach Fälligkeit und Zugang einer Rechnung oder gleichwertigen Zahlungsaufstellung leistet; dies gilt gegenüber einem Schuldner, der Verbraucher ist, nur, wenn auf diese Folgen in der Rechnung oder Zahlungsaufstellung besonders hingewiesen worden ist. Wenn der Zeitpunkt des Zugangs der Rechnung oder Zahlungsaufstellung unsicher ist, kommt der Schuldner, der nicht Verbraucher ist, spätestens 30 Tage nach Fälligkeit und Empfang der Gegenleistung in Verzug.

(4) Der Schuldner kommt nicht in Verzug, solange die Leistung infolge eines Umstands unterbleibt, den er nicht zu vertreten hat.

(5) Für eine von den Abs. 1 bis 3 abweichende Vereinbarung über den Eintritt des Verzugs gilt § 271a Abs. 1 bis 5 entsprechend.

siehe Bild 1.21

siehe Bild 1.22

siehe Bild 1.23

§ 271a Abs. 1 bis 5 BGB

Bild 1.20 Gesetzestext zu § 280 BGB mit den Verweisparagrafen § 286 BGB und § 271a Abs. 1 bis 5 BGB sowie Bildverweise zu den §§ 281, 282, 283

§ 271a Abs. 1 bis 5 BGB Vereinbarungen über Zahlungs-, Überprüfungs- oder Abnahmefristen
(1) 1 Eine Vereinbarung, nach der der Gläubiger die Erfüllung einer Entgeltforderung erst nach mehr als 60 Tagen nach Empfang der Gegenleistung verlangen kann, ist nur wirksam, wenn sie ausdrücklich getroffen und im Hinblick auf die Belange des Gläubigers nicht grob unbillig ist. 2 Geht dem Schuldner nach Empfang der Gegenleistung eine Rechnung oder gleichwertige Zahlungsaufstellung zu, tritt der Zeitpunkt des Zugangs dieser Rechnung oder Zahlungsaufstellung an die Stelle des in Satz 1 genannten Zeitpunkts des Empfangs der Gegenleistung. 3 Es wird bis zum Beweis eines anderen Zeitpunkts vermutet, dass der Zeitpunkt des Zugangs der Rechnung oder Zahlungsaufstellung auf den Zeitpunkt des Empfangs der Gegenleistung fällt; hat der Gläubiger einen späteren Zeitpunkt benannt, so tritt dieser an die Stelle des Zeitpunkts des Empfangs der Gegenleistung.
(2) Ist der Schuldner ein öffentlicher Auftraggeber im Sinne von § 99 Nr. 1 bis 3 des Gesetzes gegen Wettbewerbsbeschränkungen, so ist abweichend von Abs. 1
1. eine Vereinbarung, nach der der Gläubiger die Erfüllung einer Entgeltforderung erst nach mehr als 30 Tagen nach Empfang der Gegenleistung verlangen kann, nur wirksam, wenn die Vereinbarung ausdrücklich getroffen und aufgrund der besonderen Natur oder der Merkmale des Schuldverhältnisses sachlich gerechtfertigt ist;
2. eine Vereinbarung, nach der der Gläubiger die Erfüllung einer Entgeltforderung erst nach mehr als 60 Tagen nach Empfang der Gegenleistung verlangen kann, unwirksam. 2 Abs. 1 Satz 2 und 3 ist entsprechend anzuwenden.
(3) Ist eine Entgeltforderung erst nach Überprüfung oder Abnahme der Gegenleistung zu erfüllen, so ist eine Vereinbarung, nach der die Zeit für die Überprüfung oder Abnahme der Gegenleistung mehr als 30 Tage nach Empfang der Gegenleistung beträgt, nur wirksam, wenn sie ausdrücklich getroffen und im Hinblick auf die Belange des Gläubigers nicht grob unbillig ist.
(4) Ist eine Vereinbarung nach den Abs. 1 bis 3 unwirksam, bleibt der Vertrag im Übrigen wirksam.
(5) Die Abs. 1 bis 3 sind nicht anzuwenden auf
1. die Vereinbarung von Abschlagszahlungen und sonstigen Ratenzahlungen sowie
2. ein Schuldverhältnis, aus dem ein Verbraucher die Erfüllung der Entgeltforderung schuldet.

Bild 1.20 (*Fortsetzung*) Gesetzestext zu § 280 BGB mit den Verweisparagrafen § 286 BGB und § 271a Abs. 1 bis 5 BGB sowie Bildverweise zu den §§ 281, 282, 283

§ 281 BGB Schadensersatz statt der Leistung wegen nicht oder nicht wie geschuldet erbrachter Leistung

(1) Soweit der Schuldner die fällige Leistung nicht oder nicht wie geschuldet erbringt, kann der Gläubiger unter den Voraussetzungen des § 280 Abs. 1 Schadensersatz statt der Leistung verlangen, wenn er dem Schuldner erfolglos eine angemessene Frist zur Leistung oder Nacherfüllung bestimmt hat. Hat der Schuldner eine Teilleistung bewirkt, so kann der Gläubiger Schadensersatz statt der ganzen Leistung nur verlangen, wenn er an der Teilleistung kein Interesse hat. Hat der Schuldner die Leistung nicht wie geschuldet bewirkt, so kann der Gläubiger Schadensersatz statt der ganzen Leistung nicht verlangen, wenn die Pflichtverletzung unerheblich ist.

(2) Die Fristsetzung ist entbehrlich, wenn der Schuldner die Leistung ernsthaft und endgültig verweigert oder wenn besondere Umstände vorliegen, die unter Abwägung der beiderseitigen Interessen die sofortige Geltendmachung des Schadensersatzanspruchs rechtfertigen.

(3) Kommt nach der Art der Pflichtverletzung eine Fristsetzung nicht in Betracht, so tritt an deren Stelle eine Abmahnung.

(4) Der Anspruch auf die Leistung ist ausgeschlossen, sobald der Gläubiger statt der Leistung Schadensersatz verlangt hat.

(5) Verlangt der Gläubiger Schadensersatz statt der ganzen Leistung, so ist der Schuldner zur Rückforderung des Geleisteten nach den §§ 346 bis 348 berechtigt.

§ 280 Abs. 1 BGB Schadensersatz wegen Pflichtverletzung

(1) Verletzt der Schuldner eine Pflicht aus dem Schuldverhältnis, so kann der Gläubiger Ersatz des hierdurch entstehenden Schadens verlangen. Dies gilt nicht, wenn der Schuldner die Pflichtverletzung ...

§§ 346 bis 348 BGB Rücktritt/Rückgewähr – Bild 1.24, Bild 1.25, Bild 1.26, Bild 1.27

Bild 1.21 Gesetzestext zu § 281 BGB mit dem Verweisparagrafen § 280 Abs. 1 BGB und Bildverweisen zu den §§ 346 bis 348 BGB

§ 282 BGB Schadensersatz statt der Leistung wegen Verletzung einer Pflicht nach § 241 Abs. 2 BGB

Verletzt der Schuldner eine Pflicht nach § 241 Abs. 2, kann der Gläubiger unter den Voraussetzungen des § 280 Abs. 1 Schadensersatz statt der Leistung verlangen, wenn ihm die Leistung durch den Schuldner nicht mehr zuzumuten ist.

§ 241 Abs. 2 BGB Pflichten aus dem Schuldverhältnis

... (2) Das Schuldverhältnis kann nach seinem Inhalt jeden Teil zur Rücksicht auf die Rechte, Rechtsgüter und Interessen des anderen Teils verpflichten.

§ 280 Abs. 1 BGB Schadensersatz wegen Pflichtverletzung

(1) Verletzt der Schuldner eine Pflicht aus dem Schuldverhältnis, so kann der Gläubiger Ersatz des hierdurch entstehenden Schadens verlangen. Dies gilt nicht, wenn der Schuldner die Pflichtverletzung nicht zu vertreten hat.

Bild 1.22 Gesetzestext zu § 282 BGB mit den Verweisparagrafen § 241 Abs. 2 BGB und § 280 Abs. 1 BGB

§ 283 BGB Schadensersatz statt der Leistung
bei Ausschluss der Leistungspflicht
Braucht der Schuldner nach
§ 275 Abs. 1 bis 3 nicht zu leisten, kann der Gläubiger unter den Voraussetzungen des
§ 280 Abs. 1 Schadensersatz statt der Leistung verlangen.
§ 281 Abs. 1 Satz 2 und 3 und Abs. 5 findet entsprechende Anwendung.

§ 275 Abs. 1 bis 3 BGB Ausschluss der Leistungspflicht
(1) Der Anspruch auf Leistung ist ausgeschlossen, soweit diese für den Schuldner oder für jedermann unmöglich ist.
(2) Der Schuldner kann die Leistung verweigern, soweit diese einen Aufwand erfordert, der unter Beachtung des Inhalts des Schuldverhältnisses und der Gebote von Treu und Glauben in einem groben Missverhältnis zu dem Leistungsinteresse des Gläubigers steht. Bei der Bestimmung der dem Schuldner zuzumutenden Anstrengungen ist auch zu berücksichtigen, ob der Schuldner das Leistungshindernis zu vertreten hat.
(3) Der Schuldner kann die Leistung ferner verweigern, wenn er die Leistung persönlich zu erbringen hat und sie ihm unter Abwägung des seiner Leistung entgegenstehenden Hindernisses mit dem Leistungsinteresse des Gläubigers nicht zugemutet werden kann ...

§ 280 Abs. 1 BGB Schadensersatz wegen Pflichtverletzung
(1) Verletzt der Schuldner eine Pflicht aus dem Schuldverhältnis, so kann der Gläubiger Ersatz des hierdurch entstehenden Schadens verlangen. Dies gilt nicht, wenn der Schuldner die Pflichtverletzung nicht zu vertreten hat ...

§ 281 Abs. 1 Satz 2 und 3 und Abs. 5 BGB Schadensersatz statt der Leistung wegen nicht oder nicht wie geschuldet erbrachter Leistung
(1) ...
Hat der Schuldner eine Teilleistung bewirkt, so kann der Gläubiger Schadensersatz statt der ganzen Leistung nur verlangen, wenn er an der Teilleistung kein Interesse hat. Hat der Schuldner die Leistung nicht wie geschuldet bewirkt, so kann der Gläubiger Schadensersatz statt der ganzen Leistung nicht verlangen, wenn die Pflichtverletzung unerheblich ist ...
...
(5) Verlangt der Gläubiger Schadensersatz statt der ganzen Leistung, so ist der Schuldner zur Rückforderung des Geleisteten nach den
§§ 346 bis 348 berechtigt.

§§ 346 bis 348 BGB Rücktritt/Rückgewähr – Bild 1.24, Bild 1.25, Bild 1.26, Bild 1.27

Bild 1.23 Gesetzestext zu § 283 BGB mit den Verweisparagrafen § 275 Abs. 1 bis 3 BGB, § 280 Abs. 1 BGB, § 281 Abs. 1 Satz 2 und 3 sowie Abs. 5 BGB

1.2.2 §§ 346 bis 348 BGB „Regelungen zum Rücktritt"

In den Paragrafen des Werkvertragsrechts wird an verschiedenen Stellen auf die Regelungen der §§ 346 bis 348 BGB verwiesen. In diesem Kapitel werden diese Paragrafen gezeigt.

Auf welche Regelungen wird in den §§ 346 bis 348 BGB verwiesen?

Im § 346 BGB „Wirkungen des Rücktritts" wird auf die Regelungen zu

- Schadensersatz wegen Pflichtverletzung,
- Schadensersatz statt der Leistung wegen nicht oder nicht wie geschuldet erbrachter Leistung,
- Schadensersatz statt der Leistung wegen Verletzung einer Pflicht nach § 241 Abs. 2,
- Schadensersatz statt der Leistung bei Ausschluss der Leistungspflicht

verwiesen. Siehe Bild 1.24 und Bild 1.25 mit Gesetzestexten.

In § 347 BGB „Nutzungen und Verwendungen nach Rücktritt" wird auf die Regelungen zu

- Wirkungen des Rücktritts

verwiesen. Vergleiche Bild 1.24 und Bild 1.26 mit Gesetzestexten.

In § 348 BGB „Erfüllung Zug-um-Zug" wird auf die Regelungen zu

- der Einrede des nicht erfüllten Vertrags,
- dem Zurückbehaltungsrecht,
- der Verurteilung zur Leistung Zug-um-Zug,
- den Wirkungen des Zurückbehaltungsrechts

verwiesen. Siehe Bild 1.24 und Bild 1.27 mit Gesetzestexten.

Bild 1.24 zeigt eine Übersicht der Verweisparagrafen zu den §§ 346 bis 348 BGB „Regelungen zum Rücktritt“.

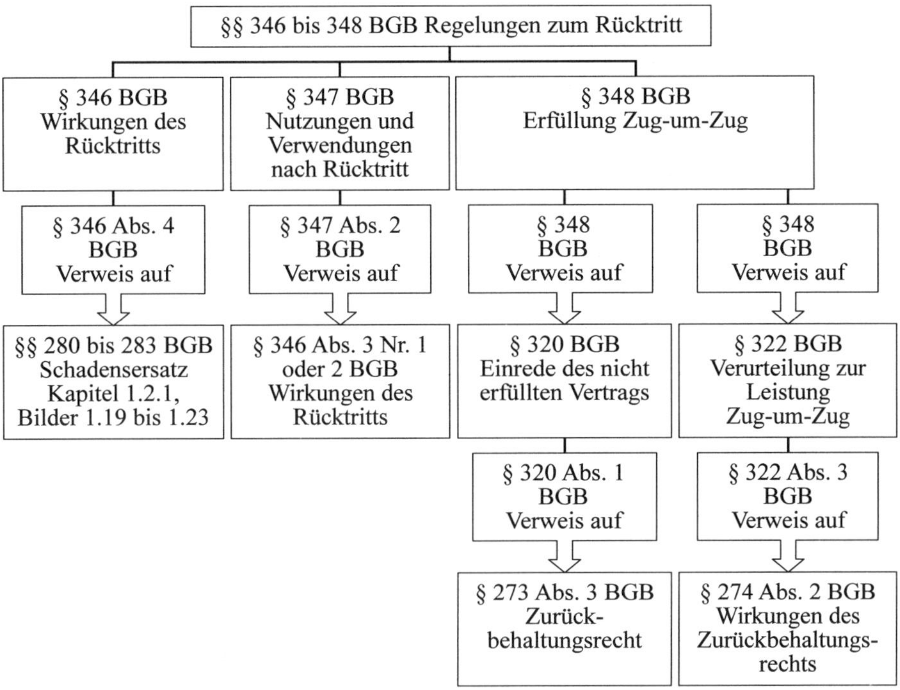

Bild 1.24 Überblick Verweisparagrafen zu den §§ 346 bis 348 BGB „Regelungen zum Rücktritt“

Bild 1.25 zeigt den Gesetzestext zu § 346 BGB mit einem Bildverweis zu den §§ 280 bis 283 BGB.

§ 346 BGB Wirkungen des Rücktritts
(1) Hat sich eine Vertragspartei vertraglich den Rücktritt vorbehalten oder steht ihr ein gesetzliches Rücktrittsrecht zu, so sind im Falle des Rücktritts die empfangenen Leistungen zurückzugewähren und die gezogenen Nutzungen herauszugeben.
(2) Statt der Rückgewähr oder Herausgabe hat der Schuldner Wertersatz zu leisten, soweit
1. die Rückgewähr oder die Herausgabe nach der Natur des Erlangten ausgeschlossen ist,
2. er den empfangenen Gegenstand verbraucht, veräußert, belastet, verarbeitet oder umgestaltet hat,
3. der empfangene Gegenstand sich verschlechtert hat oder untergegangen ist; jedoch bleibt die durch die bestimmungsgemäße Ingebrauchnahme entstandene Verschlechterung außer Betracht.
Ist im Vertrag eine Gegenleistung bestimmt, ist sie bei der Berechnung des Wertersatzes zugrunde zu legen; ist Wertersatz für den Gebrauchsvorteil eines Darlehens zu leisten, kann nachgewiesen werden, dass der Wert des Gebrauchsvorteils niedriger war.
(3) Die Pflicht zum Wertersatz entfällt,
1. wenn sich der zum Rücktritt berechtigende Mangel erst während der Verarbeitung oder Umgestaltung des Gegenstandes gezeigt hat,
2. soweit der Gläubiger die Verschlechterung oder den Untergang zu vertreten hat oder der Schaden bei ihm gleichfalls eingetreten wäre,
3. wenn im Falle eines gesetzlichen Rücktrittsrechts die Verschlechterung oder der Untergang beim Berechtigten eingetreten ist, obwohl dieser diejenige Sorgfalt beobachtet hat, die er in eigenen Angelegenheiten anzuwenden pflegt.
Eine verbleibende Bereicherung ist herauszugeben.
(4) Der Gläubiger kann wegen Verletzung einer Pflicht aus Abs. 1 nach Maßgabe der §§ 280 bis 283 Schadensersatz verlangen.

→ **§§ 280 bis 283 BGB Schadensersatz – Kapitel 1.2.1, Bilder 1.19 bis 1.23**

Bild 1.25 Gesetzestext zu § 346 BGB mit Bildverweisen zu den §§ 280 bis 283 BGB

Bild 1.26 zeigt den Gesetzestext zu § 347 BGB mit dem Verweisparagrafen § 346 Abs. 3 Nr. 1 oder 2 BGB.

§ 347 BGB Nutzungen und Verwendungen nach Rücktritt
(1) Zieht der Schuldner Nutzungen entgegen den Regeln einer ordnungsmäßigen Wirtschaft nicht, obwohl ihm das möglich gewesen wäre, so ist er dem Gläubiger zum Wertersatz verpflichtet. Im Falle eines gesetzlichen Rücktrittsrechts hat der Berechtigte hinsichtlich der Nutzungen nur für diejenige Sorgfalt einzustehen, die er in eigenen Angelegenheiten anzuwenden pflegt.
(2) Gibt der Schuldner den Gegenstand zurück, leistet er Wertersatz oder ist seine Wertersatzpflicht gemäß
§ 346 Abs. 3 Nr. 1 oder 2 ausgeschlossen, so sind ihm notwendige Verwendungen zu ersetzen. Andere Aufwendungen sind zu ersetzen, soweit der Gläubiger durch diese bereichert wird.

→ **§ 346 Abs. 3 Nr. 1 oder 2 BGB Wirkungen des Rücktritts**
...
(3) Die Pflicht zum Wertersatz entfällt,
1. wenn sich der zum Rücktritt berechtigende Mangel erst während der Verarbeitung oder Umgestaltung des Gegenstandes gezeigt hat,
2. soweit der Gläubiger die Verschlechterung oder den Untergang zu vertreten hat oder der Schaden bei ihm gleichfalls eingetreten wäre, ...

Bild 1.26 Gesetzestext zu § 347 BGB mit dem Verweisparagrafen § 346 Abs. 3 Nr. 1 oder 2 BGB

Bild 1.27 zeigt den Gesetzestext zu § 348 BGB mit den Verweisparagrafen § 320 BGB, der den Verweisparagrafen § 273 Abs. 3 BGB nennt, und § 322 BGB mit dem Verweisparagrafen § 274 Abs. 2 BGB.

§ 348 BGB Erfüllung Zug-um-Zug
Die sich aus dem Rücktritt ergebenden Verpflichtungen der Parteien sind Zug um Zug zu erfüllen. Die Vorschriften des
§ 320 und
§ 322 finden entsprechende Anwendung.

§ 320 BGB Einrede des nicht erfüllten Vertrags
(1) Wer aus einem gegenseitigen Vertrag verpflichtet ist, kann die ihm obliegende Leistung bis zur Bewirkung der Gegenleistung verweigern, es sei denn, dass er vorzuleisten verpflichtet ist. Hat die Leistung an mehrere zu erfolgen, so kann dem einzelnen der ihm gebührende Teil bis zur Bewirkung der ganzen Gegenleistung verweigert werden. Die Vorschrift des
§ 273 Abs. 3 findet keine Anwendung.
(2) Ist von der einen Seite teilweise geleistet worden, so kann die Gegenleistung insoweit nicht verweigert werden, als die Verweigerung nach den Umständen, insbesondere wegen verhältnismäßiger Geringfügigkeit des rückständigen Teiles, gegen Treu und Glauben verstoßen würde.

§ 273 Abs. 3 BGB Zurückbehaltungsrecht
...
(3) Der Gläubiger kann die Ausübung des Zurückbehaltungsrechts durch Sicherheitsleistung abwenden.
Die Sicherheitsleistung durch Bürgen ist ausgeschlossen.

§ 322 BGB Verurteilung zur Leistung Zug-um-Zug
(1) Erhebt aus einem gegenseitigen Vertrag der eine Teil Klage auf die ihm geschuldete Leistung, so hat die Geltendmachung des dem anderen Teil zustehenden Rechts, die Leistung bis zur Bewirkung der Gegenleistung zu verweigern, nur die Wirkung, dass der andere Teil zur Erfüllung Zug um Zug zu verurteilen ist.
(2) Hat der klagende Teil vorzuleisten, so kann er, wenn der andere Teil im Verzug der Annahme ist, auf Leistung nach Empfang der Gegenleistung klagen.
(3) Auf die Zwangsvollstreckung findet die Vorschrift des
§ 274 Abs. 2 Anwendung.

§ 274 Abs. 2 BGB Wirkungen des Zurückbehaltungsrechts
...
(2) Aufgrund einer solchen Verurteilung kann der Gläubiger seinen Anspruch ohne Bewirkung der ihm obliegenden Leistung im Wege der Zwangsvollstreckung verfolgen, wenn der Schuldner im Verzug der Annahme ist.

Bild 1.27 Gesetzestext zu § 348 BGB mit den Verweisparagrafen § 320 BGB, mit dem Verweisparagrafen § 273 Abs. 3 BGB, und § 322 BGB, mit Verweisparagraf § 274 Abs. 2 BGB

1.2.3 § 631 BGB „Vertragstypische Pflichten beim Werkvertrag“

Welche Verweisparagrafen sind zu den Regelungen zu vertragstypischen Pflichten in § 631 BGB zu beachten?

Bild 1.28 zeigt den Gesetzestext zu § 631 BGB. Verweisparagrafen sind im Text nicht genannt.

> **§ 631 BGB Vertragstypische Pflichten beim Werkvertrag**
> *(1) Durch den Werkvertrag wird der Unternehmer zur Herstellung des versprochenen Werks, der Besteller zur Entrichtung der vereinbarten Vergütung verpflichtet.*
> *(2) Gegenstand des Werkvertrags kann sowohl die Herstellung oder Veränderung einer Sache als auch ein anderer durch Arbeit oder Dienstleistung herbeizuführender Erfolg sein.*

Bild 1.28 Gesetzestext zu § 631 BGB

Welche Auswirkungen hat die Schuldrechtsreform zum 1. Januar 2018 auf § 631 BGB „Vertragstypische Pflichten beim Werkvertrag“?

Die Schuldrechtsreform zum 1. Januar 2018 hat keine textlichen Auswirkungen auf § 631 BGB „Vertragstypische Pflichten beim Werkvertrag“.

1.2.4 § 632 BGB „Vergütung“

Wird in § 632 BGB bei der Regelung der Vergütung auf weitere Paragrafen verwiesen?

Der Gesetzestext zu § 632 BGB wird in **Bild 1.29** gezeigt. Verweisparagrafen sind im Text nicht genannt.

> **§ 632 BGB Vergütung**
> *(1) Eine Vergütung gilt als stillschweigend vereinbart, wenn die Herstellung des Werks den Umständen nach nur gegen eine Vergütung zu erwarten ist.*
> *(2) Ist die Höhe der Vergütung nicht bestimmt, so ist bei dem Bestehen einer Taxe die taxmäßige Vergütung, in Ermangelung einer Taxe die übliche Vergütung als vereinbart anzusehen.*
> *(3) Ein Kostenanschlag ist im Zweifel nicht zu vergüten.*

Bild 1.29 Gesetzestext zu § 632 BGB

Welche Auswirkungen hat die Schuldrechtsreform zum 1. Januar 2018 auf § 632 BGB „Vergütung"?

Die Schuldrechtsreform zum 1. Januar 2018 hat die in **Bild 1.30** angeführten Auswirkungen auf § 632 BGB „Vergütung".

alte Fassung	entspricht	neue Fassung	
§ 632 BGB a. F.	entspricht mit inhaltlicher Änderung	§ 632 BGB n. F.	nach neuem Abs. 3 ist der Kostenanschlag im Zweifel nicht zu vergüten.

Bild 1.30 Auswirkungen der Schuldrechtsreform zum 1. Januar 2018 auf § 632 BGB „Vergütung"

1.2.5 § 632a BGB „Abschlagszahlungen"

Welche Verweisparagrafen sind bei Abschlagszahlungen gemäß § 632a BGB zu beachten?

Im Gesetzestext zu § 632 BGB „Abschlagszahlungen" wird auf Regelungen zur Fälligkeit der Vergütung verwiesen. **Bild 1.31** zeigt eine Übersicht zu den Verweisparagrafen.

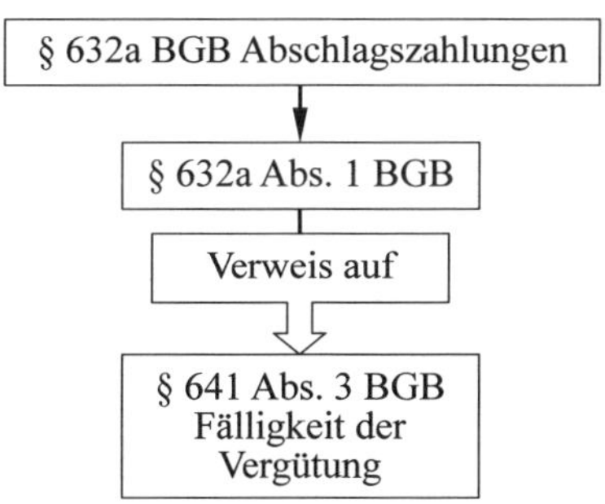

Bild 1.31 Übersicht Verweisparagrafen in § 632a BGB „Abschlagszahlungen"

Den Gesetzestext von § 632a BGB mit diesen Verweisparagrafen zeigt **Bild 1.32**.

§ 632a BGB Abschlagszahlungen
(1) 1 Der Unternehmer kann von dem Besteller eine Abschlagszahlung in Höhe des Werts der von ihm erbrachten und nach dem Vertrag geschuldeten Leistungen verlangen. 2 Sind die erbrachten Leistungen nicht vertragsgemäß, kann der Besteller die Zahlung eines angemessenen Teils des Abschlags verweigern. 3 Die Beweislast für die vertragsgemäße Leistung verbleibt bis zur Abnahme beim Unternehmer.
4 § 641 Abs. 3 gilt entsprechend. 5 Die Leistungen sind durch eine Aufstellung nachzuweisen, die eine rasche und sichere Beurteilung der Leistungen ermöglichen muss. 6 Die Sätze 1 bis 5 gelten auch für erforderliche Stoffe oder Bauteile, die angeliefert oder eigens angefertigt und bereitgestellt sind, wenn dem Besteller nach seiner Wahl Eigentum an den Stoffen oder Bauteilen übertragen oder entsprechende Sicherheit hierfür geleistet wird.
(2) Die Sicherheit nach Abs. 1 Satz 6 kann auch durch eine Garantie oder ein sonstiges Zahlungsversprechen eines im Geltungsbereich dieses Gesetzes zum Geschäftsbetrieb befugten Kreditinstituts oder Kreditversicherers geleistet werden.

§ 641 Abs. 3 BGB Fälligkeit der Vergütung
...
(3) Kann der Besteller die Beseitigung eines Mangels verlangen, so kann er nach der Fälligkeit die Zahlung eines angemessenen Teils der Vergütung verweigern; angemessen ist in der Regel das Doppelte der für die Beseitigung des Mangels erforderlichen Kosten ...

Bild 1.32 Gesetzestext zu § 632a BGB mit Verweis zu § 641 Abs. 3 BGB

Welche Auswirkungen hat die Schuldrechtsreform zum 1. Januar 2018 auf § 632a BGB „Abschlagszahlungen"?

Die Schuldrechtsreform zum 1. Januar 2018 hat die in **Bild 1.33** angeführten Auswirkungen auf § 632a BGB „Abschlagszahlungen".

§ 632a neu gefasst mit Wirkung vom 1. Januar 2009 durch Gesetz vom 23. Oktober 2008 (BGBl. I 60 (2008) Nr. 48 vom 28.10.2008, S. 2022–2025); Abs. 1 Sätze 1 und 2 neu gefasst, Satz 3 eingefügt, bisherige Sätze 3 bis 5 werden Sätze 4 bis 6, neuer Satz 6 geändert, Abs. 2 und 3 aufgehoben, bisheriger Abs. 4 wird Abs. 2 und neu gefasst mit Wirkung vom 1. Januar 2018 durch Gesetz vom 28. April 2017 (BGBl. I 69 (2017) Nr. 23 vom 4.5.2017, S. 969–979).

Bild 1.33 Auswirkungen der Schuldrechtsreform zum 1. Januar 2018 auf § 632a BGB „Abschlagszahlungen"

1.2.6 § 633 BGB „Sach- und Rechtsmangel“

Gibt es zu den Regelungen für Sach- und Rechtsmängel in § 633 BGB Verweise auf weitere Regelungen im BGB?

Bild 1.34 zeigt den Gesetzestext zu § 633 BGB. Verweisparagrafen sind darin nicht genannt.

§ 633 BGB Sach- und Rechtsmangel
(1) Der Unternehmer hat dem Besteller das Werk frei von Sach- und Rechtsmängeln zu verschaffen.
(2) 1 Das Werk ist frei von Sachmängeln, wenn es die vereinbarte Beschaffenheit hat. 2 Soweit die Beschaffenheit nicht vereinbart ist, ist das Werk frei von Sachmängeln,
1. wenn es sich für die nach dem Vertrag vorausgesetzte, sonst
2. für die gewöhnliche Verwendung eignet und eine Beschaffenheit aufweist, die bei Werken der gleichen Art üblich ist und die der Besteller nach der Art des Werks erwarten kann. 3 Einem Sachmangel steht es gleich, wenn der Unternehmer ein anderes als das bestellte Werk oder das Werk in zu geringer Menge herstellt.
(3) Das Werk ist frei von Rechtsmängeln, wenn Dritte in Bezug auf das Werk keine oder nur die im Vertrag übernommenen Rechte gegen den Besteller geltend machen können.

Bild 1.34 Gesetzestext zu § 633 BGB

Welche Auswirkungen hat die Schuldrechtsreform zum 1. Januar 2018 auf § 633 BGB „Sach- und Rechtsmangel“?

Die Schuldrechtsreform zum 1. Januar 2018 hat die in **Bild 1.35** angeführten Auswirkungen auf § 633 BGB „Sach- und Rechtsmangel“.

alte Fassung	**entspricht**	**neue Fassung**	
§ 633 BGB a. F.	entspricht mit inhaltlicher Änderung	**§ 633 BGB n. F.**	Der Begriff des Sachmangels wurde an den des Kaufrechts angeglichen und der Rechtsmangel einbezogen
§ 633 BGB a. F.	entspricht mit inhaltlicher Änderung	§ 634 BGB n. F.	Rechte des Bestellers wurden weitgehend parallel zu Käuferrechten gestaltet. Neuregelung verweist für Nacherfüllungsanspruch auf § 635 BGB (Unternehmerwahlrecht) und für Selbstvornahme auf § 637 BGB (Vorschussanspruch gesetzlich geregelt)

Bild 1.35 Auswirkungen der Schuldrechtsreform zum 1. Januar 2018 auf § 633 BGB „Sach- und Rechtsmangel“

1.2.7 § 634 BGB „Rechte des Bestellers bei Mängeln“, Übersicht Verweisparagrafen

Welche Verweisparagrafen werden in den Regelungen des § 634 BGB „Rechte des Bestellers bei Mängeln“ genannt?

Die in § 634 BGB „Rechte des Bestellers bei Mängeln“ genannten Rechte bei einem mangelhaften Werk sind in Abhängigkeit verschiedener Paragrafen zu betrachten.

Eine Übersicht der in § 634 BGB „Rechte des Bestellers bei Mängeln“ genannten Verweisparagrafen zeigt **Bild 1.36**.

Bild 1.37, Bild 1.38 und Bild 1.39 zeigen in Übersichten die im jeweiligen Einzelfall zu beachtenden Verweisparagrafen.

Für die in **Bild 1.37** dargestellten einzelnen senkrechten Stränge mit den Verweisparagrafen zeigen die Bilder 1.40 bis 1.45 die je Strang durchgängig lesbaren Gesetzestexte.

Für die in **Bild 1.38** dargestellten einzelnen senkrechten Stränge mit den Verweisparagrafen zeigen die Bilder 1.46 bis 1.50 die je Strang durchgängig lesbaren Gesetzestexte.

Für die in **Bild 1.39** dargestellten einzelnen senkrechten Stränge mit den Verweisparagrafen zeigen die Bilder 1.51 bis 1.54 die je Strang durchgängig lesbaren Gesetzestexte.

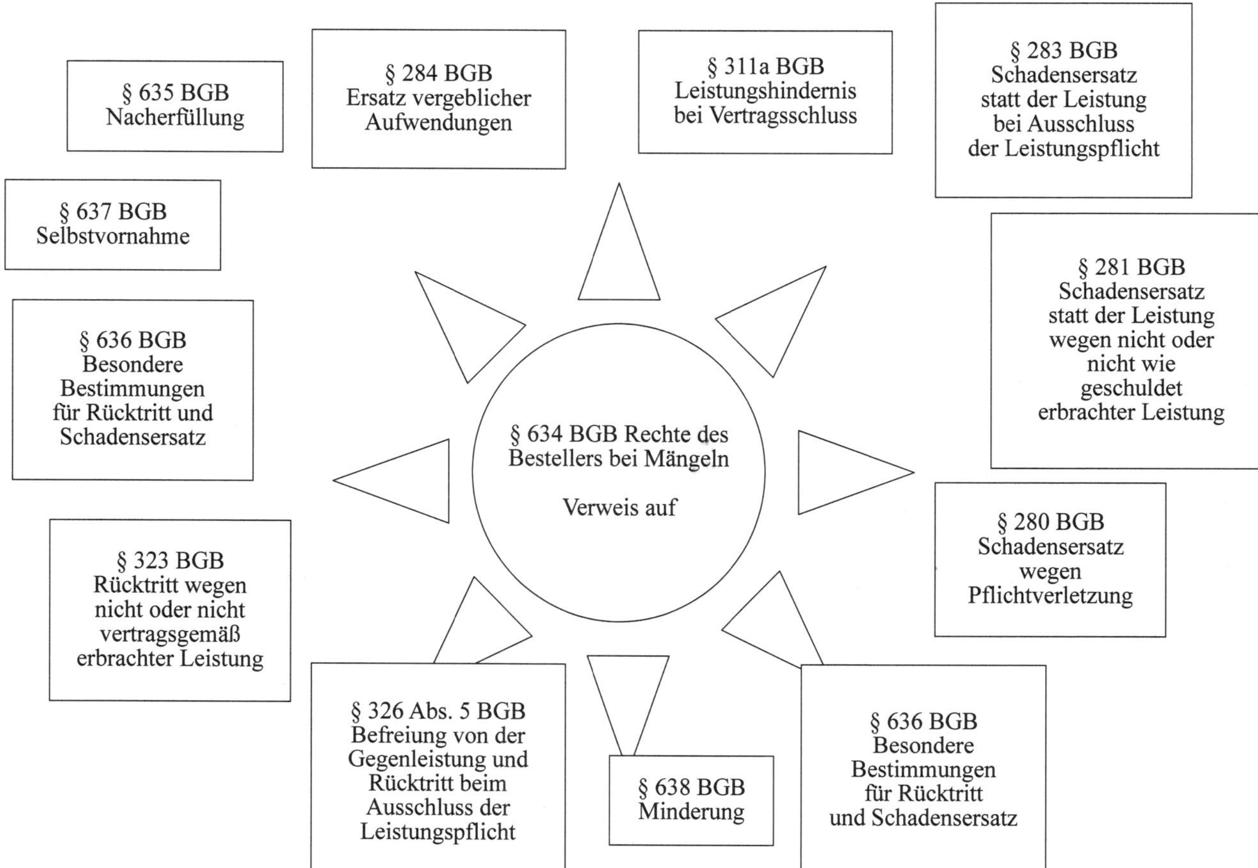

Bild 1.36 Übersicht der in § 634 BGB „Rechte des Bestellers bei Mängeln“ genannten Verweisparagrafen

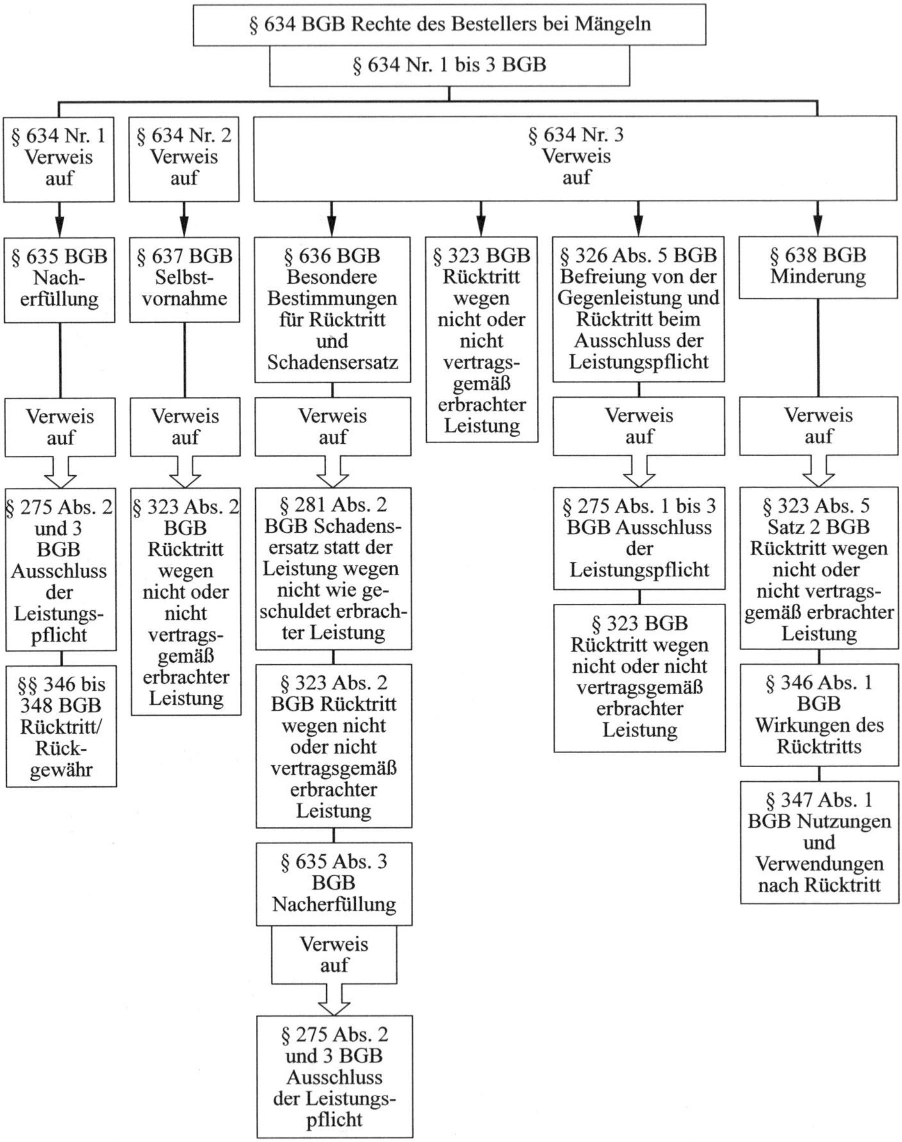

Bild 1.37 Übersicht der Verweisparagrafen in § 634 Nr. 1 bis 3 BGB „Rechte des Bestellers bei Mängeln“

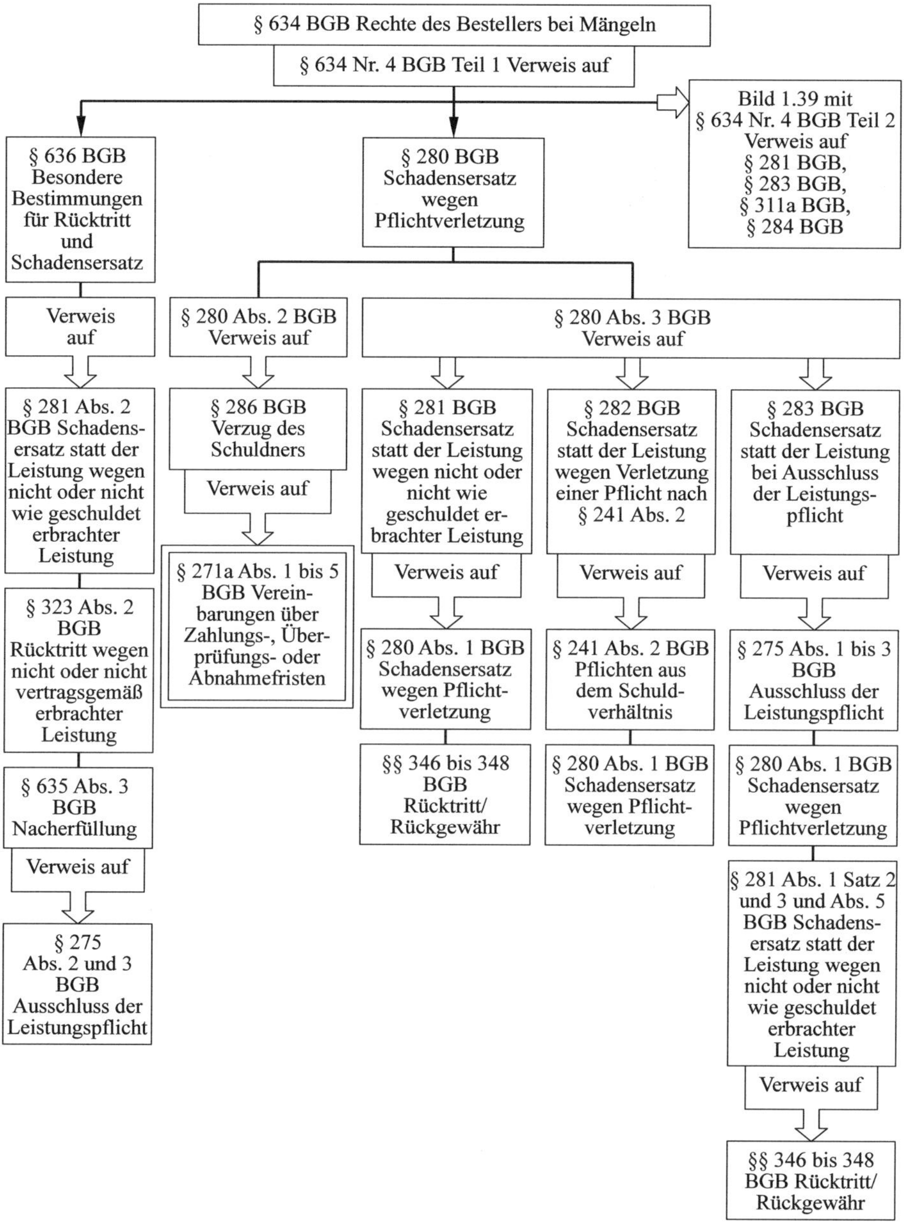

Bild 1.38 Übersicht Verweisparagrafen in § 634 Nr. 4 BGB „Rechte des Bestellers bei Mängeln“, Teil 1

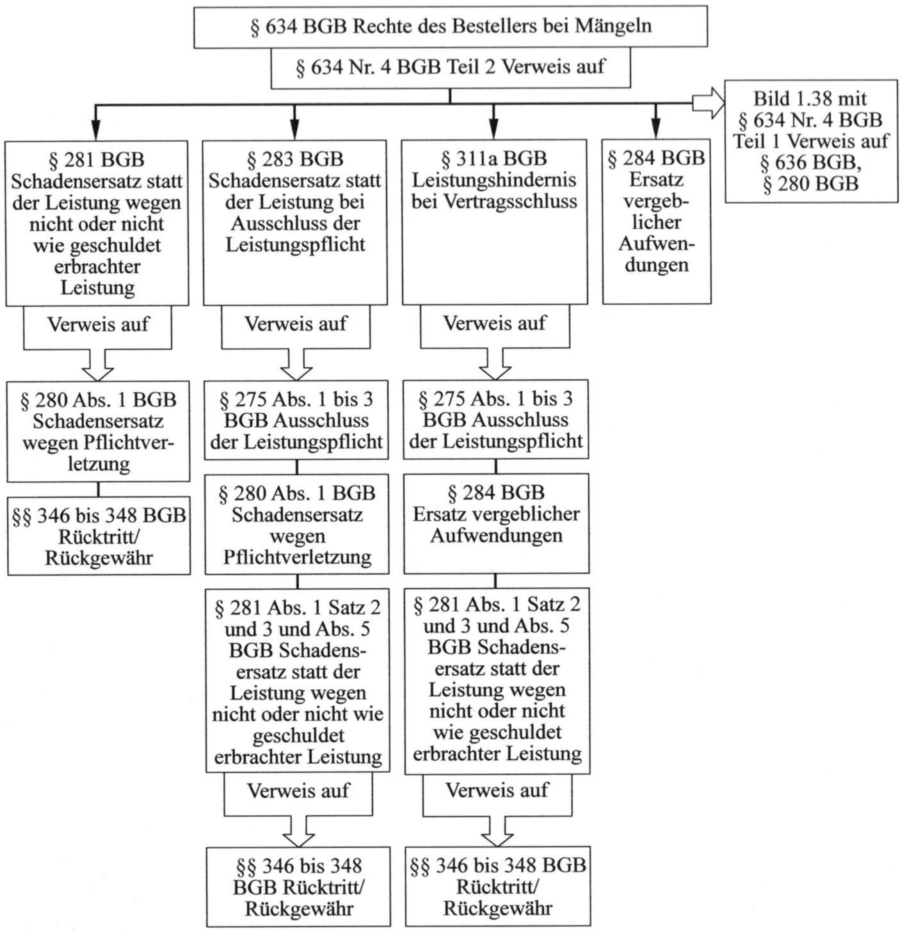

Bild 1.39 Übersicht Verweisparagrafen in § 634 Nr. 4 BGB „Rechte des Bestellers bei Mängeln“, Teil 2

1.2.7.1 § 634 Nr. 1 BGB mit dem Verweisparagrafen § 635 BGB „Nacherfüllung“, Gesetzestext

Bild 1.40 zeigt den Gesetzestext zu § 634 BGB mit den Verweisparagrafen § 635 BGB, § 275 Abs. 2 und 3 BGB sowie dem Verweis auf die §§ 346 bis 348 BGB.

§ 634 BGB Rechte des Bestellers bei Mängeln
Ist das Werk mangelhaft, kann der Besteller, wenn die Voraussetzungen der folgenden Vorschriften vorliegen und soweit nicht ein anderes bestimmt ist,
1. nach
§ 635 Nacherfüllung verlangen,
2. nach § 637 den Mangel selbst beseitigen und Ersatz der erforderlichen Aufwendungen verlangen,
3. nach den §§ 636, 323 und 326 Abs. 5 von dem Vertrag zurücktreten oder nach § 638 die Vergütung mindern und
4. nach den §§ 636, 280, 281, 283 und 311a Schadensersatz oder nach § 284 Ersatz vergeblicher Aufwendungen verlangen.

§ 635 BGB Nacherfüllung
(1) Verlangt der Besteller Nacherfüllung, so kann der Unternehmer nach seiner Wahl den Mangel beseitigen oder ein neues Werk herstellen.
(2) Der Unternehmer hat die zum Zwecke der Nacherfüllung erforderlichen Aufwendungen, insbesondere Transport-, Wege-, Arbeits- und Materialkosten zu tragen.
(3) Der Unternehmer kann die Nacherfüllung unbeschadet des
§ 275 Abs. 2 und 3 verweigern, wenn sie nur mit unverhältnismäßigen Kosten möglich ist.
(4) Stellt der Unternehmer ein neues Werk her, so kann er vom Besteller Rückgewähr des mangelhaften Werks nach Maßgabe der
§§ 346 bis 348 verlangen.

§ 275 Abs. 2 und 3 BGB Ausschluss der Leistungspflicht
...
(2) Der Schuldner kann die Leistung verweigern, soweit diese einen Aufwand erfordert, der unter Beachtung des Inhalts des Schuldverhältnisses und der Gebote von Treu und Glauben in einem groben Missverhältnis zu dem Leistungsinteresse des Gläubigers steht. Bei der Bestimmung der dem Schuldner zuzumutenden Anstrengungen ist auch zu berücksichtigen, ob der Schuldner das Leistungshindernis zu vertreten hat.
(3) Der Schuldner kann die Leistung ferner verweigern, wenn er die Leistung persönlich zu erbringen hat und sie ihm unter Abwägung des seiner Leistung entgegenstehenden Hindernisses mit dem Leistungsinteresse des Gläubigers nicht zugemutet werden kann
...

§§ 346 bis 348 BGB Rücktritt/Rückgewähr – Bilder 1.24 bis 1.27

Bild 1.40 Gesetzestext zu § 634 BGB mit den Verweisparagrafen § 635 BGB, § 275 Abs. 2 und 3 BGB und Verweis auf die §§ 346 bis 348 BGB

1.2.7.2 § 634 BGB mit dem Verweisparagrafen § 637 BGB „Selbstvornahme“ mit Verweisparagrafen, Gesetzestext

Bild 1.41 zeigt den Gesetzestext zu § 634 BGB mit den Verweisparagrafen § 637 BGB und § 323 BGB.

§ 634 BGB Rechte des Bestellers bei Mängeln
Ist das Werk mangelhaft, kann der Besteller, wenn die Voraussetzungen der folgenden Vorschriften vorliegen und soweit nicht ein anderes bestimmt ist,
1. nach § 635 Nacherfüllung verlangen,
2. nach § 637 den Mangel selbst beseitigen und Ersatz der erforderlichen Aufwendungen verlangen,
3. nach den §§ 636, 323 und 326 Abs. 5 von dem Vertrag zurücktreten oder nach § 638 die Vergütung mindern und
4. nach den §§ 636, 280, 281, 283 und 311a Schadensersatz oder nach § 284 Ersatz vergeblicher Aufwendungen verlangen.

§ 637 BGB Selbstvornahme
(1) Der Besteller kann wegen eines Mangels des Werks nach erfolglosem Ablauf einer von ihm zur Nacherfüllung bestimmten angemessenen Frist den Mangel selbst beseitigen und Ersatz der erforderlichen Aufwendungen verlangen, wenn nicht der Unternehmer die Nacherfüllung zu Recht verweigert.
(2) § 323 Abs. 2 findet entsprechende Anwendung. Der Bestimmung einer Frist bedarf es auch dann nicht, wenn die Nacherfüllung fehlgeschlagen oder dem Besteller unzumutbar ist.
(3) Der Besteller kann von dem Unternehmer für die zur Beseitigung des Mangels erforderlichen Aufwendungen Vorschuss verlangen.

§ 323 Abs. 2 BGB Rücktritt wegen nicht oder nicht vertragsgemäß erbrachter Leistung
(2) Die Fristsetzung ist entbehrlich, wenn
1. der Schuldner die Leistung ernsthaft und endgültig verweigert,
2. der Schuldner die Leistung bis zu einem im Vertrag bestimmten Termin oder innerhalb einer im Vertrag bestimmten Frist nicht bewirkt, obwohl die termin- oder fristgerechte Leistung nach einer Mitteilung des Gläubigers an den Schuldner vor Vertragsschluss oder aufgrund anderer den Vertragsabschluss begleitenden Umstände für den Gläubiger wesentlich ist, oder
3. im Falle einer nicht vertragsgemäß erbrachten Leistung besondere Umstände vorliegen, die unter Abwägung der beiderseitigen Interessen den sofortigen Rücktritt rechtfertigen.

Bild 1.41 Gesetzestext zu § 634 BGB mit den Verweisparagrafen § 637 BGB und § 323 Abs. 2 BGB

1.2.7.3 § 634 Nr. 3 BGB mit dem Verweisparagrafen § 636 BGB „Besondere Bestimmungen für Rücktritt und Schadensersatz“

Bild 1.42 zeigt den Gesetzestext zu § 634 BGB mit dem Verweisparagrafen § 636 BGB, der die Verweisparagrafen § 281 Abs. 2 BGB, § 323 Abs. 2 BGB und § 635 Abs. 3 BGB mit Verweisparagraf § 275 Abs. 2 und 3 BGB enthält.

Welche Auswirkungen hat die Schuldrechtsreform zum 1. Januar 2018 auf § 634 BGB „Rechte des Bestellers bei Mängeln“?

Die Schuldrechtsreform zum 1. Januar 2018 hat die in **Bild 1.42** angeführten Auswirkungen auf § 634 BGB „Rechte des Bestellers bei Mängeln“

alte Fassung	**entspricht**	**neue Fassung**	
§ 633 BGB a. F.	entspricht mit inhaltlicher Änderung	§ 633 BGB n. F.	Der Begriff des Sachmangels wurde an den des Kaufrechts angeglichen und der Rechtsmangel einbezogen.
§ 633 BGB a. F.	entspricht mit inhaltlicher Änderung	**§ 634 BGB n. F.**	Rechte des Bestellers wurden weitgehend parallel zu Käuferrechten gestaltet. Neuregelung verweist für Nacherfüllungsanspruch auf § 635 BGB (Unternehmerwahlrecht) und für Selbstvornahme auf § 637 BGB (Vorschussanspruch gesetzlich geregelt).
§ 635 BGB a. F.	entspricht mit inhaltlicher Änderung	**§ 634 BGB n. F.**	Rechte des Bestellers wurden weitgehend parallel zu den Käuferrechten gestaltet. Für Schadensersatzanspruch verweist Neuregelung auf die allgemeinen Vorschriften sowie auf § 636 BGB.
§ 634 BGB a. F.	entspricht mit inhaltlicher Änderung	**§ 634 BGB n. F.**	Rechte des Bestellers wurden weitgehend parallel zu den Käuferrechten geregelt. Neuregelung verweist für Rücktrittsrecht, das die Wandlung ersetzt, auf § 636 BGB sowie die allgemeinen Regelungen und für Minderung auf § 638 BGB.
§ 634 BGB a. F.	entspricht mit inhaltlicher Änderung	§ 638 BGB n. F.	Minderung statt Rücktritt ist nun in § 638 BGB neu geregelt.

Bild 1.42 Schuldrechtsreform zum 1. Januar 2018 – Auswirkungen

1.2.7.4 § 634 Nr. 3 BGB mit dem Verweisparagrafen § 323 BGB „Rücktritt wegen nicht oder nicht vertragsgemäß erbrachter Leistung“

Bild 1.43 zeigt den Gesetzestext zu § 634 BGB mit dem Verweisparagrafen § 323 BGB.

§ 634 BGB Rechte des Bestellers bei Mängeln
Ist das Werk mangelhaft, kann der Besteller, wenn die Voraussetzungen der folgenden Vorschriften vorliegen und soweit nicht ein anderes bestimmt ist,
1. nach § 635 Nacherfüllung verlangen,
2. nach § 637 den Mangel selbst beseitigen und Ersatz der erforderlichen Aufwendungen verlangen,
3. nach den § 636, § 323 und § 326 Abs. 5 von dem Vertrag zurücktreten oder nach § 638 die Vergütung mindern und
4. nach den §§ 636, 280, 281, 283 und 311a Schadensersatz oder nach § 284 Ersatz vergeblicher Aufwendungen verlangen.

→ **§ 323 BGB Rücktritt wegen nicht oder nicht vertragsgemäß erbrachter Leistung**
(1) Erbringt bei einem gegenseitigen Vertrag der Schuldner eine fällige Leistung nicht oder nicht vertragsgemäß, so kann der Gläubiger, wenn er dem Schuldner erfolglos eine angemessene Frist zur Leistung oder Nacherfüllung bestimmt hat, vom Vertrag zurücktreten.
(2) Die Fristsetzung ist entbehrlich, wenn
1. der Schuldner die Leistung ernsthaft und endgültig verweigert,
2. der Schuldner die Leistung bis zu einem im Vertrag bestimmten Termin oder innerhalb einer im Vertrag bestimmten Frist nicht bewirkt, obwohl die termin- oder fristgerechte Leistung nach einer Mitteilung des Gläubigers an den Schuldner vor Vertragsschluss oder aufgrund anderer den Vertragsabschluss begleitenden Umstände für den Gläubiger wesentlich ist, oder
3. im Falle einer nicht vertragsgemäß erbrachten Leistung besondere Umstände vorliegen, die unter Abwägung der beiderseitigen Interessen den sofortigen Rücktritt rechtfertigen.
(3) Kommt nach der Art der Pflichtverletzung eine Fristsetzung nicht in Betracht, so tritt an deren Stelle eine Abmahnung.
(4) Der Gläubiger kann bereits vor dem Eintritt der Fälligkeit der Leistung zurücktreten, wenn offensichtlich ist, dass die Voraussetzungen des Rücktritts eintreten werden.
(5) 1 Hat der Schuldner eine Teilleistung bewirkt, so kann der Gläubiger vom ganzen Vertrag nur zurücktreten, wenn er an der Teilleistung kein Interesse hat. 2 Hat der Schuldner die Leistung nicht vertragsgemäß bewirkt, so kann der Gläubiger vom Vertrag nicht zurücktreten, wenn die Pflichtverletzung unerheblich ist.
(6) Der Rücktritt ist ausgeschlossen, wenn der Gläubiger für den Umstand, der ihn zum Rücktritt berechtigen würde, allein oder weit überwiegend verantwortlich ist oder wenn der vom Schuldner nicht zu vertretende Umstand zu einer Zeit eintritt, zu welcher der Gläubiger im Verzug der Annahme ist.

Bild 1.43 Gesetzestext zu § 634 BGB mit dem Verweisparagrafen § 323 BGB

1.2.7.5 § 634 Nr. 3 BGB mit dem Verweisparagrafen § 326 Abs. 5 BGB „Befreiung von der Gegenleistung und Rücktritt beim Ausschluss der Leistungspflicht“

Bild 1.44 zeigt den Gesetzestext zu § 634 BGB mit dem Verweisparagrafen § 326 Abs. 5 BGB, der auf § 275 Abs. 1 bis 3 BGB und § 323 BGB verweist.

§ 634 BGB Rechte des Bestellers bei Mängeln
Ist das Werk mangelhaft, kann der Besteller, wenn die Voraussetzungen der folgenden Vorschriften vorliegen und soweit nicht ein anderes bestimmt ist,
1. nach § 635 Nacherfüllung verlangen,
2. nach § 637 den Mangel selbst beseitigen und Ersatz der erforderlichen Aufwendungen verlangen,
3. nach den §§ 636, 323 und
§ 326 Abs. 5 von dem Vertrag zurücktreten oder nach § 638 die Vergütung mindern und
4. nach den §§ 636, 280, 281, 283 und 311a Schadensersatz oder nach § 284 Ersatz vergeblicher Aufwendungen verlangen.

§ 326 Abs. 5 BGB Befreiung von der Gegenleistung und Rücktritt beim Ausschluss der Leistungspflicht
... (5) Braucht der Schuldner nach
§ 275 Abs. 1 bis 3 nicht zu leisten, kann der Gläubiger zurücktreten;
auf den Rücktritt findet
§ 323 mit der Maßgabe entsprechende Anwendung, dass die Fristsetzung entbehrlich ist.

§ 275 Abs. 1 bis 3 BGB Ausschluss der Leistungspflicht
(1) Der Anspruch auf Leistung ist ausgeschlossen, soweit diese für den Schuldner oder für jedermann unmöglich ist.
(2) Der Schuldner kann die Leistung verweigern, soweit diese einen Aufwand erfordert, der unter Beachtung des Inhalts des Schuldverhältnisses und der Gebote von Treu und Glauben in einem groben Missverhältnis zu dem Leistungsinteresse des Gläubigers steht. Bei der Bestimmung der dem Schuldner zuzumutenden Anstrengungen ist auch zu berücksichtigen, ob der Schuldner das Leistungshindernis zu vertreten hat.
(3) Der Schuldner kann die Leistung ferner verweigern, wenn er die Leistung persönlich zu erbringen hat und sie ihm unter Abwägung des seiner Leistung entgegenstehenden Hindernisses mit dem Leistungsinteresse des Gläubigers nicht zugemutet werden kann.

§ 323 BGB Rücktritt wegen nicht oder nicht vertragsgemäß erbrachter Leistung
(1) Erbringt bei einem gegenseitigen Vertrag der Schuldner eine fällige Leistung nicht oder nicht vertragsgemäß, so kann der Gläubiger, wenn er dem Schuldner erfolglos eine angemessene Frist zur Leistung oder Nacherfüllung bestimmt hat, vom Vertrag zurücktreten.
(2) Die Fristsetzung ist entbehrlich, wenn
1. der Schuldner die Leistung ernsthaft und endgültig verweigert,
2. der Schuldner die Leistung bis zu einem im Vertrag bestimmten Termin oder innerhalb einer im Vertrag bestimmten Frist nicht bewirkt, obwohl die termin- oder fristgerechte Leistung nach einer Mitteilung des Gläubigers an den Schuldner vor Vertragsschluss oder aufgrund anderer den Vertragsabschluss begleitenden Umstände für den Gläubiger wesentlich ist, oder
3. im Falle einer nicht vertragsgemäß erbrachten Leistung besondere Umstände vorliegen, die unter Abwägung der beiderseitigen Interessen den sofortigen Rücktritt rechtfertigen.
(3) Kommt nach der Art der Pflichtverletzung eine Fristsetzung nicht in Betracht, so tritt an deren Stelle eine Abmahnung.
(4) Der Gläubiger kann bereits vor dem Eintritt der Fälligkeit der Leistung zurücktreten, wenn offensichtlich ist, dass die Voraussetzungen des Rücktritts eintreten werden.
(5) 1 Hat der Schuldner eine Teilleistung bewirkt, so kann der Gläubiger vom ganzen Vertrag nur zurücktreten, wenn er an der Teilleistung kein Interesse hat. 2 Hat der Schuldner die Leistung nicht vertragsgemäß bewirkt, so kann der Gläubiger vom Vertrag nicht zurücktreten, wenn die Pflichtverletzung unerheblich ist.
(6) Der Rücktritt ist ausgeschlossen, wenn der Gläubiger für den Umstand, der ihn zum Rücktritt berechtigen würde, allein oder weit überwiegend verantwortlich ist oder wenn der vom Schuldner nicht zu vertretende Umstand zu einer Zeit eintritt, zu welcher der Gläubiger im Verzug der Annahme ist.

Bild 1.44 Gesetzestext zu § 634 BGB mit dem Verweisparagrafen § 326 Abs. 5 BGB mit Verweisen zu § 275 Abs. 1 bis 3 BGB und § 323 BGB

1.2.7.6 § 634 Nr. 3 BGB mit dem Verweisparagrafen § 638 BGB „Minderung“

Bild 1.45 zeigt den Gesetzestext zu § 634 BGB mit dem Verweisparagrafen § 638 BGB, der wiederum auf § 323 Abs. 5 Satz 2 BGB, § 346 Abs. 1 BGB und § 347 Abs. 1 BGB hinweist.

§ 634 BGB Rechte des Bestellers bei Mängeln
Ist das Werk mangelhaft, kann der Besteller, wenn die Voraussetzungen der folgenden Vorschriften vorliegen und soweit nicht ein anderes bestimmt ist,
1. nach § 635 Nacherfüllung verlangen,
2. nach § 637 den Mangel selbst beseitigen und Ersatz der erforderlichen Aufwendungen verlangen,
3. nach den §§ 636, 323 und 326 Abs. 5 von dem Vertrag zurücktreten oder nach § 638 die Vergütung mindern und
4. nach den §§ 636, 280, 281, 283 und 311a Schadensersatz oder nach § 284 Ersatz vergeblicher Aufwendungen verlangen.

§ 638 BGB Minderung
(1) 1 Statt zurückzutreten, kann der Besteller die Vergütung durch Erklärung gegenüber dem Unternehmer mindern. 2 Der Ausschlussgrund des § 323 Abs. 5 Satz 2 findet keine Anwendung.
(2) Sind auf der Seite des Bestellers oder auf der Seite des Unternehmers mehrere beteiligt, so kann die Minderung nur von allen oder gegen alle erklärt werden.
(3) 1 Bei der Minderung ist die Vergütung in dem Verhältnis herabzusetzen, in welchem zur Zeit des Vertragsschlusses der Wert des Werks in mangelfreiem Zustand zu dem wirklichen Wert gestanden haben würde. 2 Die Minderung ist, soweit erforderlich, durch Schätzung zu ermitteln.
(4) 1 Hat der Besteller mehr als die geminderte Vergütung gezahlt, so ist der Mehrbetrag vom Unternehmer zu erstatten.
2 § 346 Abs. 1 und § 347 Abs. 1 finden entsprechende Anwendung.

§ 323 Abs. 5 Satz 2 BGB Rücktritt wegen nicht oder nicht vertragsgemäß erbrachter Leistung
(5) ... Hat der Schuldner die Leistung nicht vertragsgemäß bewirkt, so kann der Gläubiger vom Vertrag nicht zurücktreten, wenn die Pflichtverletzung unerheblich ist ...

§ 346 Abs. 1 BGB Wirkungen des Rücktritts
(1) Hat sich eine Vertragspartei vertraglich den Rücktritt vorbehalten oder steht ihr ein gesetzliches Rücktrittsrecht zu, so sind im Falle des Rücktritts die empfangenen Leistungen zurückzugewähren und die gezogenen Nutzungen herauszugeben ...

§ 347 Abs. 1 BGB Nutzungen und Verwendungen nach Rücktritt
(1) Zieht der Schuldner Nutzungen entgegen den Regeln einer ordnungsmäßigen Wirtschaft nicht, obwohl ihm das möglich gewesen wäre, so ist er dem Gläubiger zum Wertersatz verpflichtet. Im Falle eines gesetzlichen Rücktrittsrechts hat der Berechtigte hinsichtlich der Nutzungen nur für diejenige Sorgfalt einzustehen, die er in eigenen Angelegenheiten anzuwenden pflegt ...

Bild 1.45 Gesetzestext zu § 634 BGB mit dem Verweisparagrafen § 638 BGB mit Hinweis auf § 323 Abs. 5 Satz 2 BGB, § 346 Abs. 1 BGB und § 347 Abs. 1 BGB

1.2.7.7 § 634 Nr. 4 BGB mit dem Verweisparagrafen § 636 BGB „Besondere Bestimmungen für Rücktritt und Schadensersatz“

Bild 1.46 zeigt den Gesetzestext zu § 634 BGB mit dem Verweisparagrafen § 636 BGB, der auf § 281 Abs. 2 BGB, § 323 Abs. 2 BGB, § 635 Abs. 3 BGB mit § 275 Abs. 2 und 3 BGB verweist.

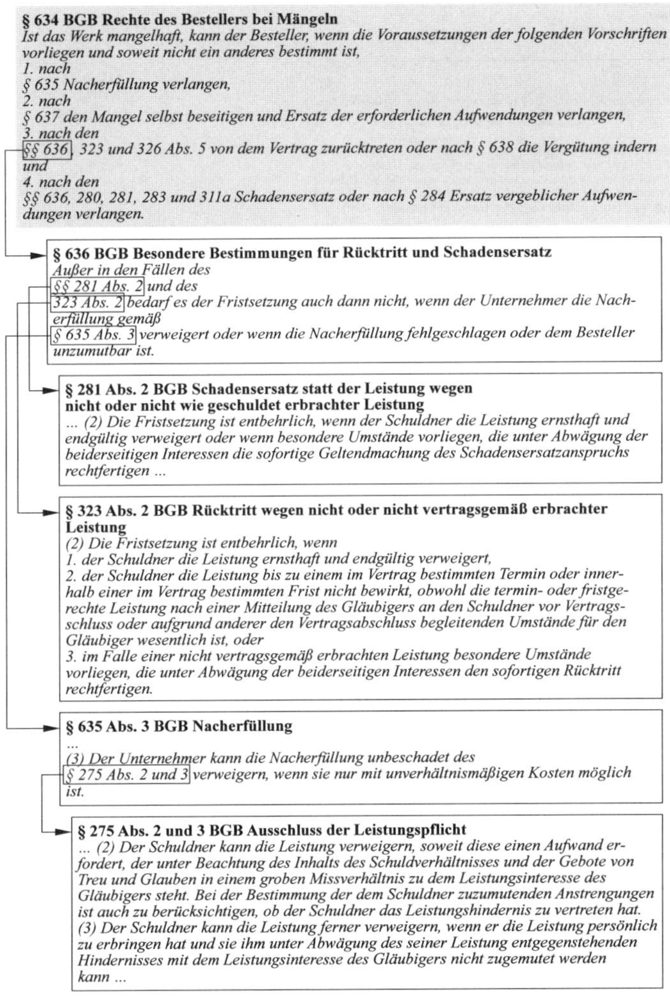

Bild 1.46 Gesetzestext zu § 634 BGB mit dem Verweisparagrafen § 636 BGB mit Verweisen zu § 281 Abs. 2 BGB, § 323 Abs. 2 BGB, § 635 Abs. 3 BGB mit § 275 Abs. 2 und 3 BGB

1.2.7.8 § 634 Nr. 4 BGB mit dem Verweisparagrafen § 280 Abs. 2 BGB „Schadensersatz wegen Pflichtverletzung“ mit Verweisparagrafen

Bild 1.47 zeigt den Gesetzestext zu § 634 BGB mit dem Verweisparagrafen § 280 BGB, der wiederum den Verweisparagrafen § 286 BGB nennt.

§ 634 BGB Rechte des Bestellers bei Mängeln
Ist das Werk mangelhaft, kann der Besteller, wenn die Voraussetzungen der folgenden Vorschriften vorliegen und soweit nicht ein anderes bestimmt ist,
1. nach § 635 Nacherfüllung verlangen,
2. nach § 637 den Mangel selbst beseitigen und Ersatz der erforderlichen Aufwendungen verlangen,
3. nach den §§ 636, 323 und 326 Abs. 5 von dem Vertrag zurücktreten oder nach § 638 die Vergütung mindern und
4. nach den § 636,
§ 280, §§ 281, 283 und 311a Schadensersatz oder nach § 284 Ersatz vergeblicher Aufwendungen verlangen.

§ 280 BGB Schadensersatz wegen Pflichtverletzung
(1) Verletzt der Schuldner eine Pflicht aus dem Schuldverhältnis, so kann der Gläubiger Ersatz des hierdurch entstehenden Schadens verlangen. Dies gilt nicht, wenn der Schuldner die Pflichtverletzung nicht zu vertreten hat.
(2) Schadensersatz wegen Verzögerung der Leistung kann der Gläubiger nur unter der zusätzlichen Voraussetzung des
§ 286 verlangen.
(3) Schadensersatz statt der Leistung kann der Gläubiger nur unter den zusätzlichen Voraussetzungen des § 281, des § 282 oder des § 283 verlangen.

§ 286 BGB Verzug des Schuldners
(1) Leistet der Schuldner auf eine Mahnung des Gläubigers nicht, die nach dem Eintritt der Fälligkeit erfolgt, so kommt er durch die Mahnung in Verzug. Der Mahnung stehen die Erhebung der Klage auf die Leistung sowie die Zustellung eines Mahnbescheids im Mahnverfahren gleich.
(2) Der Mahnung bedarf es nicht, wenn
1. für die Leistung eine Zeit nach dem Kalender bestimmt ist,
2. der Leistung ein Ereignis vorauszugehen hat und eine angemessene Zeit für die Leistung in der Weise bestimmt ist, dass sie sich von dem Ereignis an nach dem Kalender berechnen lässt,
3. der Schuldner die Leistung ernsthaft und endgültig verweigert,
4. aus besonderen Gründen unter Abwägung der beiderseitigen Interessen der sofortige Eintritt des Verzugs gerechtfertigt ist.
(3) Der Schuldner einer Entgeltforderung kommt spätestens in Verzug, wenn er nicht innerhalb von 30 Tagen nach Fälligkeit und Zugang einer Rechnung oder gleichwertigen Zahlungsaufstellung leistet; dies gilt gegenüber einem Schuldner, der Verbraucher ist, nur, wenn auf diese Folgen in der Rechnung oder Zahlungsaufstellung besonders hingewiesen worden ist. Wenn der Zeitpunkt des Zugangs der Rechnung oder Zahlungsaufstellung unsicher ist, kommt der Schuldner, der nicht Verbraucher ist, spätestens 30 Tage nach Fälligkeit und Empfang der Gegenleistung in Verzug.
(4) Der Schuldner kommt nicht in Verzug, solange die Leistung infolge eines Umstands unterbleibt, den er nicht zu vertreten hat.
(5) Für eine von den Abs. 1 bis 3 abweichende Vereinbarung über den Eintritt des Verzugs gilt
§ 271a Abs. 1 bis 5 entsprechend.

§ 271a Abs. 1 bis 5 BGB Vereinbarungen über Zahlungs-, Überprüfungs- oder Abnahmefristen
(1) 1 Eine Vereinbarung, nach der der Gläubiger die Erfüllung einer Entgeltforderung erst nach mehr als 60 Tagen nach Empfang der Gegenleistung verlangen kann, ist nur wirksam, wenn sie ausdrücklich getroffen und im Hinblick auf die Belange des Gläubigers nicht grob unbillig ist. 2 Geht dem Schuldner nach Empfang der Gegenleistung eine Rechnung oder gleichwertige Zahlungsaufstellung zu, tritt der Zeitpunkt des Zugangs dieser Rechnung oder Zahlungsaufstellung an die Stelle des in Satz 1 genannten Zeitpunkts des Empfangs der Gegenleistung. 3 Es wird bis zum Beweis eines anderen Zeitpunkts vermutet, dass der Zeitpunkt des Zugangs der Rechnung oder Zahlungsaufstellung auf den Zeitpunkt des Empfangs der Gegenleistung fällt; hat der Gläubiger einen späteren Zeitpunkt benannt, so tritt dieser an die Stelle des Zeitpunkts des Empfangs der Gegenleistung.
(2) 1 Ist der Schuldner ein öffentlicher Auftraggeber im Sinne von § 99 Nr. 1 bis 3 des Gesetzes gegen Wettbewerbsbeschränkungen, so ist abweichend von Abs. 1
1. eine Vereinbarung, nach der der Gläubiger die Erfüllung einer Entgeltforderung erst nach mehr als 30 Tagen nach Empfang der Gegenleistung verlangen kann, nur wirksam, wenn die Vereinbarung ausdrücklich getroffen und aufgrund der besonderen Natur oder der Merkmale des Schuldverhältnisses sachlich gerechtfertigt ist;
2. eine Vereinbarung, nach der der Gläubiger die Erfüllung einer Entgeltforderung erst nach mehr als 60 Tagen nach Empfang der Gegenleistung verlangen kann, unwirksam.
2 Abs. 1 Satz 2 und 3 ist entsprechend anzuwenden.
(3) Ist eine Entgeltforderung erst nach Überprüfung oder Abnahme der Gegenleistung zu erfüllen, so ist eine Vereinbarung, nach der die Zeit für die Überprüfung oder Abnahme der Gegenleistung mehr als 30 Tage nach Empfang der Gegenleistung beträgt, nur wirksam, wenn sie ausdrücklich getroffen und im Hinblick auf die Belange des Gläubigers nicht grob unbillig ist.
(4) Ist eine Vereinbarung nach den Abs. 1 bis 3 unwirksam, bleibt der Vertrag im Übrigen wirksam.
(5) Die Abs. 1 bis 3 sind nicht anzuwenden auf
1. die Vereinbarung von Abschlagszahlungen und sonstigen Ratenzahlungen sowie
2. ein Schuldverhältnis, aus dem ein Verbraucher die Erfüllung der Entgeltforderung schuldet.

Bild 1.47 Gesetzestext zu § 634 BGB mit dem Verweisparagrafen § 280 BGB mit dem Verweisparagrafen § 286 BGB mit Hinweis auf § 271a Abs. 1 bis 5 BGB „Vereinbarungen über Zahlungs-, Überprüfungs- oder Abnahmefristen“

1.2.7.9 § 634 Nr. 4 BGB mit dem Verweisparagrafen § 280 Abs. 3 mit dem Verweisparagrafen § 281 BGB „Schadensersatz statt der Leistung wegen nicht oder nicht wie geschuldet erbrachter Leistung“ mit Verweisparagrafen

Bild 1.48 zeigt den Gesetzestext zu § 634 BGB mit dem Verweisparagrafen § 280 BGB mit Bezug auf den Verweisparagrafen § 281 BGB mit dem Verweisparagrafen § 280 Abs. 1 BGB und Bildverweisen zu den §§ 346 bis 348 BGB „Rücktritt/Rückgewähr“.

§ 634 BGB Rechte des Bestellers bei Mängeln
Ist das Werk mangelhaft, kann der Besteller, wenn die Voraussetzungen der folgenden Vorschriften vorliegen und soweit nicht ein anderes bestimmt ist,
1. nach § 635 Nacherfüllung verlangen,
2. nach § 637 den Mangel selbst beseitigen und Ersatz der erforderlichen Aufwendungen verlangen,
3. nach den §§ 636, 323 und 326 Abs. 5 von dem Vertrag zurücktreten oder nach § 638 die Vergütung mindern und
4. nach den §§ 636, § 280, §§ 281, 283 und 311a Schadensersatz oder nach § 284 Ersatz vergeblicher Aufwendungen verlangen.

→ **§ 280 BGB Schadensersatz wegen Pflichtverletzung**
(1) Verletzt der Schuldner eine Pflicht aus dem Schuldverhältnis, so kann der Gläubiger Ersatz des hierdurch entstehenden Schadens verlangen. Dies gilt nicht, wenn der Schuldner die Pflichtverletzung nicht zu vertreten hat.
(2) Schadensersatz wegen Verzögerung der Leistung kann der Gläubiger nur unter der zusätzlichen Voraussetzung des § 286 verlangen.
(3) Schadensersatz statt der Leistung kann der Gläubiger nur unter den zusätzlichen Voraussetzungen des § 281, des § 282 oder des § 283 verlangen.

→ **§ 281 BGB Schadensersatz statt der Leistung wegen nicht oder nicht wie geschuldet erbrachter Leistung**
(1) Soweit der Schuldner die fällige Leistung nicht oder nicht wie geschuldet erbringt, kann der Gläubiger unter den Voraussetzungen des § 280 Abs. 1 Schadensersatz statt der Leistung verlangen, wenn er dem Schuldner erfolglos eine angemessene Frist zur Leistung oder Nacherfüllung bestimmt hat. Hat der Schuldner eine Teilleistung bewirkt, so kann der Gläubiger Schadensersatz statt der ganzen Leistung nur verlangen, wenn er an der Teilleistung kein Interesse hat. Hat der Schuldner die Leistung nicht wie geschuldet bewirkt, so kann der Gläubiger Schadensersatz statt der ganzen Leistung nicht verlangen, wenn die Pflichtverletzung unerheblich ist.
(2) Die Fristsetzung ist entbehrlich, wenn der Schuldner die Leistung ernsthaft und endgültig verweigert oder wenn besondere Umstände vorliegen, die unter Abwägung der beiderseitigen Interessen die sofortige Geltendmachung des Schadensersatzanspruchs rechtfertigen.
(3) Kommt nach der Art der Pflichtverletzung eine Fristsetzung nicht in Betracht, so tritt an deren Stelle eine Abmahnung.
(4) Der Anspruch auf die Leistung ist ausgeschlossen, sobald der Gläubiger statt der Leistung Schadensersatz verlangt hat.
(5) Verlangt der Gläubiger Schadensersatz statt der ganzen Leistung, so ist der Schuldner zur Rückforderung des Geleisteten nach den §§ 346 bis 348 berechtigt.

→ **§ 280 Abs. 1 BGB Schadensersatz wegen Pflichtverletzung**
(1) Verletzt der Schuldner eine Pflicht aus dem Schuldverhältnis, so kann der Gläubiger Ersatz des hierdurch entstehenden Schadens verlangen. Dies gilt nicht, wenn der Schuldner die Pflichtverletzung nicht zu vertreten hat.

→ **§§ 346 bis 348 BGB Rücktritt/Rückgewähr – Bilder 1.24 bis 1.27**

Bild 1.48 Gesetzestext zu § 634 BGB mit dem Verweisparagrafen § 280 BGB mit dem Verweisparagrafen § 281 BGB mit dem Verweisparagrafen § 280 Abs. 1 BGB und Bildverweisen zu den §§ 346 bis 348 BGB „Rücktritt/Rückgewähr“

1.2.7.10 § 634 Nr. 4 BGB mit dem Verweisparagrafen § 280 Abs. 3 mit dem Verweisparagrafen § 282 BGB „Schadensersatz statt der Leistung wegen Verletzung einer Pflicht nach § 241 Abs. 2“ mit Verweisparagrafen

Bild 1.49 zeigt den Gesetzestext zu § 634 BGB mit dem Verweisparagrafen § 280 BGB, der den Verweisparagrafen § 282 BGB mit den Verweisparagrafen § 241 Abs. 2 BGB und § 280 Abs. 1 BGB enthält.

§ 634 BGB Rechte des Bestellers bei Mängeln
Ist das Werk mangelhaft, kann der Besteller, wenn die Voraussetzungen der folgenden Vorschriften vorliegen und soweit nicht ein anderes bestimmt ist,
1. nach § 635 Nacherfüllung verlangen,
2. nach § 637 den Mangel selbst beseitigen und Ersatz der erforderlichen Aufwendungen verlangen,
3. nach den §§ 636, 323 und 326 Abs. 5 von dem Vertrag zurücktreten oder nach § 638 die Vergütung mindern und
4. nach den § 636,
§280, §§281, 283 und 311a Schadensersatz oder nach § 284 Ersatz vergeblicher Aufwendungen verlangen.

§ 280 BGB Schadensersatz wegen Pflichtverletzung
(1) Verletzt der Schuldner eine Pflicht aus dem Schuldverhältnis, so kann der Gläubiger Ersatz des hierdurch entstehenden Schadens verlangen. Dies gilt nicht, wenn der Schuldner die Pflichtverletzung nicht zu vertreten hat.
(2) Schadensersatz wegen Verzögerung der Leistung kann der Gläubiger nur unter der zusätzlichen Voraussetzung des § 286 verlangen.
(3) Schadensersatz statt der Leistung kann der Gläubiger nur unter den zusätzlichen Voraussetzungen des § 281, des
§ 282 oder des § 283 verlangen.

§ 282 BGB Schadensersatz statt der Leistung wegen Verletzung einer Pflicht nach § 241 Abs. 2
Verletzt der Schuldner eine Pflicht nach
§ 241 Abs. 2, kann der Gläubiger unter den Voraussetzungen des
§ 280 Abs. 1 Schadensersatz statt der Leistung verlangen, wenn ihm die Leistung durch den Schuldner nicht mehr zuzumuten ist.

§ 241 Abs. 2 BGB Pflichten aus dem Schuldverhältnis
... (2) Das Schuldverhältnis kann nach seinem Inhalt jeden Teil zur Rücksicht auf die Rechte, Rechtsgüter und Interessen des anderen Teils verpflichten ...

§ 280 Abs. 1 BGB Schadensersatz wegen Pflichtverletzung
(1) Verletzt der Schuldner eine Pflicht aus dem Schuldverhältnis, so kann der Gläubiger Ersatz des hierdurch entstehenden Schadens verlangen. Dies gilt nicht, wenn der Schuldner die Pflichtverletzung nicht zu vertreten hat.

Bild 1.49 Gesetzestext zu § 634 BGB mit dem Verweisparagrafen § 280 BGB mit dem Verweisparagrafen § 282 BGB mit den Verweisparagrafen § 241 Abs. 2 BGB und § 280 Abs. 1 BGB

1.2.7.11 § 634 Nr. 4 BGB mit dem Verweisparagrafen § 280 Abs. 3 mit dem Verweisparagrafen § 283 mit Verweisparagrafen

Bild 1.50 zeigt den Gesetzestext zu § 634 BGB mit dem Verweisparagrafen § 280 BGB, dieser wiederum mit dem Verweisparagrafen § 283 BGB mit den Verweisparagrafen § 275 Abs. 1 bis 3 BGB, § 280 Abs. 1 BGB, § 281 Abs. 1 Satz 2 und 3 sowie Abs. 5 BGB mit Bildverweisen zu den §§ 346 bis 348 BGB „Rücktritt/Rückgewähr".

§ 634 BGB Rechte des Bestellers bei Mängeln
Ist das Werk mangelhaft, kann der Besteller, wenn die Voraussetzungen der folgenden Vorschriften vorliegen und soweit nicht ein anderes bestimmt ist,
1. nach § 635 Nacherfüllung verlangen,
2. nach § 637 den Mangel selbst beseitigen und Ersatz der erforderlichen Aufwendungen verlangen,
3. nach den §§ 636, 323 und 326 Abs. 5 von dem Vertrag zurücktreten oder nach § 638 die Vergütung mindern und
4. nach den §§ 636,
§ 280, §§ 281, 283 und 311a Schadensersatz oder nach § 284 Ersatz vergeblicher Aufwendungen verlangen.

§ 280 BGB Schadensersatz wegen Pflichtverletzung
(1) Verletzt der Schuldner eine Pflicht aus dem Schuldverhältnis, so kann der Gläubiger Ersatz des hierdurch entstehenden Schadens verlangen. Dies gilt nicht, wenn der Schuldner die Pflichtverletzung nicht zu vertreten hat.
(2) Schadensersatz wegen Verzögerung der Leistung kann der Gläubiger nur unter der zusätzlichen Voraussetzung des § 286 verlangen.
(3) Schadensersatz statt der Leistung kann der Gläubiger nur unter den zusätzlichen Voraussetzungen des § 281, des
§ 282 oder des
§ 283 verlangen.

§ 283 BGB Schadensersatz statt der Leistung bei Ausschluss der Leistungspflicht
Braucht der Schuldner nach
§ 275 Abs. 1 bis 3 nicht zu leisten, kann der Gläubiger unter den Voraussetzungen des
§ 280 Abs. 1 Schadensersatz statt der Leistung verlangen.
§ 281 Abs. 1 Satz 2 und 3 und Abs. 5 findet entsprechende Anwendung.

§ 275 Abs. 1 bis 3 BGB Ausschluss der Leistungspflicht
(1) Der Anspruch auf Leistung ist ausgeschlossen, soweit diese für den Schuldner oder für jedermann unmöglich ist.
(2) Der Schuldner kann die Leistung verweigern, soweit diese einen Aufwand erfordert, der unter Beachtung des Inhalts des Schuldverhältnisses und der Gebote von Treu und Glauben in einem groben Missverhältnis zu dem Leistungsinteresse des Gläubigers steht. Bei der Bestimmung der dem Schuldner zuzumutenden Anstrengungen ist auch zu berücksichtigen, ob der Schuldner das Leistungshindernis zu vertreten hat.
(3) Der Schuldner kann die Leistung ferner verweigern, wenn er die Leistung persönlich zu erbringen hat und sie ihm unter Abwägung des seiner Leistung entgegenstehenden Hindernisses mit dem Leistungsinteresse des Gläubigers nicht zugemutet werden kann.

§ 280 Abs. 1 BGB Schadensersatz wegen Pflichtverletzung
(1) Verletzt der Schuldner eine Pflicht aus dem Schuldverhältnis, so kann der Gläubiger Ersatz des hierdurch entstehenden Schadens verlangen. Dies gilt nicht, wenn der Schuldner die Pflichtverletzung nicht zu vertreten hat.

§ 281 Abs. 1 Satz 2 und 3 und Abs. 5 BGB Schadensersatz statt der Leistung wegen nicht oder nicht wie geschuldet erbrachter Leistung
(1) ... Hat der Schuldner eine Teilleistung bewirkt, so kann der Gläubiger Schadensersatz statt der ganzen Leistung nur verlangen, wenn er an der Teilleistung kein Interesse hat. Hat der Schuldner die Leistung nicht wie geschuldet bewirkt, so kann der Gläubiger Schadensersatz statt der ganzen Leistung nicht verlangen, wenn die Pflichtverletzung unerheblich ist ...
... (5) Verlangt der Gläubiger Schadensersatz statt der ganzen Leistung, so ist der Schuldner zur Rückforderung des Geleisteten nach den
§§ 346 bis 348 berechtigt.

§§ 346 bis 348 BGB Rücktritt/Rückgewähr – Bilder 1.24 bis 1.27

Bild 1.50 Gesetzestext zu § 634 BGB mit dem Verweisparagrafen § 280 BGB mit dem Verweisparagrafen § 283 BGB mit den Verweisparagrafen § 275 Abs. 1 bis 3 BGB, § 280 Abs. 1 BGB, § 281 Abs. 1 Satz 2 und 3 und Abs. 5 BGB mit Bildverweisen zu den §§ 346 bis 348 BGB „Rücktritt/Rückgewähr"

1.2.7.12 § 634 Nr. 4 BGB mit dem Verweisparagrafen § 281 mit Verweisparagrafen

Bild 1.51 zeigt den Gesetzestext zu § 634 BGB mit dem Verweisparagrafen § 281 BGB, der wiederum den Verweisparagrafen § 280 Abs. 1 BGB und Bildverweise zu den §§ 346 bis 348 BGB enthält.

§ 634 BGB Rechte des Bestellers bei Mängeln
Ist das Werk mangelhaft, kann der Besteller, wenn die Voraussetzungen der folgenden Vorschriften vorliegen und soweit nicht ein anderes bestimmt ist,
1. nach § 635 Nacherfüllung verlangen,
2. nach § 637 den Mangel selbst beseitigen und Ersatz der erforderlichen Aufwendungen verlangen,
3. nach den §§ 636, 323 und 326 Abs. 5 von dem Vertrag zurücktreten oder nach § 638 die Vergütung mindern und
4. nach den §§ 636, 280, § 281, §§ 283 und 311a Schadensersatz oder nach § 284 Ersatz vergeblicher Aufwendungen verlangen.

§ 281 BGB Schadensersatz statt der Leistung wegen nicht oder nicht wie geschuldet erbrachter Leistung
(1) Soweit der Schuldner die fällige Leistung nicht oder nicht wie geschuldet erbringt, kann der Gläubiger unter den Voraussetzungen des § 280 Abs. 1 Schadensersatz statt der Leistung verlangen, wenn er dem Schuldner erfolglos eine angemessene Frist zur Leistung oder Nacherfüllung bestimmt hat.
Hat der Schuldner eine Teilleistung bewirkt, so kann der Gläubiger Schadensersatz statt der ganzen Leistung nur verlangen, wenn er an der Teilleistung kein Interesse hat. Hat der Schuldner die Leistung nicht wie geschuldet bewirkt, so kann der Gläubiger Schadensersatz statt der ganzen Leistung nicht verlangen, wenn die Pflichtverletzung unerheblich ist.
(2) Die Fristsetzung ist entbehrlich, wenn der Schuldner die Leistung ernsthaft und endgültig verweigert oder wenn besondere Umstände vorliegen, die unter Abwägung der beiderseitigen Interessen die sofortige Geltendmachung des Schadensersatzanspruchs rechtfertigen.
(3) Kommt nach der Art der Pflichtverletzung eine Fristsetzung nicht in Betracht, so tritt an deren Stelle eine Abmahnung.
(4) Der Anspruch auf die Leistung ist ausgeschlossen, sobald der Gläubiger statt der Leistung Schadensersatz verlangt hat.
(5) Verlangt der Gläubiger Schadensersatz statt der ganzen Leistung, so ist der Schuldner zur Rückforderung des Geleisteten nach den §§ 346 bis 348 berechtigt.

§ 280 Abs. 1 BGB Schadensersatz wegen Pflichtverletzung
(1) Verletzt der Schuldner eine Pflicht aus dem Schuldverhältnis, so kann der Gläubiger Ersatz des hierdurch entstehenden Schadens verlangen. Dies gilt nicht, wenn der Schuldner die Pflichtverletzung nicht zu vertreten hat ...

§§ 346 bis 348 BGB Rücktritt/Rückgewähr – Bilder 1.24 bis 1.27

Bild 1.51 Gesetzestext zu § 634 BGB mit dem Verweisparagrafen § 281 BGB mit dem Verweisparagrafen § 280 Abs. 1 BGB und Bildverweis zu §§ 346 bis 348 BGB

1.2.7.13 § 634 Nr. 4 BGB mit dem Verweisparagrafen § 283 „Schadensersatz statt der Leistung bei Ausschluss der Leistungspflicht“ mit Verweisparagrafen

Bild 1.52 zeigt den Gesetzestext zu § 634 BGB mit dem Verweisparagrafen § 283 BGB, dieser wiederum nennt die Verweisparagrafen § 275 Abs. 1 bis 3 BGB, § 280 Abs. 1 BGB, § 281 Abs. 1 Satz 2 und 3 sowie Abs. 5 BGB mit Bildverweisen zu den §§ 346 bis 348 BGB.

1.2.7.14 § 634 Nr. 4 BGB mit dem Verweisparagrafen § 311a BGB „Leistungshindernis bei Vertragsschluss“ mit Verweisparagrafen

Bild 1.53 zeigt den Gesetzestext zu § 634 BGB mit dem Verweisparagrafen § 311a BGB mit den Verweisparagrafen § 275 Abs. 1 bis 3 BGB, § 284 BGB, § 281 Abs. 1 Satz 2 und 3 sowie Abs. 5 BGB mit Bildverweisen zu den §§ 346 bis 348 BGB.

§ 634 BGB Rechte des Bestellers bei Mängeln
Ist das Werk mangelhaft, kann der Besteller, wenn die Voraussetzungen der folgenden Vorschriften vorliegen und soweit nicht ein anderes bestimmt ist,
1. nach § 635 Nacherfüllung verlangen,
2. nach § 637 den Mangel selbst beseitigen und Ersatz der erforderlichen Aufwendungen verlangen,
3. nach den §§ 636, 323 und 326 Abs. 5 von dem Vertrag zurücktreten oder nach § 638 die Vergütung mindern und
4. nach den §§ 636, 280, 281,
§ 283 und § 311a Schadensersatz oder nach § 284 Ersatz vergeblicherAufwendungen verlangen.

§ 283 BGB Schadensersatz statt der Leistung bei Ausschluss der Leistungspflicht
Braucht der Schuldner nach
§ 275 Abs. 1 bis 3 nicht zu leisten, kann der Gläubiger unter den Voraussetzungen des
§ 280 Abs. 1 Schadensersatz statt der Leistung verlangen.
§ 281 Abs. 1 Satz 2 und 3 und Abs. 5 findet entsprechende Anwendung.

§ 275 Abs. 1 bis 3 BGB Ausschluss der Leistungspflicht
(1) Der Anspruch auf Leistung ist ausgeschlossen, soweit diese für den Schuldner oder für jedermann unmöglich ist.
(2) Der Schuldner kann die Leistung verweigern, soweit diese einen Aufwand erfordert, der unter Beachtung des Inhalts des Schuldverhältnisses und der Gebote von Treu und Glauben in einem groben Missverhältnis zu dem Leistungsinteresse des Gläubigers steht. Bei der Bestimmung der dem Schuldner zuzumutenden Anstrengungen ist auch zu berücksichtigen, ob der Schuldner das Leistungshindernis zu vertreten hat.
(3) Der Schuldner kann die Leistung ferner verweigern, wenn er die Leistung persönlich zu erbringen hat und sie ihm unter Abwägung des seiner Leistung entgegenstehenden Hindernisses mit dem Leistungsinteresse des Gläubigers nicht zugemutet werden kann.

§ 280 Abs. 1 BGB Schadensersatz wegen Pflichtverletzung
(1) Verletzt der Schuldner eine Pflicht aus dem Schuldverhältnis, so kann der Gläubiger Ersatz des hierdurch entstehenden Schadens verlangen. Dies gilt nicht, wenn der Schuldner die Pflichtverletzung nicht zu vertreten hat.

§ 281 Abs. 1 Satz 2 und 3 und Abs. 5 BGB Schadensersatz statt der Leistung wegen nicht oder nicht wie geschuldet erbrachter Leistung
(1) ...
Hat der Schuldner eine Teilleistung bewirkt, so kann der Gläubiger Schadensersatz statt der ganzen Leistung nur verlangen, wenn er an der Teilleistung kein Interesse hat. Hat der Schuldner die Leistung nicht wie geschuldet bewirkt, so kann der Gläubiger Schadensersatz statt der ganzen Leistung nicht verlangen, wenn die Pflichtverletzung unerheblich ist.
(2) Die Fristsetzung ist entbehrlich, wenn der Schuldner die Leistung ernsthaft und endgültig verweigert oder wenn besondere Umstände vorliegen, die unter Abwägung der beiderseitigen Interessen die sofortige Geltendmachung des Schadensersatzanspruchs rechtfertigen.
(5) Verlangt der Gläubiger Schadensersatz statt der ganzen Leistung, so ist der Schuldner zur Rückforderung des Geleisteten nach den
§§ 346 bis 348 berechtigt.

§§ 346 bis 348 BGB Rücktritt/Rückgewähr – Bilder 1.24 bis 1.27

Bild 1.52 Gesetzestext zu § 634 BGB mit dem Verweisparagrafen § 283 BGB mit den Verweisparagrafen § 275 Abs. 1 bis 3 BGB, § 280 Abs. 1 BGB, § 281 Abs. 1 Satz 2 und 3 sowie Abs. 5 BGB mit Bildverweisen zu den §§ 346 bis 348 BGB

§ 634 BGB Rechte des Bestellers bei Mängeln
Ist das Werk mangelhaft, kann der Besteller, wenn die Voraussetzungen der folgenden Vorschriften vorliegen und soweit nicht ein anderes bestimmt ist,
1. nach § 635 Nacherfüllung verlangen,
2. nach § 637 den Mangel selbst beseitigen und Ersatz der erforderlichen Aufwendungen verlangen,
3. nach den §§ 636, 323 und 326 Abs. 5 von dem Vertrag zurücktreten oder nach § 638 die Vergütung mindern und
4. nach den §§ 636, 280, 281, 283 und § 311a Schadensersatz oder nach § 284 Ersatz vergeblicher Aufwendungen verlangen.

§ 311a BGB Leistungshindernis bei Vertragsschluss
(1) Der Wirksamkeit eines Vertrags steht es nicht entgegen, dass der Schuldner nach § 275 Abs. 1 bis 3 nicht zu leisten braucht und das Leistungshindernis schon bei Vertragsschluss vorliegt.
(2) Der Gläubiger kann nach seiner Wahl Schadensersatz statt der Leistung oder Ersatz seiner Aufwendungen in dem in § 284 bestimmten Umfang verlangen. Dies gilt nicht, wenn der Schuldner das Leistungshindernis bei Vertragsschluss nicht kannte und seine Unkenntnis auch nicht zu vertreten hat. § 281 Abs. 1 Satz 2 und 3 und Abs. 5 findet entsprechende Anwendung.

§ 275 Abs. 1 bis 3 BGB Ausschluss der Leistungspflicht
(1) Der Anspruch auf Leistung ist ausgeschlossen, soweit diese für den Schuldner oder für jedermann unmöglich ist.
(2) Der Schuldner kann die Leistung verweigern, soweit diese einen Aufwand erfordert, der unter Beachtung des Inhalts des Schuldverhältnisses und der Gebote von Treu und Glauben in einem groben Missverhältnis zu dem Leistungsinteresse des Gläubigers steht. Bei der Bestimmung der dem Schuldner zuzumutenden Anstrengungen ist auch zu berücksichtigen, ob der Schuldner das Leistungshindernis zu vertreten hat.
(3) Der Schuldner kann die Leistung ferner verweigern, wenn er die Leistung persönlich zu erbringen hat und sie ihm unter Abwägung des seiner Leistung entgegenstehenden Hindernisses mit dem Leistungsinteresse des Gläubigers nicht zugemutet werden kann.

§ 284 BGB Ersatz vergeblicher Aufwendungen
Anstelle des Schadensersatzes statt der Leistung kann der Gläubiger Ersatz der Aufwendungen verlangen, die er im Vertrauen auf den Erhalt der Leistung gemacht hat und billigerweise machen durfte, es sei denn, deren Zweck wäre auch ohne die Pflichtverletzung des Schuldners nicht erreicht worden.

§ 281 Abs. 1 Satz 2 und 3 und Abs. 5 BGB Schadensersatz statt der Leistung wegen nicht oder nicht wie geschuldet erbrachter Leistung
(1) ...
Hat der Schuldner eine Teilleistung bewirkt, so kann der Gläubiger Schadensersatz statt der ganzen Leistung nur verlangen, wenn er an der Teilleistung kein Interesse hat. Hat der Schuldner die Leistung nicht wie geschuldet bewirkt, so kann der Gläubiger Schadensersatz statt der ganzen Leistung nicht verlangen, wenn die Pflichtverletzung unerheblich ist ...
(5) Verlangt der Gläubiger Schadensersatz statt der ganzen Leistung, so ist der Schuldner zur Rückforderung des Geleisteten nach den §§ 346 bis 348 berechtigt.

§§ 346 bis 348 BGB Rücktritt/Rückgewähr – Bilder 1.24 bis 1.27

Bild 1.53 Gesetzestext zu § 634 BGB mit dem Verweisparagrafen § 311a BGB mit den Verweisparagrafen § 275 Abs. 1 bis 3 BGB, § 284 BGB, § 281 Abs. 1 Satz 2 und 3 sowie Abs. 5 BGB mit Bildverweisen zu den §§ 346 bis 348 BGB

1.2.7.15 § 634 Nr. 4 BGB mit dem Verweisparagrafen § 284 BGB

Bild 1.54 zeigt den Gesetzestext zu § 634 BGB mit dem Verweisparagrafen § 284 BGB.

§ 634 BGB Rechte des Bestellers bei Mängeln
Ist das Werk mangelhaft, kann der Besteller, wenn die Voraussetzungen der folgenden Vorschriften vorliegen und soweit nicht ein anderes bestimmt ist,
1. nach § 635 Nacherfüllung verlangen,
2. nach § 637 den Mangel selbst beseitigen und Ersatz der erforderlichen Aufwendungen verlangen,
3. nach den §§ 636, 323 und 326 Abs. 5 von dem Vertrag zurücktreten oder nach § 638 die Vergütung mindern und
4. nach den §§ 636, 280, 281, 283 und 311a Schadensersatz oder nach § 284 Ersatz vergeblicher Aufwendungen verlangen.

§ 284 BGB Ersatz vergeblicher Aufwendungen
Anstelle des Schadensersatzes statt der Leistung kann der Gläubiger Ersatz der Aufwendungen verlangen, die er im Vertrauen auf den Erhalt der Leistung gemacht hat und billigerweise machen durfte, es sei denn, deren Zweck wäre auch ohne die Pflichtverletzung des Schuldners nicht erreicht worden.

Bild 1.54 Gesetzestext zu § 634 BGB mit dem Verweisparagrafen § 284 BGB

1.2.8 § 634a BGB „Verjährung der Mängelansprüche“ Übersicht Verweisparagrafen

Welche Verweisparagrafen werden bei den Regelungen in § 634a BGB „Verjährung der Mängelansprüche“ genannt?

Die in § 634a BGB „Verjährung der Mängelansprüche“ genannten Rechte bei einem mangelhaften Werk sind in Abhängigkeit verschiedener Paragrafen zu betrachten.

Eine Übersicht der genannten Verweisparagrafen in § 634a BGB bezüglich der Rechte zeigt **Bild 1.55**.

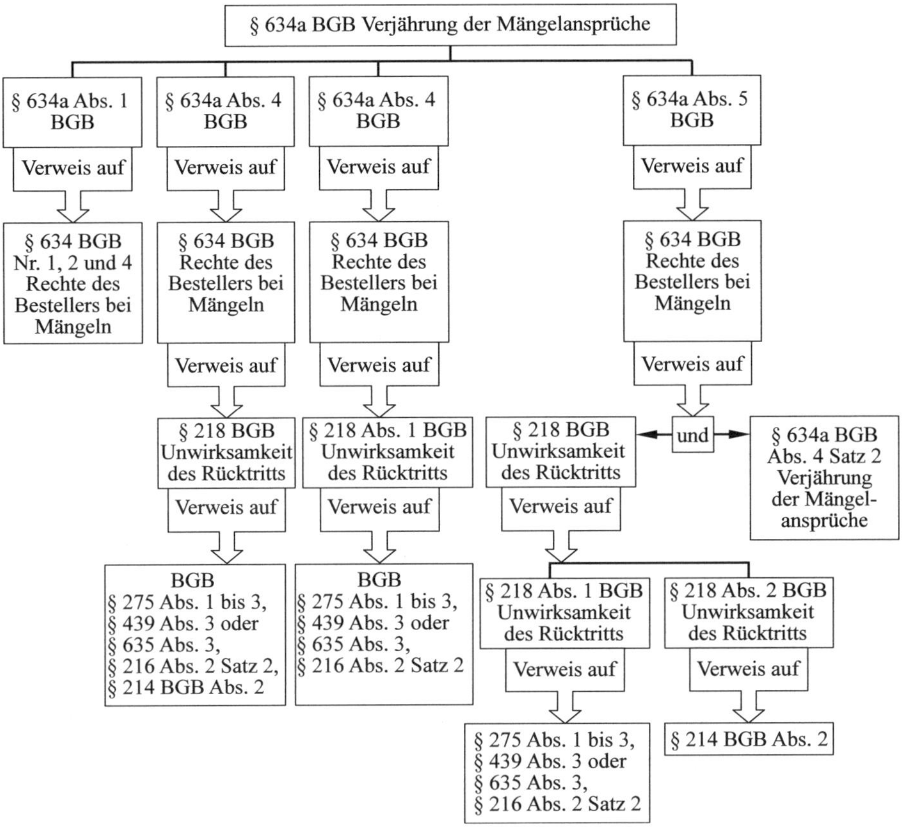

Bild 1.55 § 634a BGB „Verjährung der Mängelansprüche" in Abhängigkeit verschiedener Paragrafen

1.2.8.1 § 634a BGB mit dem Verweisparagrafen § 634 Nr. 1, 2 und 4 BGB mit Verweisparagrafen

Bild 1.56 zeigt den Gesetzestext zu § 634a BGB mit dem Verweisparagrafen § 634 Nr. 1, 2 und 4 BGB mit den Verweisparagrafen §§ 311a, 275 und 284 BGB.

1.2.8.2 § 634a BGB mit dem Verweisparagrafen § 218 BGB mit Verweisparagrafen

Bild 1.57 zeigt den Gesetzestext zu § 634a BGB mit dem Verweisparagrafen § 218 BGB mit den Verweisparagrafen § 275 Nr. 1 bis 3 BGB, § 439 Abs. 3 BGB, § 635 Abs. 3 BGB, § 216 Abs. 2 Satz 2 BGB und § 214 Abs. 2 BGB.

§ 634a BGB Verjährung der Mängelansprüche

(1) Die in
§ 634 Nr. 1, 2 und 4 bezeichneten Ansprüche verjähren
1. vorbehaltlich der Nr. 2 in zwei Jahren bei einem Werk, dessen Erfolg in der Herstellung, Wartung oder Veränderung einer Sache oder in der Erbringung von Planungs- oder Überwachungsleistungen hierfür besteht,
2. in fünf Jahren bei einem Bauwerk und einem Werk, dessen Erfolg in der Erbringung von Planungs- oder Überwachungsleistungen hierfür besteht, und
3. im Übrigen in der regelmäßigen Verjährungsfrist.
(2) Die Verjährung beginnt in den Fällen des Abs. 1 Nr. 1 und 2 mit der Abnahme.
(3) Abweichend von Abs. 1 Nr. 1 und 2 und Abs. 2 verjähren die Ansprüche in der regelmäßigen Verjährungsfrist, wenn der Unternehmer den Mangel arglistig verschwiegen hat. Im Fall des Abs. 1 Nr. 2 tritt die Verjährung jedoch nicht vor Ablauf der dort bestimmten Frist ein.
(4) Für das in
§ 634 bezeichnete Rücktrittsrecht gilt § 218. Der Besteller kann trotz einer Unwirksamkeit des Rücktritts nach
§ 218 Abs. 1 die Zahlung der Vergütung insoweit verweigern, als er aufgrund des Rücktritts dazu berechtigt sein würde. Macht er von diesem Recht Gebrauch, kann der Unternehmer vom Vertrag zurücktreten.
(5) Auf das in
§ 634 bezeichnete Minderungsrecht finden § 218 und Abs. 4 Satz 2 entsprechende Anwendung.

§ 634 Nr. 1, 2 und 4 BGB Rechte des Bestellers bei Mängeln, siehe Bilder 1.39 bis 1.54

Ist das Werk mangelhaft, kann der Besteller, wenn die Voraussetzungen der folgenden Vorschriften vorliegen und soweit nicht ein anderes bestimmt ist,
1. nach
§ 635 Nacherfüllung verlangen,
2. nach
§ 637 den Mangel selbst beseitigen und Ersatz der erforderlichen Aufwendungen verlangen,
...
4. nach den
§ 636,
§ 280, § 281, § 283 und
§ 311a Schadensersatz oder nach
§ 284 Ersatz vergeblicher Aufwendungen verlangen.

§ 635 BGB Nacherfüllung

§ 637 BGB Selbstvornahme

§ 636 BGB Besondere Bestimmungen für Rücktritt und Schadensersatz

§§ 280, 281, 283 BGB Regelungen zum Schadensersatz

§ 311a BGB Leistungshindernis bei Vertragsschluss
(1) Der Wirksamkeit eines Vertrags steht es nicht entgegen, dass der Schuldner nach § 275 Abs. 1 bis 3 nicht zu leisten braucht und das Leistungshindernis schon bei Vertragsschluss vorliegt.
(2) Der Gläubiger kann nach seiner Wahl Schadensersatz statt der Leistung oder Ersatz seiner Aufwendungen in dem in § 284 bestimmten Umfang verlangen. Dies gilt nicht, wenn der Schuldner das Leistungshindernis bei Vertragsschluss nicht kannte und seine Unkenntnis auch nicht zu vertreten hat. § 281 Abs. 1 Satz 2 und 3 und Abs. 5 findet entsprechende Anwendung.

§ 275 BGB Ausschluss der Leistungspflicht
(1) Der Anspruch auf Leistung ist ausgeschlossen, soweit diese für den Schuldner oder für jedermann unmöglich ist.
(2) Der Schuldner kann die Leistung verweigern, soweit diese einen Aufwand erfordert, der unter Beachtung des Inhalts des Schuldverhältnisses und der Gebote von Treu und Glauben in einem groben Missverhältnis zu dem Leistungsinteresse des Gläubigers steht. Bei der Bestimmung der dem Schuldner zuzumutenden Anstrengungen ist auch zu berücksichtigen, ob der Schuldner das Leistungshindernis zu vertreten hat.
(3) Der Schuldner kann die Leistung ferner verweigern, wenn er die Leistung persönlich zu erbringen hat und sie ihm unter Abwägung des seiner Leistung entgegenstehenden Hindernisses mit dem Leistungsinteresse des Gläubigers nicht zugemutet werden kann …

§ 284 BGB Ersatz vergeblicher Aufwendungen
Anstelle des Schadensersatzes statt der Leistung kann der Gläubiger Ersatz der Aufwendungen verlangen, die er im Vertrauen auf den Erhalt der Leistung gemacht hat und billigerweise machen durfte, es sei denn, deren Zweck wäre auch ohne die Pflichtverletzung des Schuldners nicht erreicht worden.

§ 281 Abs. 1 Satz 2 und 3 und Abs. 5 BGB Regelungen zum Schadensersatz

Bild 1.56 Gesetzestext zu § 634a „Verjährung der Mängelansprüche" mit dem Verweisparagrafen § 634 Nr. 1, 2 und 4 BGB „Rechte des Bestellers bei Mängeln" mit Verweisparagrafen

§ 634a BGB Verjährung der Mängelansprüche
(2) Die in § 634 Nr. 1, 2 und 4 bezeichneten Ansprüche verjähren
1. vorbehaltlich der Nr. 2 in zwei Jahren bei einem Werk, dessen Erfolg in der Herstellung, Wartung oder Veränderung einer Sache oder in der Erbringung von Planungs- oder Überwachungsleistungen hierfür besteht,
2. in fünf Jahren bei einem Bauwerk und einem Werk, dessen Erfolg in der Erbringung von Planungs- oder Überwachungsleistungen hierfür besteht, und
3. im Übrigen in der regelmäßigen Verjährungsfrist.
(2) Die Verjährung beginnt in den Fällen des Abs. 1 Nr. 1 und 2 mit der Abnahme.
(3) Abweichend von Abs. 1 Nr. 1 und 2 und Abs. 2 verjähren die Ansprüche in der regelmäßigen Verjährungsfrist, wenn der Unternehmer den Mangel arglistig verschwiegen hat. Im Fall des Abs. 1 Nr. 2 tritt die Verjährung jedoch nicht vor Ablauf der dort bestimmten Frist ein.
(4) Für das in
§ 634 bezeichnete Rücktrittsrecht gilt
§ 218 Der Besteller kann trotz einer Unwirksamkeit des Rücktritts nach
§ 218 Abs. 1 die Zahlung der Vergütung insoweit verweigern, als er aufgrund des Rücktritts dazu berechtigt sein würde. Macht er von diesem Recht Gebrauch, kann der Unternehmer vom Vertrag zurücktreten.
(5) Auf das in § 634 bezeichnete Minderungsrecht finden
§ 218 und Abs. 4 Satz 2 entsprechende Anwendung.

§ 218 BGB Unwirksamkeit des Rücktritts
(1) Der Rücktritt wegen nicht oder nicht vertragsgemäß erbrachter Leistung ist unwirksam, wenn der Anspruch auf die Leistung oder der Nacherfüllungsanspruch verjährt ist und der Schuldner sich hierauf beruft. Dies gilt auch, wenn der Schuldner nach
§ 275 Abs. 1 bis 3,
§ 439 Abs. 3 oder
§ 635 Abs. 3
nicht zu leisten braucht und der Anspruch auf die Leistung oder der Nacherfüllungsanspruch verjährt wäre.
§ 216 Abs. 2 Satz 2 bleibt unberührt.
(2) § 214 Abs. 2 findet entsprechende Anwendung.

§ 275 Nr. 1 bis 3 BGB Ausschluss der Leistungspflicht
(1) Der Anspruch auf Leistung ist ausgeschlossen, soweit diese für den Schuldner oder für jedermann unmöglich ist.
(2) Der Schuldner kann die Leistung verweigern, soweit diese einen Aufwand erfordert, der unter Beachtung des Inhalts des Schuldverhältnisses und der Gebote von Treu und Glauben in einem groben Missverhältnis zu dem Leistungsinteresse des Gläubigers steht.
Bei der Bestimmung der dem Schuldner zuzumutenden Anstrengungen ist auch zu berücksichtigen, ob der Schuldner das Leistungshindernis zu vertreten hat.
(3) Der Schuldner kann die Leistung ferner verweigern, wenn er die Leistung persönlich zu erbringen hat und sie ihm unter Abwägung des seiner Leistung entgegenstehenden Hindernisses mit dem Leistungsinteresse des Gläubigers nicht zugemutet werden kann ...

§ 439 Abs. 3 BGB Nacherfüllung
(3) Der Verkäufer kann die vom Käufer gewählte Art der Nacherfüllung unbeschadet des § 275 Abs. 2 und 3 verweigern, wenn sie nur mit unverhältnismäßigen Kosten möglich ist.
Dabei sind insbesondere der Wert der Sache in mangelfreiem Zustand, die Bedeutung des Mangels und die Frage zu berücksichtigen, ob auf die andere Art der Nacherfüllung ohne erhebliche Nachteile für den Käufer zurückgegriffen werden könnte. Der Anspruch des Käufers beschränkt sich in diesem Fall auf die andere Art der Nacherfüllung; das Recht des Verkäufers, auch diese unter den Voraussetzungen des Satzes 1 zu verweigern, bleibt unberührt.

§ 635 Abs. 3 BGB Nacherfüllung
(3) Der Unternehmer kann die Nacherfüllung unbeschadet des § 275 Abs. 2 und 3 verweigern, wenn sie nur mit unverhältnismäßigen Kosten möglich ist.

§ 216 Abs. 2 Satz 2 BGB Wirkung der Verjährung bei gesicherten Ansprüchen
(2) ... Ist das Eigentum vorbehalten, so kann der Rücktritt vom Vertrag auch erfolgen, wenn der gesicherte Anspruch verjährt ist.

§ 214 Abs. 2 BGB Wirkung der Verjährung
(2) Das zur Befriedigung eines verjährten Anspruchs Geleistete kann nicht zurückgefordert werden, auch wenn in Unkenntnis der Verjährung geleistet worden ist. Das Gleiche gilt von einem vertragsmäßigen Anerkenntnis sowie einer Sicherheitsleistung des Schuldners.

Bild 1.57 § 634a BGB mit dem Verweisparagrafen § 218 BGB mit den Verweisparagrafen § 275 Nr. 1 bis 3 BGB, § 439 Abs. 3 BGB, § 635 Abs. 3 BGB, § 216 Abs. 2 Satz 2 BGB, § 214 Abs. 2 BGB

1.2.9 § 635 BGB „Nacherfüllung“

Welche Verweisparagrafen sind bei den Regelungen zur Nacherfüllung in § 635 BGB zu beachten?

Im Gesetzestext zu § 635 BGB „Nacherfüllung“ wird auf Regelungen zum Ausschluss der Leistungspflicht und Regelungen zum Rücktritt verwiesen.

Eine Übersicht dieser Verweisparagrafen zeigt **Bild 1.58**.

Bild 1.59 zeigt den Gesetzestext zu § 635 BGB und den Verweisparagraf § 275 Abs. 2 und 3 BGB sowie Bildverweise zu den §§ 346 bis 348 BGB.

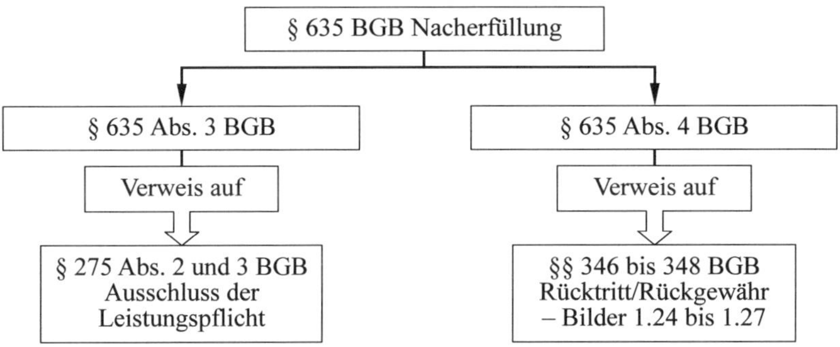

Bild 1.58 Übersicht Verweisparagrafen in § 635 BGB „Nacherfüllung“

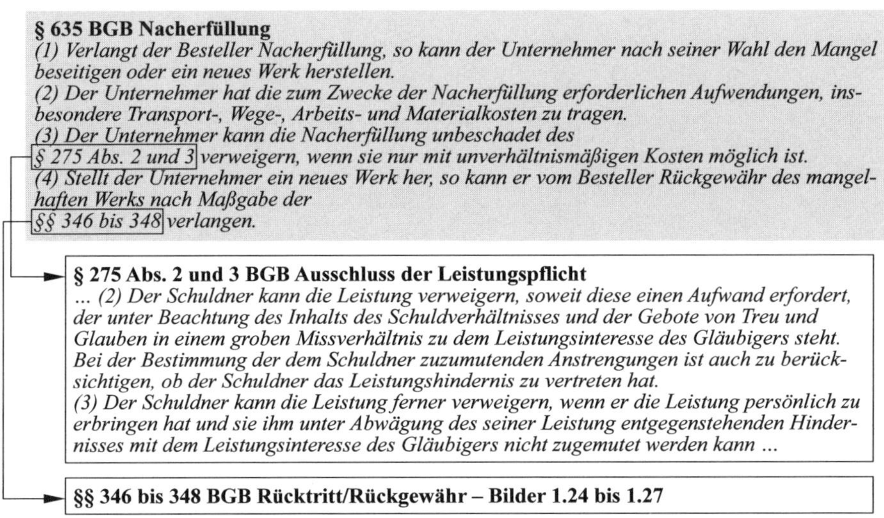

§ 635 BGB Nacherfüllung
(1) Verlangt der Besteller Nacherfüllung, so kann der Unternehmer nach seiner Wahl den Mangel beseitigen oder ein neues Werk herstellen.
(2) Der Unternehmer hat die zum Zwecke der Nacherfüllung erforderlichen Aufwendungen, insbesondere Transport-, Wege-, Arbeits- und Materialkosten zu tragen.
(3) Der Unternehmer kann die Nacherfüllung unbeschadet des § 275 Abs. 2 und 3 verweigern, wenn sie nur mit unverhältnismäßigen Kosten möglich ist.
(4) Stellt der Unternehmer ein neues Werk her, so kann er vom Besteller Rückgewähr des mangelhaften Werks nach Maßgabe der §§ 346 bis 348 verlangen.

§ 275 Abs. 2 und 3 BGB Ausschluss der Leistungspflicht
... (2) Der Schuldner kann die Leistung verweigern, soweit diese einen Aufwand erfordert, der unter Beachtung des Inhalts des Schuldverhältnisses und der Gebote von Treu und Glauben in einem groben Missverhältnis zu dem Leistungsinteresse des Gläubigers steht. Bei der Bestimmung der dem Schuldner zuzumutenden Anstrengungen ist auch zu berücksichtigen, ob der Schuldner das Leistungshindernis zu vertreten hat.
(3) Der Schuldner kann die Leistung ferner verweigern, wenn er die Leistung persönlich zu erbringen hat und sie ihm unter Abwägung des seiner Leistung entgegenstehenden Hindernisses mit dem Leistungsinteresse des Gläubigers nicht zugemutet werden kann ...

§§ 346 bis 348 BGB Rücktritt/Rückgewähr – Bilder 1.24 bis 1.27

Bild 1.59 Gesetzestext zu § 635 BGB und Verweisparagraf § 275 Abs. 2 und 3 BGB sowie Bildverweise zu den §§ 346 bis 348 BGB

Welche Auswirkungen hat die Schuldrechtsreform zum 1. Januar 2018 auf § 635 BGB „Nacherfüllung"?

Die Schuldrechtsreform zum 1. Januar 2018 hat die in **Bild 1.60** angeführten Auswirkungen auf § 635 BGB „Nacherfüllung".

alte Fassung	entspricht	neue Fassung	
§ 633 II BGB a. F.	ist neu geregelt in	**§ 635 BGB n. F.**	Der Nacherfüllungsanspruch (Unternehmerwahlrecht) findet sich nun in § 635 BGB.
§ 635 BGB a. .F	ist neu geregelt in	§ 634 BGB n. F.	Rechte des Bestellers wurden weitgehend parallel zu den Käuferrechten gestaltet. Für Schadensersatzanspruch verweist Neuregelung auf die allgemeinen Vorschriften sowie auf § 636 BGB.

Bild 1.60 Auswirkungen Schuldrechtsreform zum 1. Januar 2018 auf § 635 BGB „Nacherfüllung"

1.2.10 § 636 BGB „Besondere Bestimmungen für Rücktritt und Schadensersatz“

Welche Verweisparagrafen werden in § 636 BGB für die Regelungen zu den besonderen Bestimmungen für Rücktritt und Schadensersatz genannt?

In § 636 BGB „Besondere Bestimmungen für Rücktritt und Schadensersatz“ wird auf folgende Regelungen verwiesen:

- Schadensersatz statt der Leistung wegen nicht oder nicht wie geschuldet erbrachter Leistung,
- Rücktritt wegen nicht oder nicht vertragsgemäß erbrachter Leistung,
- Nacherfüllung mit Verweis auf
- Ausschluss der Leistungspflicht.

Eine Übersicht der Verweisparagrafen zu § 636 BGB „Regelungen zu den besonderen Bestimmungen für Rücktritt und Schadensersatz“ zeigt **Bild 1.61**.

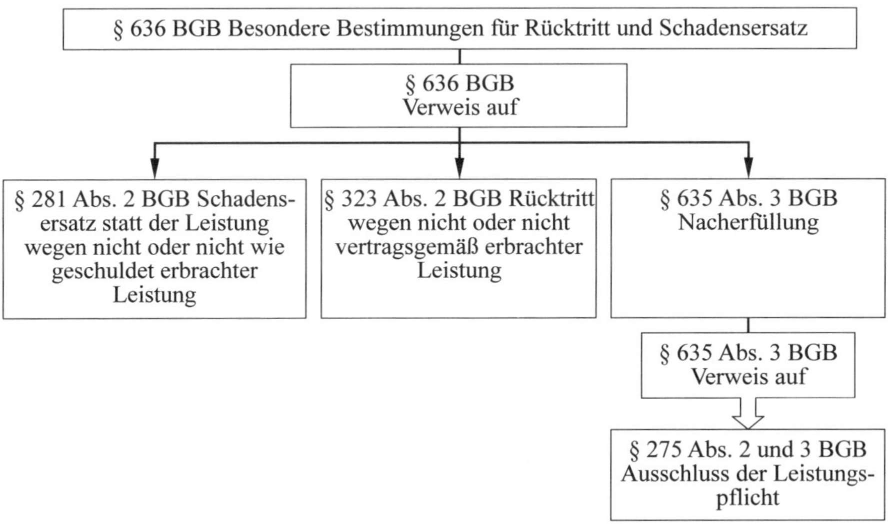

Bild 1.61 Übersicht Verweisparagrafen in § 636 BGB „Besondere Bestimmungen für Rücktritt und Schadensersatz“

Die Gesetzestexte zu diesen Paragrafen sind in **Bild 1.62** dargestellt.

§ 636 BGB Besondere Bestimmungen für Rücktritt und Schadensersatz
Außer in den Fällen der
§ 281 Abs. 2 und
§ 323 Abs. 2 bedarf es der Fristsetzung auch dann nicht, wenn der Unternehmer die Nacherfüllung gemäß
§ 635 Abs. 3 verweigert oder wenn die Nacherfüllung fehlgeschlagen oder dem Besteller unzumutbar ist.

§ 281 Abs. 2 BGB Schadensersatz statt der Leistung wegen nicht oder nicht wie geschuldet erbrachter Leistung
...
(2) Die Fristsetzung ist entbehrlich, wenn der Schuldner die Leistung ernsthaft und endgültig verweigert oder wenn besondere Umstände vorliegen, die unter Abwägung der beiderseitigen Interessen die sofortige Geltendmachung des Schadensersatzanspruchs rechtfertigen.

§ 323 Abs. 2 BGB Rücktritt wegen nicht oder nicht vertragsgemäß erbrachter Leistung
...
(2) Die Fristsetzung ist entbehrlich, wenn
1. der Schuldner die Leistung ernsthaft und endgültig verweigert,
2. der Schuldner die Leistung bis zu einem im Vertrag bestimmten Termin oder innerhalb einer im Vertrag bestimmten Frist nicht bewirkt, obwohl die termin- oder fristgerechte Leistung nach einer Mitteilung des Gläubigers an den Schuldner vor Vertragsschluss oder aufgrund anderer den Vertragsabschluss begleitenden Umstände für den Gläubiger wesentlich ist, oder
3. im Falle einer nicht vertragsgemäß erbrachten Leistung besondere Umstände vorliegen, die unter Abwägung der beiderseitigen Interessen den sofortigen Rücktritt rechtfertigen.

§ 635 Abs. 3 BGB Nacherfüllung
...
(3) Der Unternehmer kann die Nacherfüllung unbeschadet des
§ 275 Abs. 2 und 3 verweigern, wenn
sie nur mit unverhältnismäßigen Kosten möglich ist.
...

§ 275 Abs. 2 und 3 BGB Ausschluss der Leistungspflicht
...
(2) Der Schuldner kann die Leistung verweigern, soweit diese einen Aufwand erfordert, der unter Beachtung des Inhalts des Schuldverhältnisses und der Gebote von Treu und Glauben in einem groben Missverhältnis zu dem Leistungsinteresse des Gläubigers steht. Bei der Bestimmung der dem Schuldner zuzumutenden Anstrengungen ist auch zu berücksichtigen, ob der Schuldner das Leistungshindernis zu vertreten hat.
(3) Der Schuldner kann die Leistung ferner verweigern, wenn er die Leistung persönlich zu erbringen hat und sie ihm unter Abwägung des seiner Leistung entgegenstehenden Hindernisses mit dem Leistungsinteresse des Gläubigers nicht zugemutet werden kann.
...

Bild 1.62 Gesetzestext zu § 636 BGB und den Verweisparagrafen § 281 Abs. 2 BGB, § 323 Abs. 2 BGB, § 635 Abs. 3 BGB mit § 275 Abs. 2 und 3 BGB

Welche Auswirkungen hat die Schuldrechtsreform zum 1. Januar 2018 auf § 636 BGB „Besondere Bestimmungen für Rücktritt und Schadensersatz"?

Die Schuldrechtsreform zum 1. Januar 2018 hat die in **Bild 1.63** angeführten Auswirkungen auf § 636 BGB „Besondere Bestimmungen für Rücktritt und Schadensersatz"?

alte Fassung	**entspricht**	**neue Fassung**	
§ 634 BGB a. F.	entspricht mit inhaltlicher Änderung	**§ 636 BGB n. F.**	
§ 636 BGB a. F.	geht auf in	§ 323 BGB n. F.	Die verspätete Herstellung wird unmittelbar erfasst von den Regeln des allgemeinen Leistungsstörungsrechts.

Bild 1.63 Auswirkungen Schuldrechtsreform zum 1. Januar 2018 auf § 636 BGB „Besondere Bestimmungen für Rücktritt und Schadensersatz"

1.2.11 § 637 BGB „Selbstvornahme"

Auf welche weiteren gesetzlichen Regelungen wird im § 637 BGB „Selbstvornahme" verwiesen?

Im § 637 BGB „Selbstvornahme" wird auf die Regelungen zum

- Rücktritt wegen nicht oder nicht vertragsgemäß erbrachter Leistung verwiesen.

Bild 1.64 zeigt eine Übersicht zu den Verweisparagrafen im § 637 BGB „Selbstvornahme".

Bild 1.65 zeigt die Gesetzestexte zu § 637 BGB und den Verweisparagrafen § 323 Abs. 2 BGB.

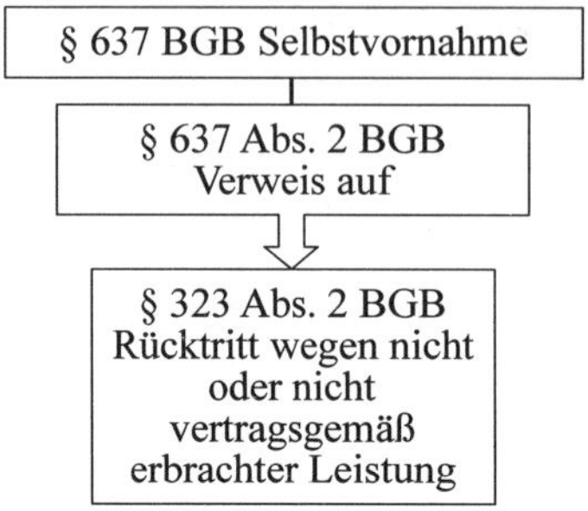

Bild 1.64 Übersicht Verweisparagrafen in § 637 BGB „Selbstvornahme“

§ 637 BGB Selbstvornahme
(1) Der Besteller kann wegen eines Mangels des Werks nach erfolglosem Ablauf einer von ihm zur Nacherfüllung bestimmten angemessenen Frist den Mangel selbst beseitigen und Ersatz der erforderlichen Aufwendungen verlangen, wenn nicht der Unternehmer die Nacherfüllung zu Recht verweigert.
(2)
1 § 323 Abs. 2 findet entsprechende Anwendung. 2 Der Bestimmung einer Frist bedarf es auch dann nicht, wenn die Nacherfüllung fehlgeschlagen oder dem Besteller unzumutbar ist.
(3) Der Besteller kann von dem Unternehmer für die zur Beseitigung des Mangels erforderlichen Aufwendungen Vorschuss verlangen.

§ 323 Abs. 2 BGB Rücktritt wegen nicht oder nicht vertragsgemäß erbrachter Leistung
...
(2) Die Fristsetzung ist entbehrlich, wenn
1. der Schuldner die Leistung ernsthaft und endgültig verweigert,
2. der Schuldner die Leistung bis zu einem im Vertrag bestimmten Termin oder innerhalb einer im Vertrag bestimmten Frist nicht bewirkt, obwohl die termin- oder fristgerechte Leistung nach einer Mitteilung des Gläubigers an den Schuldner vor Vertragsschluss oder aufgrund anderer den Vertragsabschluss begleitenden Umstände für den Gläubiger wesentlich ist, oder
3. im Falle einer nicht vertragsgemäß erbrachten Leistung besondere Umstände vorliegen, die unter Abwägung der beiderseitigen Interessen den sofortigen Rücktritt rechtfertigen.
...

Bild 1.65 Gesetzestext zu § 637 BGB und Verweisparagraf § 323 Abs. 2 BGB

Welche Auswirkungen hat die Schuldrechtsreform zum 1. Januar 2018 auf § 637 BGB „Selbstvornahme“?

Die Schuldrechtsreform zum 1. Januar 2018 hat keine textlichen Auswirkungen auf § 637 BGB „Selbstvornahme“.

1.2.12 § 638 BGB „Minderung“

Auf welche weiteren gesetzlichen Regelungen wird im § 638 BGB „Minderung“ verwiesen?

Im § 638 BGB „Minderung“ wird auf Regelungen zu

- dem Rücktritt wegen nicht oder nicht vertragsgemäß erbrachter Leistung,
- Wirkungen des Rücktritts,
- Nutzungen und Verwendungen nach Rücktritt

verwiesen.

Bild 1.66 zeigt eine Übersicht zu den Verweisparagrafen.

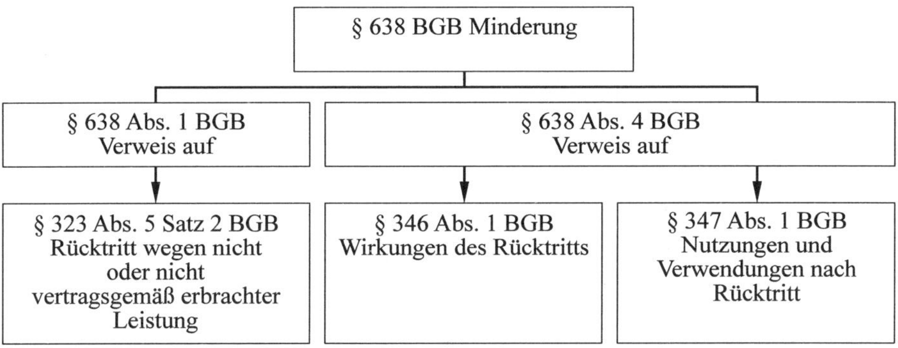

Bild 1.66 Übersicht Verweisparagrafen in § 638 BGB „Minderung“

Die Gesetzestexte zu diesen Paragrafen sind in **Bild 1.67** dargestellt.

§ 638 BGB Minderung
(1) 1 Statt zurückzutreten, kann der Besteller die Vergütung durch Erklärung gegenüber dem Unternehmer mindern. 2 Der Ausschlussgrund des § 323 Abs. 5 Satz 2 findet keine Anwendung.
(2) Sind auf der Seite des Bestellers oder auf der Seite des Unternehmers mehrere beteiligt, so kann die Minderung nur von allen oder gegen alle erklärt werden.
(3) 1 Bei der Minderung ist die Vergütung in dem Verhältnis herabzusetzen, in welchem zur Zeit des Vertragsschlusses der Wert des Werks in mangelfreiem Zustand zu dem wirklichen Wert gestanden haben würde. 2 Die Minderung ist, soweit erforderlich, durch Schätzung zu ermitteln.
(4) 1 Hat der Besteller mehr als die geminderte Vergütung gezahlt, so ist der Mehrbetrag vom Unternehmer zu erstatten.
2 § 346 Abs. 1 und § 347 Abs. 1 finden entsprechende Anwendung.

§ 323 Abs. 5 Satz 2 BGB Rücktritt wegen nicht oder nicht vertragsgemäß erbrachter Leistung
(5) ... 2 Hat der Schuldner die Leistung nicht vertragsgemäß bewirkt, so kann der Gläubiger vom Vertrag nicht zurücktreten, wenn die Pflichtverletzung unerheblich ist ...

§ 346 Abs. 1 BGB Wirkungen des Rücktritts
(1) Hat sich eine Vertragspartei vertraglich den Rücktritt vorbehalten oder steht ihr ein gesetzliches Rücktrittsrecht zu, so sind im Falle des Rücktritts die empfangenen Leistungen zurückzugewähren und die gezogenen Nutzungen herauszugeben.

§ 347 Abs. 1 BGB Nutzungen und Verwendungen nach Rücktritt
(1) Zieht der Schuldner Nutzungen entgegen den Regeln einer ordnungsmäßigen Wirtschaft nicht, obwohl ihm das möglich gewesen wäre, so ist er dem Gläubiger zum Wertersatz verpflichtet. Im Falle eines gesetzlichen Rücktrittsrechts hat der Berechtigte hinsichtlich der Nutzungen nur für diejenige Sorgfalt einzustehen, die er in eigenen Angelegenheiten anzuwenden pflegt.

Bild 1.67 Gesetzestext zu § 638 BGB und den Verweisparagrafen § 323 Abs. 5 Satz 2 BGB, § 346 Abs. 1 BGB, § 347 Abs. 1 BGB

Welche Auswirkungen hat die Schuldrechtsreform zum 1. Januar 2018 auf § 638 BGB „Minderung“?

Die Schuldrechtsreform zum 1. Januar 2018 hat die in **Bild 1.68** angeführten Auswirkungen auf § 638 BGB „Minderung“.

alte Fassung	**entspricht**	**neue Fassung**	
§ 634 BGB a. F.	ist neugeregelt in	§ 634 BGB n. F.	Rechte des Bestellers wurden weitgehend parallel zu den Käuferrechten geregelt. Neuregelung verweist für Rücktrittsrecht, das die Wandlung ersetzt, auf § 636 BGB sowie die allgemeinen Regelungen und für Minderung auf § 638 BGB.
§ 634 BGB a. F.	ist neugeregelt in	**§ 638 BGB n. F.**	Minderung statt Rücktritt ist nun in § 638 BGB neu geregelt.
§ 638 BGB a. F.	entspricht mit inhaltlicher Änderung	§ 634a BGB n. F.	Verjährungsfrist beträgt grundsätzlich zwei Jahre, bei Bauwerken fünf Jahre ab Abnahme und bei „unkörperlichen“ Werkleistungen drei Jahre ab Kenntnis.

Bild 1.68 Auswirkungen Schuldrechtsreform zum 1. Januar 2018 auf § 638 BGB „Minderung“

1.2.13 § 639 BGB „Haftungsausschluss“

Welche Verweisparagrafen werden im § 639 BGB „Haftungsausschluss“ genannt?

Im § 639 BGB „Haftungsausschluss“ stehen keine weiteren Verweisparagrafen.

Bild 1.69 zeigt den Gesetzestext zu § 639 BGB.

§ 639 BGB Haftungsausschluss
Auf eine Vereinbarung, durch welche die Rechte des Bestellers wegen eines Mangels ausgeschlossen oder beschränkt werden, kann sich der Unternehmer nicht berufen, soweit er den Mangel arglistig verschwiegen oder eine Garantie für die Beschaffenheit des Werks übernommen hat.

Bild 1.69 Gesetzestext zu § 639 BGB

1.2.14 § 640 BGB „Abnahme“ Übersicht Verweisparagrafen

Welche Verweisparagrafen sind bei Abnahmen hinsichtlich § 640 BGB zu beachten?

Für die Rechte des Bauherrn (Bestellers) bei Abnahme eines mit Mängeln behafteten Werks wird auf § 634 BGB Nr. 1 bis 3 „Rechte des Bestellers bei Mängeln“ verwiesen.

Die in § 634 Nr. 1 bis 3 BGB „Rechte des Bestellers bei Mängeln“ genannten Rechte bei einem mangelhaften Werk sind an Voraussetzungen verschiedener Paragrafen gebunden. Eine Übersicht dieser Verweisparagrafen zeigt **Bild 1.70**.

Die Gesetzestexte zu § 640 BGB „Abnahme“ mit den Verweisparagrafen § 634 BGB „Rechte des Bestellers bei Mängeln“ und § 635 BGB „Nacherfüllung“ mit den Verweisparagrafen

- § 275 Abs. 2 und 3 BGB „Ausschluss der Leistungspflicht“,
- §§ 346 bis 348 BGB „Rücktritt/Rückgewähr“

zeigt Bild 1.71.

Die Gesetzestexte zu § 640 BGB „Abnahme“ mit den Verweisparagrafen § 634 BGB „Rechte des Bestellers bei Mängeln“ und § 637 BGB „Selbstvornahme“ mit dem Verweisparagrafen

- § 323 Abs. 2 BGB „Rücktritt wegen nicht oder nicht vertragsgemäß erbrachter Leistung“

zeigt Bild 1.72.

Die Gesetzestexte zu § 640 BGB „Abnahme“ mit den Verweisparagrafen § 634 Nr. 1 bis 3 BGB „Rechte des Bestellers bei Mängeln“ und § 636 BGB „Besondere Bestimmungen für Rücktritt und Schadensersatz“ mit den Verweisparagrafen

- § 281 Abs. 2 BGB „Schadensersatz statt der Leistung wegen nicht oder nicht wie geschuldet erbrachter Leistung“,
- § 323 Abs. 2 BGB „Rücktritt wegen nicht oder nicht vertragsgemäß erbrachter Leistung“,
- § 635 Abs. 3 BGB „Nacherfüllung“ mit dem Verweisparagrafen,
  - § 275 Abs. 2 und 3 BGB „Ausschluss der Leistungspflicht“

zeigt Bild 1.73.

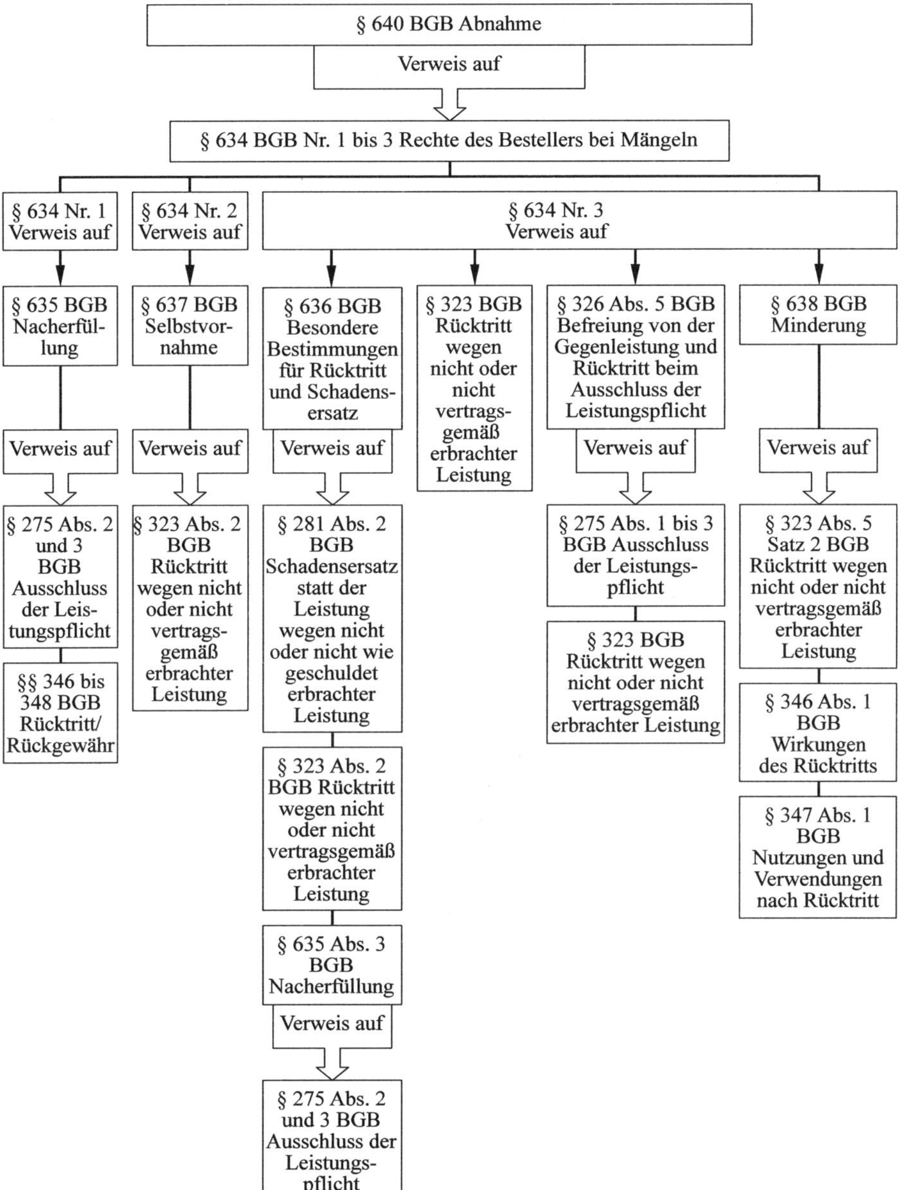

Bild 1.70 Übersicht Verweisparagrafen in § 640 BGB „Abnahmen“

Die Gesetzestexte zu § 640 BGB „Abnahme“ mit den Verweisparagrafen § 634 BGB „Rechte des Bestellers bei Mängeln“ und § 323 BGB „Rücktritt wegen nicht oder nicht vertragsgemäß erbrachter Leistung“ zeigt Bild 1.74.

Die Gesetzestexte zu § 640 BGB „Abnahme“ mit den Verweisparagrafen § 634 BGB „Rechte des Bestellers bei Mängeln“ und § 326 Abs. 5 BGB „Befreiung von der Gegenleistung und Rücktritt beim Ausschluss der Leistungspflicht“ mit den Verweisparagrafen

- § 275 Abs. 1 bis 3 BGB „Ausschluss der Leistungspflicht“,
- § 323 BGB „Rücktritt wegen nicht oder nicht vertragsgemäß erbrachter Leistung“

zeigt Bild 1.75.

Die Gesetzestexte zu § 640 BGB „Abnahme“ mit den Verweisparagrafen § 634 BGB „Rechte des Bestellers bei Mängeln“ und § 638 BGB „Minderung“ mit den Verweisparagrafen

- § 323 Abs. 5 Satz 2 BGB „Rücktritt wegen nicht oder nicht vertragsgemäß erbrachter Leistung“,
- § 346 Abs. 1 BGB „Wirkungen des Rücktritts“,
- § 347 Abs. 1 BGB „Nutzungen und Verwendungen nach Rücktritt“

zeigt Bild 1.76.

1.2.14.1 § 640 BGB „Abnahme“ mit den Verweisparagrafen § 634 BGB „Rechte des Bestellers bei Mängeln“ mit § 323 BGB „Rücktritt wegen nicht oder nicht vertragsgemäß erbrachter Leistung“

Die Gesetzestexte zu § 640 BGB „Abnahme“ mit den Verweisparagrafen § 634 Nr. 1 bis 3 BGB „Rechte des Bestellers bei Mängeln“ und § 323 BGB „Rücktritt wegen nicht oder nicht vertragsgemäß erbrachter Leistung“ zeigt **Bild 1.71**.

§ 640 BGB Abnahme
(1) 1 Der Besteller ist verpflichtet, das vertragsmäßig hergestellte Werk abzunehmen, sofern nicht nach der Beschaffenheit des Werks die Abnahme ausgeschlossen ist. 2 Wegen unwesentlicher Mängel kann die Abnahme nicht verweigert werden.
(2) 1 Als abgenommen gilt ein Werk auch, wenn der Unternehmer dem Besteller nach Fertigstellung des Werks eine angemessene Frist zur Abnahme gesetzt hat und der Besteller die Abnahme nicht innerhalb dieser Frist unter Angabe mindestens eines Mangels verweigert hat. 2 Ist der Besteller ein Verbraucher, so treten die Rechtsfolgen des Satzes 1 nur dann ein, wenn der Unternehmer den Besteller zusammen mit der Aufforderung zur Abnahme auf die Folgen einer nicht erklärten oder ohne Angabe von Mängeln verweigerten Abnahme hingewiesen hat; der Hinweis muss in Textform erfolgen.
(3) Nimmt der Besteller ein mangelhaftes Werk gemäß Abs. 1 Satz 1 ab, obschon er den Mangel kennt, so stehen ihm die in § 634 Nr. 1 bis 3 bezeichneten Rechte nur zu, wenn er sich seine Rechte wegen des Mangels bei der Abnahme vorbehält.

§ 634 Nr. 1 bis 3 BGB Rechte des Bestellers bei Mängeln
Ist das Werk mangelhaft, kann der Besteller, wenn die Voraussetzungen der folgenden Vorschriften vorliegen und soweit nicht ein anderes bestimmt ist,
1. nach § 635 Nacherfüllung verlangen,
2. nach§ 637 den Mangel selbst beseitigen und Ersatz der erforderlichen Aufwendungen verlangen,
3. nach den § 636, § 323 und § 326 Abs. 5 von dem Vertrag zurücktreten oder nach § 638 die Vergütung mindern ...

§ 323 BGB Rücktritt wegen nicht oder nicht vertragsgemäß erbrachter Leistung
(1) Erbringt bei einem gegenseitigen Vertrag der Schuldner eine fällige Leistung nicht oder nicht vertragsgemäß, so kann der Gläubiger, wenn er dem Schuldner erfolglos eine angemessene Frist zur Leistung oder Nacherfüllung bestimmt hat, vom Vertrag zurücktreten.
(2) Die Fristsetzung ist entbehrlich, wenn
1. der Schuldner die Leistung ernsthaft und endgültig verweigert,
2. der Schuldner die Leistung bis zu einem im Vertrag bestimmten Termin oder innerhalb einer im Vertrag bestimmten Frist nicht bewirkt, obwohl die termin- oder fristgerechte Leistung nach einer Mitteilung des Gläubigers an den Schuldner vor Vertragsschluss oder aufgrund anderer den Vertragsabschluss begleitenden Umstände für den Gläubiger wesentlich ist, oder
3. im Falle einer nicht vertragsgemäß erbrachten Leistung besondere Umstände vorliegen, die unter Abwägung der beiderseitigen Interessen den sofortigen Rücktritt rechtfertigen.
(3) Kommt nach der Art der Pflichtverletzung eine Fristsetzung nicht in Betracht, so tritt an deren Stelle eine Abmahnung.
(4) Der Gläubiger kann bereits vor dem Eintritt der Fälligkeit der Leistung zurücktreten, wenn offensichtlich ist, dass die Voraussetzungen des Rücktritts eintreten werden.
(5) 1 Hat der Schuldner eine Teilleistung bewirkt, so kann der Gläubiger vom ganzen Vertrag nur zurücktreten, wenn er an der Teilleistung kein Interesse hat. 2 Hat der Schuldner die Leistung nicht vertragsgemäß bewirkt, so kann der Gläubiger vom Vertrag nicht zurücktreten, wenn die Pflichtverletzung unerheblich ist.
(6) Der Rücktritt ist ausgeschlossen, wenn der Gläubiger für den Umstand, der ihn zum Rücktritt berechtigen würde, allein oder weit überwiegend verantwortlich ist oder wenn der vom Schuldner nicht zu vertretende Umstand zu einer Zeit eintritt, zu welcher der Gläubiger im Verzug der Annahme ist.

Bild 1.71 Gesetzestext zu § 640 BGB mit dem Verweisparagrafen § 634 Nr. 1 bis 3 BGB mit dem Verweisparagrafen § 323 BGB

1.2.14.2 § 640 BGB „Abnahme“ mit den Verweisparagrafen § 634 BGB „Rechte des Bestellers bei Mängeln“ und § 637 BGB „Selbstvornahme mit Verweisparagrafen“

Die Gesetzestexte zu § 640 BGB „Abnahme“ mit den Verweisparagrafen § 634 Nr. 1 bis 3 BGB „Rechte des Bestellers bei Mängeln“ und § 637 BGB „Selbstvornahme“ mit dem Verweisparagrafen

- § 323 Abs. 2 BGB „Rücktritt wegen nicht oder nicht vertragsgemäß erbrachter Leistung“

zeigt **Bild 1.72**.

1.2.14.3 § 640 BGB „Abnahme“ mit den Verweisparagrafen § 634 Nr. 1 bis 3 BGB „Rechte des Bestellers bei Mängeln“ und § 636 „Besondere Bestimmungen für Rücktritt und Schadensersatz“ mit Verweisparagrafen

Die Gesetzestexte zu § 640 BGB „Abnahme“ mit den Verweisparagrafen § 634 Nr. 1 bis 3 BGB „Rechte des Bestellers bei Mängeln“ und § 636 BGB „Besondere Bestimmungen für Rücktritt und Schadensersatz“ mit den Verweisparagrafen

- § 281 Abs. 2 BGB „Schadensersatz statt der Leistung wegen nicht oder nicht wie geschuldet erbrachter Leistung“,
- § 323 Abs. 2 BGB „Rücktritt wegen nicht oder nicht vertragsgemäß erbrachter Leistung“,
- § 635 Abs. 3 BGB „Nacherfüllung“ mit dem Verweisparagrafen,
  - § 275 Abs. 2 und 3 BGB „Ausschluss der Leistungspflicht“

zeigt **Bild 1.73**.

1.2.14.4 § 640 BGB „Abnahme“ mit den Verweisparagrafen § 634 BGB „Rechte des Bestellers bei Mängeln“ und § 635 BGB „Nacherfüllung“ mit Verweisparagrafen

Die Gesetzestexte zu § 640 BGB „Abnahmen“ mit den Verweisparagrafen § 634 Nr. 1 bis 3 BGB „Rechte des Bestellers bei Mängeln“ und § 635 BGB „Nacherfüllung“ mit den Verweisparagrafen

- § 275 Abs. 2 und 3 BGB „Ausschluss der Leistungspflicht“,
- §§ 346 bis 348 BGB „Rücktritt/Rückgewähr“

zeigt **Bild 1.74**.

§ 640 BGB Abnahme
(1) 1 Der Besteller ist verpflichtet, das vertragsmäßig hergestellte Werk abzunehmen, sofern nicht nach der Beschaffenheit des Werks die Abnahme ausgeschlossen ist. 2 Wegen unwesentlicher Mängel kann die Abnahme nicht verweigert werden.
(2) 1 Als abgenommen gilt ein Werk auch, wenn der Unternehmer dem Besteller nach Fertigstellung des Werks eine angemessene Frist zur Abnahme gesetzt hat und der Besteller die Abnahme nicht innerhalb dieser Frist unter Angabe mindestens eines Mangels verweigert hat. 2 Ist der Besteller ein Verbraucher, so treten die Rechtsfolgen des Satzes 1 nur dann ein, wenn der Unternehmer den Besteller zusammen mit der Aufforderung zur Abnahme auf die Folgen einer nicht erklärten oder ohne Angabe von Mängeln verweigerten Abnahme hingewiesen hat; der Hinweis muss in Textform erfolgen.
(3) Nimmt der Besteller ein mangelhaftes Werk gemäß Abs. 1 Satz 1 ab, obschon er den Mangel kennt, so stehen ihm die in § 634 Nr. 1 bis 3 bezeichneten Rechte nur zu, wenn er sich seine Rechte wegen des Mangels bei der Abnahme vorbehält.

§ 634 Nr. 1 bis 3 BGB Rechte des Bestellers bei Mängeln
Ist das Werk mangelhaft, kann der Besteller, wenn die Voraussetzungen der folgenden Vorschriften vorliegen und soweit nicht ein anderes bestimmt ist,
1. nach § 635 Nacherfüllung verlangen,
2. nach § 637 den Mangel selbst beseitigen und Ersatz der erforderlichen Aufwendungen verlangen,
3. nach den §§ 636, 323 und 326 Abs. 5 von dem Vertrag zurücktreten oder nach § 638 die Vergütung mindern und ...

§ 637 BGB Selbstvornahme
(1) Der Besteller kann wegen eines Mangels des Werks nach erfolglosem Ablauf einer von ihm zur Nacherfüllung bestimmten angemessenen Frist den Mangel selbst beseitigen und Ersatz der erforderlichen Aufwendungen verlangen, wenn nicht der Unternehmer die Nacherfüllung zu Recht verweigert.
(2) § 323 Abs. 2 findet entsprechende Anwendung. Der Bestimmung einer Frist bedarf es auch dann nicht, wenn die Nacherfüllung fehlgeschlagen oder dem Besteller unzumutbar ist.
(3) Der Besteller kann von dem Unternehmer für die zur Beseitigung des Mangels erforderlichen Aufwendungen Vorschuss verlangen.

§ 323 Abs. 2 BGB Rücktritt wegen nicht oder nicht vertragsgemäß erbrachter Leistung
(2) Die Fristsetzung ist entbehrlich, wenn
1. der Schuldner die Leistung ernsthaft und endgültig verweigert,
2. der Schuldner die Leistung bis zu einem im Vertrag bestimmten Termin oder innerhalb einer im Vertrag bestimmten Frist nicht bewirkt, obwohl die termin- oder fristgerechte Leistung nach einer Mitteilung des Gläubigers an den Schuldner vor Vertragsschluss oder aufgrund anderer den Vertragsabschluss begleitenden Umstände für den Gläubiger wesentlich ist, oder
3. im Falle einer nicht vertragsgemäß erbrachten Leistung besondere Umstände vorliegen, die unter Abwägung der beiderseitigen Interessen den sofortigen Rücktritt rechtfertigen.

Bild 1.72 Gesetzestext zu § 640 BGB mit dem Verweisparagrafen § 634 Nr. 1 bis 3 BGB mit dem Verweisparagrafen § 637 BGB mit dem Verweisparagrafen § 323 Abs. 2 BGB

§ 640 BGB Abnahme
(1) 1 Der Besteller ist verpflichtet, das vertragsmäßig hergestellte Werk abzunehmen, sofern nicht nach der Beschaffenheit des Werks die Abnahme ausgeschlossen ist. 2 Wegen unwesentlicher Mängel kann die Abnahme nicht verweigert werden.
(2) 1 Als abgenommen gilt ein Werk auch, wenn der Unternehmer dem Besteller nach Fertigstellung des Werks eine angemessene Frist zur Abnahme gesetzt hat und der Besteller die Abnahme nicht innerhalb dieser Frist unter Angabe mindestens eines Mangels verweigert hat. 2 Ist der Besteller ein Verbraucher, so treten die Rechtsfolgen des Satzes 1 nur dann ein, wenn der Unternehmer den Besteller zusammen mit der Aufforderung zur Abnahme auf die Folgen einer nicht erklärten oder ohne Angabe von Mängeln verweigerten Abnahme hingewiesen hat; der Hinweis muss in Textform erfolgen.
(3) Nimmt der Besteller ein mangelhaftes Werk gemäß Abs. 1 Satz 1 ab, obschon er den Mangel kennt, so stehen ihm die in § 634 Nr. 1 bis 3 bezeichneten Rechte nur zu, wenn er sich seine Rechte wegen des Mangels bei der Abnahme vorbehält.

§ 634 BGB Rechte des Bestellers bei Mängeln
Ist das Werk mangelhaft, kann der Besteller, wenn die Voraussetzungen der folgenden Vorschriften vorliegen und soweit nicht ein anderes bestimmt ist,
1. nach § 635 Nacherfüllung verlangen,
2. nach § 637 den Mangel selbst beseitigen und Ersatz der erforderlichen Aufwendungen verlangen,
3. nach den § 636, §§ 323 und 326 Abs. 5 von dem Vertrag zurücktreten oder nach § 638 die Vergütung mindern ...

§ 636 BGB Besondere Bestimmungen für Rücktritt und Schadensersatz
Außer in den Fällen der § 281 Abs. 2 und § 323 Abs. 2 bedarf es der Fristsetzung auch dann nicht, wenn der Unternehmer die Nacherfüllung gemäß § 635 Abs. 3 verweigert oder wenn die Nacherfüllung fehlgeschlagen oder dem Besteller unzumutbar ist.

§ 281 Abs. 2 BGB Schadensersatz statt der Leistung wegen nicht oder nicht wie geschuldet erbrachter Leistung
(2) Die Fristsetzung ist entbehrlich, wenn der Schuldner die Leistung ernsthaft und endgültig verweigert oder wenn besondere Umstände vorliegen, die unter Abwägung der beiderseitigen Interessen die sofortige Geltendmachung des Schadensersatzanspruchs rechtfertigen.

§ 323 Abs. 2 BGB Rücktritt wegen nicht oder nicht vertragsgemäß erbrachter Leistung
(1) ...
(2) Die Fristsetzung ist entbehrlich, wenn
1. der Schuldner die Leistung ernsthaft und endgültig verweigert,
2. der Schuldner die Leistung bis zu einem im Vertrag bestimmten Termin oder innerhalb einer im Vertrag bestimmten Frist nicht bewirkt, obwohl die termin- oder fristgerechte Leistung nach einer Mitteilung des Gläubigers an den Schuldner vor Vertragsschluss oder aufgrund anderer den Vertragsabschluss begleitenden Umstände für den Gläubiger wesentlich ist, oder
3. im Falle einer nicht vertragsgemäß erbrachten Leistung besondere Umstände vorliegen, die unter Abwägung der beiderseitigen Interessen den sofortigen Rücktritt rechtfertigen.

§ 635 Abs. 3 BGB Nacherfüllung
(3) Der Unternehmer kann die Nacherfüllung unbeschadet des § 275 Abs. 2 und 3 verweigern, wenn sie nur mit unverhältnismäßigen Kosten möglich ist.

§ 275 Abs. 2 und 3 BGB Ausschluss der Leistungspflicht.
(2) Der Schuldner kann die Leistung verweigern, soweit diese einen Aufwand erfordert, der unter Beachtung des Inhalts des Schuldverhältnisses und der Gebote von Treu und Glauben in einem groben Missverhältnis zu dem Leistungsinteresse des Gläubigers steht. Bei der Bestimmung der dem Schuldner zuzumutenden Anstrengungen ist auch zu berücksichtigen, ob der Schuldner das Leistungshindernis zu vertreten hat.
(3) Der Schuldner kann die Leistung ferner verweigern, wenn er die Leistung persönlich zu erbringen hat und sie ihm unter Abwägung des seiner Leistung entgegenstehenden Hindernisses mit dem Leistungsinteresse des Gläubigers nicht zugemutet werden kann.

Bild 1.73 Gesetzestext zu § 640 BGB mit dem Verweisparagrafen § 634 Nr. 1 bis 3 BGB mit dem Verweisparagraf § 636 BGB mit den Verweisparagrafen § 281 Abs. 2 BGB, § 323 Abs. 2 BGB, § 635 Abs. 3 BGB mit dem Verweisparagrafen § 275 Abs. 2 und 3 BGB

§ 640 BGB Abnahme

(1) 1 Der Besteller ist verpflichtet, das vertragsmäßig hergestellte Werk abzunehmen, sofern nicht nach der Beschaffenheit des Werks die Abnahme ausgeschlossen ist. 2 Wegen unwesentlicher Mängel kann die Abnahme nicht verweigert werden.

(2) 1 Als abgenommen gilt ein Werk auch, wenn der Unternehmer dem Besteller nach Fertigstellung des Werks eine angemessene Frist zur Abnahme gesetzt hat und der Besteller die Abnahme nicht innerhalb dieser Frist unter Angabe mindestens eines Mangels verweigert hat. 2 Ist der Besteller ein Verbraucher, so treten die Rechtsfolgen des Satzes 1 nur dann ein, wenn der Unternehmer den Besteller zusammen mit der Aufforderung zur Abnahme auf die Folgen einer nicht erklärten oder ohne Angabe von Mängeln verweigerten Abnahme hingewiesen hat; der Hinweis muss in Textform erfolgen.

(3) Nimmt der Besteller ein mangelhaftes Werk gemäß Abs. 1 Satz 1 ab, obschon er den Mangel kennt, so stehen ihm die in § 634 Nr. 1 bis 3 bezeichneten Rechte nur zu, wenn er sich seine Rechte wegen des Mangels bei der Abnahme vorbehält.

§ 634 Nr. 1 bis 3 BGB Rechte des Bestellers bei Mängeln

Ist das Werk mangelhaft, kann der Besteller, wenn die Voraussetzungen der folgenden Vorschriften vorliegen und soweit nicht ein anderes bestimmt ist,
1. nach § 635 Nacherfüllung verlangen,
2. nach § 637 den Mangel selbst beseitigen und Ersatz der erforderlichen Aufwendungen verlangen,
3. nach den §§ 636, 323 und 326 Abs. 5 von dem Vertrag zurücktreten oder nach § 638 die Vergütung mindern und ...

§ 635 BGB Nacherfüllung

(1) Verlangt der Besteller Nacherfüllung, so kann der Unternehmer nach seiner Wahl den Mangel beseitigen oder ein neues Werk herstellen.

(2) Der Unternehmer hat die zum Zwecke der Nacherfüllung erforderlichen Aufwendungen, insbesondere Transport-, Wege-, Arbeits- und Materialkosten zu tragen.

(3) Der Unternehmer kann die Nacherfüllung unbeschadet des § 275 Abs. 2 und 3 verweigern, wenn sie nur mit unverhältnismäßigen Kosten möglich ist.

(4) Stellt der Unternehmer ein neues Werk her, so kann er vom Besteller Rückgewähr des mangelhaften Werks nach Maßgabe der §§ 346 bis 348 verlangen.

§ 275 Abs. 2 und 3 BGB Ausschluss der Leistungspflicht

(2) Der Schuldner kann die Leistung verweigern, soweit diese einen Aufwand erfordert, der unter Beachtung des Inhalts des Schuldverhältnisses und der Gebote von Treu und Glauben in einem groben Missverhältnis zu dem Leistungsinteresse des Gläubigers steht. Bei der Bestimmung der dem Schuldner zuzumutenden Anstrengungen ist auch zu berücksichtigen, ob der Schuldner das Leistungshindernis zu vertreten hat.

(3) Der Schuldner kann die Leistung ferner verweigern, wenn er die Leistung persönlich zu erbringen hat und sie ihm unter Abwägung des seiner Leistung entgegenstehenden Hindernisses mit dem Leistungsinteresse des Gläubigers nicht zugemutet werden kann.

§§ 346 bis 348 BGB Rücktritt/Rückgewähr – Bilder 1.24 bis 1.27

Bild 1.74 Gesetzestext zu § 640 BGB mit dem Verweisparagrafen § 634 BGB mit dem Verweisparagrafen § 635 BGB mit den Verweisparagrafen § 275 Abs. 2 und 3 BGB, §§ 346 bis 348 BGB (Bildverweise)

1.2.14.5 § 640 BGB „Abnahme“ mit den Verweisparagrafen § 634 Nr. 1 bis 3 BGB „Rechte des Bestellers bei Mängeln“ und § 326 Abs. 5 BGB „Befreiung von der Gegenleistung und Rücktritt beim Ausschluss der Leistungspflicht“ mit Verweisparagrafen

Die Gesetzestexte zu § 640 BGB „Abnahme“ mit den Verweisparagrafen § 634 Nr. 1 bis 3 BGB „Rechte des Bestellers bei Mängeln“ und § 326 Abs. 5 BGB „Befreiung von der Gegenleistung und Rücktritt beim Ausschluss der Leistungspflicht“ mit den Verweisparagrafen

- § 275 Abs. 1 bis 3 BGB „Ausschluss der Leistungspflicht“,
- § 323 BGB „Rücktritt wegen nicht oder nicht vertragsgemäß erbrachter Leistung“

zeigt **Bild 1.75**.

1.2.14.6 § 640 BGB „Abnahme“ mit den Verweisparagrafen § 634 BGB „Rechte des Bestellers bei Mängeln“ und § 638 BGB „Minderung“ mit Verweisparagrafen

Die Gesetzestexte zu § 640 BGB „Abnahme“ mit den Verweisparagrafen § 634 BGB „Rechte des Bestellers bei Mängeln“ und § 638 BGB „Minderung“ mit den Verweisparagrafen

- § 323 Abs. 5 Satz 2 BGB „Rücktritt wegen nicht oder nicht vertragsgemäß erbrachter Leistung“,
- § 346 Abs. 1 BGB „Wirkungen des Rücktritts“,
- § 347 Abs. 1 BGB „Nutzungen und Verwendungen nach Rücktritt“

zeigt **Bild 1.76**.

§ 640 BGB Abnahme
(1) 1 Der Besteller ist verpflichtet, das vertragsmäßig hergestellte Werk abzunehmen, sofern nicht nach der Beschaffenheit des Werks die Abnahme ausgeschlossen ist. 2 Wegen unwesentlicher Mängel kann die Abnahme nicht verweigert werden.
(2) 1 Als abgenommen gilt ein Werk auch, wenn der Unternehmer dem Besteller nach Fertigstellung des Werks eine angemessene Frist zur Abnahme gesetzt hat und der Besteller die Abnahme nicht innerhalb dieser Frist unter Angabe mindestens eines Mangels verweigert hat.
2 Ist der Besteller ein Verbraucher, so treten die Rechtsfolgen des Satzes 1 nur dann ein, wenn der Unternehmer den Besteller zusammen mit der Aufforderung zur Abnahme auf die Folgen einer nicht erklärten oder ohne Angabe von Mängeln verweigerten Abnahme hingewiesen hat; der Hinweis muss in Textform erfolgen.
(3) Nimmt der Besteller ein mangelhaftes Werk gemäß Abs. 1 Satz 1 ab, obschon er den Mangel kennt, so stehen ihm die in § 634 Nr. 1 bis 3 bezeichneten Rechte nur zu, wenn er sich seine Rechte wegen des Mangels bei der Abnahme vorbehält.

§ 634 Nr. 1 bis 3 BGB Rechte des Bestellers bei Mängeln
Ist das Werk mangelhaft, kann der Besteller, wenn die Voraussetzungen der folgenden Vorschriften vorliegen und soweit nicht ein anderes bestimmt ist,
1. nach § 635 Nacherfüllung verlangen,
2. nach § 637 den Mangel selbst beseitigen und Ersatz der erforderlichen Aufwendungen verlangen,
3. nach den §§ 636, 323 und § 326 Abs. 5 von dem Vertrag zurücktreten oder nach§ 638 die Vergütung mindern ...

§ 326 Abs. 5 BGB Befreiung von der Gegenleistung und Rücktritt beim Ausschluss der Leistungspflicht
(5) Braucht der Schuldner nach § 275 Abs. 1 bis 3 nicht zu leisten, kann der Gläubiger zurücktreten; auf den Rücktritt findet § 323 mit der Maßgabe entsprechende Anwendung, dass die Fristsetzung entbehrlich ist.

§ 275 Abs. 1 bis 3 BGB Ausschluss der Leistungspflicht
(1) Der Anspruch auf Leistung ist ausgeschlossen, soweit diese für den Schuldner oder für jedermann unmöglich ist.
(2) Der Schuldner kann die Leistung verweigern, soweit diese einen Aufwand erfordert, der unter Beachtung des Inhalts des Schuldverhältnisses und der Gebote von Treu und Glauben in einem groben Missverhältnis zu dem Leistungsinteresse des Gläubigers steht. Bei der Bestimmung der dem Schuldner zuzumutenden Anstrengungen ist auch zu berücksichtigen, ob der Schuldner das Leistungshindernis zu vertreten hat.
(3) Der Schuldner kann die Leistung ferner verweigern, wenn er die Leistung persönlich zu erbringen hat und sie ihm unter Abwägung des seiner Leistung entgegenstehenden Hindernisses mit dem Leistungsinteresse des Gläubigers nicht zugemutet werden kann.

§ 323 BGB Rücktritt wegen nicht oder nicht vertragsgemäß erbrachter Leistung
(1) Erbringt bei einem gegenseitigen Vertrag der Schuldner eine fällige Leistung nicht oder nicht vertragsgemäß, so kann der Gläubiger, wenn er dem Schuldner erfolglos eine angemessene Frist zur Leistung oder Nacherfüllung bestimmt hat, vom Vertrag zurücktreten.
(2) Die Fristsetzung ist entbehrlich, wenn
1. der Schuldner die Leistung ernsthaft und endgültig verweigert,
2. der Schuldner die Leistung bis zu einem im Vertrag bestimmten Termin oder innerhalb einer im Vertrag bestimmten Frist nicht bewirkt, obwohl die termin- oder fristgerechte Leistung nach einer Mitteilung des Gläubigers an den Schuldner vor Vertragsschluss oder aufgrund anderer den Vertragsabschluss begleitenden Umstände für den Gläubiger wesentlich ist, oder
3. im Falle einer nicht vertragsgemäß erbrachten Leistung besondere Umstände vorliegen, die unter Abwägung der beiderseitigen Interessen den sofortigen Rücktritt rechtfertigen.
(3) Kommt nach der Art der Pflichtverletzung eine Fristsetzung nicht in Betracht, so tritt an deren Stelle eine Abmahnung.
(4) Der Gläubiger kann bereits vor dem Eintritt der Fälligkeit der Leistung zurücktreten, wenn offensichtlich ist, dass die Voraussetzungen des Rücktritts eintreten werden.
(5) 1 Hat der Schuldner eine Teilleistung bewirkt, so kann der Gläubiger vom ganzen Vertrag nur zurücktreten, wenn er an der Teilleistung kein Interesse hat. 2 Hat der Schuldner die Leistung nicht vertragsgemäß bewirkt, so kann der Gläubiger vom Vertrag nicht zurücktreten, wenn die Pflichtverletzung unerheblich ist.
(6) Der Rücktritt ist ausgeschlossen, wenn der Gläubiger für den Umstand, der ihn zum Rücktritt berechtigen würde, allein oder weit überwiegend verantwortlich ist oder wenn der vom Schuldner nicht zu vertretende Umstand zu einer Zeit eintritt, zu welcher der Gläubiger im Verzug der Annahme ist.

Bild 1.75 Gesetzestext zu § 640 BGB mit dem Verweisparagrafen § 634 Nr. 1 bis 3 BGB mit dem Verweisparagrafen § 326 Abs. 5 BGB mit den Verweisparagrafen § 275 Abs. 1 bis 3 BGB, § 323 BGB

§ 640 BGB Abnahme

(1) 1 Der Besteller ist verpflichtet, das vertragsmäßig hergestellte Werk abzunehmen, sofern nicht nach der Beschaffenheit des Werks die Abnahme ausgeschlossen ist. 2 Wegen unwesentlicher Mängel kann die Abnahme nicht verweigert werden.

(2) 1 Als abgenommen gilt ein Werk auch, wenn der Unternehmer dem Besteller nach Fertigstellung des Werks eine angemessene Frist zur Abnahme gesetzt hat und der Besteller die Abnahme nicht innerhalb dieser Frist unter Angabe mindestens eines Mangels verweigert hat. 2 Ist der Besteller ein Verbraucher, so treten die Rechtsfolgen des Satzes 1 nur dann ein, wenn der Unternehmer den Besteller zusammen mit der Aufforderung zur Abnahme auf die Folgen einer nicht erklärten oder ohne Angabe von Mängeln verweigerten Abnahme hingewiesen hat; der Hinweis muss in Textform erfolgen.

(3) Nimmt der Besteller ein mangelhaftes Werk gemäß Abs. 1 Satz 1 ab, obschon er den Mangel kennt, so stehen ihm die in § 634 Nr. 1 bis 3 bezeichneten Rechte nur zu, wenn er sich seine Rechte wegen des Mangels bei der Abnahme vorbehält.

§ 634 BGB Rechte des Bestellers bei Mängeln

Ist das Werk mangelhaft, kann der Besteller, wenn die Voraussetzungen der folgenden Vorschriften vorliegen und soweit nicht ein anderes bestimmt ist,

1. nach § 635 Nacherfüllung verlangen,

2. nach § 637 den Mangel selbst beseitigen und Ersatz der erforderlichen Aufwendungen verlangen,

3. nach den §§ 636, 323 und 326 Abs. 5 von dem Vertrag zurücktreten oder nach § 638 die Vergütung mindern ...

§ 638 BGB Minderung

(1) 1 Statt zurückzutreten, kann der Besteller die Vergütung durch Erklärung gegenüber dem Unternehmer mindern. 2 Der Ausschlussgrund des § 323 Abs. 5 Satz 2 findet keine Anwendung.

(2) Sind auf der Seite des Bestellers oder auf der Seite des Unternehmers mehrere beteiligt, so kann die Minderung nur von allen oder gegen alle erklärt werden.

(3) 1 Bei der Minderung ist die Vergütung in dem Verhältnis herabzusetzen, in welchem zur Zeit des Vertragsschlusses der Wert des Werks in mangelfreiem Zustand zu dem wirklichen Wert gestanden haben würde. 2 Die Minderung ist, soweit erforderlich, durch Schätzung zu ermitteln.

(4) 1 Hat der Besteller mehr als die geminderte Vergütung gezahlt, so ist der Mehrbetrag vom Unternehmer zu erstatten. 2 § 346 Abs. 1 und § 347 Abs. 1 finden entsprechende Anwendung.

§ 323 Abs. 5 Satz 2 BGB Rücktritt wegen nicht oder nicht vertragsgemäß erbrachter Leistung

(5) Hat der Schuldner die Leistung nicht vertragsgemäß bewirkt, so kann der Gläubiger vom Vertrag nicht zurücktreten, wenn die Pflichtverletzung unerheblich ist.

§ 346 Abs. 1 BGB Wirkungen des Rücktritts

(1) Hat sich eine Vertragspartei vertraglich den Rücktritt vorbehalten oder steht ihr ein gesetzliches Rücktrittsrecht zu, so sind im Falle des Rücktritts die empfangenen Leistungen zurückzugewähren und die gezogenen Nutzungen herauszugeben.

§ 347 Abs. 1 BGB Nutzungen und Verwendungen nach Rücktritt

(1) Zieht der Schuldner Nutzungen entgegen den Regeln einer ordnungsmäßigen Wirtschaft nicht, obwohl ihm das möglich gewesen wäre, so ist er dem Gläubiger zum Wertersatz verpflichtet. Im Falle eines gesetzlichen Rücktrittsrechts hat der Berechtigte hinsichtlich der Nutzungen nur für diejenige Sorgfalt einzustehen, die er in eigenen Angelegenheiten anzuwenden pflegt.

Bild 1.76 Gesetzestext zu § 640 BGB „Abnahme" und Verweisparagrafen zu § 638 „Minderung"

Welche Auswirkungen hat die Schuldrechtsreform zum 1. Januar 2018 auf § 640 BGB „Abnahme"?

Die Schuldrechtsreform zum 1. Januar 2018 hat die in **Bild 1.77** angeführten Auswirkungen auf § 640 BGB „Abnahme"

alte Fassung	entspricht	neue Fassung
§ 640 BGB a. F.	entspricht ohne inhaltlicher Änderung	§ 632 BGB n. F.

Bild 1.77 Auswirkungen Schuldrechtsreform zum 1. Januar 2018 auf § 640 BGB „Abnahme"

1.2.15 § 641 BGB „Fälligkeit der Vergütung"

Welche Verweisparagrafen werden im § 641 BGB „Fälligkeit der Vergütung" genannt?

Im § 641 BGB „Fälligkeit der Vergütung" stehen keine weiteren Verweisparagrafen.

Bild 1.78 zeigt den Gesetzestext zu § 641 BGB.

§ 641 BGB Fälligkeit der Vergütung
(1) 1 Die Vergütung ist bei der Abnahme des Werks zu entrichten. 2 Ist das Werk in Teilen abzunehmen und die Vergütung für die einzelnen Teile bestimmt, so ist die Vergütung für jeden Teil bei dessen Abnahme zu entrichten.
(2) 1 Die Vergütung des Unternehmers für ein Werk, dessen Herstellung der Besteller einem Dritten versprochen hat, wird spätestens fällig,
1. soweit der Besteller von dem Dritten für das versprochene Werk wegen dessen Herstellung seine Vergütung oder Teile davon erhalten hat,
2. soweit das Werk des Bestellers von dem Dritten abgenommen worden ist oder als abgenommen gilt oder
3. wenn der Unternehmer dem Besteller erfolglos eine angemessene Frist zur Auskunft über die in den Nr. 1 und 2 bezeichneten Umstände bestimmt hat. 2 Hat der Besteller dem Dritten wegen möglicher Mängel des Werks Sicherheit geleistet, gilt Satz 1 nur, wenn der Unternehmer dem Besteller entsprechende Sicherheit leistet.
(3) Kann der Besteller die Beseitigung eines Mangels verlangen, so kann er nach der Fälligkeit die Zahlung eines angemessenen Teils der Vergütung verweigern; angemessen ist in der Regel das Doppelte der für die Beseitigung des Mangels erforderlichen Kosten.
(4) Eine in Geld festgesetzte Vergütung hat der Besteller von der Abnahme des Werks an zu verzinsen, sofern nicht die Vergütung gestundet ist.

Bild 1.78 Gesetzestext zu § 641 BGB

Welche Auswirkungen hat die Schuldrechtsreform zum 1. Januar 2018 auf § 641 BGB „Fälligkeit der Vergütung"?

Die Schuldrechtsreform zum 1. Januar 2018 hat die in **Bild 1.79** angeführten Auswirkungen auf § 641 BGB „Fälligkeit der Vergütung".

§ 641 Abs. 2 und 3 neu gefasst mit Wirkung vom 1. Januar 2009 durch Gesetz vom 23. Oktober 2008 (BGBl. I 60 (2008) Nr. 48 vom 28.10.2008, S. 2022–2025).
Beachte hierzu Übergangsvorschrift in Art. 229 § 19 EGBGB
§ 641a [aufgehoben]
§ 641a aufgehoben mit Wirkung vom 1. Januar 2009 durch Gesetz vom 23. Oktober 2008 (BGBl. I 60 (2008) Nr. 48 vom 28.10.2008, S. 2022–2025).
Beachte hierzu Übergangsvorschrift in Art. 229 § 19 EGBGB.

Bild 1.79 Auswirkungen Schuldrechtsreform zum 1. Januar 2018 auf § 641 BGB „Fälligkeit der Vergütung"

1.2.16 § 642 BGB „Mitwirkung des Bestellers"

Welche Verweisparagrafen werden im § 642 BGB „Mitwirkung des Bestellers" genannt?

Im § 642 BGB „Mitwirkung des Bestellers" stehen keine weiteren Verweisparagrafen.

Bild 1.80 zeigt den Gesetzestext zu § 642 BGB.

§ 642 BGB Mitwirkung des Bestellers
(1) Ist bei der Herstellung des Werks eine Handlung des Bestellers erforderlich, so kann der Unternehmer, wenn der Besteller durch das Unterlassen der Handlung in Verzug der Annahme kommt, eine angemessene Entschädigung verlangen.
(2) Die Höhe der Entschädigung bestimmt sich einerseits nach der Dauer des Verzugs und der Höhe der vereinbarten Vergütung, andererseits nach demjenigen, was der Unternehmer infolge des Verzugs an Aufwendungen erspart oder durch anderweitige Verwendung seiner Arbeitskraft erwerben kann.

Bild 1.80 Gesetzestext zu § 642 BGB

Welche Auswirkungen hat die Schuldrechtsreform zum 1. Januar 2018 auf § 642 BGB „Mitwirkung des Bestellers"?

Die Schuldrechtsreform zum 1. Januar 2018 hat keine textlichen Auswirkungen auf § 642 BGB „Mitwirkung des Bestellers".

1.2.17 § 643 BGB „Kündigung bei unterlassener Mitwirkung"

Auf welche Paragrafen wird in § 643 BGB „Kündigung bei unterlassener Mitwirkung" verwiesen?

Im § 643 BGB wird auf Regelungen zur

- Mitwirkung des Bestellers

verwiesen.

Bild 1.81 zeigt eine Übersicht zu den Verweisparagrafen in § 643 BGB „Kündigung bei unterlassener Mitwirkung“.

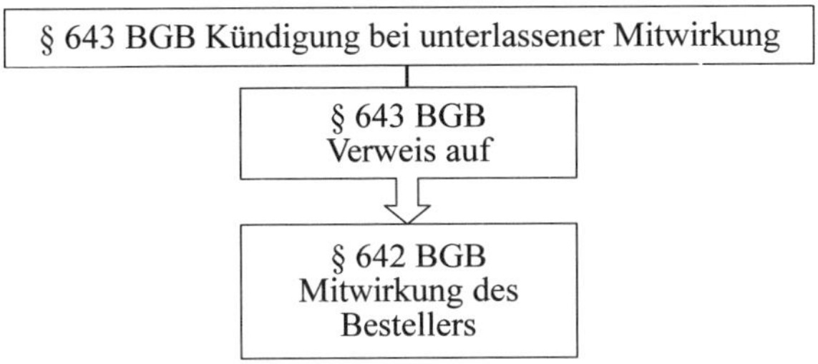

Bild 1.81 Übersicht Verweisparagrafen in § 643 BGB „Kündigung bei unterlassener Mitwirkung“

Der Gesetzestext zu § 643 BGB mit dem Verweisparagrafen § 642 BGB ist in **Bild 1.82** dargestellt.

§ 643 BGB Kündigung bei unterlassener Mitwirkung
1 Der Unternehmer ist im Falle des § 642 berechtigt, dem Besteller zur Nachholung der Handlung eine angemessene Frist mit der Erklärung zu bestimmen, dass er den Vertrag kündige, wenn die Handlung nicht bis zum Ablauf der Frist vorgenommen werde. 2 Der Vertrag gilt als aufgehoben, wenn nicht die Nachholung bis zum Ablauf der Frist erfolgt.

§ 642 BGB Mitwirkung des Bestellers
(1) Ist bei der Herstellung des Werks eine Handlung des Bestellers erforderlich, so kann der Unternehmer, wenn der Besteller durch das Unterlassen der Handlung in Verzug der Annahme kommt, eine angemessene Entschädigung verlangen.
(2) Die Höhe der Entschädigung bestimmt sich einerseits nach der Dauer des Verzugs und der Höhe der vereinbarten Vergütung, andererseits nach demjenigen, was der Unternehmer infolge des Verzugs an Aufwendungen erspart oder durch anderweitige Verwendung seiner Arbeitskraft erwerben kann.

Bild 1.82 Gesetzestext zu § 643 BGB und Verweisparagraf § 642 BGB

Welche Auswirkungen hat die Schuldrechtsreform zum 1. Januar 2018 auf § 643 BGB „Kündigung bei unterlassener Mitwirkung“?

Die Schuldrechtsreform zum 1. Januar 2018 hat keine textlichen Auswirkungen auf § 643 BGB „Kündigung bei unterlassener Mitwirkung“.

1.2.18 § 644 BGB „Gefahrtragung“

Auf welche gesetzlichen Regelungen wird in § 644 BGB „Gefahrtragung“ verwiesen?

In § 644 BGB „Gefahrtragung“ wird auf Regelungen zum

- Gefahrübergang beim Versendungskauf

verwiesen.

Bild 1.83 zeigt eine Übersicht zu den Verweisparagrafen in § 644 BGB „Gefahrtragung“.

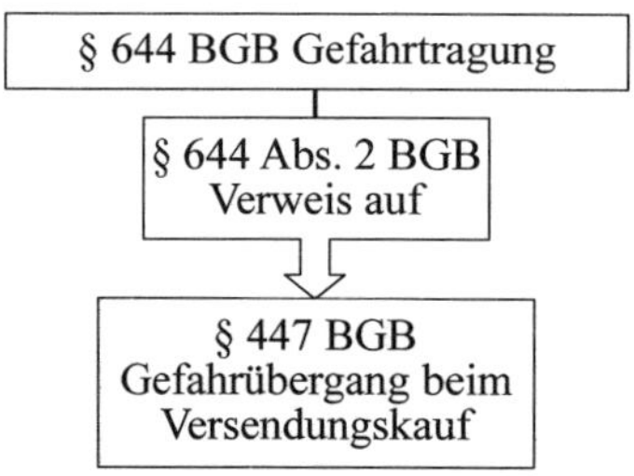

Bild 1.83 Übersicht Verweisparagrafen in § 644 BGB „Gefahrtragung“

Bild 1.84 zeigt die Gesetzestexte dieser Paragrafen.

§ 644 BGB Gefahrtragung
(1) 1 Der Unternehmer trägt die Gefahr bis zur Abnahme des Werks. 2 Kommt der Besteller in Verzug der Annahme, so geht die Gefahr auf ihn über. 3 Für den zufälligen Untergang und eine zufällige Verschlechterung des von dem Besteller gelieferten Stoffs ist der Unternehmer nicht verantwortlich.
(2) Versendet der Unternehmer das Werk auf Verlangen des Bestellers nach einem anderen Ort als dem Erfüllungsort, so finden die für den Kauf geltenden Vorschriften des § 447 entsprechende Anwendung.

§ 447 BGB Gefahrübergang beim Versendungskauf
(1) Versendet der Verkäufer auf Verlangen des Käufers die verkaufte Sache nach einem anderen Ort als dem Erfüllungsort, so geht die Gefahr auf den Käufer über, sobald der Verkäufer die Sache dem Spediteur, dem Frachtführer oder der sonst zur Ausführung der Versendung bestimmten Person oder Anstalt ausgeliefert hat.
(2) Hat der Käufer eine besondere Anweisung über die Art der Versendung erteilt und weicht der Verkäufer ohne dringenden Grund von der Anweisung ab, so ist der Verkäufer dem Käufer für den daraus entstehenden Schaden verantwortlich.

Bild 1.84 Gesetzestext zu § 644 BGB und Verweisparagraf § 447 BGB

Welche Auswirkungen hat die Schuldrechtsreform zum 1. Januar 2018 auf § 644 BGB „Gefahrtragung"?

Die Schuldrechtsreform zum 1. Januar 2018 hat keine textlichen Auswirkungen auf § 644 BGB „Gefahrtragung".

1.2.19 § 645 BGB „Verantwortlichkeit des Bestellers"

Welche Verweisparagrafen werden in § 645 BGB „Verantwortlichkeit des Bestellers" genannt?

In § 645 BGB „Verantwortlichkeit des Bestellers" wird auf Regelungen zur

- Kündigung bei unterlassener Mitwirkung und
- Mitwirkung des Bestellers

verwiesen.

Bild 1.85 zeigt eine Übersicht zu den Verweisparagrafen in § 645 BGB „Verantwortlichkeit des Bestellers".

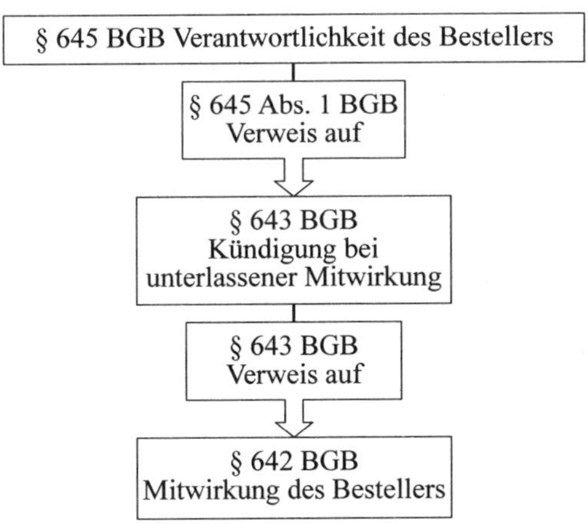

Bild 1.85 Übersicht Verweisparagrafen in § 645 BGB „Verantwortlichkeit des Bestellers"

Die Gesetzestexte zu den Paragrafen zeigt **Bild 1.86**.

§ 645 Verantwortlichkeit des Bestellers
1 Ist das Werk vor der Abnahme infolge eines Mangels des von dem Besteller gelieferten Stoffs oder infolge einer von dem Besteller für die Ausführung erteilten Anweisung untergegangen, verschlechtert oder unausführbar geworden, ohne dass ein Umstand mitgewirkt hat, den der Unternehmer zu vertreten hat, so kann der Unternehmer einen der geleisteten Arbeit entsprechenden Teil der Vergütung und Ersatz der in der Vergütung nicht inbegriffenen Auslagen verlangen. 2 Das Gleiche gilt, wenn der Vertrag in Gemäßheit des § 643 aufgehoben wird.
(2) Eine weitergehende Haftung des Bestellers wegen Verschuldens bleibt unberührt.

§ 643 BGB Kündigung bei unterlassener Mitwirkung
1 Der Unternehmer ist im Falle des § 642 berechtigt, dem Besteller zur Nachholung der Handlung eine angemessene Frist mit der Erklärung zu bestimmen, dass er den Vertrag kündige, wenn die Handlung nicht bis zum Ablauf der Frist vorgenommen werde. 2 Der Vertrag gilt als aufgehoben, wenn nicht die Nachholung bis zum Ablauf der Frist erfolgt.

§ 642 BGB Mitwirkung des Bestellers
(1) Ist bei der Herstellung des Werks eine Handlung des Bestellers erforderlich, so kann der Unternehmer, wenn der Besteller durch das Unterlassen der Handlung in Verzug der Annahme kommt, eine angemessene Entschädigung verlangen.
(2) Die Höhe der Entschädigung bestimmt sich einerseits nach der Dauer des Verzugs und der Höhe der vereinbarten Vergütung, andererseits nach demjenigen, was der Unternehmer infolge des Verzugs an Aufwendungen erspart oder durch anderweitige Verwendung seiner Arbeitskraft erwerben kann.

Bild 1.86 Gesetzestext zu § 645 BGB und Verweisparagrafen § 643 BGB, § 642 BGB

Welche Auswirkungen hat die Schuldrechtsreform zum 1. Januar 2018 auf § 645 BGB „Verantwortlichkeit des Bestellers"?

Die Schuldrechtsreform zum 1. Januar 2018 hat keine textlichen Auswirkungen auf § 645 BGB „Verantwortlichkeit des Bestellers".

1.2.20 § 646 BGB „Vollendung statt Abnahme"

Auf welche Regelungen wird in § 646 BGB „Vollendung statt Abnahme" verwiesen?

In § 646 BGB „Vollendung statt Abnahme" wird auf die Reglungen zur

- Verjährung der Mängelansprüche,
- Fälligkeit der Vergütung,
- Verantwortlichkeit des Bestellers mit Regelungen zur
- Kündigung bei unterlassener Mitwirkung mit Regelungen zur Mitwirkung des Bestellers,
- Gefahrtragung mit Regelungen zum Gefahrübergang beim Versendungskauf

verwiesen.

Bild 1.87 zeigt eine Übersicht der Verweisparagrafen in § 646 BGB „Vollendung statt Abnahme“.

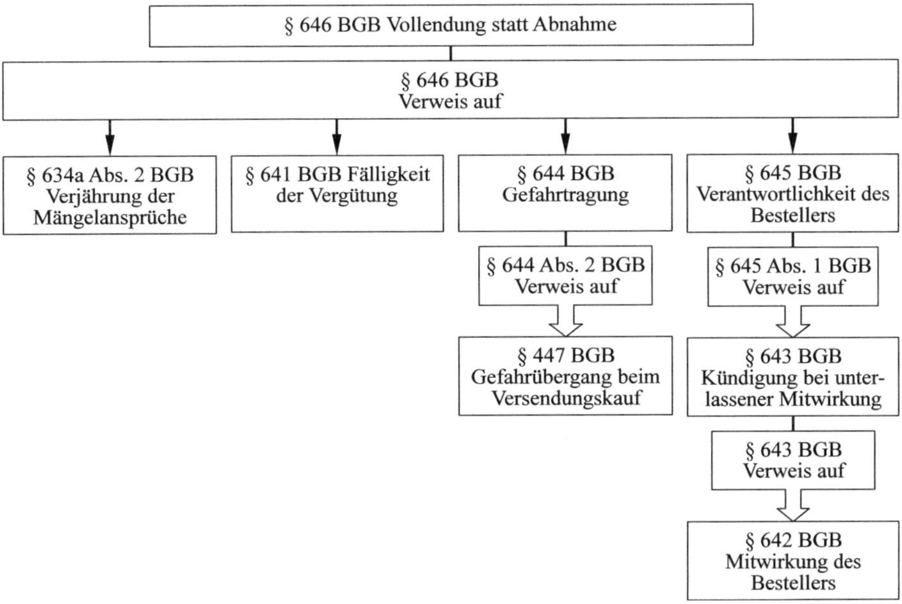

Bild 1.87 Übersicht der Verweisparagrafen zu § 646 BGB „Vollendung statt Abnahme“

Bild 1.88 zeigt den Gesetzestext zu § 646 BGB mit dem Verweisparagrafen § 634a Abs. 2 BGB.

§ 646 BGB Vollendung statt Abnahme
Ist nach der Beschaffenheit des Werks die Abnahme ausgeschlossen, so tritt in den Fällen des § 634a Abs. 2 und der §§ 641, 644 und 645 an die Stelle der Abnahme die Vollendung des Werks.

§ 634a Abs. 1 und 2 BGB Verjährung der Mängelansprüche
(1) Die in § 634 Nr. 1, 2 und 4 bezeichneten Ansprüche verjähren
1. vorbehaltlich der Nr. 2 in zwei Jahren bei einem Werk, dessen Erfolg in der Herstellung, Wartung oder Veränderung einer Sache oder in der Erbringung von Planungs- oder Überwachungsleistungen hierfür besteht,
2. in fünf Jahren bei einem Bauwerk und einem Werk, dessen Erfolg in der Erbringung von Planungs- oder Überwachungsleistungen hierfür besteht, und
3. im Übrigen in der regelmäßigen Verjährungsfrist.
(2) Die Verjährung beginnt in den Fällen des Abs. 1 Nr. 1 und 2 mit der Abnahme.

§ 634 Nr. 1, 2 und 4 BGB Rechte des Bestellers bei Mängeln – siehe Kapitel 1.2.7 bis 1.2.7.15

Bild 1.88 Gesetzestext zu § 646 BGB mit dem Verweisparagrafen § 634a Abs. 2 BGB

§ 646 BGB Vollendung statt Abnahme
Ist nach der Beschaffenheit des Werks die Abnahme ausgeschlossen, so tritt in den Fällen des § 634a Abs. 2 und der
§ 641, § 644 und § 645 an die Stelle der Abnahme die Vollendung des Werks

§ 641 BGB Fälligkeit der Vergütung
(1) 1 Die Vergütung ist bei der Abnahme des Werks zu entrichten. 2 Ist das Werk in Teilen abzunehmen und die Vergütung für die einzelnen Teile bestimmt, so ist die Vergütung für jeden Teil bei dessen Abnahme zu entrichten.
(2) 1 Die Vergütung des Unternehmers für ein Werk, dessen Herstellung der Besteller einem Dritten versprochen hat, wird spätestens fällig,
1. soweit der Besteller von dem Dritten für das versprochene Werk wegen dessen Herstellung seine Vergütung oder Teile davon erhalten hat,
2. soweit das Werk des Bestellers von dem Dritten abgenommen worden ist oder als abgenommen gilt oder
3. wenn der Unternehmer dem Besteller erfolglos eine angemessene Frist zur Auskunft über die in den Nr. 1 und 2 bezeichneten Umstände bestimmt hat. 2 Hat der Besteller dem Dritten wegen möglicher Mängel des Werks Sicherheit geleistet,
gilt Satz 1 nur, wenn der Unternehmer dem Besteller entsprechende Sicherheit leistet.
(3) Kann der Besteller die Beseitigung eines Mangels verlangen, so kann er nach der Fälligkeit die Zahlung eines angemessenen Teils der Vergütung verweigern; angemessen ist in der Regel das Doppelte der für die Beseitigung des Mangels erforderlichen Kosten.
(4) Eine in Geld festgesetzte Vergütung hat der Besteller von der Abnahme des Werks an zu verzinsen, sofern nicht die Vergütung gestundet ist.

Bild 1.89 Gesetzestext zu § 646 BGB mit dem Verweisparagrafen § 641 BGB

§ 646 BGB Vollendung statt Abnahme
Ist nach der Beschaffenheit des Werks die Abnahme ausgeschlossen, so tritt in den Fällen des § 634a Abs. 2 und des § 641,
§ 644 und § 645 an die Stelle der Abnahme die Vollendung des Werks.

§ 644 BGB Gefahrtragung
(1) Der Unternehmer trägt die Gefahr bis zur Abnahme des Werks. Kommt der Besteller in Verzug der Annahme, so geht die Gefahr auf ihn über. Für den zufälligen Untergang und eine zufällige Verschlechterung des von dem Besteller gelieferten Stoffs ist der Unternehmer nicht verantwortlich.
(2) Versendet der Unternehmer das Werk auf Verlangen des Bestellers nach einem anderen Ort als dem Erfüllungsort, so finden die für den Kauf geltenden Vorschriften des § 447 entsprechende Anwendung.

§ 447 BGB Gefahrübergang beim Versendungskauf
(1) Versendet der Verkäufer auf Verlangen des Käufers die verkaufte Sache nach einem anderen Ort als dem Erfüllungsort, so geht die Gefahr auf den Käufer über, sobald der Verkäufer die Sache dem Spediteur, dem Frachtführer oder der sonst zur Ausführung der Versendung bestimmten Person oder Anstalt ausgeliefert hat.
(2) Hat der Käufer eine besondere Anweisung über die Art der Versendung erteilt und weicht der Verkäufer ohne dringenden Grund von der Anweisung ab, so ist der Verkäufer dem Käufer für den daraus entstehenden Schaden verantwortlich.

Bild 1.90 Gesetzestext zu § 646 BGB mit dem Verweisparagrafen § 644 BGB und dessen Verweisparagrafen § 447 BGB

Bild 1.89 zeigt den Gesetzestext zu § 646 BGB mit dem Verweisparagrafen § 641 BGB.

Bild 1.90 zeigt den Gesetzestext zu § 646 BGB mit dem Verweisparagrafen § 644 BGB und dessen Verweisparagrafen § 447.

Bild 1.91 zeigt den Gesetzestext zu § 646 BGB mit dem Verweisparagrafen § 645 BGB und dessen Verweisparagrafen § 643 BGB und § 642 BGB.

§ 646 Vollendung statt Abnahme
Ist nach der Beschaffenheit des Werks die Abnahme ausgeschlossen, so tritt in den Fällen des § 634a Abs. 2 und der §§ 641, 644 und § 645 an die Stelle der Abnahme die Vollendung des Werks.

§ 645 BGB Verantwortlichkeit des Bestellers
(1) Ist das Werk vor der Abnahme infolge eines Mangels des von dem Besteller gelieferten Stoffs oder infolge einer von dem Besteller für die Ausführung erteilten Anweisung untergegangen, verschlechtert oder unausführbar geworden, ohne dass ein Umstand mitgewirkt hat, den der Unternehmer zu vertreten hat, so kann der Unternehmer einen der geleisteten Arbeit entsprechenden Teil der Vergütung und Ersatz der in der Vergütung nicht inbegriffenen Auslagen verlangen. Das Gleiche gilt, wenn der Vertrag in Gemäßheit des § 643 aufgehoben wird.
(2) Eine weitergehende Haftung des Bestellers wegen Verschuldens bleibt unberührt.

§ 643 BGB Kündigung bei unterlassener Mitwirkung
Der Unternehmer ist im Falle des § 642 berechtigt, dem Besteller zur Nachholung der Handlung eine angemessene Frist mit der Erklärung zu bestimmen, dass er den Vertrag kündige, wenn die Handlung nicht bis zum Ablauf der Frist vorgenommen werde. Der Vertrag gilt als aufgehoben, wenn nicht die Nachholung bis zum Ablauf der Frist erfolgt.

§ 642 BGB Mitwirkung des Bestellers
(1) Ist bei der Herstellung des Werks eine Handlung des Bestellers erforderlich, so kann der Unternehmer, wenn der Besteller durch das Unterlassen der Handlung in Verzug der Annahme kommt, eine angemessene Entschädigung verlangen.
(2) Die Höhe der Entschädigung bestimmt sich einerseits nach der Dauer des Verzugs und der Höhe der vereinbarten Vergütung, andererseits nach demjenigen, was der Unternehmer infolge des Verzugs an Aufwendungen erspart oder durch anderweitige Verwendung seiner Arbeitskraft erwerben kann.

Bild 1.91 Gesetzestext zu § 646 BGB mit dem Verweisparagrafen § 645 BGB und dessen Verweisparagrafen § 643 BGB mit dem Verweisparagrafen § 642 BGB

Welche Auswirkungen hat die Schuldrechtsreform zum 1. Januar 2018 auf § 646 BGB „Vollendung statt Abnahme"?

Die Schuldrechtsreform zum 1. Januar 2018 hat keine textlichen Auswirkungen auf § 646 BGB „Vollendung statt Abnahme".

1.2.21 § 647 BGB „Unternehmerpfandrecht“

Welche Verweisparagrafen sind zu den Regelungen zum Unternehmerpfandrecht in § 647 BGB zu beachten?

Bild 1.92 zeigt den Gesetzestext zu § 647 BGB. Verweisparagrafen sind im Text nicht genannt.

> **§ 647 BGB Unternehmerpfandrecht**
> *Der Unternehmer hat für seine Forderungen aus dem Vertrag ein Pfandrecht an den von ihm hergestellten oder ausgebesserten beweglichen Sachen des Bestellers, wenn sie bei der Herstellung oder zum Zwecke der Ausbesserung in seinen Besitz gelangt sind.*

Bild 1.92 Gesetzestext zu § 647 BGB

Welche Auswirkungen hat die Schuldrechtsreform zum 1. Januar 2018 auf § 647 BGB „Unternehmerpfandrecht“?

Die Schuldrechtsreform zum 1. Januar 2018 hat keine textlichen Auswirkungen auf § 647 BGB „Unternehmerpfandrecht“.

1.2.22 § 647a BGB „Sicherungshypothek des Inhabers einer Schiffswerft“

Auf welche Paragrafen wird in § 647a BGB „Sicherungshypothek des Inhabers einer Schiffswerft“ verwiesen?

Im § 647a BGB wird auf Regelungen zum

- Unternehmerpfandrecht

verwiesen.

Bild 1.93 zeigt eine Übersicht zu den Verweisparagrafen in § 647a BGB „Sicherungshypothek des Inhabers einer Schiffswerft“.

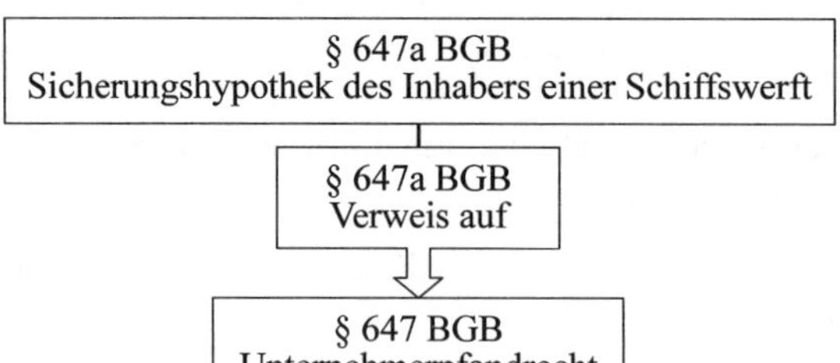

Bild 1.93 Übersicht zu den Verweisparagrafen in § 647a BGB „Sicherungshypothek des Inhabers einer Schiffswerft“

Welche Verweisparagrafen sind zu den Regelungen zur Sicherungshypothek des Inhabers einer Schiffswerft in § 647a BGB zu beachten?

Den Gesetzestext von § 647a BGB mit dem Verweisparagraf § 647 BGB zeigt **Bild 1.94**.

> **§ 647a BGB Sicherungshypothek des Inhabers einer Schiffswerft**
> *1 Der Inhaber einer Schiffswerft kann für seine Forderungen aus dem Bau oder der Ausbesserung eines Schiffs die Einräumung einer Schiffshypothek an dem Schiffsbauwerk oder dem Schiff des Bestellers verlangen. 2 Ist das Werk noch nicht vollendet, so kann er die Einräumung der Schiffshypothek für einen der geleisteten Arbeit entsprechenden Teil der Vergütung und für die in der Vergütung nicht inbegriffenen Auslagen verlangen.*
> *3 § 647 findet keine Anwendung*

> **§ 647 BGB Unternehmerpfandrecht**
> *Der Unternehmer hat für seine Forderungen aus dem Vertrag ein Pfandrecht an den von ihm hergestellten oder ausgebesserten beweglichen Sachen des Bestellers, wenn sie bei der Herstellung oder zum Zwecke der Ausbesserung in seinen Besitz gelangt sind.*

Bild 1.94 Gesetzestext zum § 637a BGB und zum Verweisparagrafen § 647 BGB „Unternehmerpfandrecht"

Welche Auswirkungen hat die Schuldrechtsreform zum 1. Januar 2018 auf § 647a „Sicherungshypothek des Inhabers einer Schiffswerft"?

Die Schuldrechtsreform zum 1. Januar 2018 hat die in **Bild 1.95** angeführten Auswirkungen auf § 647a „Sicherungshypothek des Inhabers einer Schiffswerft".

> *§ 647a eingeführt mit Wirkung vom 1. Januar 2018 durch Gesetz vom 28. April 2017 (BGBl. I 69 (2017) Nr. 23 vom 4.5.2017, S. 969–979).*

Bild 1.95 Auswirkungen Schuldrechtsreform zum 1. Januar 2018 auf § 647a „Sicherungshypothek des Inhabers einer Schiffswerft"

1.2.23 § 648 „Kündigungsrecht des Bestellers"

Welche Verweisparagrafen sind zu den Regelungen „Kündigungsrecht des Bestellers" in § 648 BGB zu beachten?

Bild 1.96 zeigt den Gesetzestext zu § 648 BGB. Verweisparagrafen sind im Text nicht genannt.

> **§ 648 BGB Kündigungsrecht des Bestellers**
> *1 Der Besteller kann bis zur Vollendung des Werks jederzeit den Vertrag kündigen. 2 Kündigt der Besteller, so ist der Unternehmer berechtigt, die vereinbarte Vergütung zu verlangen; er muss sich jedoch dasjenige anrechnen lassen, was er infolge der Aufhebung des Vertrags an Aufwendungen erspart oder durch anderweitige Verwendung seiner Arbeitskraft erwirbt oder zu erwerben böswillig unterlässt. 3 Es wird vermutet, dass danach dem Unternehmer fünf vom Hundert der auf den noch nicht erbrachten Teil der Werkleistung entfallenden vereinbarten Vergütung zustehen.*

Bild 1.96 Gesetzestext zu § 648 BGB

Welche Auswirkungen hat die Schuldrechtsreform zum 1. Januar 2018 auf § 648 „Kündigungsrecht des Bestellers“?

Die Schuldrechtsreform zum 1. Januar 2018 hat die in **Bild 1.97** angeführten Auswirkungen auf § 648 BGB „Kündigungsrecht des Bestellers“.

Früherer § 649 Satz 3 angeführt mit Wirkung vom 1. Januar 2009 durch Gesetz vom 23. Oktober 2008 (BGBl. I 60 (2008) Nr. 48 vom 28.10.2008, S. 2022–2025);
§ 648 aufgehoben, bisheriger § 649 wird § 648 mit Wirkung vom 1. Januar 2018 durch Gesetz vom 28. April 2017 (BGBl. I 69 (2017) Nr. 23 vom 4.5.2017, S. 969–979).
Siehe hierzu auch Übergangsvorschrift in Art. 229 § 19 EGBGB.

Bild 1.97 Auswirkungen Schuldrechtsreform zum 1. Januar 2018 auf § 648 „Kündigungsrecht des Bestellers“

1.2.24 § 648a BGB „Kündigung aus wichtigem Grund“

Auf welche weiteren gesetzlichen Regelungen wird im § 648a „Kündigung aus wichtigem Grund“ verwiesen?

In § 648a wird auf die Regelungen zur

- Kündigung von Dauerschuldverhältnissen aus wichtigem Grund,
- Dauerschuldverhältnissen aus wichtigem Grund,
- Rücktritt wegen nicht oder nicht vertragsgemäß erbrachter Leistung

verwiesen.

Bild 1.98 zeigt eine Übersicht zu den Verweisparagrafen in § 648a „Kündigung aus wichtigem Grund“.

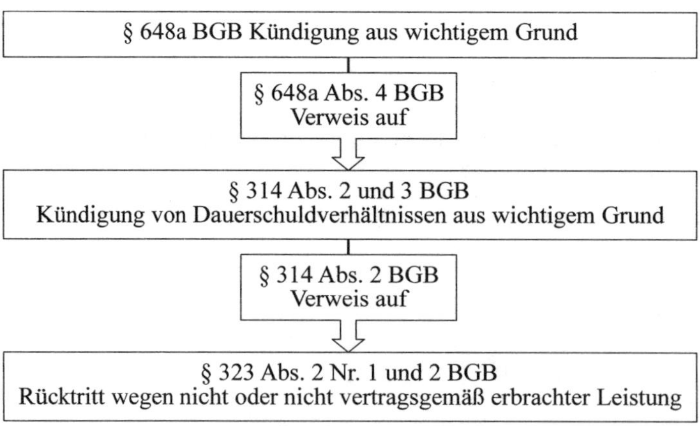

Bild 1.98 Übersicht Verweisparagrafen in § 638a BGB „Kündigung aus wichtigem Grund“

Bild 1.99 zeigt die Gesetzestexte zu § 638a BGB und Verweisparagraf § 314 Abs. 2 und 3 BGB und § 323 Abs. 2 Nr. 1 und 2 BGB.

§ 648a BGB Kündigung aus wichtigem Grund
(1) 1 Beide Vertragsparteien können den Vertrag aus wichtigem Grund ohne Einhaltung einer Kündigungsfrist kündigen. 2 Ein wichtiger Grund liegt vor, wenn dem kündigenden Teil unter Berücksichtigung aller Umstände des Einzelfalls und unter Abwägung der beiderseitigen Interessen die Fortsetzung des Vertragsverhältnisses bis zur Fertigstellung des Werks nicht zugemutet werden kann.
(2) Eine Teilkündigung ist möglich; sie muss sich auf einen abgrenzbaren Teil des geschuldeten Werks beziehen.
(3) § 314 Abs. 2 und 3 gilt entsprechend.
(4) 1 Nach der Kündigung kann jede Vertragspartei von der anderen verlangen, dass sie an einer gemeinsamen Feststellung des Leistungsstandes mitwirkt. 2 Verweigert eine Vertragspartei die Mitwirkung oder bleibt sie einem vereinbarten oder einem von der anderen Vertragspartei innerhalb einer angemessenen Frist bestimmten Termin zur Leistungsstandfeststellung fern, trifft sie die Beweislast für den Leistungsstand zum Zeitpunkt der Kündigung. 3 Dies gilt nicht, wenn die Vertragspartei infolge eines Umstands fernbleibt, den sie nicht zu vertreten hat und den sie der anderen Vertragspartei unverzüglich mitgeteilt hat.
(5) Kündigt eine Vertragspartei aus wichtigem Grund, ist der Unternehmer nur berechtigt, die Vergütung zu verlangen, die auf den bis zur Kündigung erbrachten Teil des Werks entfällt.
(6) Die Berechtigung, Schadensersatz zu verlangen, wird durch die Kündigung nicht ausgeschlossen.

§ 314 Abs. 2 und 3 Kündigung von Dauerschuldverhältnissen aus wichtigem Grund
(2) 1 Besteht der wichtige Grund in der Verletzung einer Pflicht aus dem Vertrag, ist die Kündigung erst nach erfolglosem Ablauf einer zur Abhilfe bestimmten Frist oder nach erfolgloser Abmahnung zulässig. 2 Für die Entbehrlichkeit der Bestimmung einer Frist zur Abhilfe und für die Entbehrlichkeit einer Abmahnung findet § 323 Abs. 2 Nr. 1 und 2 entsprechende Anwendung 3 Die Bestimmung einer Frist zur Abhilfe und eine Abmahnung sind auch entbehrlich, wenn besondere Umstände vorliegen, die unter Abwägung der beiderseitigen Interessen die sofortige Kündigung rechtfertigen.
(3) Der Berechtigte kann nur innerhalb einer angemessenen Frist kündigen, nachdem er vom Kündigungsgrund Kenntnis erlangt hat.

§ 323 Abs. 2 Nr. 1 und 2 BGB Rücktritt wegen nicht oder nicht vertragsgemäß erbrachter Leistung
(2) Die Fristsetzung ist entbehrlich, wenn
1. der Schuldner die Leistung ernsthaft und endgültig verweigert,
2. der Schuldner die Leistung bis zu einem im Vertrag bestimmten Termin oder innerhalb einer im Vertrag bestimmten Frist nicht bewirkt, obwohl die termin- oder fristgerechte Leistung nach einer Mitteilung des Gläubigers an den Schuldner vor Vertragsschluss oder aufgrund anderer den Vertragsabschluss begleitenden Umstände für den Gläubiger wesentlich ist, ...

Bild 1.99 Gesetzestexte zu § 638a BGB und Verweisparagrafen § 314 Abs. 2 und 3 BGB und § 323 Abs. 2 Nr. 1 und 2 BGB

Welche Auswirkungen hat die Schuldrechtsreform zum 1. Januar 2018 auf § 648a „Kündigung aus wichtigem Grund"?

Die Schuldrechtsreform zum 1. Januar 2018 hat die in **Bild 1.100** angeführten Auswirkungen auf § 648a „Kündigung aus wichtigem Grund".

Bisheriger § 648a aufgehoben, neuer § 648a eingeführt mit Wirkung vom 1. Januar 2018 durch Gesetz vom 28. April 2017 (BGBl. I 69 (2017) Nr. 23 vom 4.5.2017, S. 969–979).

Bild 1.100 Auswirkungen Schuldrechtsreform zum 1. Januar 2018 auf § 648a „Kündigung aus wichtigem Grund"

1.2.25 § 649 BGB „Kostenanschlag"

Welche Verweisparagrafen werden in § 649 BGB für die Regelungen zum Kostenanschlag genannt?

In § 649 BGB „Kostenanschlag" wird auf folgende Regelungen verwiesen:

- Verantwortlichkeit des Bestellers mit Verweis auf
  - Kündigung bei unterlassener Mitwirkung mit Verweis auf
    - Mitwirkung des Bestellers.

Bild 1.101 zeigt eine Übersicht zu den Verweisparagrafen in § 650 BGB „Kostenanschlag".

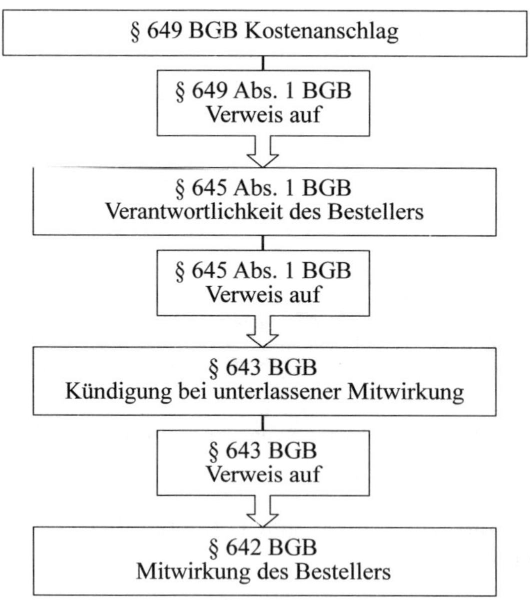

Bild 1.101 Übersicht zu den Verweisparagrafen in § 650 BGB „Kostenanschlag"

Die Gesetzestexte zu diesen Paragrafen sind in **Bild 1.102** dargestellt.

§ 649 BGB Kostenanschlag
(1) Ist dem Vertrag ein Kostenanschlag zugrunde gelegt worden, ohne dass der Unternehmer die Gewähr für die Richtigkeit des Anschlags übernommen hat, und ergibt sich, dass das Werk nicht ohne eine wesentliche Überschreitung des Anschlags ausführbar ist, so steht dem Unternehmer, wenn der Besteller den Vertrag aus diesem Grund kündigt, nur der im § 645 Abs. 1 bestimmte Anspruch zu.
(2) Ist eine solche Überschreitung des Anschlags zu erwarten, so hat der Unternehmer dem Besteller unverzüglich Anzeige zu machen.

§ 645 Abs. 1 BGB Verantwortlichkeit des Bestellers
(1) Ist das Werk vor der Abnahme infolge eines Mangels des von dem Besteller gelieferten Stoffs oder infolge einer von dem Besteller für die Ausführung erteilten Anweisung untergegangen, verschlechtert oder unausführbar geworden, ohne dass ein Umstand mitgewirkt hat, den der Unternehmer zu vertreten hat, so kann der Unternehmer einen der geleisteten Arbeit entsprechenden Teil der Vergütung und Ersatz der in der Vergütung nicht inbegriffenen Auslagen verlangen.
Das Gleiche gilt, wenn der Vertrag in Gemäßheit des § 643 aufgehoben wird.

§ 643 BGB Kündigung bei unterlassener Mitwirkung
Der Unternehmer ist im Falle des § 642 berechtigt, dem Besteller zur Nachholung der Handlung eine angemessene Frist mit der Erklärung zu bestimmen, dass er den Vertrag kündige, wenn die Handlung nicht bis zum Ablauf der Frist vorgenommen werde. Der Vertrag gilt als aufgehoben, wenn nicht die Nachholung bis zum Ablauf der Frist erfolgt.

§ 642 BGB Mitwirkung des Bestellers
(1) Ist bei der Herstellung des Werks eine Handlung des Bestellers erforderlich, so kann der Unternehmer, wenn der Besteller durch das Unterlassen der Handlung in Verzug der Annahme kommt, eine angemessene Entschädigung verlangen.
(2) Die Höhe der Entschädigung bestimmt sich einerseits nach der Dauer des Verzugs und der Höhe der vereinbarten Vergütung, andererseits nach demjenigen, was der Unternehmer infolge des Verzugs an Aufwendungen erspart oder durch anderweitige Verwendung seiner Arbeitskraft erwerben kann.

Bild 1.102 Gesetzestexte zu § 649 BGB „Kostenanschlag“ und Verweisparagraf § 645 Abs. 1 BGB mit dem Verweisparagrafen § 643 BGB mit dem Verweisparagrafen § 642 BGB

Welche Auswirkungen hat die Schuldrechtsreform zum 1. Januar 2018 auf § 649 BGB „Kostenanschlag“?

Die Schuldrechtsreform zum 1. Januar 2018 hat die in **Bild 1.103** angeführten Auswirkungen auf § 649 BGB „Kostenanschlag“.

Bisheriger § 650a wird § 649 mit Wirkung vom 1. Januar 2018 durch Gesetz vom 28. April 2017 (BGBl. I 69 (2017) Nr. 23 vom 4.5.2017, S. 969–979).

Bild 1.103 Auswirkungen Schuldrechtsreform zum 1. Januar 2018 auf § 649 BGB „Kostenanschlag“

1.2.26 § 650 BGB „Anwendung des Kaufrechts“

Auf welche Reglungen wird in § 650 BGB „Anwendung des Kaufrechts“ verwiesen?

In § 650 BGB „Anwendung des Kaufrechts“ wird auf Regelungen zu

- der Kenntnis des Käufers,
- Mitwirkung des Bestellers,
- Kündigung bei unterlassener Mitwirkung,
- Verantwortlichkeit des Bestellers,
- den Kostenanschlag,
- Gefahr- und Lastenübergang,
- Gefahrübergang beim Versendungskauf

verwiesen.

Bild 1.104 zeigt eine Übersicht zu den Verweisparagrafen im § 650 BGB „Anwendung des Kaufrechts“.

Bild 1.105 zeigt die Gesetzestexte zu § 650 BGB „Anwendung des Kaufrechts“ mit den Verweisparagrafen

- § 442 Abs. 1, Satz 1 BGB „Kenntnis des Käufers“ und
- § 642 BGB „Mitwirkung des Bestellers“.

Bild 1.106 zeigt die Gesetzestexte zu § 650 BGB „Anwendung des Kaufrechts“ mit dem Verweisparagrafen

- § 643 BGB „Kündigung bei unterlassener Mitwirkung“ mit dem Verweisparagrafen
  - § 642 BGB „Mitwirkung des Bestellers“.

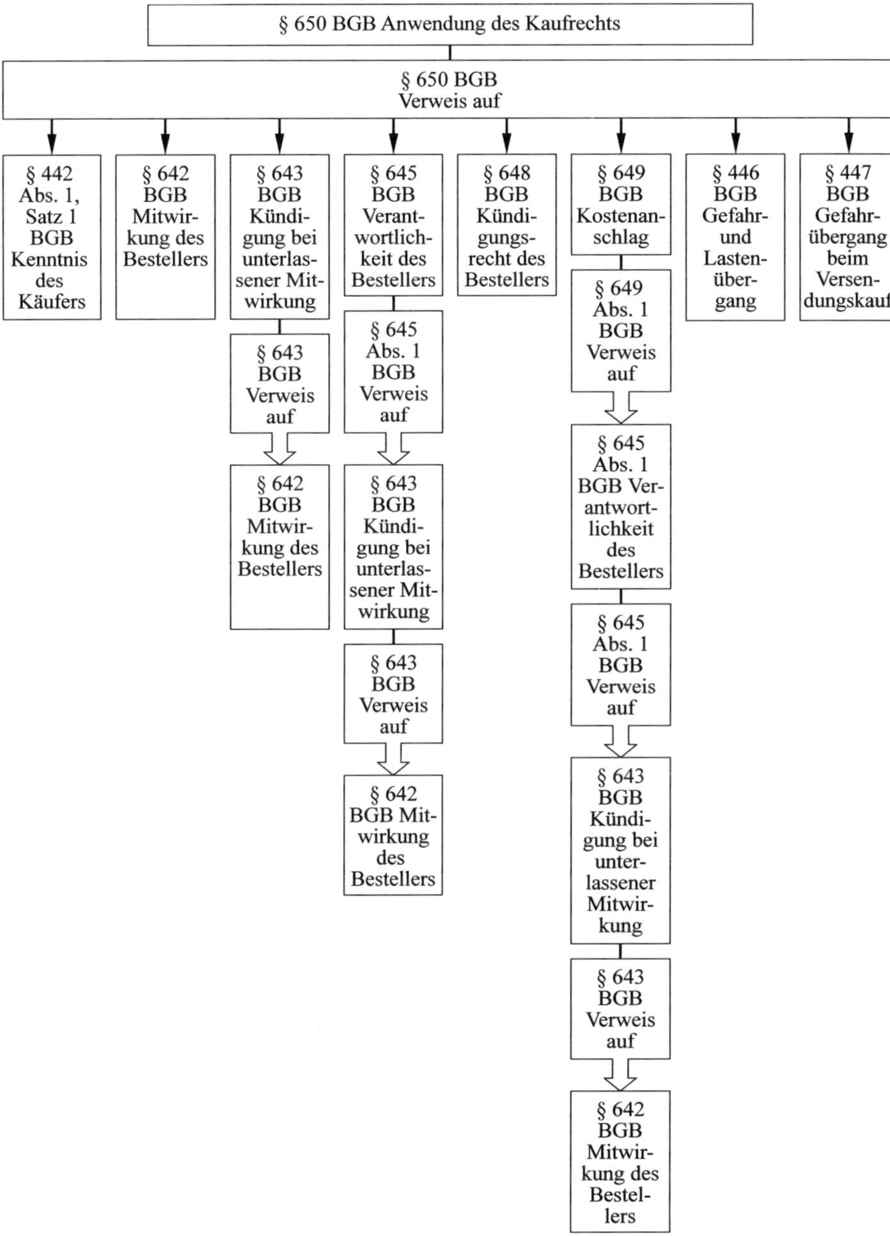

Bild 1.104 Übersicht zu den Verweisparagrafen im § 650 BGB „Anwendung des Kaufrechts“

§ 650 BGB Anwendung des Kaufrechts
Auf einen Vertrag, der die Lieferung herzustellender oder zu erzeugender beweglicher Sachen zum Gegenstand hat, finden die Vorschriften über den Kauf Anwendung. § 442 Abs. 1 Satz 1 findet bei diesen Verträgen auch Anwendung, wenn der Mangel auf den vom Besteller gelieferten Stoff zurückzuführen ist. Soweit es sich bei den herzustellenden oder zu erzeugenden beweglichen Sachen um nicht vertretbare Sachen handelt, sind auch die § 642, §§ 643, 645, 649 und 650 mit der Maßgabe anzuwenden, dass an die Stelle der Abnahme der nach den §§ 446 und 447 maßgebliche Zeitpunkt tritt.

§ 442 Abs. 1 Satz 1 BGB Kenntnis des Käufers
(1) Die Rechte des Käufers wegen eines Mangels sind ausgeschlossen, wenn er bei Vertragsschluss den Mangel kennt. ...

§ 642 BGB Mitwirkung des Bestellers
(1) Ist bei der Herstellung des Werks eine Handlung des Bestellers erforderlich, so kann der Unternehmer, wenn der Besteller durch das Unterlassen der Handlung in Verzug der Annahme kommt, eine angemessene Entschädigung verlangen.
(2) Die Höhe der Entschädigung bestimmt sich einerseits nach der Dauer des Verzugs und der Höhe der vereinbarten Vergütung, andererseits nach demjenigen, was der Unternehmer infolge des Verzugs an Aufwendungen erspart oder durch anderweitige Verwendung seiner Arbeitskraft erwerben kann.

Bild 1.105 Gesetzestexte zu § 650 BGB mit den Verweisparagrafen § 442 Abs. 1, Satz 1 BGB und § 642 BGB

§ 650 BGB Anwendung des Kaufrechts
Auf einen Vertrag, der die Lieferung herzustellender oder zu erzeugender beweglicher Sachen zum Gegenstand hat, finden die Vorschriften über den Kauf Anwendung. § 442 Abs. 1 Satz 1 findet bei diesen Verträgen auch Anwendung, wenn der Mangel auf den vom Besteller gelieferten Stoff zurückzuführen ist. Soweit es sich bei den herzustellenden oder zu erzeugenden beweglichen Sachen um nicht vertretbare Sachen handelt, sind auch die § 642, § 643, §§ 645, 649 und 650 mit der Maßgabe anzuwenden, dass an die Stelle der Abnahme der nach den §§ 446 und 447 maßgebliche Zeitpunkt tritt.

§ 643 BGB Kündigung bei unterlassener Mitwirkung
Der Unternehmer ist im Falle des § 642 berechtigt, dem Besteller zur Nachholung der Handlung eine angemessene Frist mit der Erklärung zu bestimmen, dass er den Vertrag kündige, wenn die Handlung nicht bis zum Ablauf der Frist vorgenommen werde. Der Vertrag gilt als aufgehoben, wenn nicht die Nachholung bis zum Ablauf der Frist erfolgt.

§ 642 BGB Mitwirkung des Bestellers
(1) Ist bei der Herstellung des Werks eine Handlung des Bestellers erforderlich, so kann der Unternehmer, wenn der Besteller durch das Unterlassen der Handlung in Verzug der Annahme kommt, eine angemessene Entschädigung verlangen.
(2) Die Höhe der Entschädigung bestimmt sich einerseits nach der Dauer des Verzugs und der Höhe der vereinbarten Vergütung, andererseits nach demjenigen, was der Unternehmer infolge des Verzugs an Aufwendungen erspart oder durch anderweitige Verwendung seiner Arbeitskraft erwerben kann.

Bild 1.106 Gesetzestexte zu § 650 BGB mit dem Verweisparagrafen § 643 BGB mit dem Verweisparagrafen § 642 BGB

Bild 1.107 zeigt die Gesetzestexte zu § 650 BGB „Anwendung des Kaufrechts“ mit den Verweisparagrafen

- § 645 BGB „Verantwortlichkeit des Bestellers“ mit dem Verweisparagrafen
  - § 643 BGB „Kündigung bei unterlassener Mitwirkung“ mit dem Verweisparagrafen
    - § 642 BGB „Mitwirkung des Bestellers“.

§ 650 BGB Anwendung des Kaufrechts
Auf einen Vertrag, der die Lieferung herzustellender oder zu erzeugender beweglicher Sachen zum Gegenstand hat, finden die Vorschriften über den Kauf Anwendung. § 442 Abs. 1 Satz 1 findet bei diesen Verträgen auch Anwendung, wenn der Mangel auf den vom Besteller gelieferten Stoff zurückzuführen ist. Soweit es sich bei den herzustellenden oder zu erzeugenden beweglichen Sachen um nicht vertretbare Sachen handelt, sind auch die §§ 642, 643, §645, §§ 649 und 650 mit der Maßgabe anzuwenden, dass an die Stelle der Abnahme der nach den §§ 446 und 447 maßgebliche Zeitpunkt tritt.

§ 645 BGB Verantwortlichkeit des Bestellers
(1) Ist das Werk vor der Abnahme infolge eines Mangels des von dem Besteller gelieferten Stoffs oder infolge einer von dem Besteller für die Ausführung erteilten Anweisung untergegangen, verschlechtert oder unausführbar geworden, ohne dass ein Umstand mitgewirkt hat, den der Unternehmer zu vertreten hat, so kann der Unternehmer einen der geleisteten Arbeit entsprechenden Teil der Vergütung und Ersatz der in der Vergütung nicht in begriffenen Auslagen verlangen. Das Gleiche gilt, wenn der Vertrag in Gemäßheit des § 643 aufgehoben wird.
(2) Eine weitergehende Haftung des Bestellers wegen Verschuldens bleibt unberührt.

§ 643 BGB Kündigung bei unterlassener Mitwirkung
Der Unternehmer ist im Falle des § 642 berechtigt, dem Besteller zur Nachholung der Handlung eine angemessene Frist mit der Erklärung zu bestimmen, dass er den Vertrag kündige, wenn die Handlung nicht bis zum Ablauf der Frist vorgenommen werde. Der Vertrag gilt als aufgehoben, wenn nicht die Nachholung bis zum Ablauf der Frist erfolgt.

§ 642 BGB Mitwirkung des Bestellers
(1) Ist bei der Herstellung des Werks eine Handlung des Bestellers erforderlich, so kann der Unternehmer, wenn der Besteller durch das Unterlassen der Handlung in Verzug der Annahme kommt, eine angemessene Entschädigung verlangen.
(2) Die Höhe der Entschädigung bestimmt sich einerseits nach der Dauer des Verzugs und der Höhe der vereinbarten Vergütung, andererseits nach demjenigen, was der Unternehmer infolge des Verzugs an Aufwendungen erspart oder durch anderweitige Verwendung seiner Arbeitskraft erwerben kann.

Bild 1.107 Gesetzestexte zu § 650 BGB mit dem Verweisparagrafen § 645 BGB mit dem Verweisparagrafen § 643 BGB mit dem Verweisparagrafen § 642 BGB

Bild 1.108 zeigt die Gesetzestexte zu § 650 BGB „Anwendung des Kaufrechts“ mit dem Verweisparagrafen

- § 648 BGB „Kündigungsrecht des Bestellers“.

§ 650 BGB Anwendung des Kaufrechts
Auf einen Vertrag, der die Lieferung herzustellender oder zu erzeugender beweglicher Sachen zum Gegenstand hat, finden die Vorschriften über den Kauf Anwendung. § 442 Abs. 1 Satz 1 findet bei diesen Verträgen auch Anwendung, wenn der Mangel auf den vom Besteller gelieferten Stoff zurückzuführen ist. Soweit es sich bei den herzustellenden oder zu erzeugenden beweglichen Sachen um nicht vertretbare Sachen handelt, sind auch die §§ 642, 643, 645, § 648 und § 650 mit der Maßgabe anzuwenden, dass an die Stelle der Abnahme der nach den §§ 446 und 447 maßgebliche Zeitpunkt tritt.

§ 648 BGB Kündigungsrecht des Bestellers
Der Besteller kann bis zur Vollendung des Werks jederzeit den Vertrag kündigen. Kündigt der Besteller, so ist der Unternehmer berechtigt, die vereinbarte Vergütung zu verlangen; er muss sich jedoch dasjenige anrechnen lassen, was er infolge der Aufhebung des Vertrags an Aufwendungen erspart oder durch anderweitige Verwendung seiner Arbeitskraft erwirbt oder zu erwerben böswillig unterlässt. Es wird vermutet, dass danach dem Unternehmer fünf vom Hundert der auf den noch nicht erbrachten Teil der Werkleistung entfallenden vereinbarten Vergütung zustehen.

Bild 1.108 Gesetzestexte zu § 650 BGB mit dem Verweisparagrafen § 648 BGB

Bild 1.109 zeigt die Gesetzestexte zu § 650 BGB „Anwendung des Kaufrechts“ mit den Verweisparagrafen

- § 649 BGB „Kostenanschlag“ mit dem Verweisparagrafen
  - § 645 Abs. 1 BGB „Verantwortlichkeit des Bestellers“ mit dem Verweisparagrafen
    - § 643 BGB „Kündigung bei unterlassener Mitwirkung“ mit dem Verweisparagrafen
      - § 642 BGB „Mitwirkung des Bestellers“.

§ 650 Anwendung des Kaufrechts
Auf einen Vertrag, der die Lieferung herzustellender oder zu erzeugender beweglicher Sachen zum Gegenstand hat, finden die Vorschriften über den Kauf Anwendung. § 442 Abs. 1 Satz 1 findet bei diesen Verträgen auch Anwendung, wenn der Mangel auf den vom Besteller gelieferten Stoff zurückzuführen ist. Soweit es sich bei den herzustellenden oder zu erzeugenden beweglichen Sachen um nichtvertretbare Sachen handelt, sind auch die §§ 642, 643, 645, 648 und § 649 mit der Maßgabe anzuwenden, dass an die Stelle der Abnahme der nach den §§ 446 und 447 maßgebliche Zeitpunkt tritt.

§ 649 BGB Kostenanschlag
(1) Ist dem Vertrag ein Kostenanschlag zugrunde gelegt worden, ohne dass der Unternehmer die Gewähr für die Richtigkeit des Anschlags übernommen hat, und ergibt sich, dass das Werk nicht ohne eine wesentliche Überschreitung des Anschlags ausführbar ist, so steht dem Unternehmer, wenn der Besteller den Vertrag aus diesem Grund kündigt, nur der im § 645 Abs. 1 bestimmte Anspruch zu.
(2) Ist eine solche Überschreitung des Anschlags zu erwarten, so hat der Unternehmer dem Besteller unverzüglich Anzeige zu machen.

§ 645 Abs. 1 BGB Verantwortlichkeit des Bestellers
(1) Ist das Werk vor der Abnahme infolge eines Mangels des von dem Besteller gelieferten Stoffs oder infolge einer von dem Besteller für die Ausführung erteilten Anweisung untergegangen, verschlechtert oder unausführbar geworden, ohne dass ein Umstand mitgewirkt hat, den der Unternehmer zu vertreten hat, so kann der Unternehmer einen der geleisteten Arbeit entsprechenden Teil der Vergütung und Ersatz der in der Vergütung nicht inbegriffenen Auslagen verlangen. Das Gleiche gilt,wenn der Vertrag in Gemäßheit des § 643 aufgehoben wird.

§ 643 BGB Kündigung bei unterlassener Mitwirkung
Der Unternehmer ist im Falle des § 642 berechtigt, dem Besteller zur Nachholung der Handlung eine angemessene Frist mit der Erklärung zu bestimmen, dass er den Vertrag kündige, wenn die Handlung nicht bis zum Ablauf der Frist vorgenommen werde. Der Vertrag gilt als aufgehoben, wenn nicht die Nachholung bis zum Ablauf der Frist erfolgt.

§ 642 BGB Mitwirkung des Bestellers
(1) Ist bei der Herstellung des Werks eine Handlung des Bestellers erforderlich, so kann der Unternehmer, wenn der Besteller durch das Unterlassen der Handlung in Verzug der Annahme kommt, eine angemessene Entschädigung verlangen.
(2) Die Höhe der Entschädigung bestimmt sich einerseits nach der Dauer des Verzugs und der Höhe der vereinbarten Vergütung, andererseits nach demjenigen, was der Unternehmer infolge des Verzugs an Aufwendungen erspart oder durch anderweitige Verwendung seiner Arbeitskraft erwerben kann.

Bild 1.109 Gesetzestexte zu § 650 BGB mit dem Verweisparagrafen § 651 BGB mit dem Verweisparagrafen § 645 Abs. 1 BGB mit dem Verweisparagrafen § 643 BGB mit dem Verweisparagrafen § 642 BGB

Bild 1.110 zeigt den Gesetzestext zu § 650 BGB „Anwendung des Kaufrechts“ mit den Verweisparagrafen

- § 446 BGB „Gefahr- und Lastenübergang“ und
- § 447 BGB „Gefahrübergang beim Versendungskauf“.

§ 650 BGB Anwendung des Kaufrechts
Auf einen Vertrag, der die Lieferung herzustellender oder zu erzeugender beweglicher Sachen zum Gegenstand hat, finden die Vorschriften über den Kauf Anwendung. § 442 Abs. 1 Satz 1 findet bei diesen Verträgen auch Anwendung, wenn der Mangel auf den vom Besteller gelieferten Stoff zurückzuführen ist. Soweit es sich bei den herzustellenden oder zu erzeugenden beweglichen Sachen um nicht vertretbare Sachen handelt, sind auch die §§ 642, 643, 645, 649 und 650 mit der Maßgabe anzuwenden, dass an die Stelle der Abnahme der nach den
§ 446 und
§ 447 maßgebliche Zeitpunkt tritt.

§ 446 BGB Gefahr- und Lastenübergang
Mit der Übergabe der verkauften Sache geht die Gefahr des zufälligen Untergangs und der zufälligen Verschlechterung auf den Käufer über. Von der Übergabe an gebühren dem Käufer die Nutzungen und trägt er die Lasten der Sache. Der Übergabe steht es gleich, wenn der Käufer im Verzug der Annahme ist.

§ 447 BGB Gefahrübergang beim Versendungskauf
(1) Versendet der Verkäufer auf Verlangen des Käufers die verkaufte Sache nach einem anderen Ort als dem Erfüllungsort, so geht die Gefahr auf den Käufer über, sobald der Verkäufer die Sache dem Spediteur, dem Frachtführer oder der sonst zur Ausführung der Versendung bestimmten Person oder Anstalt ausgeliefert hat.
(2) Hat der Käufer eine besondere Anweisung über die Art der Versendung erteilt und weicht der Verkäufer ohne dringenden Grund von der Anweisung ab, so ist der Verkäufer dem Käufer für den daraus entstehenden Schaden verantwortlich.

Bild 1.110 Gesetzestext zu § 650 BGB mit den Verweisparagrafen § 446 BGB und § 447 BGB

Welche Auswirkungen hat die Schuldrechtsreform zum 1. Januar 2018 auf § 650 BGB „Anwendung des Kaufrechts“?

Die Schuldrechtsreform zum 1. Januar 2018 die in **Bild 1.111** angeführten Auswirkungen auf § 650 BGB „Anwendung des Kaufrechts“.

alte Fassung	**entspricht**	**neue Fassung**	
§ 651 BGB a. F.	entspricht mit inhaltlicher Änderung	§ 651 BGB n. F.	Verweis auf das Kaufrecht bei Werklieferungsverträgen gilt nur noch bei beweglichen Sachen. Es gelten einzelne Vorbehalte bei der Herstellung unvertretbarer Sachen.

Bild 1.111 Auswirkungen der Schuldrechtsreform zum 1. Januar 2018 auf § 650 BGB „Anwendung des Kaufrechts“

1.2.27 § 650a BGB „Bauvertrag“

Welche Verweisparagrafen sind bei den Regelungen zum Bauvertrag in § 650a BGB „Bauvertrag“ zu beachten?

Bild 1.112 zeigt den Gesetzestext zu § 650a BGB. Verweisparagrafen sind im Text nicht genannt.

§ 650a Bauvertrag
(1) 1 Ein Bauvertrag ist ein Vertrag über die Herstellung, die Wiederherstellung, die Beseitigung oder den Umbau eines Bauwerks, einer Außenanlage oder eines Teils davon. 2 Für den Bauvertrag gelten ergänzend die folgenden Vorschriften dieses Kapitels.
(2) Ein Vertrag über die Instandhaltung eines Bauwerks ist ein Bauvertrag, wenn das Werk für die Konstruktion, den Bestand oder den bestimmungsgemäßen Gebrauch von wesentlicher Bedeutung ist.

Bild 1.112 Gesetzestext zu § 650a BGB

1.2.28 § 650b BGB „Änderung des Vertrags – Anordnungsrecht des Bestellers“

Welche Verweisparagrafen sind bei den Regelungen zu § 650b BGB „Änderung des Vertrags – Anordnungsrecht des Bestellers“ zu beachten?

Bild 1.113 zeigt die Gesetzestexte zu § 650b BGB „Änderung des Vertrags – Anordnungsrecht des Bestellers“ mit den Verweisparagrafen

- § 631 Abs. 2 BGB „Vertragstypische Pflichten beim Werkvertrag“ und
- § 650c Abs. 1 Satz 2 BGB „Vergütungsanpassung bei Anordnungen nach § 650b Abs. 2“.

§ 650b BGB Änderung des Vertrags – Anordnungsrecht des Bestellers
(1) 1 Begehrt der Besteller
1. eine Änderung des vereinbarten Werkerfolgs
(§ 631 Abs. 2) oder
2. eine Änderung, die zur Erreichung des vereinbarten Werkerfolgs notwendig ist,
streben die Vertragsparteien Einvernehmen über die Änderung und die infolge der Änderung zu leistende Mehr- oder Mindervergütung an. 2 Der Unternehmer ist verpflichtet, ein Angebot über die Mehr- oder Mindervergütung zu erstellen, im Falle einer Änderung nach Satz 1 Nr. 1 jedoch nur, wenn ihm die Ausführung der Änderung zumutbar ist. 3 Macht der Unternehmer betriebsinterne Vorgänge für die Unzumutbarkeit einer Anordnung nach Abs. 1 Satz 1 Nr. 1 geltend, trifft ihn die Beweislast hierfür. 4 Trägt der Besteller die Verantwortung für die Planung des Bauwerks oder der Außenanlage, ist der Unternehmer nur dann zur Erstellung eines Angebots über die Mehr- oder Mindervergütung verpflichtet, wenn der Besteller die für die Änderung erforderliche Planung vorgenommen und dem Unternehmer zur Verfügung gestellt hat. 5 Begehrt der Besteller eine Änderung, für die dem Unternehmer nach
§ 650c Abs. 1 Satz 2 kein Anspruch auf Vergütung für vermehrten Aufwand zusteht, streben die Parteien nur Einvernehmen über die Änderung an; Satz 2 findet in diesem Fall keine Anwendung.
(2) 1 Erzielen die Parteien binnen 30 Tagen nach Zugang des Änderungsbegehrens beim Unternehmer keine Einigung nach Abs. 1, kann der Besteller die Änderung in Textform anordnen. 2 Der Unternehmer ist verpflichtet, der Anordnung des Bestellers nachzukommen, einer Anordnung nach Abs. 1 Satz 1 Nr. 1 jedoch nur, wenn ihm die Ausführung zumutbar ist. 3 Abs. 1 Satz 3 gilt entsprechend.

§ 631 Abs. 2 BGB Vertragstypische Pflichten beim Werkvertrag
(2) Gegenstand des Werkvertrags kann sowohl die Herstellung oder Veränderung einer Sache als auch ein anderer durch Arbeit oder Dienstleistung herbeizuführender Erfolg sein.

§ 650c Abs. 1 Satz 2 BGB Vergütungsanpassung bei Anordnungen nach § 650b Abs. 1
2 Umfasst die Leistungspflicht des Unternehmers auch die Planung des Bauwerks oder der Außenanlage, steht diesem im Fall des § 650b Abs. 1 Satz 1 Nr. 2 kein Anspruch auf Vergütung für vermehrten Aufwand zu.

Bild 1.113 Gesetzestext zu § 650b BGB mit den Verweisparagrafen § 631 Abs. 2 BGB „Vertragstypische Pflichten beim Werkvertrag“ und § 650c Abs. 1 Satz 2 BGB „Vergütungsanpassung bei Anordnungen nach § 650b Abs. 2“

1.2.29 § 650c BGB „Vergütungsanpassung bei Anordnungen nach § 650b Abs. 2“

Worauf wird in § 650c BGB „Vergütungsanpassung bei Anordnungen nach § 650b Abs. 2“ in den Verweisparagrafen verwiesen?

In § 650c BGB wird auf Verweisparagrafen für

- vermehrten oder verminderten Aufwand,
- geschuldeten Abschlagszahlungen,
- Mehrvergütung,
- Verzugszinsen und sonstiger Verzugsschaden,
- Zinseszinsverbot

hingewiesen.

Welche Verweisparagrafen sind bei den Regelungen zu § 650c „Vergütungsanpassung bei Anordnungen nach § 650b Abs. 2c“ zu beachten?

Die Verweisparagrafen sind in der Übersicht in **Bild 1.114** dargestellt.

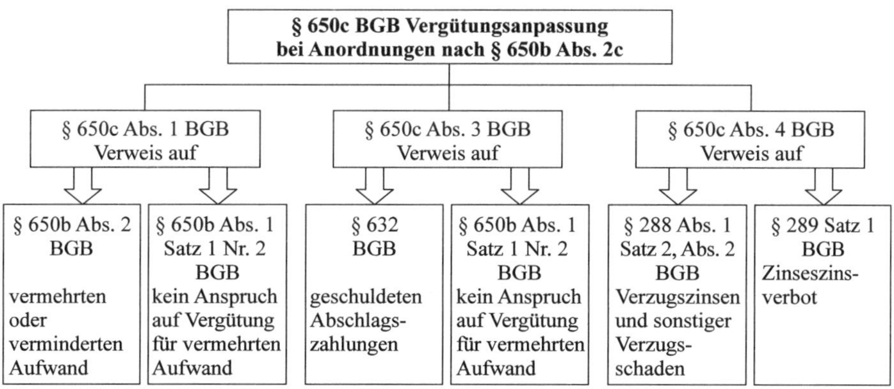

Bild 1.114 Verweisparagrafen in § 650c BGB in der Übersicht

Bild 1.115 zeigt den Gesetzestext zu § 650c BGB mit den Verweisparagrafen § 650b Abs. 2 BGB und § 650b Abs. 1 Satz 1 Nr. 2 BGB „Änderung des Vertrags – Anordnungsrecht des Bestellers".

§ 650c BGB Vergütungsanpassung bei Anordnungen nach § 650b Abs. 2
(1) 1 Die Höhe des Vergütungsanspruchs für den infolge einer Anordnung des Bestellers nach § 650b Abs. 2 vermehrten oder verminderten Aufwand ist nach den tatsächlich erforderlichen Kosten mit angemessenen Zuschlägen für allgemeine Geschäftskosten, Wagnis und Gewinn zu ermitteln. 2 Umfasst die Leistungspflicht des Unternehmers auch die Planung des Bauwerks oder der Außenanlage, steht diesem im Fall des § 650b Abs. 1 Satz 1 Nr. 2 kein Anspruch auf Vergütung für vermehrten Aufwand zu.
(2) 1 Der Unternehmer kann zur Berechnung der Vergütung für den Nachtrag auf die Ansätze in einer vereinbarungsgemäß hinterlegten Urkalkulation zurückgreifen. 2 Es wird vermutet, dass die auf Basis der Urkalkulation fortgeschriebene Vergütung der Vergütung nach Abs. 1 entspricht.
(3) 1 Bei der Berechnung von vereinbarten oder gemäß § 632a geschuldeten Abschlagszahlungen kann der Unternehmer 80 Prozent einer in einem Angebot nach § 650b Abs. 1 Satz 2 genannten Mehrvergütung ansetzen, wenn sich die Parteien nicht über die Höhe geeinigt haben oder keine anderslautende gerichtliche Entscheidung ergeht. 2 Wählt der Unternehmer diesen Weg und ergeht keine anderslautende gerichtliche Entscheidung, wird die nach den Abs. 1 und 2 geschuldete Mehrvergütung erst nach der Abnahme des Werks fällig. 3 Zahlungen nach Satz 1, die die nach den Abs. 1 und 2 geschuldete Mehrvergütung übersteigen, sind dem Besteller zurück zu gewähren und ab ihrem Eingang beim Unternehmer zu verzinsen. 4 § 288 Abs. 1 Satz 2, Abs. 2 und § 289 Satz 1 gelten entsprechend.

§ 650b Abs. 2 BGB Änderung des Vertrags – Anordnungsrecht des Bestellers
(2) 1 Erzielen die Parteien binnen 30 Tagen nach Zugang des Änderungsbegehrens beim Unternehmer keine Einigung nach Abs. 1, kann der Besteller die Änderung in Textform anordnen. 2 Der Unternehmer ist verpflichtet, der Anordnung des Bestellers nachzukommen, einer Anordnung nach Abs. 1 Satz 1 Nr. 1 jedoch nur, wenn ihm die Ausführung zumutbar ist. 3 Abs. 1 Satz 3 gilt entsprechend.

§ 650b Abs. 1 Satz 1 Nr. 2 BGB Änderung des Vertrags – Anordnungsrecht des Bestellers
(1) 1 Begehrt der Besteller ...
2. eine Änderung, die zur Erreichung des vereinbarten Werkerfolgs notwendig ist, streben die Vertragsparteien Einvernehmen über die Änderung und die infolge der Änderung zu leistende Mehr- oder Mindervergütung an.

Bild 1.115 Gesetzestext zu § 650c BGB mit den Verweisparagrafen § 650b Abs. 2 BGB und § 650b Abs. 1 Satz 1 Nr. 2 BGB „Änderung des Vertrags – Anordnungsrecht des Bestellers"

Bild 1.116 zeigt den Gesetzestext zu § 650c BGB mit den Verweisparagrafen § 632a BGB „Abschlagszahlungen“ und § 641 Abs. 3 BGB „Fälligkeit der Vergütung“.

§ 650c BGB Vergütungsanpassung bei Anordnungen nach § 650b Abs. 2
(1) 1 Die Höhe des Vergütungsanspruchs für den infolge einer Anordnung des Bestellers nach § 650b Abs. 2 vermehrten oder verminderten Aufwand ist nach den tatsächlich erforderlichen Kosten mit angemessenen Zuschlägen für allgemeine Geschäftskosten, Wagnis und Gewinn zu ermitteln. 2 Umfasst die Leistungspflicht des Unternehmers auch die Planung des Bauwerks oder der Außenanlage, steht diesem im Fall des § 650b Abs. 1 Satz 1 Nr. 2 kein Anspruch auf Vergütung für vermehrten Aufwand zu.
(2) 1 Der Unternehmer kann zur Berechnung der Vergütung für den Nachtrag auf die Ansätze in einer vereinbarungsgemäß hinterlegten Urkalkulation zurückgreifen. 2 Es wird vermutet, dass die auf Basis der Urkalkulation fortgeschriebene Vergütung der Vergütung nach Abs. 1 entspricht.
(3) 1 Bei der Berechnung von vereinbarten oder gemäß § 632a geschuldeten Abschlagszahlungen kann der Unternehmer 80 Prozent einer in einem Angebot nach § 650b Abs. 1 Satz 2 genannten Mehrvergütung ansetzen, wenn sich die Parteien nicht über die Höhe geeinigt haben oder keine anderslautende gerichtliche Entscheidung ergeht. 2 Wählt der Unternehmer diesen Weg und ergeht keine anderslautende gerichtliche Entscheidung, wird die nach den Abs. 1 und 2 geschuldete Mehrvergütung erst nach der Abnahme des Werks fällig. 3 Zahlungen nach Satz 1, die die nach den Abs. 1 und 2 geschuldete Mehrvergütung übersteigen, sind dem Besteller zurück zu gewähren und ab ihrem Eingang beim Unternehmer zu verzinsen. 4 § 288 Abs. 1 Satz 2, Abs. 2 und § 289 Satz 1 gelten entsprechend.

§ 632a Abschlagszahlungen
(1) 1 Der Unternehmer kann von dem Besteller eine Abschlagszahlung in Höhe des Werts der von ihm erbrachten und nach dem Vertrag geschuldeten Leistungen verlangen. 2 Sind die erbrachten Leistungen nicht vertragsgemäß, kann der Besteller die Zahlung eines angemessenen Teils des Abschlags verweigern. 3 Die Beweislast für die vertragsgemäße Leistung verbleibt bis zur Abnahme beim Unternehmer. 4 § 641 Abs. 3 gilt entsprechend. 5 Die Leistungen sind durch eine Aufstellung nachzuweisen, die eine rasche und sichere Beurteilung der Leistungen ermöglichen muss. 6 Die Sätze 1 bis 5 gelten auch für erforderliche Stoffe oder Bauteile, die angeliefert oder eigens angefertigt und bereitgestellt sind, wenn dem Besteller nach seiner Wahl Eigentum an den Stoffen oder Bauteilen übertragen oder entsprechende Sicherheit hierfür geleistet wird.
(2) Die Sicherheit nach Abs. 1 Satz 6 kann auch durch eine Garantie oder ein sonstiges Zahlungsversprechen eines im Geltungsbereich dieses Gesetzes zum Geschäftsbetrieb befugten Kreditinstituts oder Kreditversicherers geleistet werden.

§ 641 Abs. 3 BGB Fälligkeit der Vergütung
(3) Kann der Besteller die Beseitigung eines Mangels verlangen, so kann er nach der Fälligkeit die Zahlung eines angemessenen Teils der Vergütung verweigern; angemessen ist in der Regel das Doppelte der für die Beseitigung des Mangels erforderlichen Kosten.

Bild 1.116 Gesetzestext zu § 650c BGB mit den Verweisparagrafen § 632a BGB „Abschlagszahlungen“ und § 641 Abs. 3 BGB „Fälligkeit der Vergütung“

Bild 1.117 zeigt den Gesetzestext zu § 650c BGB mit den Verweisparagrafen § 288 Abs. 1 Satz 2, Abs. 2 BGB „Verzugszinsen und sonstiger Verzugsschaden" und § 289 Satz 1 BGB „Zinseszinsverbot".

§ 650c BGB Vergütungsanpassung bei Anordnungen nach § 650b Abs. 2
(1) 1 Die Höhe des Vergütungsanspruchs für den infolge einer Anordnung des Bestellers nach § 650b Abs. 2 vermehrten oder verminderten Aufwand ist nach den tatsächlich erforderlichen Kosten mit angemessenen Zuschlägen für allgemeine Geschäftskosten, Wagnis und Gewinn zu ermitteln. 2 Umfasst die Leistungspflicht des Unternehmers auch die Planung des Bauwerks oder der Außenanlage, steht diesem im Fall des § 650b Abs. 1 Satz 1 Nr. 2 kein Anspruch auf Vergütung für vermehrten Aufwand zu.
(2) 1 Der Unternehmer kann zur Berechnung der Vergütung für den Nachtrag auf die Ansätze in einer vereinbarungsgemäß hinterlegten Urkalkulation zurückgreifen. 2 Es wird vermutet, dass die auf Basis der Urkalkulation fortgeschriebene Vergütung der Vergütung nach Abs. 1 entspricht.
(3) 1 Bei der Berechnung von vereinbarten oder gemäß § 632a geschuldeten Abschlagszahlungen kann der Unternehmer 80 Prozent einer in einem Angebot nach § 650b Abs. 1 Satz 2 genannten Mehrvergütung ansetzen, wenn sich die Parteien nicht über die Höhe geeinigt haben oder keine anderslautende gerichtliche Entscheidung ergeht. 2 Wählt der Unternehmer diesen Weg und ergeht keine anderslautende gerichtliche Entscheidung, wird die nach den Abs. 1 und 2 geschuldete Mehrvergütung erst nach der Abnahme des Werks fällig. 3 Zahlungen nach Satz 1, die die nach den Abs. 1 und 2 geschuldete Mehrvergütung übersteigen, sind dem Besteller zurück zu gewähren und ab ihrem Eingang beim Unternehmer zu verzinsen. 4 § 288 Abs. 1 Satz 2, Abs. 2 und § 289 Satz 1 gelten entsprechend.

§ 288 Abs. 1 Satz 2, Abs. 2 BGB Verzugszinsen und sonstiger Verzugsschaden
(1) ... 2 Der Verzugszinssatz beträgt für das Jahr fünf Prozentpunkte über dem Basiszinssatz.
(2) Bei Rechtsgeschäften, an denen ein Verbraucher nicht beteiligt ist, beträgt der Zinssatz für Entgeltforderungen neun Prozentpunkte über dem Basiszinssatz.

§ 289 Satz 1 BGB Zinseszinsverbot
1 Von Zinsen sind Verzugszinsen nicht zu entrichten.

Bild 1.117 Gesetzestext zu § 650c BGB mit den Verweisparagrafen § 288 Abs. 1 Satz 2, Abs. 2 BGB „Verzugszinsen und sonstiger Verzugsschaden" und § 289 Satz 1 BGB „Zinseszinsverbot"

1.2.30 § 650d BGB „Einstweilige Verfügung"

Welche Verweisparagrafen sind bei den Regelungen zu § 650d BGB „Einstweilige Verfügung" beachten?

Bild 1.118 zeigt den Gesetzestext zu § 650d BGB mit den Verweisparagrafen § 650b „Änderung des Vertrags – Anordnungsrecht des Bestellers" und § 650c „Vergütungsanpassung bei Anordnungen nach § 650b Abs. 2".

§ 650d Einstweilige Verfügung
Zum Erlass einer einstweiligen Verfügung in Streitigkeiten über das Anordnungsrecht gemäß § 650b oder die Vergütungsanpassung gemäß § 650c ist es nach Beginn der Bauausführung nicht erforderlich, dass der Verfügungsgrund glaubhaft gemacht wird.

§ 650b Änderung des Vertrags – Anordnungsrecht des Bestellers, Bild 1.113

§ 650c Vergütungsanpassung bei Anordnungen nach § 650b Abs. 2, Bild 1.115

Bild 1.118 § 650d BGB mit den Verweisparagrafen § 650b „Änderung des Vertrags – Anordnungsrecht des Bestellers“ und § 650c „Vergütungsanpassung bei Anordnungen nach § 650b Abs. 2“

1.2.31 § 650e BGB „Sicherungshypothek des Bauunternehmers“

Welche Verweisparagrafen sind bei den Regelungen zur „Sicherungshypothek des Bauunternehmers“ in § 650e BGB zu beachten?

Bild 1.119 zeigt den Gesetzestext zu § 650e BGB. Verweisparagrafen sind im Text nicht genannt.

§ 650e Sicherungshypothek des Bauunternehmers
1 Der Unternehmer kann für seine Forderungen aus dem Vertrag die Einräumung einer Sicherungshypothek an dem Baugrundstück des Bestellers verlangen. 2 Ist das Werk noch nicht vollendet, so kann er die Einräumung der Sicherungshypothek für einen der geleisteten Arbeit entsprechenden Teil der Vergütung und für die in der Vergütung nicht inbegriffenen Auslagen verlangen.

Bild 1.119 Gesetzestext zu § 650e „Sicherungshypothek des Bauunternehmers BGB“

1.2.32 § 650f BGB „Bauhandwerkersicherung“

Worauf wird in § 650f BGB „Bauhandwerkersicherung“ in den Verweisparagrafen verwiesen?

In § 650 BGB wird auf Verweisparagrafen für

- Sicherungshypothek des Bauunternehmers,
- Verbraucherbauvertrag,
- Bauträgervertrag – anwendbare Vorschriften

hingewiesen.

Welche Verweisparagrafen sind bei den Regelungen zu § 650f BGB „Bauhandwerkersicherung“ zu beachten?

Die Verweisparagrafen sind in der Übersicht in **Bild 1.120** dargestellt.

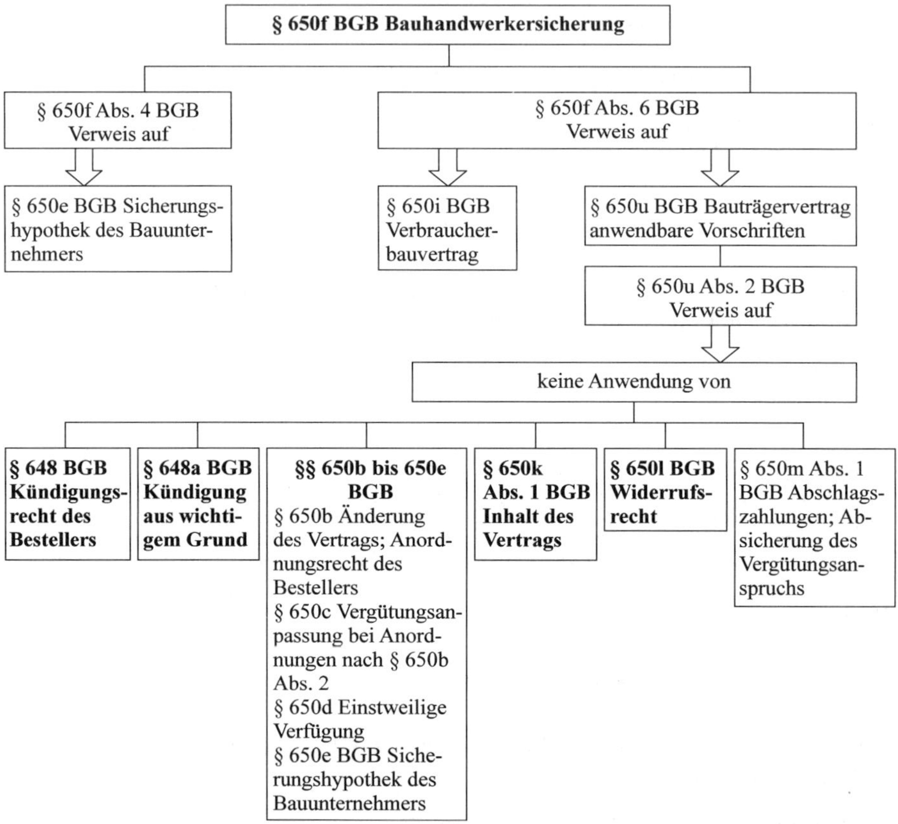

Bild 1.120 Verweisparagrafen in § 650f BGB „Bauhandwerkersicherung“ in der Übersicht

Bild 1.121 zeigt den Gesetzestext zu § 650f BGB mit den Verweisparagrafen § 650e BGB „Sicherungshypothek des Bauunternehmers“ und § 650i BGB „Verbraucherbauvertrag“.

§ 650f Bauhandwerkersicherung

(1) 1 Der Unternehmer kann vom Besteller Sicherheit für die auch in Zusatzaufträgen vereinbarte und noch nicht gezahlte Vergütung einschließlich dazugehöriger Nebenforderungen, die mit zehn Prozent des zu sichernden Vergütungsanspruchs anzusetzen sind, verlangen. 2 Satz 1 gilt in demselben Umfang auch für Ansprüche, die an die Stelle der Vergütung treten. 3 Der Anspruch des Unternehmers auf Sicherheit wird nicht dadurch ausgeschlossen, dass der Besteller Erfüllung verlangen kann oder das Werk abgenommen hat. 4 Ansprüche, mit denen der Besteller gegen den Anspruch des Unternehmers auf Vergütung aufrechnen kann, bleiben bei der Berechnung der Vergütung unberücksichtigt, es sei denn, sie sind unstreitig oder rechtskräftig festgestellt. 5 Die Sicherheit ist auch dann als ausreichend anzusehen, wenn sich der Sicherungsgeber das Recht vorbehält, sein Versprechen im Falle einer wesentlichen Verschlechterung der Vermögensverhältnisse des Bestellers mit Wirkung für Vergütungsansprüche aus Bauleistungen zu widerrufen, die der Unternehmer bei Zugang der Widerrufserklärung noch nicht erbracht hat.

(2) 1 Die Sicherheit kann auch durch eine Garantie oder ein sonstiges Zahlungsversprechen eines im Geltungsbereich dieses Gesetzes zum Geschäftsbetrieb befugten Kreditinstituts oder Kreditversicherers geleistet werden. 2 Das Kreditinstitut oder der Kreditversicherer darf Zahlungen an den Unternehmer nur leisten, soweit der Besteller den Vergütungsanspruch des Unternehmers anerkennt oder durch vorläufig vollstreckbares Urteil zur Zahlung der Vergütung verurteilt worden ist und die Voraussetzungen vorliegen, unter denen die Zwangsvollstreckung begonnen werden darf.

(3) 1 Der Unternehmer hat dem Besteller die üblichen Kosten der Sicherheitsleistung bis zu einem Höchstsatz von 2 Prozent für das Jahr zu erstatten. 2 Dies gilt nicht, soweit eine Sicherheit wegen Einwendungen des Bestellers gegen den Vergütungsanspruch des Unternehmers aufrechterhalten werden muss und die Einwendungen sich als unbegründet erweisen.

(4) Soweit der Unternehmer für seinen Vergütungsanspruch eine Sicherheit nach Abs. 1 oder 2 erlangt hat, ist der Anspruch auf Einräumung einer Sicherungshypothek nach § 650e ausgeschlossen.

(5) 1 Hat der Unternehmer dem Besteller erfolglos eine angemessene Frist zur Leistung der Sicherheit nach Abs. 1 bestimmt, so kann der Unternehmer die Leistung verweigern oder den Vertrag kündigen. 2 Kündigt er den Vertrag, ist der Unternehmer berechtigt, die vereinbarte Vergütung zu verlangen; er muss sich jedoch dasjenige anrechnen lassen, was er infolge der Aufhebung des Vertrags an Aufwendungen erspart oder durch anderweitige Verwendung seiner Arbeitskraft erwirbt oder böswillig zu erwerben unterlässt. 3 Es wird vermutet, dass danach dem Unternehmer fünf Prozent der auf den noch nicht erbrachten Teil der Werkleistung entfallenden vereinbarten Vergütung zustehen.

(6) 1 Die Abs. 1 bis 5 finden keine Anwendung, wenn der Besteller
1. eine juristische Person des öffentlichen Rechts oder ein öffentlich-rechtliches Sondervermögen ist, über deren Vermögen ein Insolvenzverfahren unzulässig ist, oder
2. Verbraucher ist und es sich um einen Verbraucherbauvertrag nach § 650i oder um einen Bauträgervertrag nach § 650u handelt.
2 Satz 1 Nr. 2 gilt nicht bei Betreuung des Bauvorhabens durch einen zur Verfügung über die Finanzierungsmittel des Bestellers ermächtigten Baubetreuer.

§ 650e BGB Sicherungshypothek des Bauunternehmers

1 Der Unternehmer kann für seine Forderungen aus dem Vertrag die Einräumung einer Sicherungshypothek an dem Baugrundstück des Bestellers verlangen. 2 Ist das Werk noch nicht vollendet, so kann er die Einräumung der Sicherungshypothek für einen der geleisteten Arbeit entsprechenden Teil der Vergütung und für die in der Vergütung nicht inbegriffenen Auslagen verlangen.

§ 650i BGB Verbraucherbauvertrag

(1) Verbraucherbauverträge sind Verträge, durch die der Unternehmer von einem Verbraucher zum Bau eines neuen Gebäudes oder zu erheblichen Umbaumaßnahmen an einem bestehenden Gebäude verpflichtet wird.
(2) Der Verbraucherbauvertrag bedarf der Textform.
(3) Für Verbraucherbauverträge gelten ergänzend die folgenden Vorschriften dieses Kapitels.

§ 650u Bauträgervertrag; anwendbare Vorschriften

(1) 1 Ein Bauträgervertrag ist ein Vertrag, der die Errichtung oder den Umbau eines Hauses oder eines vergleichbaren Bauwerks zum Gegenstand hat und der zugleich die Verpflichtung des Unternehmers enthält, dem Besteller das Eigentum an dem Grundstück zu übertragen oder ein Erbbaurecht zu bestellen oder zu übertragen. 2 Hinsichtlich der Errichtung oder des Umbaus finden die Vorschriften des Untertitels 1 Anwendung, soweit sich aus den nachfolgenden Vorschriften nichts anderes ergibt. 3 Hinsichtlich des Anspruchs auf Übertragung des Eigentums an dem Grundstück oder auf Übertragung oder Bestellung des Erbbaurechts finden die Vorschriften über den Kauf Anwendung.
(2) Keine Anwendung finden die §§ 648, 648a, 650b bis 650e, 650k Abs. 1 sowie die §§ 650l und 650m Abs. 1.

Bild 1.121 Gesetzestext zu § 650f BGB mit den Verweisparagrafen § 650e BGB „Sicherungshypothek des Bauunternehmers“ und § 650i BGB „Verbraucherbauvertrag“ und § 650u „Bauträgervertrag – anwendbare Vorschriften“

1.2.33 § 650g BGB „Zustandsfeststellung bei Verweigerung der Abnahme – Schlussrechnung“

Worauf wird in § 650g BGB „Zustandsfeststellung bei Verweigerung der Abnahme – Schlussrechnung“ in den Verweisparagrafen verwiesen?

In § 650g BGB wird auf die

- Fälligkeit der Vergütung

verwiesen.

Welche Verweisparagrafen sind bei den Regelungen zu § 650g BGB zu beachten?

§ 641 Abs. 2 BGB „Fälligkeit der Vergütung“ ist bei den Regelungen zu § 650g BGB zu beachten.

Bild 1.122 zeigt den Gesetzestext zu § 650g BGB mit dem Verweisparagrafen § 641 Abs. 2 BGB „Fälligkeit der Vergütung“.

§ 650g BGB Zustandsfeststellung bei Verweigerung der Abnahme – Schlussrechnung
(1) 1 Verweigert der Besteller die Abnahme unter Angabe von Mängeln, hat er auf Verlangen des Unternehmers an einer gemeinsamen Feststellung des Zustands des Werks mitzuwirken. 2 Die gemeinsame Zustandsfeststellung soll mit der Angabe des Tages der Anfertigung versehen werden und ist von beiden Vertragsparteien zu unterschreiben.
(2) 1 Bleibt der Besteller einem vereinbarten oder einem von dem Unternehmer innerhalb einer angemessenen Frist bestimmten Termin zur Zustandsfeststellung fern, so kann der Unternehmer die Zustandsfeststellung auch einseitig vornehmen. 2 Dies gilt nicht, wenn der Besteller infolge eines Umstands fernbleibt, den er nicht zu vertreten hat und den er dem Unternehmer unverzüglich mitgeteilt hat. 3 Der Unternehmer hat die einseitige Zustandsfeststellung mit der Angabe des Tages der Anfertigung zu versehen und sie zu unterschreiben sowie dem Besteller eine Abschrift der einseitigen Zustandsfeststellung zur Verfügung zu stellen.
(3) 1 Ist das Werk dem Besteller verschafft worden und ist in der Zustandsfeststellung nach Abs. 1 oder 2 ein offenkundiger Mangel nicht angegeben, wird vermutet, dass dieser nach der Zustandsfeststellung entstanden und vom Besteller zu vertreten ist. 2 Die Vermutung gilt nicht, wenn der Mangel nach seiner Art nicht vom Besteller verursacht worden sein kann.
(4) 1 Die Vergütung ist zu entrichten, wenn
1. der Besteller das Werk abgenommen hat oder die Abnahme nach § 641 Abs. 2 entbehrlich ist und
2. der Unternehmer dem Besteller eine prüffähige Schlussrechnung erteilt hat. 2 Die Schlussrechnung ist prüffähig, wenn sie eine übersichtliche Aufstellung der erbrachten Leistungen enthält und für den Besteller nachvollziehbar ist. 3 Sie gilt als prüffähig, wenn der Besteller nicht innerhalb von 30 Tagen nach Zugang der Schlussrechnung begründete Einwendungen gegen ihre Prüffähigkeit erhoben hat.

§ 641 Abs. 2 BGB Fälligkeit der Vergütung
(2) 1 Die Vergütung des Unternehmers für ein Werk, dessen Herstellung der Besteller einem Dritten versprochen hat, wird spätestens fällig,
1. soweit der Besteller von dem Dritten für das versprochene Werk wegen dessen Herstellung seine Vergütung oder Teile davon erhalten hat,
2. soweit das Werk des Bestellers von dem Dritten abgenommen worden ist oder als abgenommen gilt oder
3. wenn der Unternehmer dem Besteller erfolglos eine angemessene Frist zur Auskunft über die in den Nr. 1 und 2 bezeichneten Umstände bestimmt hat. 2 Hat der Besteller dem Dritten wegen möglicher Mängel des Werks Sicherheit geleistet, gilt Satz 1 nur, wenn der Unternehmer dem Besteller entsprechende Sicherheit leistet.

Bild 1.122 Gesetzestext zu § 650g BGB mit dem Verweisparagrafen § 641 Abs. 2 BGB „Fälligkeit der Vergütung“

1.2.34 § 650h BGB „Schriftform der Kündigung“

Welche Verweisparagrafen sind bei den Regelungen zum Bauvertrag in § 650h BGB „Schriftform der Kündigung“ zu beachten?

Bild 1.123 zeigt den Gesetzestext zu § 650h BGB. Verweisparagrafen sind im Text nicht genannt.

§ 650h BGB Schriftform der Kündigung
Die Kündigung des Bauvertrags bedarf der schriftlichen Form.

Bild 1.123 Gesetzestext zu § 650h BGB

1.2.35 § 650i BGB „Verbraucherbauvertrag“

Welche Verweisparagrafen sind bei den Regelungen zum Bauvertrag in § 650i BGB „Verbraucherbauvertrag“ zu beachten?

Bild 1.124 zeigt den Gesetzestext zu § 650i BGB. Verweisparagrafen sind im Text nicht genannt.

§ 650i BGB Verbraucherbauvertrag
(1) Verbraucherbauverträge sind Verträge, durch die der Unternehmer von einem Verbraucher zum Bau eines neuen Gebäudes oder zu erheblichen Umbaumaßnahmen an einem bestehenden Gebäude verpflichtet wird.
(2) Der Verbraucherbauvertrag bedarf der Textform.
(3) Für Verbraucherbauverträge gelten ergänzend die folgenden Vorschriften dieses Kapitels.

Bild 1.124 Gesetzestext zu § 650i BGB

1.2.36 § 650j BGB „Baubeschreibung“

Worauf wird in § 650j BGB „Baubeschreibung“ verwiesen?

In § 650j wird auf

- Art. 249 EGBGB „Informationspflichten bei Verbraucherbauverträgen“

verwiesen.

Bild 1.125 zeigt den Gesetzestext zu § 650j BGB mit dem Verweisparagrafen.

§ 650j BGB Baubeschreibung
Der Unternehmer hat den Verbraucher über die sich aus Art. 249 des Einführungsgesetzes zum Bürgerlichen Gesetzbuch ergebenden Einzelheiten in der dort vorgesehenen Form zu unterrichten, es sei denn, der Verbraucher oder ein von ihm Beauftragter macht die wesentlichen Planungsvorgaben.

Art. 249 EGBGB Informationspflichten bei Verbraucherbauverträgen
§ 1 Informationspflichten bei Verbraucherbauverträgen
Der Unternehmer ist nach § 650j des Bürgerlichen Gesetzbuchs verpflichtet, dem Verbraucher rechtzeitig vor Abgabe von dessen Vertragserklärung eine Baubeschreibung in Textform zur Verfügung zu stellen.

§ 2 Inhalt der Baubeschreibung
(1) 1 In der Baubeschreibung sind die wesentlichen Eigenschaften des angebotenen Werks in klarer Weise darzustellen. 2 Sie muss mindestens folgende Informationen enthalten:
1. allgemeine Beschreibung des herzustellenden Gebäudes oder der vorzunehmenden Umbauten, gegebenenfalls Haustyp und Bauweise,
2. Art und Umfang der angebotenen Leistungen, ggf. der Planung und der Bauleitung, der Arbeiten am Grundstück und der Baustelleneinrichtung sowie der Ausbaustufe,
3. Gebäudedaten, Pläne mit Raum- und Flächenangaben sowie Ansichten, Grundrisse und Schnitte,
4. ggf. Angaben zum Energie-, zum Brandschutz- und zum Schallschutzstandard sowie zur Bauphysik
5. Angaben zur Beschreibung der Baukonstruktionen aller wesentlichen Gewerke,
6. ggf. Beschreibung des Innenausbaus,
7. ggf. Beschreibung der gebäudetechnischen Anlagen,
8. Angaben zu Qualitätsmerkmalen, denen das Gebäude oder der Umbau genügen muss,
9. ggf. Beschreibung der Sanitärobjekte, der Armaturen, der Elektroanlage, der Installationen, der Informationstechnologie und der Außenanlagen.
(2) 1 Die Baubeschreibung hat verbindliche Angaben zum Zeitpunkt der Fertigstellung des Werks zu enthalten. 2 Steht der Beginn der Baumaßnahme noch nicht fest, ist ihre Dauer anzugeben.

§ 3 Widerrufsbelehrung
(1) 1 Steht dem Verbraucher ein Widerrufsrecht nach § 650l Satz 1 des Bürgerlichen Gesetzbuchs zu, ist der Unternehmer verpflichtet, den Verbraucher vor Abgabe von dessen Vertragserklärung in Textform über sein Widerrufsrecht zu belehren. 2 Die Widerrufsbelehrung muss deutlich gestaltet sein und dem Verbraucher seine wesentlichen Rechte in einer an das benutzte Kommunikationsmittel angepassten Weise deutlich machen. 3 Sie muss Folgendes enthalten:
1. einen Hinweis auf das Recht zum Widerruf,
2. einen Hinweis darauf, dass der Widerruf durch Erklärung gegenüber dem Unternehmer erfolgt und keiner Begründung bedarf,
3. den Namen, die ladungsfähige Anschrift und die Telefonnummer desjenigen, gegenüber dem der Widerruf zu erklären ist, ggf. seine Telefaxnummer und E-Mail-Adresse,
4. einen Hinweis auf die Dauer und den Beginn der Widerrufsfrist sowie darauf, dass zur Fristwahrung die rechtzeitige Absendung der Widerrufserklärung genügt, und
5. einen Hinweis darauf, dass der Verbraucher dem Unternehmer Wertersatz nach § 357d des Bürgerlichen Gesetzbuchs schuldet, wenn die Rückgewähr der bis zum Widerruf erbrachten Leistung ihrer Natur nach ausgeschlossen ist.
(2) Der Unternehmer kann seine Belehrungspflicht dadurch erfüllen, dass er dem Verbraucher das in Anlage 10 vorgesehene Muster für die Widerrufsbelehrung zutreffend ausgefüllt in Textform übermittelt.

Bild 1.125 Gesetzestext zu § 650j BGB mit dem Verweisparagrafen

1.2.37 § 650k BGB „Inhalt des Vertrags“

Welche Verweisparagrafen sind bei den Regelungen zum Bauvertrag in § 650k BGB „Inhalt des Vertrags“ zu beachten?

Bild 1.126 zeigt den Gesetzestext zu § 650k BGB. Verweisparagrafen sind im Text nicht genannt.

§ 650k BGB Inhalt des Vertrags
(1) Die Angaben der vorvertraglich zur Verfügung gestellten Baubeschreibung in Bezug auf die Bauausführung werden Inhalt des Vertrags, es sei denn, die Vertragsparteien haben ausdrücklich etwas anderes vereinbart.
(2) 1 Soweit die Baubeschreibung unvollständig oder unklar ist, ist der Vertrag unter Berücksichtigung sämtlicher vertragsbegleitender Umstände, insbesondere des Komfort- und Qualitätsstandards nach der übrigen Leistungsbeschreibung, auszulegen. 2 Zweifel bei der Auslegung des Vertrags bezüglich der vom Unternehmer geschuldeten Leistung gehen zu dessen Lasten.
(3) 1 Der Bauvertrag muss verbindliche Angaben zum Zeitpunkt der Fertigstellung des Werks oder, wenn dieser Zeitpunkt zum Zeitpunkt des Abschlusses des Bauvertrags nicht angegeben werden kann, zur Dauer der Bauausführung enthalten. 2 Enthält der Vertrag diese Angaben nicht, werden die vorvertraglich in der Baubeschreibung übermittelten Angaben zum Zeitpunkt der Fertigstellung des Werks oder zur Dauer der Bauausführung Inhalt des Vertrags.

Bild 1.126 Gesetzestext zu § 650k BGB

1.2.38 § 650l BGB „Widerrufsrecht“

Worauf wird in § 650l BGB „Widerrufsrecht“ verwiesen?

In § 650l BGB wird auf

- Widerrufsrecht bei Verbraucherverträgen,
- Widerrufsbelehrung des Einführungsgesetzes zum Bürgerlichen Gesetzbuch,
- Rechtsfolgen des Widerrufs bei Verbraucherbauverträgen,
- Muster für die Widerrufsbelehrung bei Verbraucherbauverträgen

verwiesen.

Welche Verweisparagrafen sind bei den Regelungen zu § 650l BGB „Widerrufsrecht" zu beachten?

Die Verweisparagrafen sind in der Übersicht in **Bild 1.127** dargestellt.

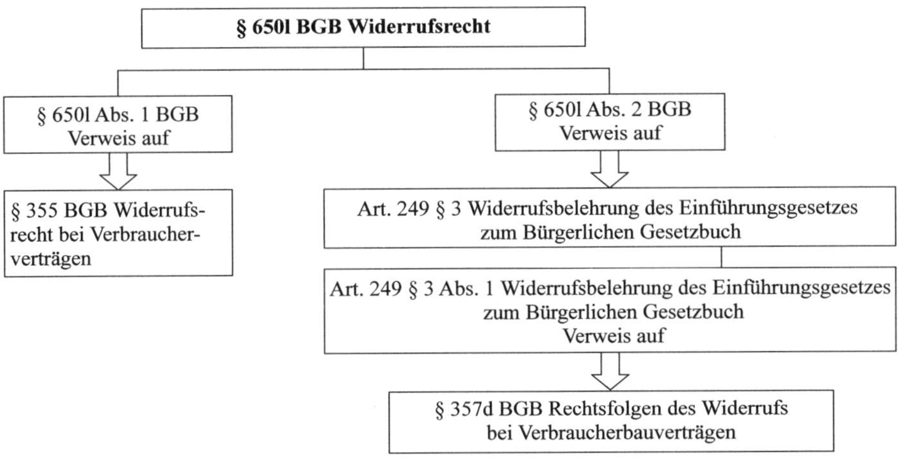

Bild 1.127 Verweisparagrafen in § 650l BGB in der Übersicht

Bild 1.128 zeigt den Gesetzestext zu § 650l BGB mit den Verweisparagrafen § 355 BGB „Widerrufsrecht bei Verbraucherverträgen", Art. 249 § 3 „Widerrufsbelehrung" des Einführungsgesetzes zum Bürgerlichen Gesetzbuch und § 357d BGB „Rechtsfolgen des Widerrufs bei Verbraucherbauverträgen".

§ 650l BGB Widerrufsrecht
1 Dem Verbraucher steht ein Widerrufsrecht gemäß § 355 zu, es sei denn, der Vertrag wurde notariell beurkundet. 2 Der Unternehmer ist verpflichtet, den Verbraucher nach Maßgabe des Art. 249 § 3 des Einführungsgesetzes zum Bürgerlichen Gesetzbuch über sein Widerrufsrecht zu belehren.

§ 355 BGB Widerrufsrecht bei Verbraucherverträgen
(1) 1 Wird einem Verbraucher durch Gesetz ein Widerrufsrecht nach dieser Vorschrift eingeräumt, so sind der Verbraucher und der Unternehmer an ihre auf den Abschluss des Vertrags gerichteten Willenserklärungen nicht mehr gebunden, wenn der Verbraucher seine Willenserklärung fristgerecht widerrufen hat. 2 Der Widerruf erfolgt durch Erklärung gegenüber dem Unternehmer. 3 Aus der Erklärung muss der Entschluss des Verbrauchers zum Widerruf des Vertrags eindeutig hervorgehen. 4 Der Widerruf muss keine Begründung enthalten. 5 Zur Fristwahrung genügt die rechtzeitige Absendung des Widerrufs.
(2) 1 Die Widerrufsfrist beträgt 14 Tage. 2 Sie beginnt mit Vertragsschluss, soweit nichts anderes bestimmt ist.
(3) 1 Im Falle des Widerrufs sind die empfangenen Leistungen unverzüglich zurück zu gewähren. 2 Bestimmt das Gesetz eine Höchstfrist für die Rückgewähr, so beginnt diese für den Unternehmer mit dem Zugang und für den Verbraucher mit der Abgabe der Widerrufserklärung. 3 Ein Verbraucher wahrt diese Frist durch die rechtzeitige Absendung der Waren. 4 Der Unternehmer trägt bei Widerruf die Gefahr der Rücksendung der Waren.

Art. 249 § 3 Abs. 1 Widerrufsbelehrung des Einführungsgesetzes zum Bürgerlichen Gesetzbuch
(1) 1 Steht dem Verbraucher ein Widerrufsrecht nach § 650l Satz 1 des Bürgerlichen Gesetzbuchs zu, ist der Unternehmer verpflichtet, den Verbraucher vor Abgabe von dessen Vertragserklärung in Textform über sein Widerrufsrecht zu belehren. 2 Die Widerrufsbelehrung muss deutlich gestaltet sein und dem Verbraucher seine wesentlichen Rechte in einer an das benutzte Kommunikationsmittel angepassten Weise deutlich machen. 3 Sie muss Folgendes enthalten:
1. einen Hinweis auf das Recht zum Widerruf,
2. einen Hinweis darauf, dass der Widerruf durch Erklärung gegenüber dem Unternehmer erfolgt und keiner Begründung bedarf,
3. den Namen, die ladungsfähige Anschrift und die Telefonnummer desjenigen, gegenüber dem der Widerruf zu erklären ist, ggf. seine Telefaxnummer und E-Mail-Adresse,
4. einen Hinweis auf die Dauer und den Beginn der Widerrufsfrist sowie darauf, dass zur Fristwahrung die rechtzeitige Absendung der Widerrufserklärung genügt, und
5. einen Hinweis darauf, dass der Verbraucher dem Unternehmer Wertersatz nach § 357d des Bürgerlichen Gesetzbuchs schuldet, wenn die Rückgewähr der bis zum Widerruf erbrachten Leistung ihrer Natur nach ausgeschlossen ist.
(2) Der Unternehmer kann seine Belehrungspflicht dadurch erfüllen, dass er dem Verbraucher das in Anlage 10 vorgesehene Muster für die Widerrufsbelehrung zutreffend ausgefüllt in Textform übermittelt.

§ 357d BGB Rechtsfolgen des Widerrufs bei Verbraucherbauverträgen
1 Ist die Rückgewähr der bis zum Widerruf erbrachten Leistung ihrer Natur nach ausgeschlossen, schuldet der Verbraucher dem Unternehmer Wertersatz. 2 Bei der Berechnung des Wertersatzes ist die vereinbarte Vergütung zugrunde zu legen. 3 Ist die vereinbarte Vergütung unverhältnismäßig hoch, ist der Wertersatz auf der Grundlage des Marktwerts der erbrachten Leistung zu berechnen.

Anlage 10 zu Art. 249 § 3 des Einführungsgesetzes zum Bürgerlichen Gesetzbuch
Muster für die Widerrufsbelehrung bei Verbraucherbauverträgen

Bild 1.128 Gesetzestext zu § 650l BGB mit den Verweisparagrafen § 355 BGB „Widerrufsrecht bei Verbraucherverträgen“, Art. 249 § 3 „Widerrufsbelehrung des Einführungsgesetzes zum Bürgerlichen Gesetzbuch“ und § 357d BGB „Rechtsfolgen des Widerrufs bei Verbraucherbauverträgen“

Welche Form soll die Widerrufsbelehrung bei Verbraucherbauverträgen nach Anlage 10 zu Art. 249 § 3 des Einführungsgesetzes zum Bürgerlichen Gesetzbuch haben?

Bild 1.129 zeigt ein Muster für die Widerrufsbelehrung bei Verbraucherbauverträgen gemäß Anlage 10 zu Art. 249 § 3 des Einführungsgesetzes zum Bürgerlichen Gesetzbuch.

Anlage 10 zu Art. 249 § 3 des Einführungsgesetzes zum Bürgerlichen Gesetzbuch

Muster für die Widerrufsbelehrung bei Verbraucherbauverträgen

Widerrufsbelehrung

Widerrufsrecht

Sie haben das Recht, binnen 14 Tagen ohne Angabe von Gründen diesen Vertrag zu widerrufen.

Die Widerrufsfrist beträgt 14 Tage ab dem Tag des Vertragsabschlusses. Sie beginnt nicht zu laufen, bevor Sie diese Belehrung in Textform erhalten haben.

Um Ihr Widerrufsrecht auszuüben, müssen Sie uns (*) mittels einer eindeutigen Erklärung (z. B. Brief, Telefax oder E-Mail) über Ihren Entschluss, diesen Vertrag zu widerrufen, informieren.

Zur Wahrung der Widerrufsfrist reicht es aus, dass Sie die Erklärung über die Ausübung des Widerrufsrechts vor Ablauf der Widerrufsfrist absenden.

Folgen des Widerrufs

Wenn Sie diesen Vertrag widerrufen, haben wir Ihnen alle Zahlungen, die wir von Ihnen erhalten haben, unverzüglich zurückzuzahlen.

Sie müssen uns im Falle des Widerrufs alle Leistungen zurückgeben, die Sie bis zum Widerruf von uns erhalten haben. Ist die Rückgewähr einer Leistung ihrer Natur nach ausgeschlossen, lassen sich etwa verwendete Baumaterialien nicht ohne Zerstörung entfernen, müssen Sie Wertersatz dafür bezahlen.

Gestaltungshinweis:

* Fügen Sie Ihren Namen oder den Namen Ihres Unternehmens, Ihre Anschrift und Ihre Telefonnummer ein. Sofern verfügbar sind zusätzlich anzugeben: Ihre Telefaxnummer und E-Mail-Adresse

Bild 1.129 Muster für die Widerrufsbelehrung bei Verbraucherbauverträgen gemäß Anlage 10 zu Art. 249 § 3 des Einführungsgesetzes zum Bürgerlichen Gesetzbuch

1.2.39 § 650m BGB „Abschlagszahlungen – Absicherung des Vergütungsanspruchs“

Worauf wird in § 650m BGB „Abschlagszahlungen – Absicherung des Vergütungsanspruchs“ verwiesen?

In § 650m BGB wird auf

- Abschlagszahlungen nach § 632a BGB,
- Vergütung für Nachtragsleistungen nach § 650c BGB,
- den Vergütungsanspruch infolge einer Anordnung des Verbrauchers nach den §§ 650b und 650c BGB

verwiesen.

Welche Verweisparagrafen sind bei den Regelungen zu § 650m BGB „Abschlagszahlungen – Absicherung des Vergütungsanspruchs“ zu beachten?

Die Verweisparagrafen sind in der Übersicht in **Bild 1.130** dargestellt.

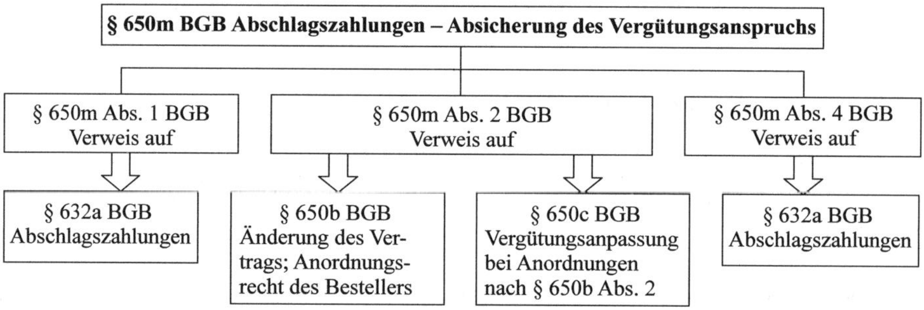

Bild 1.130 Verweisparagrafen in § 650m BGB in der Übersicht

Bild 1.131 zeigt den Gesetzestext zu § 650m BGB mit den Verweisparagrafen § 632a BGB „Abschlagszahlungen“, § 650b BGB „Änderung des Vertrags – Anordnungsrecht des Bestellers“, § 650c BGB „Vergütungsanpassung bei Anordnungen nach § 650b Abs. 2“.

§ 650m BGB Abschlagszahlungen – Absicherung des Vergütungsanspruchs
(1) Verlangt der Unternehmer Abschlagszahlungen nach
§ 632a, darf der Gesamtbetrag der Abschlagszahlungen 90 Prozent der vereinbarten Gesamtvergütung einschließlich der Vergütung für Nachtragsleistungen nach
§ 650c nicht übersteigen.
(2) 1 Dem Verbraucher ist bei der ersten Abschlagszahlung eine Sicherheit für die rechtzeitige Herstellung des Werks ohne wesentliche Mängel in Höhe von fünf Prozent der vereinbarten Gesamtvergütung zu leisten. 2 Erhöht sich der Vergütungsanspruch infolge einer Anordnung des Verbrauchers nach den
§ 650b und
§ 650c oder infolge sonstiger Änderungen oder Ergänzungen des Vertrags um mehr als zehn Prozent, ist dem Verbraucher bei der nächsten Abschlagszahlung eine weitere Sicherheit in Höhe von fünf Prozent des zusätzlichen Vergütungsanspruchs zu leisten. 3 Auf Verlangen des Unternehmers ist die Sicherheitsleistung durch Einbehalt dergestalt zu erbringen, dass der Verbraucher die Abschlagszahlungen bis zu dem Gesamtbetrag der geschuldeten Sicherheit zurückhält.
(3) Sicherheiten nach Abs. 2 können auch durch eine Garantie oder ein sonstiges Zahlungsversprechen eines im Geltungsbereich dieses Gesetzes zum Geschäftsbetrieb befugten Kreditinstituts oder Kreditversicherers geleistet werden.
(4) 1 Verlangt der Unternehmer Abschlagszahlungen nach
§ 632a, ist eine Vereinbarung unwirksam, die den Verbraucher zu einer Sicherheitsleistung für die vereinbarte Vergütung verpflichtet, die die nächste Abschlagszahlung oder 20 Prozent der vereinbarten Vergütung übersteigt. 2 Gleiches gilt, wenn die Parteien Abschlagszahlungen vereinbart haben.

→ **§ 632a BGB Abschlagszahlungen, Bild 1.32**

→ **§ 650c BGB Vergütungsanpassung bei Anordnungen nach § 650b Abs. 2, Bild 1.115**

→ **§ 650b BGB Änderung des Vertrags; Anordnungsrecht des Bestellers, Bild 1.113**

Bild 1.131 Gesetzestext zu § 650m BGB mit den Verweisparagrafen § 632a BGB „Abschlagszahlungen“, § 650b BGB „Änderung des Vertrags – Anordnungsrecht des Bestellers“, § 650c BGB „Vergütungsanpassung bei Anordnungen nach § 650b Abs. 2“

1.2.40 § 650n BGB „Erstellung und Herausgabe von Unterlagen“

Welche Verweisparagrafen sind bei den Regelungen zum Bauvertrag in § 650n BGB „Erstellung und Herausgabe von Unterlagen“ zu beachten?

Bild 1.132 zeigt den Gesetzestext zu § 650n BGB. Verweisparagrafen sind im Text nicht genannt.

§ 650n BGB Erstellung und Herausgabe von Unterlagen
(1) 1 Rechtzeitig vor Beginn der Ausführung einer geschuldeten Leistung hat der Unternehmer diejenigen Planungsunterlagen zu erstellen und dem Verbraucher herauszugeben, die dieser benötigt, um gegenüber Behörden den Nachweis führen zu können, dass die Leistung unter Einhaltung der einschlägigen öffentlich-rechtlichen Vorschriften ausgeführt werden wird. 2 Die Pflicht besteht nicht, soweit der Verbraucher oder ein von ihm Beauftragter die wesentlichen Planungsvorgaben erstellt.
(2) Spätestens mit der Fertigstellung des Werks hat der Unternehmer diejenigen Unterlagen zu erstellen und dem Verbraucher herauszugeben, die dieser benötigt, um gegenüber Behörden den Nachweis führen zu können, dass die Leistung unter Einhaltung der einschlägigen öffentlich-rechtlichen Vorschriften ausgeführt worden ist.
(3) Die Abs. 1 und 2 gelten entsprechend, wenn ein Dritter, etwa ein Darlehensgeber, Nachweise für die Einhaltung bestimmter Bedingungen verlangt und wenn der Unternehmer die berechtigte Erwartung des Verbrauchers geweckt hat, diese Bedingungen einzuhalten.

Bild 1.132 Gesetzestext zu § 650n BGB „Erstellung und Herausgabe von Unterlagen“

1.2.41 § 650o BGB „Abweichende Vereinbarungen“

Worauf wird in § 650o BGB „Abweichende Vereinbarungen“ verwiesen?

In § 650o BGB wird auf

- Abnahme,
- Verbraucherbauvertrag,
- Baubeschreibung,
- Inhalt des Vertrags,
- Widerrufsrecht,
- Erstellung und Herausgabe von Unterlagen

verwiesen.

Welche Verweisparagrafen sind bei den Regelungen zu § 650o BGB „Abweichende Vereinbarungen“ zu beachten?

Die Verweisparagrafen sind in der Übersicht in **Bild 1.133** dargestellt.

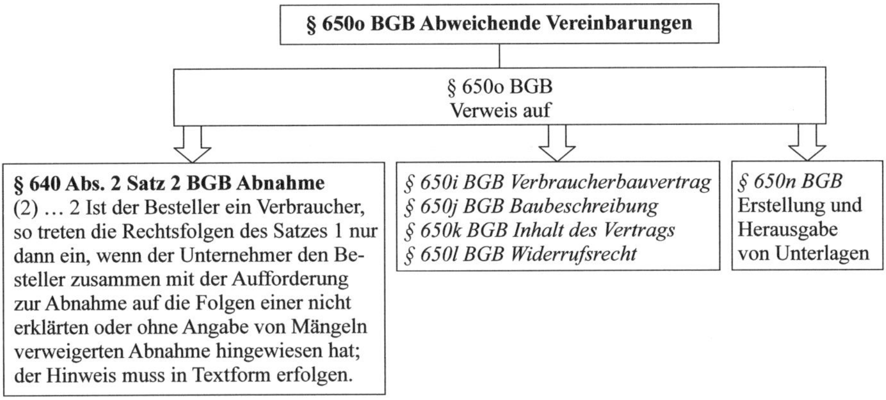

Bild 1.133 Verweisparagrafen zu § 650o BGB in der Übersicht

Bild 1.134 zeigt den Gesetzestext zu § 650o BGB mit den Verweisparagrafen § 640 Abs. 2 Satz 2 BGB „Abnahme", § 650i BGB „Verbraucherbauvertrag", § 650j BGB „Baubeschreibung", § 650k BGB „Inhalt des Vertrags", § 650l BGB „Widerrufsrecht", § 650n BGB „Erstellung und Herausgabe von Unterlagen".

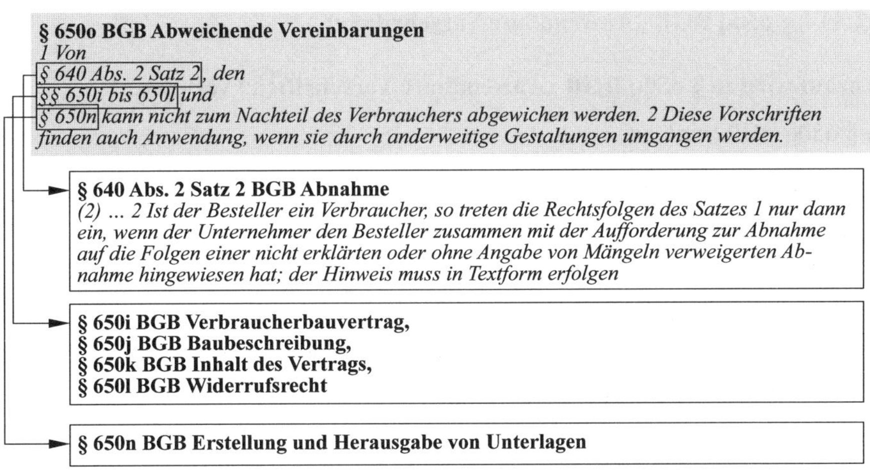

Bild 1.134 Gesetzestext zu § 650o BGB mit den Verweisparagrafen § 640 Abs. 2 Satz 2 BGB „Abnahme", § 650i BGB „Verbraucherbauvertrag", § 650j BGB „Baubeschreibung", § 650k BGB „Inhalt des Vertrags", § 650l BGB „Widerrufsrecht", § 650n BGB „Erstellung und Herausgabe von Unterlagen"

1.2.42 § 650p BGB „Vertragstypische Pflichten aus Architekten- und Ingenieurverträgen"

Welche Verweisparagrafen sind bei den Regelungen zum Bauvertrag in § 650p BGB „Vertragstypische Pflichten aus Architekten- und Ingenieurverträgen" zu beachten?

Bild 1.135 zeigt den Gesetzestext zu § 650p BGB. Verweisparagrafen sind im Text nicht genannt.

§ 650p BGB Vertragstypische Pflichten aus Architekten- und Ingenieurverträgen
(1) Durch einen Architekten- oder Ingenieurvertrag wird der Unternehmer verpflichtet, die Leistungen zu erbringen, die nach dem jeweiligen Stand der Planung und Ausführung des Bauwerks oder der Außenanlage erforderlich sind, um die zwischen den Parteien vereinbarten Planungs- und Überwachungsziele zu erreichen.
(2) 1 Soweit wesentliche Planungs- und Überwachungsziele noch nicht vereinbart sind, hat der Unternehmer zunächst eine Planungsgrundlage zur Ermittlung dieser Ziele zu erstellen. 2 Er legt dem Besteller die Planungsgrundlage zusammen mit einer Kosteneinschätzung für das Vorhaben zur Zustimmung vor.

Bild 1.135 Gesetzestext zu § 650p BGB „Vertragstypische Pflichten aus Architekten- und Ingenieurverträgen"

1.2.43 § 650q BGB „Anwendbare Vorschriften"

Worauf wird in § 650q BGB „Anwendbare Vorschriften" verwiesen?

In § 650q BGB wird auf

- Kapitel 1 des Untertitels 1 („Allgemeines Werkvertragsrecht") sowie
- Änderung des Vertrags – Anordnungsrecht des Bestellers,
- Sicherungshypothek des Bauunternehmers,
- Bauhandwerkersicherung,
- Zustandsfeststellung bei Verweigerung der Abnahme – Schlussrechnung,
- Schriftform der Kündigung,
- Entgeltberechnungsregeln der Honorarordnung für Architekten und Ingenieure,
- Vergütungsanpassung bei Anordnungen nach § 650b Abs. 2 BGB

verwiesen.

Welche Verweisparagrafen sind bei den Regelungen zu § 650q BGB „Anwendbare Vorschriften“ zu beachten?

Die Verweisparagrafen sind in der Übersicht in **Bild 1.136** dargestellt.

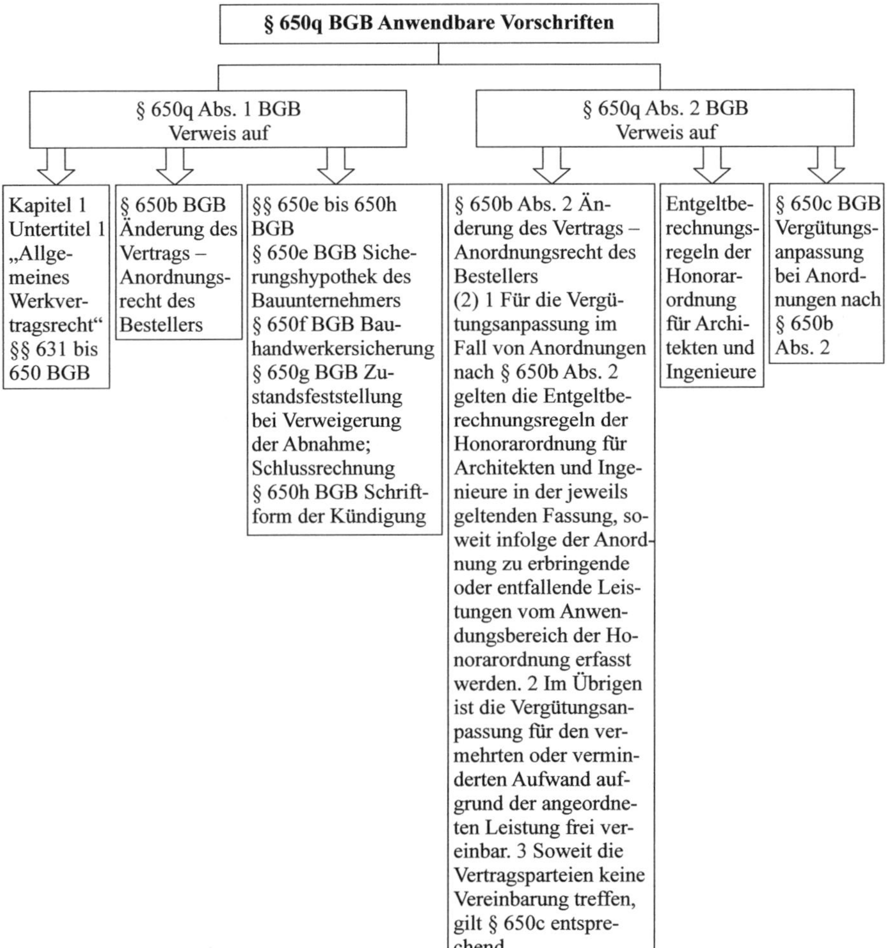

Bild 1.136 Verweisparagrafen zu § 650q BGB in der Übersicht

Bild 1.137 zeigt den Gesetzestext zu § 650q BGB mit den Verweisparagrafen Kapitel 1 des Untertitels 1 („Allgemeines Werkvertragsrecht“), § 650b Änderung des Vertrags – Anordnungsrecht des Bestellers, § 650e BGB Sicherungshypothek des Bauunternehmers, § 650f BGB Bauhandwerkersicherung, § 650g BGB Zustandsfeststellung bei Verweigerung der Abnahme – Schlussrechnung, § 650h BGB Schriftform der Kündigung, § 650b Abs. 2 BGB Änderung des Vertrags – Anordnungsrecht des Bestellers, Entgeltberechnungsregeln der Honorarordnung für Architekten und Ingenieure, § 650c BGB Vergütungsanpassung bei Anordnungen nach § 650b Abs. 2 BGB.

§ 650q BGB Anwendbare Vorschriften
Für Architekten- und Ingenieurverträge gelten die Vorschriften des Kapitels 1 des Untertitels 1 sowie die § 650b, §§ 650e bis 650h entsprechend, soweit sich aus diesem Untertitel nichts anderes ergibt. (2) 1 Für die Vergütungsanpassung im Fall von Anordnungen nach § 650b Abs. 2 gelten die Entgeltberechnungsregeln der Honorarordnung für Architekten und Ingenieure in der jeweils geltenden Fassung, soweit infolge der Anordnung zu erbringende oder entfallende Leistungen vom Anwendungsbereich der Honorarordnung erfasst werden. 2 Im Übrigen ist die Vergütungsanpassung für den vermehrten oder verminderten Aufwand aufgrund der angeordneten Leistung frei vereinbar. 3 Soweit die Vertragsparteien keine Vereinbarung treffen, gilt § 650c entsprechend

Kapitel 1 des Untertitels 1 („Allgemeines Werkvertragsrecht") BGB

§ 650b BGB Änderung des Vertrags – Anordnungsrecht des Bestellers

§§ 650e bis 650h BGB

§ 650e BGB Sicherungshypothek des Bauunternehmers
§ 650f BGB Bauhandwerkersicherung
§ 650g BGB Zustandsfeststellung bei Verweigerung der Abnahme; Schlussrechnung
§ 650h BGB Schriftform der Kündigung

§ 650b Abs. 2 BGB Änderung des Vertrags – Anordnungsrecht des Bestellers
(2) 1 Für die Vergütungsanpassung im Fall von Anordnungen nach § 650b Abs. 2 gelten die Entgeltberechnungsregeln der Honorarordnung für Architekten und Ingenieure in der jeweils geltenden Fassung, soweit infolge der Anordnung zu erbringende oder entfallende Leistungen vom Anwendungsbereich der Honorarordnung erfasst werden. 2 Im Übrigen ist die Vergütungsanpassung für den vermehrten oder verminderten Aufwand aufgrund der angeordneten Leistung frei vereinbar. 3 Soweit die Vertragsparteien keine Vereinbarung treffen, gilt § 650c entsprechend.

Entgeltberechnungsregeln der Honorarordnung für Architekten und Ingenieure

§ 650c BGB Vergütungsanpassung bei Anordnungen nach § 650b Abs. 2 BGB

Bild 1.137 Gesetzestext zu § 650q BGB mit den Verweisparagrafen Kapitel 1 des Untertitels 1 („Allgemeines Werkvertragsrecht"), § 650b Änderung des Vertrags – Anordnungsrecht des Bestellers, § 650e BGB Sicherungshypothek des Bauunternehmers, § 650f BGB Bauhandwerkersicherung, § 650g BGB Zustandsfeststellung bei Verweigerung der Abnahme; Schlussrechnung, § 650h BGB Schriftform der Kündigung, § 650b Abs. 2 BGB Änderung des Vertrags – Anordnungsrecht des Bestellers, Entgeltberechnungsregeln der Honorarordnung für Architekten und Ingenieure, § 650c BGB Vergütungsanpassung bei Anordnungen nach § 650b Abs. 2 BGB

1.2.44 § 650r BGB „Sonderkündigungsrecht“

Worauf wird in § 650r BGB „Sonderkündigungsrecht“ in den Verweisparagrafen verwiesen?

In § 650r BGB wird auf Verweisparagrafen für

- Vertragstypische Pflichten aus Architekten- und Ingenieurverträgen

hingewiesen.

Welche Verweisparagrafen sind bei den Regelungen zu § 650r „Sonderkündigungsrecht“ zu beachten?

Die Verweisparagrafen sind in der Übersicht in **Bild 1.138** dargestellt.

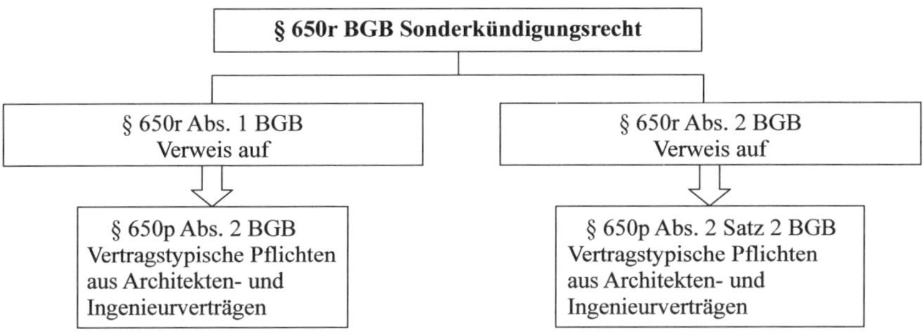

Bild 1.138 Verweisparagrafen in § 650r BGB in der Übersicht

Bild 1.139 zeigt den Gesetzestext zu § 650r BGB mit dem Verweisparagrafen § 650p BGB „Vertragstypische Pflichten aus Architekten- und Ingenieurverträgen".

§ 650r Sonderkündigungsrecht
(1) 1 Nach Vorlage von Unterlagen gemäß § 650p Abs. 2 kann der Besteller den Vertrag kündigen. 2 Das Kündigungsrecht erlischt zwei Wochen nach Vorlage der Unterlagen, bei einem Verbraucher jedoch nur dann, wenn der Unternehmer ihn bei der Vorlage der Unterlagen in Textform über das Kündigungsrecht, die Frist, in der es ausgeübt werden kann, und die Rechtsfolgen der Kündigung unterrichtet hat.
(2) 1 Der Unternehmer kann dem Besteller eine angemessene Frist für die Zustimmung nach § 650p Abs. 2 Satz 2 setzen. 2 Er kann den Vertrag kündigen, wenn der Besteller die Zustimmung verweigert oder innerhalb der Frist nach Satz 1 keine Erklärung zu den Unterlagen abgibt.
(3) Wird der Vertrag nach Abs. 1 oder 2 gekündigt, ist der Unternehmer nur berechtigt, die Vergütung zu verlangen, die auf die bis zur Kündigung erbrachten Leistungen entfällt.

§ 650p Abs. 2 BGB Vertragstypische Pflichten aus Architekten- und Ingenieurverträgen
(2) 1 Soweit wesentliche Planungs- und Überwachungsziele noch nicht vereinbart sind, hat der Unternehmer zunächst eine Planungsgrundlage zur Ermittlung dieser Ziele zu erstellen. ...

§ 650p Abs. 2 Satz 2 BGB Vertragstypische Pflichten aus Architekten- und Ingenieurverträgen
... [Satz 2] *2 Er legt dem Besteller die Planungsgrundlage zusammen mit einer Kosteneinschätzung für das Vorhaben zur Zustimmung vor.*

Bild 1.139 Gesetzestext zu § 650r BGB mit dem Verweisparagrafen § 650p BGB „Vertragstypische Pflichten aus Architekten- und Ingenieurverträgen"

1.2.45 § 650s BGB „Teilabnahme"

Welche Verweisparagrafen sind bei den Regelungen zum Bauvertrag in § 650s BGB „Teilabnahme" zu beachten?

Bild 1.140 zeigt den Gesetzestext zu § 650s BGB. Verweisparagrafen sind im Text nicht genannt.

§ 650s Teilabnahme
Der Unternehmer kann ab der Abnahme der letzten Leistung des bauausführenden Unternehmers oder der bauausführenden Unternehmer eine Teilabnahme der von ihm bis dahin erbrachten Leistungen verlangen.

Bild 1.140 Gesetzestext zu § 650s BGB

1.2.46 § 650t BGB „Gesamtschuldnerische Haftung mit dem bauausführenden Unternehmer“

Welche Verweisparagrafen sind bei den Regelungen zum Bauvertrag in § 650t BGB „Gesamtschuldnerische Haftung mit dem bauausführenden Unternehmer“ zu beachten?

Bild 1.141 zeigt den Gesetzestext zu § 650t BGB. Verweisparagrafen sind im Text nicht genannt.

§ 650t Gesamtschuldnerische Haftung mit dem bauausführenden Unternehmer
Nimmt der Besteller den Unternehmer wegen eines Überwachungsfehlers in Anspruch, der zu einem Mangel an dem Bauwerk oder an der Außenanlage geführt hat, kann der Unternehmer die Leistung verweigern, wenn auch der ausführende Bauunternehmer für den Mangel haftet und der Besteller dem bauausführenden Unternehmer noch nicht erfolglos eine angemessene Frist zur Nacherfüllung bestimmt hat.

Bild 1.141 Gesetzestext zu § 650t BGB „Gesamtschuldnerische Haftung mit dem bauausführenden Unternehmer“

1.2.47 § 650u BGB „Bauträgervertrag – anwendbare Vorschriften“

Worauf wird in § 650u BGB „Bauträgervertrag – anwendbare Vorschriften“ in den Verweisparagrafen verwiesen?

In § 650u BGB wird auf Verweisparagrafen für

- Kündigungsrecht des Bestellers,
- Kündigung aus wichtigem Grund,
- Änderung des Vertrags; Anordnungsrecht des Bestellers,
- Vergütungsanpassung bei Anordnungen nach § 650b Abs. 2,
- einstweilige Verfügung,
- Sicherungshypothek des Bauunternehmers,
- Inhalt des Vertrags,
- Widerrufsrecht,
- Abschlagszahlungen – Absicherung des Vergütungsanspruchs

hingewiesen. Diese Verweisparagrafen sind nicht anzuwenden.

Welche Verweisparagrafen werden bei den Regelungen zu § 650u BGB „Bauträgervertrag – anwendbare Vorschriften“ genannt?

Bild 1.142 zeigt § 650u BGB „Bauträgervertrag – anwendbare Vorschriften“ mit den Verweisparagrafen in der Übersicht.

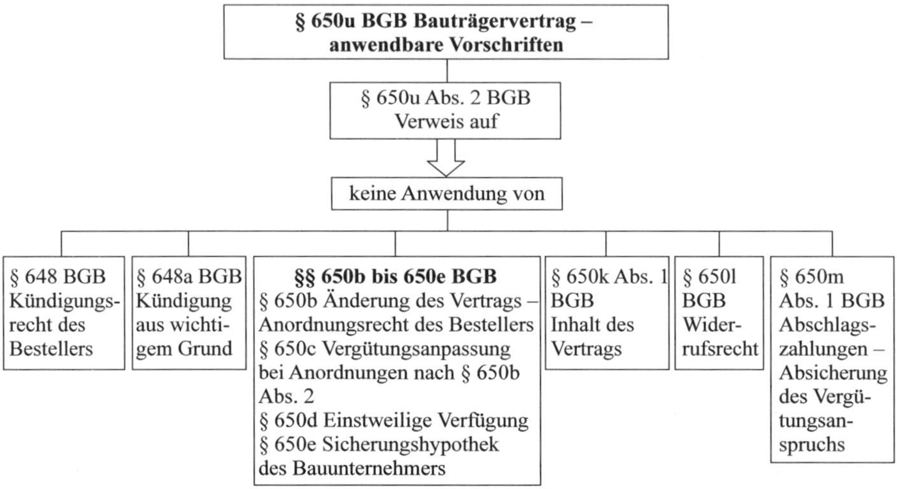

Bild 1.142 Verweisparagrafen in § 650u BGB „Bauträgervertrag“ in der Übersicht

Bild 1.143 zeigt den Gesetzestext zu § 650u BGB mit den Verweisparagrafen.

§ 650u Bauträgervertrag – anwendbare Vorschriften
(1) 1 Ein Bauträgervertrag ist ein Vertrag, der die Errichtung oder den Umbau eines Hauses oder eines vergleichbaren Bauwerks zum Gegenstand hat und der zugleich die Verpflichtung des Unternehmers enthält, dem Besteller das Eigentum an dem Grundstück zu übertragen oder ein Erbbaurecht zu bestellen oder zu übertragen. 2 Hinsichtlich der Errichtung oder des Umbaus finden die Vorschriften des Untertitels 1 Anwendung, soweit sich aus den nachfolgenden Vorschriften nichts anderes ergibt. 3 Hinsichtlich des Anspruchs auf Übertragung des Eigentums an dem Grundstück oder auf Übertragung oder Bestellung des Erbbaurechts finden die Vorschriften über den Kauf Anwendung.
(2) Keine Anwendung finden die
§ 648,
§ 648a,
§§ 650b bis 650e,
§ 650k Abs. 1 sowie die
§ 650l und
§ 650m Abs. 1.

§ 648 BGB Kündigungsrecht des Bestellers

§ 648a BGB Kündigung aus wichtigem Grund

§§ 650b bis 650e BGB:

§ 650b Änderung des Vertrags; Anordnungsrecht des Bestellers,
§ 650c Vergütungsanpassung bei Anordnungen nach § 650b Abs. 2,
§ 650d Einstweilige Verfügung,
§ 650e Sicherungshypothek des Bauunternehmers

§ 650k Abs. 1 BGB Inhalt des Vertrags
(1) Die Angaben der vorvertraglich zur Verfügung gestellten Baubeschreibung in Bezug auf die Bauausführung werden Inhalt des Vertrags, es sei denn, die Vertragsparteien haben ausdrücklich etwas anderes vereinbart.

§ 650l BGB Widerrufsrecht

§ 650m Abs. 1 BGB Abschlagszahlungen – Absicherung des Vergütungsanspruchs
(1) Verlangt der Unternehmer Abschlagszahlungen nach § 632a, darf der Gesamtbetrag der Abschlagszahlungen 90 Prozent der vereinbarten Gesamtvergütung einschließlich der Vergütung für Nachtragsleistungen nach § 650c nicht übersteigen.

§ 632a BGB Vergütung

§ 650c Vergütungsanpassung bei Anordnungen nach § 650b Abs. 2

Bild 1.143 Gesetzestext zu § 650u BGB mit den Verweisparagrafen

1.2.48 § 650v BGB „Abschlagszahlungen“

Worauf wird in § 650v BGB „Abschlagszahlungen“ in den Verweisparagrafen verwiesen?

In § 650v BGB wird auf das

- Einführungsgesetzes zum Bürgerlichen Gesetzbuch

verwiesen.

Welche Verweisparagrafen sind bei den Regelungen in § 650v BGB „Abschlagszahlungen“ zu beachten?

Die Verweisparagrafen sind in der Übersicht in **Bild 1.144** dargestellt.

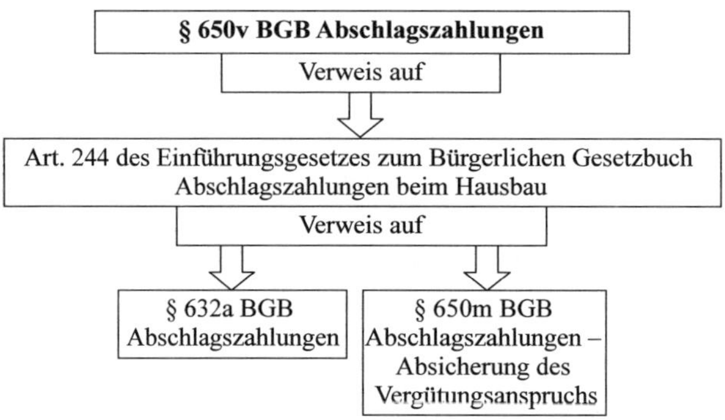

Bild 1.144 Verweisparagrafen in § 650v BGB in der Übersicht

Bild 1.145 zeigt den Gesetzestext zu § 650v BGB mit dem Verweisparagrafen Art. 244 des Einführungsgesetzes zum Bürgerlichen Gesetzbuch.

§ 650v Abschlagszahlungen
Der Unternehmer kann von dem Besteller Abschlagszahlungen nur verlangen, soweit sie gemäß einer Verordnung aufgrund von Art. 244 des Einführungsgesetzes zum Bürgerlichen Gesetzbuch vereinbart sind.

Art. 244 des Einführungsgesetzes zum Bürgerlichen Gesetzbuch

Art. 244 Abschlagszahlungen beim Hausbau
Das Bundesministerium der Justiz und für Verbraucherschutz wird ermächtigt, im Einvernehmen mit dem Bundesministerium für Wirtschaft und Energie durch Rechtsverordnung ohne Zustimmung des Bundesrates auch unter Abweichung von § 632a oder § 650m des Bürgerlichen Gesetzbuchs zu regeln, welche Abschlagszahlungen bei Werkverträgen verlangt werden können, die die Errichtung oder den Umbau eines Hauses oder eines vergleichbaren Bauwerks zum Gegenstand haben, insbesondere wie viele Abschläge vereinbart werden können, welche erbrachten Gewerke hierbei mit welchen Prozentsätzen der Gesamtbausumme angesetzt werden können, welcher Abschlag für eine in dem Vertrag enthaltene Verpflichtung zur Verschaffung des Eigentums angesetzt werden kann und welche Sicherheit dem Besteller hierfür zu leisten ist.

§ 632a BGB Abschlagszahlungen

§ 650m BGB Abschlagszahlungen – Absicherung des Vergütungsanspruchs

Bild 1.145 Gesetzestext zu § 650v BGB mit dem Verweisparagrafen Art. 244 des Einführungsgesetzes zum Bürgerlichen Gesetzbuch

1.3 Literatur zu Kapitel 1

[1.1] Bürgerliches Gesetzbuch: BGB. 82. Auflage. München: Beck im dtv, 2018. – ISBN 978-3-423-05001-2

[1.2] *Kniffka, R.*: Einführung vor § 631 BGB. Rdn. 19–29, S. 6–9 in: *Kniffka, R.* (Hrsg.): Bauvertragsrecht – Kommentar zu §§ 631 – 651v BGB unter besonderer Berücksichtigung der Rechtsprechung des BGH. 3. Auflage. München: C. H. Beck, 2018. – ISBN 978-3-406-71520-4

[1.3] *Schwarze-Müller, D.*: Synopse zum Gesetz zur Reform des Bauvertragsrechts, zur Änderung der kaufrechtlichen Mängelhaftung, zur Stärkung des zivilprozessualen Rechtsschutzes und zum maschinellen Siegel im Grundbuch- und Schiffsregisterverfahren vom 28. April 2017 (BGBl. I 2017, S. 969 ff). Neue Zeitschrift für Baurecht und Vergaberecht NZBau Beilage 1/2017 (zu NZBau 18 (2017) H. 7, S. 1–20). – ISSN 1439-6351

2 Ausgewählte Begriffe und Grundsatzfragen zum Werkvertrag und Bauvertrag BGB mit Beispielen aus dem Bereich Bauwesen und Elektrotechnik

2.1 Werkvertrag nach BGB [2.1], [2.2], [2.3]

Welche Bereiche bedürfen einer festgeschriebenen Regelung zwischen den am Bau Beteiligten?

Wird in einem Gebäude eine elektrische Anlage, ein Datennetz oder eine Telekommunikationsanlage errichtet, erweitert oder saniert, so handelt es sich um eine Baumaßnahme. Bei einer Baumaßnahme ist der Bauherr bestrebt, ein Projekt nach dem neuesten Stand der Technik unter Einhaltung der geltenden Sicherheitsvorschriften zu errichten. Die zur Verfügung stehenden Gelder setzen oft die Grenzen für den Ausstattungsgrad der Anlagen.

Da gerade bei elektrotechnischen Anlagen der Aspekt der Sicherheit und des Brandschutzes eine grundlegende Rolle spielt, beauftragen die verantwortlich handelnden Bauherren fachkundige Ingenieurbüros für die Planung, Ausschreibung, Vergabe, Bauleitung, Abnahme und Kostenkontrolle mit Rechnungslegung. Die Leistungen werden dann von einer fachkundigen und leistungsfähigen Firma ausgeführt.

Die vertraglichen Regelungen zwischen Bauherr, Fachingenieur und Unternehmer bei der Abwicklung einer Baumaßnahme sind in das private Baurecht einzuordnen (siehe VDE-Schriftenreihe 131 [2.4]). Zum erfolgreichen Gelingen eines solchen Bauvorhabens ist es wichtig, dass zwischen den Beteiligten, Bauherr, Planer, ausführende Firma, die wesentlichen vertraglichen Regelungen getroffen werden.

Dabei handelt es sich in vielen Fällen um Werkverträge oder ähnliche Verträge zu denen der Gesetzgeber im BGB Regelungen trifft. Die letzten großen Neuerungen im Werksvertragsrecht wurden durch die Schuldrechtsreform zum 1. Januar 2018 im BGB aufgenommen.

Welche Vertragstypen für Baumaßnahmen gibt es für Verträge, die ab dem 1. Januar 2018 geschlossen werden, aufgrund der Schuldrechtsreform im BGB? [2.5]

Bild 2.1 zeigt die Vertragstypen für Baumaßnahmen ab dem 1. Januar 2018 im BGB.

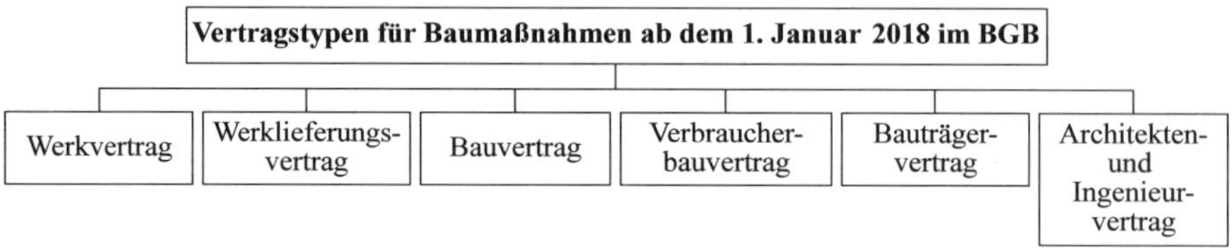

Bild 2.1 Vertragstypen für Baumaßnahmen ab dem 1. Januar 2018 im BGB

Welche gesetzlichen Pflichten sind für die einzelnen Vertragstypen für Baumaßnahmen ab dem 1. Januar 2018 im BGB? [2.5]

In **Bild 2.2** werden die wesentlichen gesetzlichen Pflichten der einzelnen Verträge grob dargestellt.

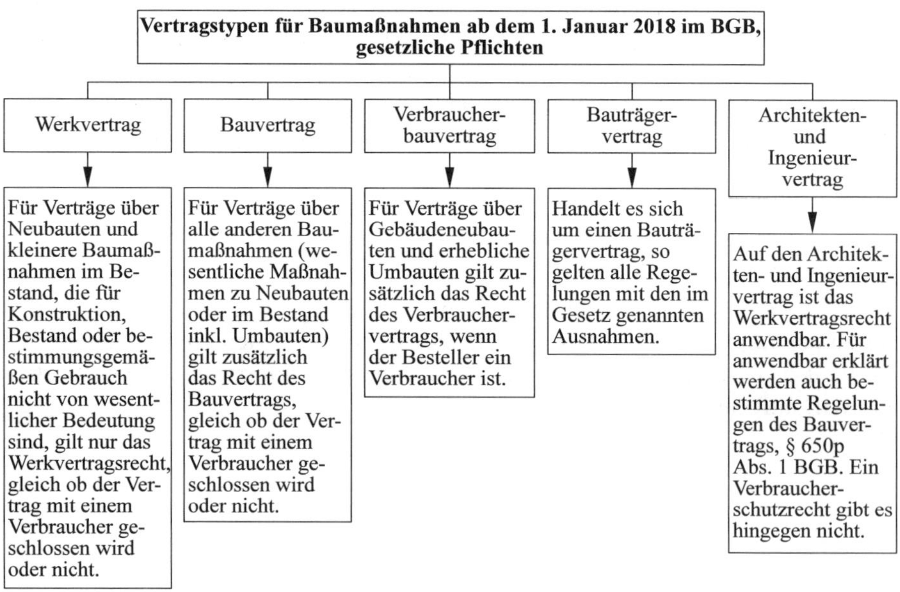

Bild 2.2 Vertragstypen für Baumaßnahmen ab dem 1. Januar 2018 im BGB

Was versteht man unter einem Werkvertrag? [2.1], [2.2]

Ein Vertrag ist in der Regel ein zweiseitiges Rechtsgeschäft, siehe **Bild 2.3**.

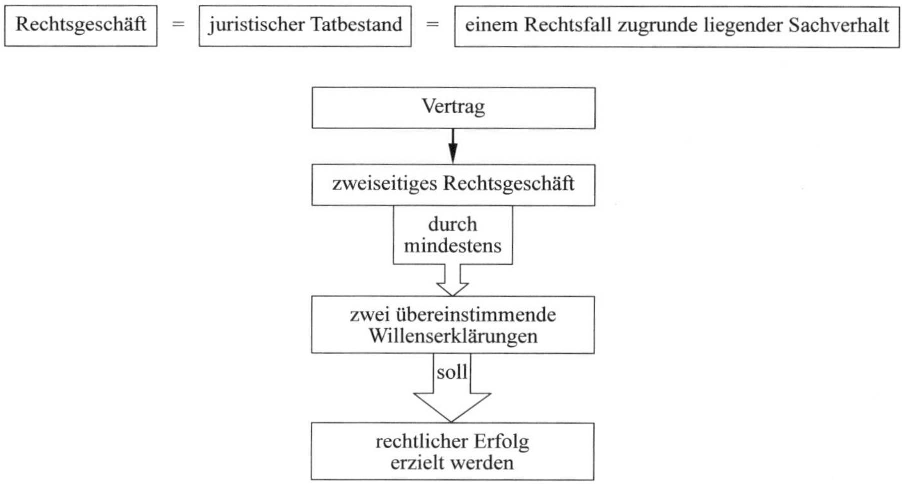

Bild 2.3 Erläuterung Vertrag

Die Willenserklärungen beider Vertragspartner müssen sich inhaltlich vollständig decken. Der Werkvertrag ist ein gegenseitiger Vertrag, z. B. zwischen dem Auftraggeber (Besteller) und der ausführenden Firma (z. B. Unternehmer). Die ausführende Firma wird durch den Vertrag zur Herstellung des versprochenen Werks verpflichtet. Der Auftraggeber wird zur Entrichtung der vereinbarten Vergütung verpflichtet.

Beim Werkvertrag wird die Tätigkeit und der Erfolg – das Werk – geschuldet, vgl. die **Bilder 2.4 bis 2.6**.

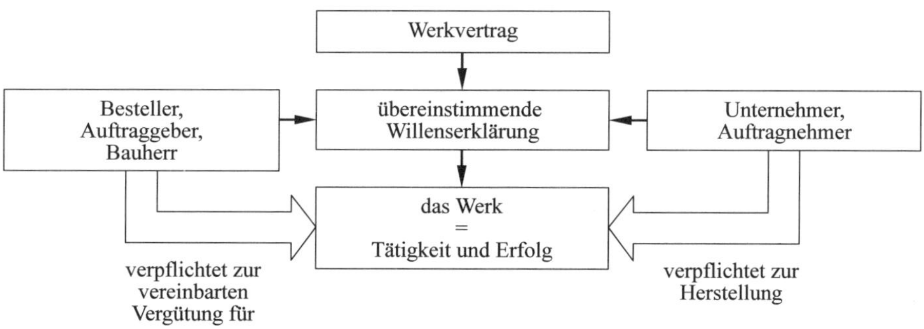

Bild 2.4 Erläuterung Werkvertrag

Bild 2.5 Beispiel Tätigkeit Elektroinstallation
Quelle: Wikipedia-Benutzer: KVDP

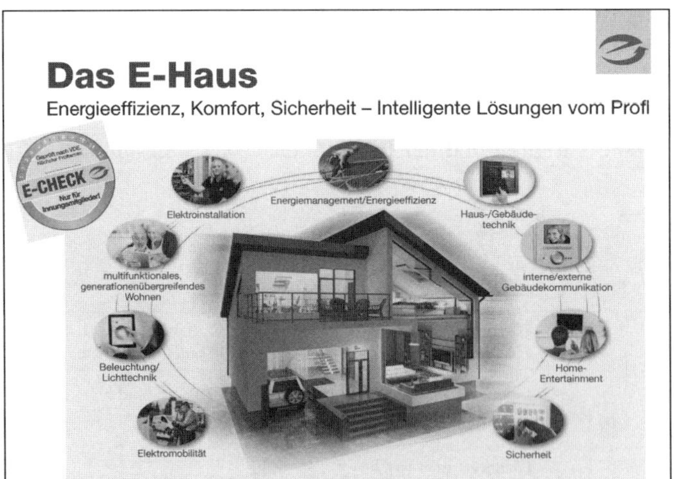

Bild 2.6 Beispiel Erfolg – fertiggestellte, geprüfte und funktionierende Elektroanlage
Quelle: ArGE Medien im Zentralverband der Deutschen Elektro- und Informationstechnischen Handwerke (ZVEH), Frankfurt am Main

2.2 Einordnung von Verträgen im Baubereich im BGB ab dem 1. Januar 2018

Welche Verträge gibt es im Baubereich im BGB ab dem 1. Januar 2018? [2.5]

Zu den Verträgen im Baubereich im BGB ab dem 1. Januar 2018 zählen beispielsweise, der

- Bauvertrag,
- Verbraucherbauvertrag,
- Werkliefervertrag,
- Bauträgervertrag,
- Architektenvertrag,
- Ingenieurvertrag.

(Die Aufzählung ist nicht abschließend.)

2.3 Der Bauvertrag [2.5], [2.6], [2.7]

Wie ist der Bauvertrag nach § 650a Abs. 1 BGB definiert? [2.6]

Bild 2.7 zeigt eine Übersicht zur Definition des Bauvertrags nach § 650a Abs. 1 BGB. Es ist in der Praxis zwischen den vergaberechtlichen Begriffen

- des Bauauftrags in § 99 Abs. 3 GWB bzw. in § 1 Abs. 1 Nr. 1 EG VOB/A,
- der Bauleistung in § 1 VOB/A (2016)

und dem zivilrechtlichen Begriff

- des Bauvertrags § 650a BGB

zu unterscheiden.

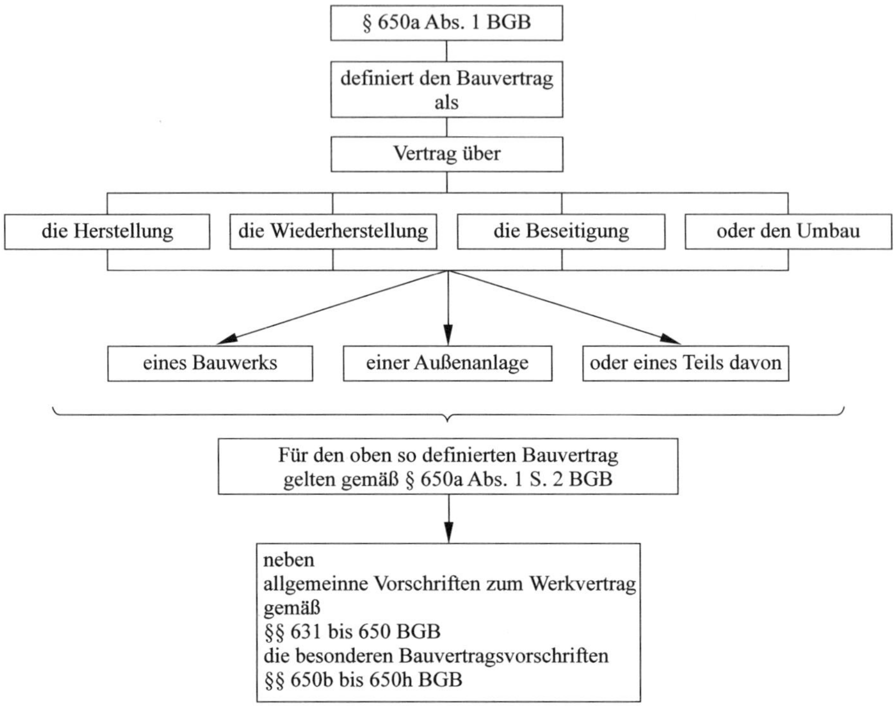

Bild 2.7 Übersicht zur Definition des Bauvertrags nach § 650a Abs. 1 BGB

Was sind die Kernregelungen des Bauvertragsrechts §§ 650a bis 650h im BGB ab dem 1. Januar 2018? [2.6]

Bild 2.8 zeigt eine grobe Übersicht zu den Neuerungen und Kernregelungen des Bauvertragsrechts §§ 650a bis 650h im BGB ab dem 1. Januar 2018.

Wie ist der Zusammenhang vom Werkvertragsrecht und Regelungen zum Bauvertrag im BGB? [2.7]

Seit dem 1. Januar 2018 finden sich die speziellen Vorschriften zum Bauvertrag im Kapitel 2 „Bauvertrag“ im BGB zum Untertitel „Werkvertragsrecht“ konzentriert.

Bild 2.9 zeigt den Zusammenhang von Werkvertragsrecht und Regelungen zum Bauvertrag im BGB.

Bild 2.8 Grobe Übersicht zu den Neuerungen und Kernregelungen des Bauvertragsrechts §§ 650a bis 650h im BGB ab dem 1. Januar 2018

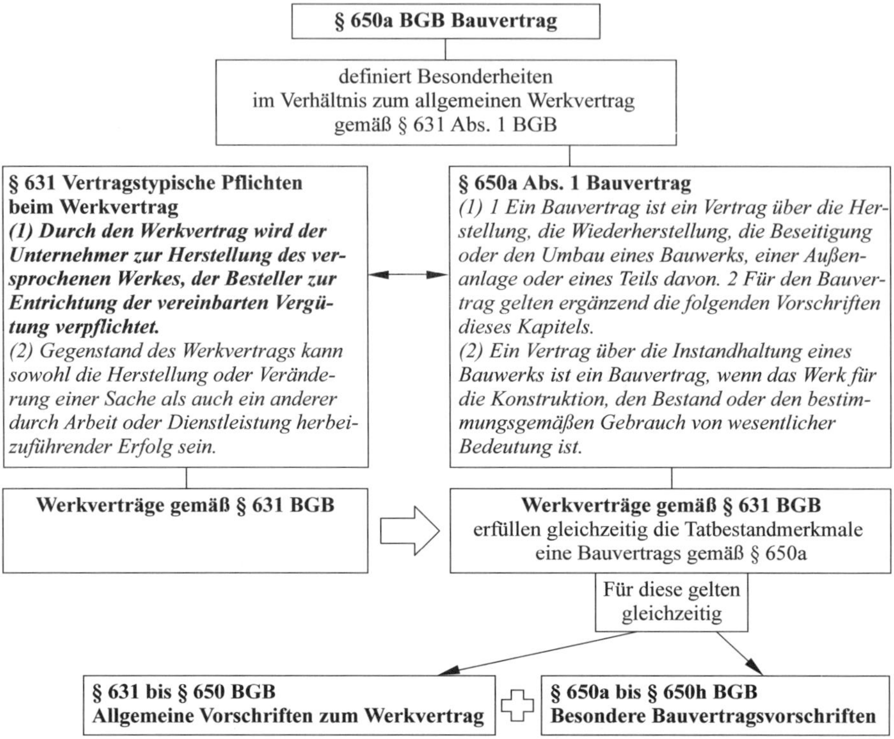

Bild 2.9 Zusammenhang vom Werkvertragsrecht und Regelungen zum Bauvertrag im BGB

Für die letztgenannten Arbeiten gilt nur Werkvertragsrecht. Die o. g. Besonderheiten gelten nicht.

Welche Auswirkungen hat die Schuldrechtsreform vom 1. Januar 2018 auf den Bauvertrag im BGB?

Der Gesetzgeber hat mit der Schuldrechtsreform vom 1. Januar 2018 einen eigenen Vertragstyp entwickelt. Das ist der Bauvertrag.

Welche besonderen Regelungen gelten für den neuen Vertragstyp Bauvertrag im BGB zum 1. Januar 2018 durch die Schuldrechtsreform? [2.5]

Bild 2.10 zeigt eine Zusammenstellung der besonderen Regelungen für den neuen Vertragstyp Bauvertrag im BGB durch die Schuldrechtsreform zum 1. Januar 2018 [2.5].

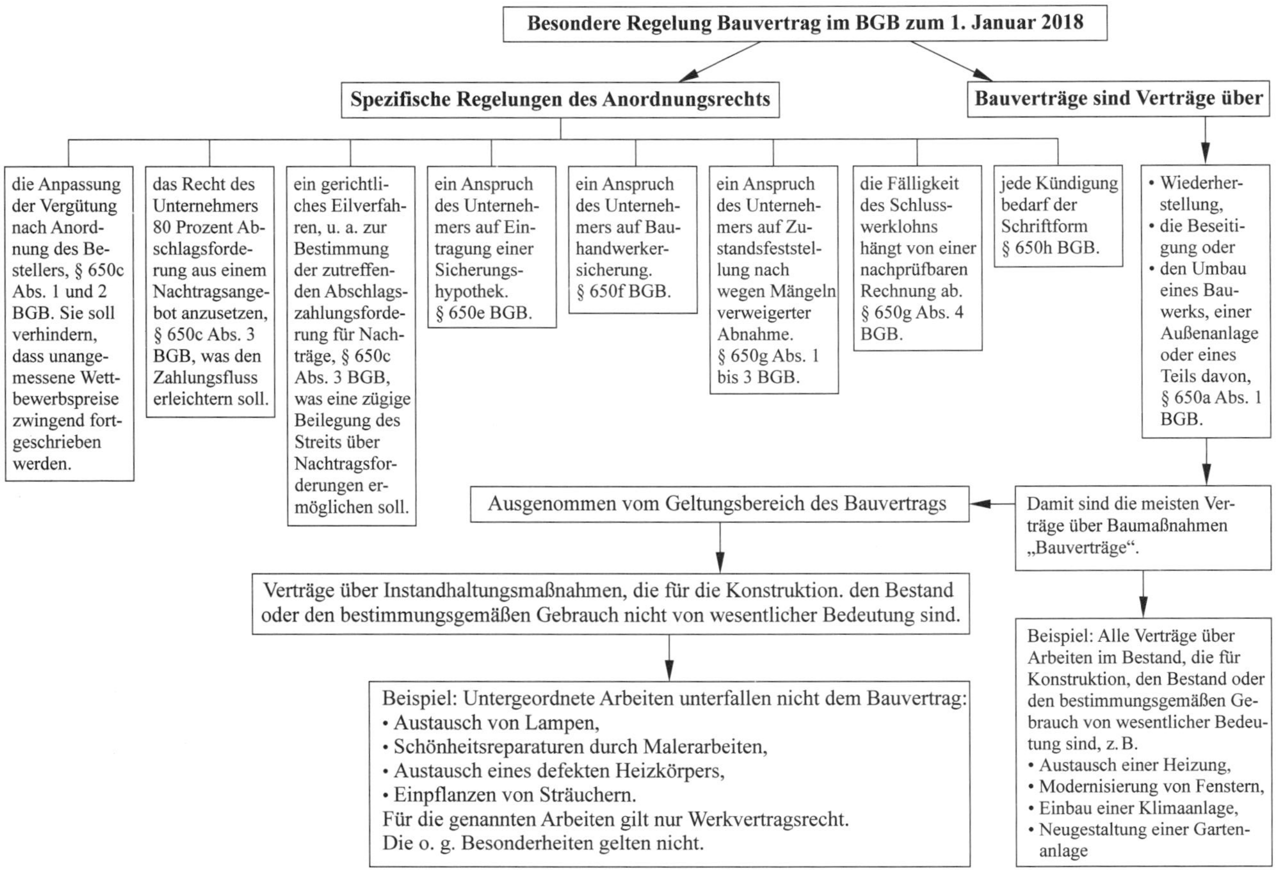

Bild 2.10 Besondere Regelungen für den neuen Vertragstyp Bauvertrag im BGB durch die Schuldrechtsreform zum 1. Januar 2018 [2.5]

Ist der Vertrag über die Instandhaltung eines Bauwerks ein Bauvertrag?

Bild 2.11 zeigt eine Übersicht zur Einordnung eines Instandhaltungsvertrags als Bauvertrag.

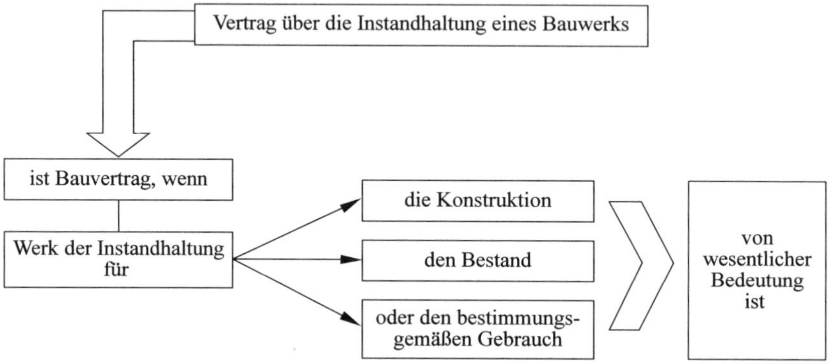

Bild 2.11 Übersicht zur Einordnung eines Instandhaltungsvertrags als Bauvertrag

Wann ist das Werk der Instandhaltung von wesentlicher Bedeutung?

Bild 2.12 zeigt Fälle bei denen das Werk der Instandhaltung von wesentlicher Bedeutung ist (Aufzählung nicht abschließend).

Schema Vorsatzschale, Zitat [2.8]

Vorsatzschalen tragen auf bereits bestehende Gebäudeflächen eine zweite Haut auf. So ist es möglich, ein aus Beton oder Ziegelmauerwerk gebautes Gebäude mit einer Vorsatzschale aus Holz oder Klinker zu verkleiden, um den Anschein zu erwecken, es bestehe vollständig aus diesem Baustoff. Die notwendige Wärmedämmung würde bei diesem Beispiel zwischen Betonwand und Holzschale bzw. Klinkerschale eingebaut werden.

Kellerabdichtung, Zitat [2.9]

Unter Kellerabdichtung versteht man das Verhindern von Nässeeindringung durch Schutzanstriche auf der „Positivseite“ (wo die Feuchtigkeit eindringt oder eindringen könnte) und Einbau einer Drainage um die Fundamentplatte.

Bild 2.14 zeigt ein Drainagerohr zur Beseitigung von Kellernässe.

Bild 2.18 zeigt die temporäre Abfangung – derartige Konstruktionen müssen baustatisch nachgewiesen werden und unterliegen der notwendigen Wartung und Pflege für den Bestand des Bauwerks.

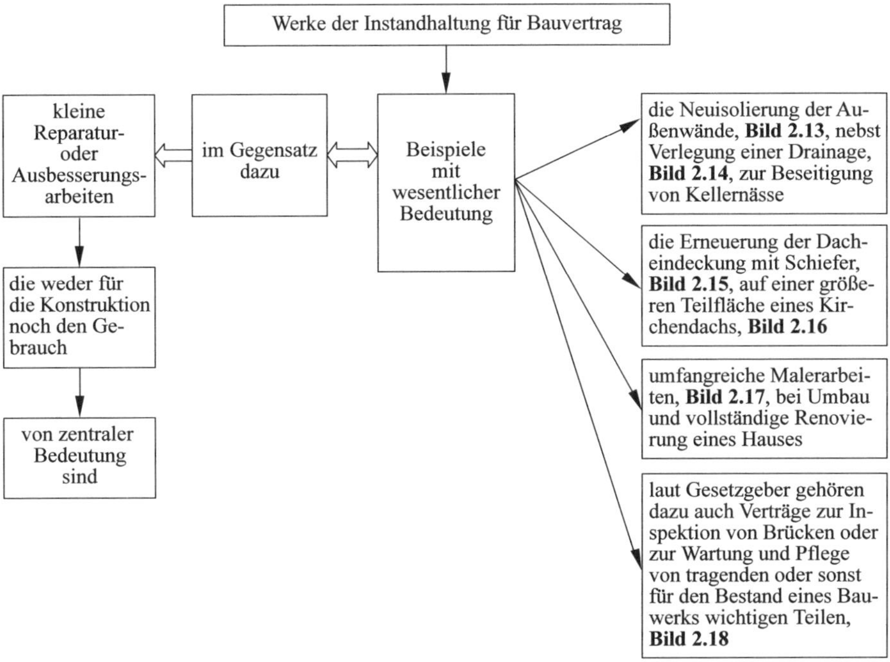

Bild 2.12 Fälle, bei denen das Werk der Instandhaltung von wesentlicher Bedeutung ist (Aufzählung nicht abschließend)

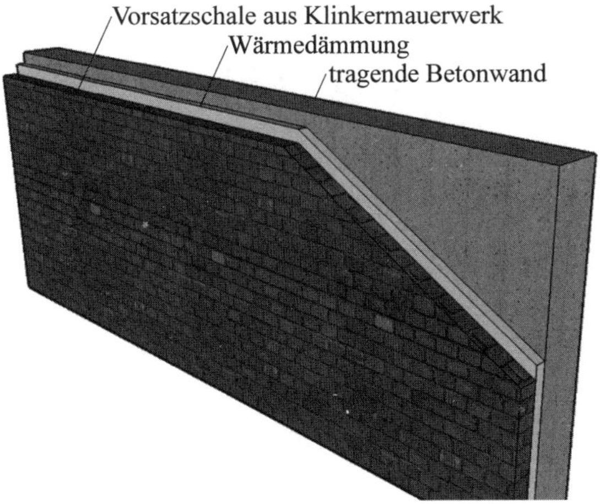

Bild 2.13 Beispiel Neuisolierung der Außenwand

Bild 2.14 Drainagerohr, Drainage zur Beseitigung von Kellernässe

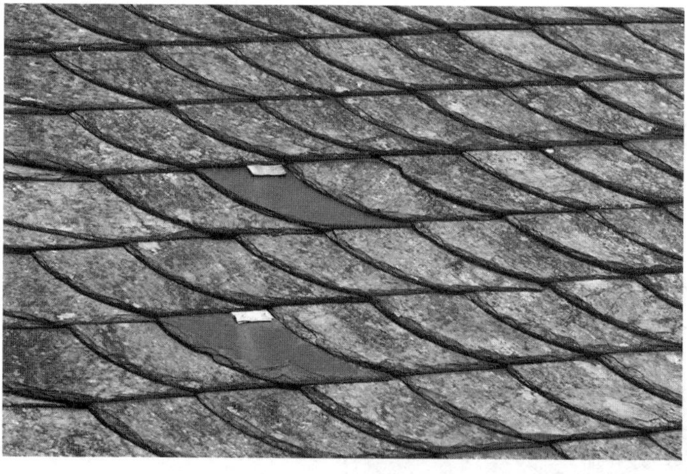

Bild 2.15 Beispiel für die Schieferdeckung eines Daches
Quelle: Wikipedia-Benutzer: *Siegfried von Brilon* [CC-BY 1.0]

Bild 2.16 Die Dachkonstruktion des Königsberger Doms
Quelle: Wikipedia-Benutzer: *Volkov Vitaly* [CC-BY-SA 3.0]

Bild 2.17 Tapezierer bei der Arbeit
Quelle: Bundesarchiv,
Bild 183-1984-1126-029
[CC-BY-SA 3.0]

Bild 2.18 Temporäre Abfangung mit System – Unterhalb der scheinbar schwebenden Arkadenpfeiler konnten die Fundamente erneuert werden
Quelle: PERI GmbH, Weißenhorn (www.peri.de)

2.4 Gegenstand des Werkvertrags und des Bauvertrags [2.6], [2.7]

Was ist der Gegenstand des Werkvertrags und des Bauvertrags gemäß § 631 Abs. 2 BGB?

Bild 2.19 zeigt den Gegenstand des Werkvertrags und des Bauvertrags gemäß § 631 Abs. 2 BGB.

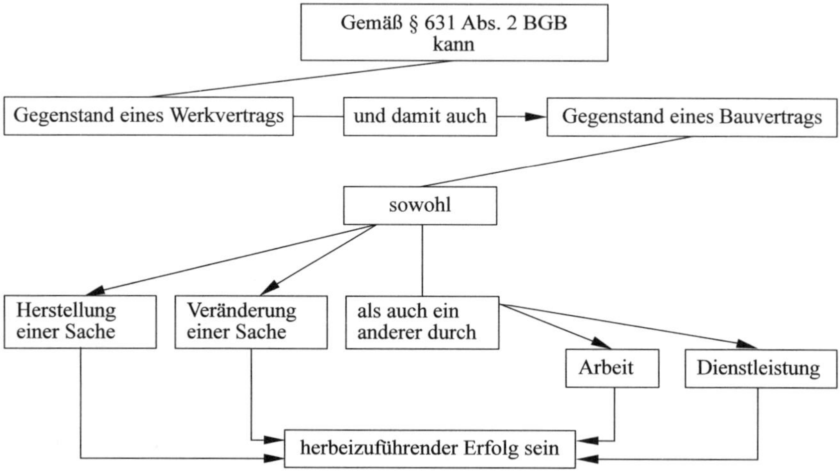

Bild 2.19 Gegenstand des Werkvertrags und des Bauvertrags gemäß § 631 Abs. 2 BGB

Zählt die erstmalige Herstellung eines Werks (Bauwerk oder Außenanlage) zum Werkvertrag?

Bild 2.20 zeigt den Zusammenhang von erstmaliger Herstellung eines Werks (Bauwerk oder Außenanlage) und Werkvertrag.

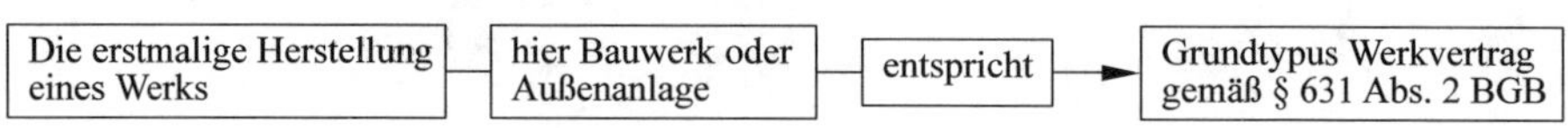

Bild 2.20 Erstmalige Herstellung eines Werks (Bauwerk oder Außenanlage) als Werkvertrag

Was versteht das BGB unter Herstellung?

Bild 2.21 stellt den Begriff Herstellung nach BGB vor.

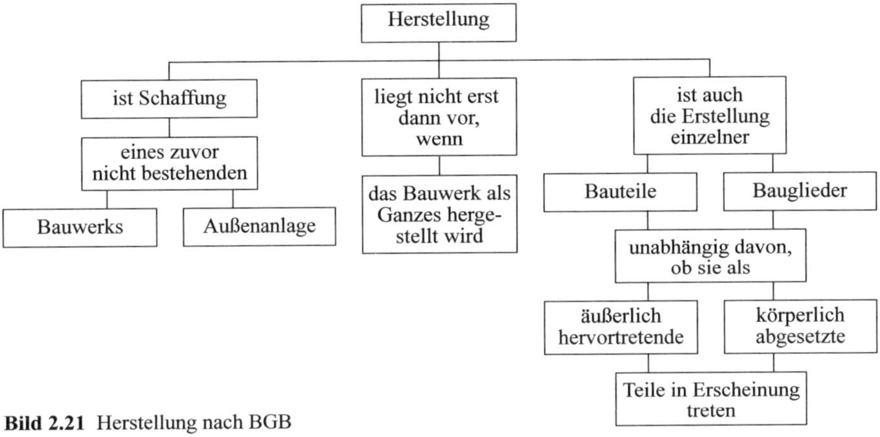

Bild 2.21 Herstellung nach BGB

2.5 Bauwerk [2.6], [2.7]

Was sind Bauwerke und Bauwerksleistungen nach § 650a Abs. 1 BGB?

Die in § 650a BGB geltende Definition für ein Bauwerk und eine Bauwerkleistung zeigt **Bild 2.22**.

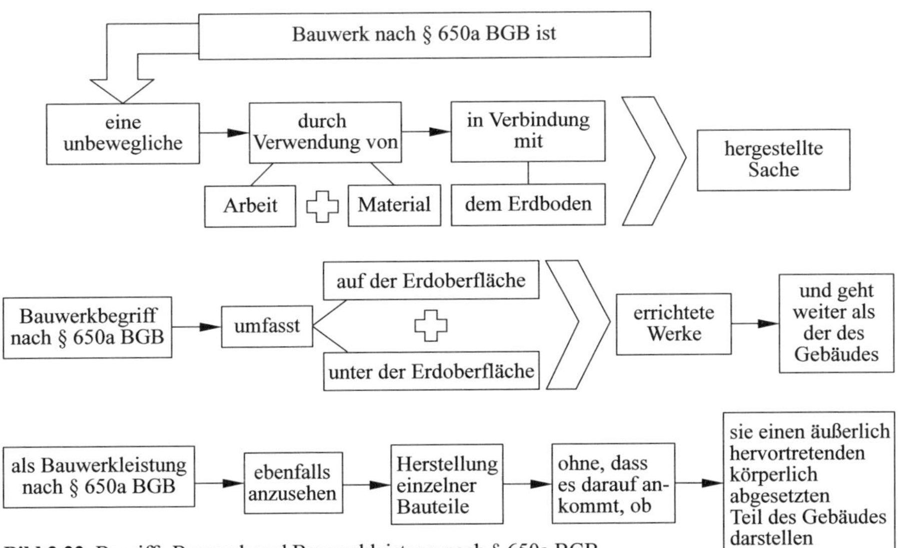

Bild 2.22 Begriffe Bauwerk und Bauwerkleistung nach § 650a BGB

Was zählt zu den Bauwerken nach dem BGB?

Allein die funktionelle Einheit ist nach dem Gesetzgeber maßgeblich für die Definition eines Bauwerks.

Zu den Bauwerken zählen sowohl

- Neubauten,
- Wiederaufbauten,
- Erweiterungsbauten (Ergänzung vorhandener Objekte, vgl. § 2 Nr. 5 HOAI), siehe **Bild 2.23**.

§ 2 Nr. 5 HOAI Begriffsbestimmungen
„Erweiterungsbauten" sind Ergänzungen eines vorhandenen Objekts.

Bild 2.23 Erweiterungsbauten nach § 2 Nr. 5 HOAI

Eine Übersicht zu Bauwerken im Sinne des BGB zeigt **Bild 2.24** und Bild 2.50. Beispiele für Bauwerke und Bauwerksleistungen zeigen die Bilder 2.25 bis 2.49 und 2.51 bis 2.64. Die Aufzählung der Beispiele ist nicht abschließend.

Die nachstehenden **Bilder 2.25 bis 2.49** zeigen Beispiele für die Bauwerke nach BGB, Bild 2.24.

Grundleitungen sind unzugänglich im Erdreich oder in der Grundplatte verlegte Entwässerungsleitungen, die das Abwasser in den Anschlusskanal führen [2.9].

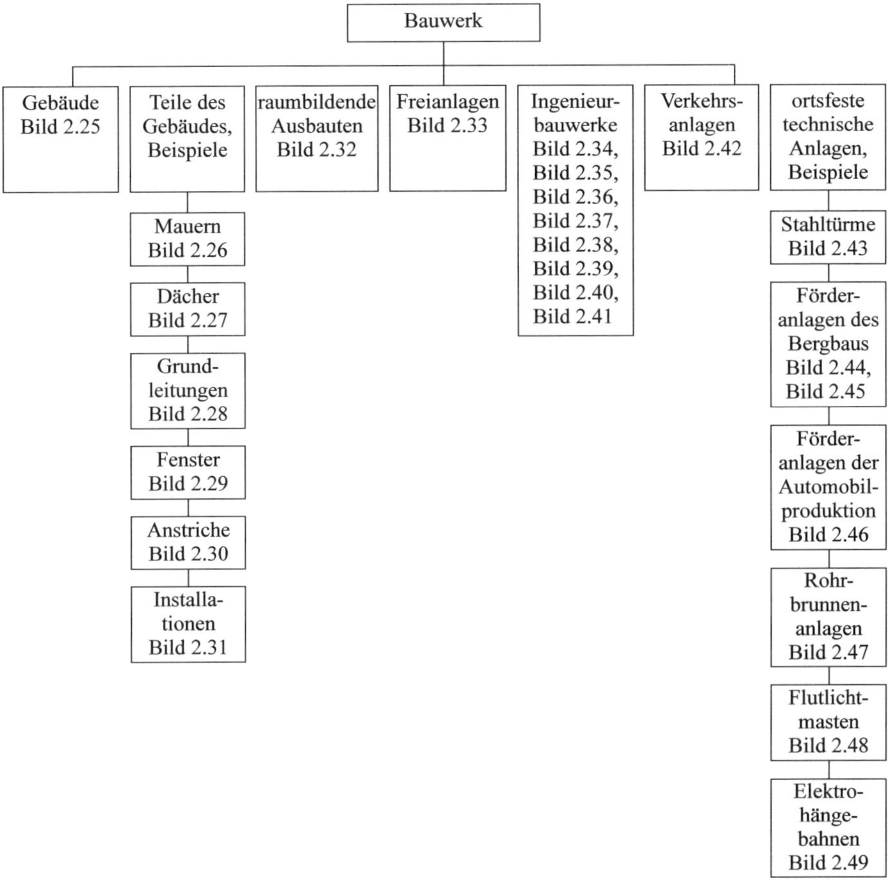

Bild 2.24 Bauwerke im Sinne des BGB

Bild 2.25 Gebäude
Quelle: Wikipedia-Benutzer: AgnosticPreachersKid [CC-BY-SA 3.0]

Bild 2.26 Mauer
Quelle: *Andreas Steinhoff*

Bild 2.27 Dach
Quelle: *Harald Bischoff* [CC-BY 3.0]

Bild 2.28 Grundleitungen, Schmutzwasser-Hauptsammler
Quelle: *Julia Backhausen*

Bild 2.29 Fenster
Quelle: *Th. Fink Veringen* [CC-BY-SA 4.0]

Bild 2.30 Anstriche, Fassadenanstrich mit Dispersionsfarbe
Quelle: *Josef Lehmkuhl* [CC-BY-SA 3.0]

Bild 2.31 Installationen Versorgungstechnik – Installation in einem Fabrikgebäude
Quelle: *Rudolf Simon*, M + W Group GmbH, Stuttgart (www.mwgroup.net) [CC-BY-SA 3.0]

Raumbildende Ausbauten, Zitat [2.10]

Der raumbildende Ausbau ist die Bezeichnung für eingebaute, überwiegend individuell angefertigte Möbel, Wandverkleidungen und Trockenbau bzw. die Kombination aus allen dreien und ist mit dem Bauwerk fest verbunden. Der raumbildende Ausbau ist eine Teildisziplin des Innenausbaus. Er schafft allerdings auch Räume und beschränkt sich nicht allein auf die Verkleidung der Oberflächen.

Bild 2.32 Raumbildende Ausbauten, Regalwände in der Bibliothek
Quelle: Wikipedia-Benutzer: MikaJP

Bild 2.33 Freianlagen für Handel und Gewerbe
Quelle: *Michael Kreienberg*

Ingenieurbauwerke, Zitat [2.11]

Als Ingenieurbauwerke bezeichnet die DIN 1076 Brücken (**Bild 2.36**), Tunnel (**Bild 2.34**), Trogbauwerke (**Bild 2.37**), Stützbauwerke mit mindestens 1,5 m sichtbarer Höhe (**Bild 2.35**), Lärmschutzwände mit mindestens 2 m sichtbarer Höhe (**Bild 2.38**) und Bauwerke, für die ein statischer Einzelstandsicherheitsnachweis erforderlich ist, z. B. Regenrückhaltebecken (**Bild 2.39**) und Schachtbauwerke (**Bild 2.40 und Bild 2.41**).

Bild 2.34 Beispiel Tunnel – im Inneren eines Straßentunnels
Quelle: *Rene Schwietzke* [CC-BY 2.0]

Stützwand

Eine Stützwand (bei entsprechender Bauweise Stützmauer) ist ein Bauwerk, das zur Sicherung von Einschnitts- und Dammböschungen dient.

Bild 2.35 Beispiel Stützwand – Stützmauer aus Schiefer im botanischen Garten Hamburg
Quelle: *Michael Wolf* [CC-BY-SA 3.0]

Bild 2.36 Beispiel Brücke – die Bendorfer Brücke ist die Überquerung der Autobahn A48 über den Rhein zwischen Koblenz und Bendorf (Rheinland-Pfalz)
Quelle: *Holger Weinandt* [CC-BY-SA 3.0]

Trogbauwerk, Zitat [2.12]

Ein Trogbauwerk im Verkehrswegebau besteht aus seitlichen Stützwänden und einer geschlossenen Sohle. Die Sohle ist dabei in der Regel als Rampe ausgebildet. Der Verkehrsweg wird auf der Rampe geführt.

Bild 2.37 Portal des Aegidienbergtunnels mit vorgelagertem Trogbauwerk
Quelle: *Sebastian Terfloth* [CC-BY-SA 3.0]

Bild 2.38 Beispiel: Lärmschutzwand entlang der Autobahn A4 in Horrem
Quelle: *Achim Raschka* [CC-BY-SA 4.0]

Bild 2.39 Beispiel: Regenrückhaltebecken, unterirdisches Regenrückhaltebecken in München
Quelle: Wikipedia-Benutzer: Basti007 [CC-BY 3.0]

Kontrollschacht, Zitat [2.13]

Ein Kontrollschacht (auch Einstiegschacht, Eisteg oder Revisionsschacht) ist ein Schachtbauwerk, das zur Überprüfung, Unterhaltung und Reinigung von Rohrleitungen dient. Diese Schachtbauwerke unterbrechen Rohrleitungssysteme für Schmutz-, Misch- oder Regenwasser und sind Bestandteil der kommunalen Abwasserentsorgung.

Bild 2.40 Schachtbauwerk, Beispiel Kontrollschacht – Schachtdeckel in der Fahrbahn
Quelle: *Nino Barbieri* [CC-BY-SA 2.5]

Bild 2.41 Beispiel Kontrollschacht – Schachtbauwerk
Quelle: REHAU AG + Co, Rehau (www.rehau.de)

Verkehrsanlagen, Zitat [2.14]

Eine Verkehrsanlage ist eine bauliche oder technische Einrichtung, die einen reibungslosen Verkehr zu Lande (Straßenverkehr, Schienenverkehr), zu Wasser und in der Luft ermöglichen oder erleichtern soll. Dazu gehören neben Verkehrswegen die folgenden Verkehrsanlagen:

- Schnittstellen, auch mit unterschiedlichen Verkehrsarten (Haltestellen, Bahnhöfe, Häfen und Flughäfen, Containerterminals, Park-and-Ride- bzw. Park-and-Rail-Anlagen, Autoverladerampen);
- Knotenpunkte (Kreuzungen, Umsteigeanlage, Rangierbahnhöfe);
- Regelungsanlagen (Verkehrszeichen, Lichtsignalanlagen (umgangssprachlich Ampelanlagen), Signale, (Fahrwasser-)Tonnen und andere Seezeichen, Leuchttürme, Feuerschiffe);
- Wegweiser;
- Abstell- und Warteanlagen (Parkplatz, Stellplatz, Carport, Garage, Parkhaus, Stauraum);
- Sonderanlagen (Schleusen, Hebewerke, Brücken, Tunnel, Mautportale).

Um einen reibungslosen Verkehrsablauf zu gewährleisten, muss die Verkehrsanlage leistungsfähig und sicher sein.

Bild 2.42 Beispiel Verkehrsanlage: Lichtsignalanlage
Quelle: Wikipedia-Benutzer: Wiki-observer [CC-BY-SA 3.0]

Bild 2.43 Beispiel Stahlturm
Quelle: Wikipedia-Benutzer: Rs-sw-Kassel [CC-BY-SA 4.0]

Förderanlagen

Zu den Förderanlagen des Bergbaus zählt beispielsweise die Bobine, Zitat [2.15]

Als Bobine bezeichnet man im Bergbau und in der Fördertechnik einen Seilträger mit einem Flachseil als Förderseil, welches übereinander aufgewickelt wird. Fördermaschinen können mit einer Bobine oder mit zwei Bobinen ausgestattet werden. Maschinen mit zwei Bobinen werden als Doppelbobinenfördermaschine bezeichnet.

Bild 2.44 Beispiel Bobine – Doppelbobinenfördermaschine (Doppelbobine von oben)
Quelle: *Mario Agrillo* [CC-BY-SA 2.5]

Bild 2.45 Funktionsprinzip Bobine
Quelle: Wikipedia-Benutzer: Biezl

Bild 2.46 Beispiel Förderanlage der Automobilproduktion
Quelle: Adam Opel AG, Rüsselsheim (www.opel.de) [CC-BY-NC 3.0]

Bild 2.47 Beispiel Rohrbrunnenanlage
Quelle: Wollschläger Pumpen, Lippstadt (www.wollschlaeger-pumpen.de)

Bild 2.48 Beispiel Flutlichtmasten
Quelle: Wikipedia-Benutzer: Mm aa ii kk [CC-BY-SA 3.0]

Elektrohängebahnen, Zitat [2.16]

Eine Elektrohängebahn (EHB) ist ein schienengebundenes Fördermittel mit einzeln angetriebenen Fahrzeugen. Die Fahrzeuge können sich hierbei autonom auf dem Schienensystem bewegen. Abzweigungen sind über Weichen realisiert. Die Fahrzeuge werden über Schleifleitungen auf der Tragschiene mit Energie und Steuersignalen versorgt. Es gibt allerdings auch Systeme, die mit Induktivität arbeiten, bei denen es einen Power- und einen Datenloop gibt.

Die Fahrschienen sind an Hallendecken, oder wenn diese zu hoch sind, an einem Stahlbau angebracht.

Elektrohängebahnen werden besonders in der Automobilindustrie, aber auch in Briefzentren der Post eingesetzt. Es werden auch Systeme gebaut, welche Güter zwischen Gebäuden bewegen.

Bild 2.49 Beispiel Elektrohängebahn, Elektrohängebahnen als rationelle, flurfreie Fördersysteme
Quelle: AFT Automatisierungs- und Fördertechnik GmbH & Co. KG, Schopfheim (www.aft-group.de)

Weitere Bauwerke und Bauwerksleistungen im Sinne des § 650a BGB

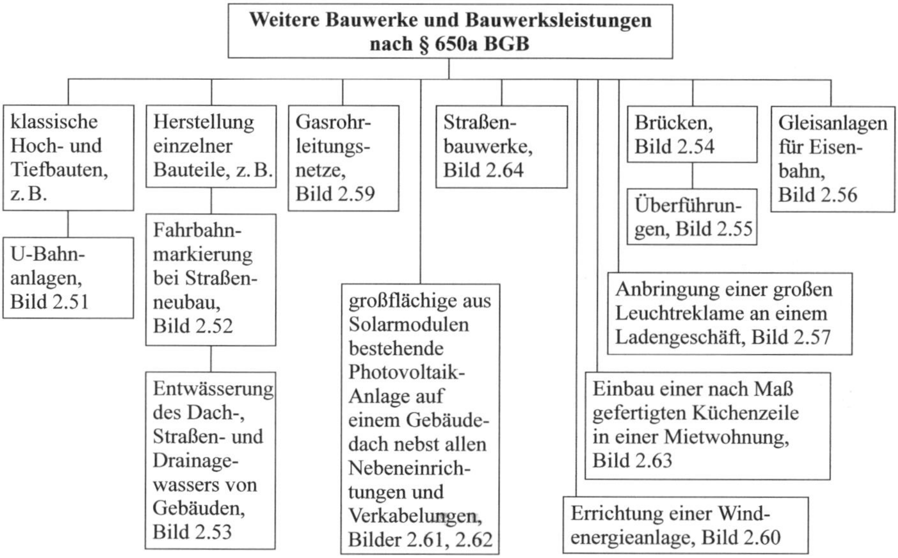

Bild 2.50 Weitere Bauwerke und Bauwerksleistungen im Sinne des § 650a BGB

Bild 2.51 Beispiel U-Bahnanlagen
Quelle: Autor

Bild 2.52 Fahrbahnmarkierung Straßenneubau
Quelle: Autor

Bild 2.53 Entwässerung des Dachwassers von Gebäuden
Quelle: Autor

Bild 2.54 Beispiel Brücke
Quelle: Autor

Bild 2.55 Beispiel Überführung – Fußgängerüberführungen über Bahngleise
Quelle: Autor

Bild 2.56 Beispiel Gleisanlagen für Eisenbahn
Quelle: Autor

Bild 2.57 Beispiel Gleisanlagen für Straßenbahnen
Quelle: Autor

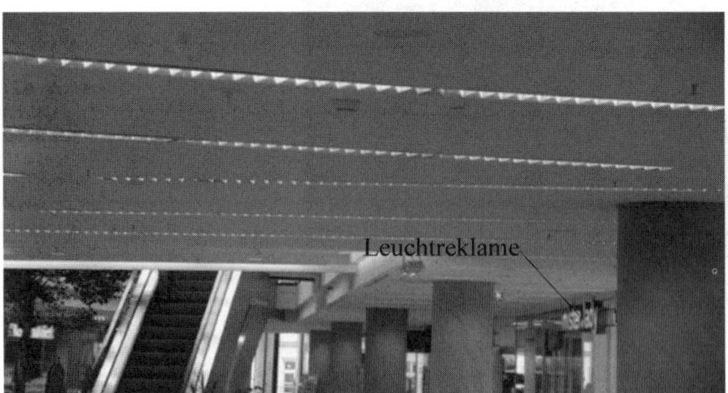

Bild 2.58 Beispiel für eine große Leuchtreklame an einem Ladengeschäft
Quelle: Autor

Bild 2.59 Gasleitungsnetz –
Rohrleitungsmarkierer für eine Erdgasleitung
Quelle: Wikipedia-Benutzer: Ulrichulrich
[CC-BY-SA 3.0]

Bild 2.60 Beispiel für eine
Windenergieanlage
Quelle: Autor

Bild 2.61 Großflächige, aus Solarmodulen bestehende, Photovoltaikanlage auf einem Gebäudedach
Quelle: *Jackisch, J.*: Elektrische Anlagen und Bauordnungsrecht. VDE-Schriftenreihe 131 [2.4]

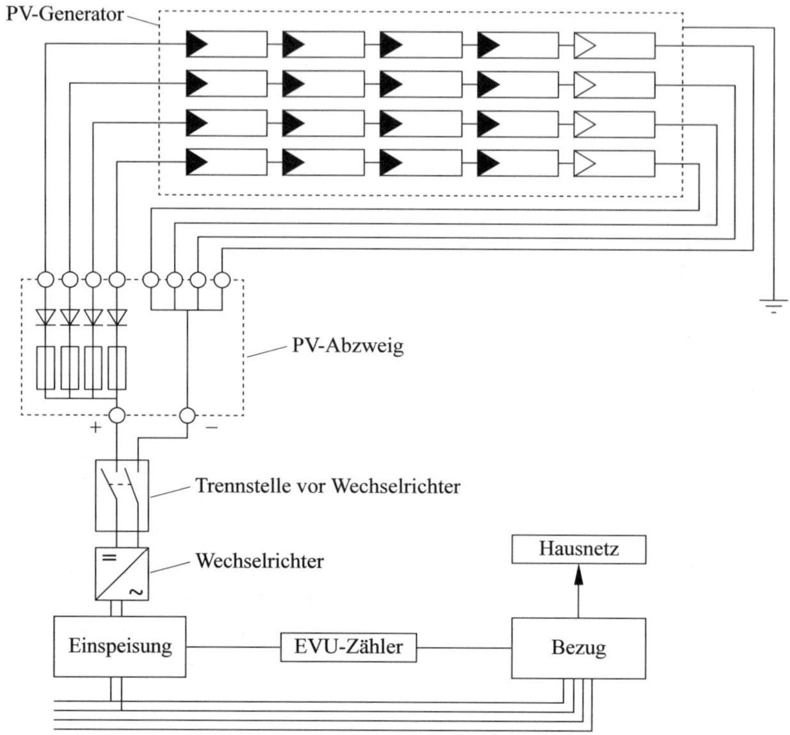

Bild 2.62 Großflächige, aus Solarmodulen bestehende, Photovoltaikanlage auf einem Gebäudedach nebst allen Nebeneinrichtungen und Verkabelungen

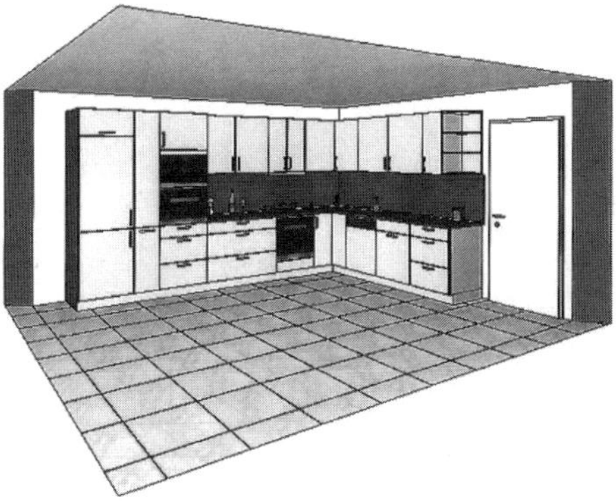

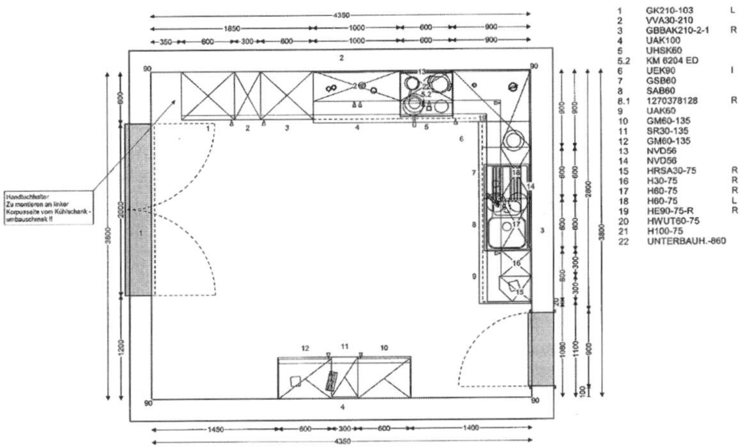

Bild 2.63 Einbau einer nach Maß gefertigten Küchenzeile in einer Wohnung
Quelle: Autor

Bild 2.64 Beispiel Straßenbauwerke – Autobahnraststätte
Quelle: Autor

Zu den Straßenbauwerken zählen u. a. Raststätten, Straßenbrücken, Straßentunnel. **Bild 2.64** zeigt ein Beispiel für Straßenbauwerke in Form einer Autobahnraststätte.

Autobahnraststätten sind gesetzlich in § 15 Abs. 1 FStrG als „Betriebe an den Bundesautobahnen, die den Belangen der Verkehrsteilnehmer der Bundesautobahnen dienen (z. B. Tankstellen, bewachte Parkplätze, Werkstätten, Verlade- und Umschlagsanlagen, Raststätten) und eine unmittelbare Zufahrt zu den Bundesautobahnen haben" legal definiert und werden auch als „Nebenbetriebe" bezeichnet, Zitat [2.17].

2.6 Vertragsordnung für Bauleistungen und gesetzliches Werkvertragsrecht BGB

Wer gibt die Vertragsordnung für Bauleistungen (VOB/B) heraus? [2.18]

Die Vertragsordnung für Bauleistungen wird im Auftrag des Deutschen Vergabe- und Vertragsausschusses (DVA) entwickelt.

Wie ist die Rechtsnatur der VOB/B? [2.19]

- Die Vertragsordnung für Bauleistungen ist ein Mustervertrag.
- Die Regelungen der VOB/B sind nach grundlegender Entscheidung des Bundesgerichtshofs für eine Vielzahl von Verträgen vorformuliert.

- Sie sind allgemeine Geschäftsbedingungen im Sinne von § 305 Abs. 1 BGB, siehe **Bild 2.65**, wenn sie bei Abschluss des Vertrags von einer Partei der anderen Partei gestellt werden.

§ 305 Abs. 1 BGB Einbeziehung Allgemeiner Geschäftsbedingungen in den Vertrag
(1) Allgemeine Geschäftsbedingungen sind alle für eine Vielzahl von Verträgen vorformulierten Vertragsbedingungen, die eine Vertragspartei (Verwender) der anderen Vertragspartei bei Abschluss eines Vertrags stellt. Gleichgültig ist, ob die Bestimmungen einen äußerlich gesonderten Bestandteil des Vertrags bilden oder in die Vertragsurkunde selbst aufgenommen werden, welchen Umfang sie haben, in welcher Schriftart sie verfasst sind und welche Form der Vertrag hat. Allgemeine Geschäftsbedingungen liegen nicht vor, soweit die Vertragsbedingungen zwischen den Vertragsparteien im Einzelnen ausgehandelt sind ...

Bild 2.65 Allgemeine Geschäftsbedingungen § 305 Abs. 1 BGB

Wann werden die Regelungen der VOB/B Vertragsbestandteil?

Die Regelungen der VOB/B werden nur Vertragsbestandteil, wenn sie ordnungsgemäß in den Vertrag einbezogen werden (gemäß § 305 Abs. 2 BGB), siehe **Bild 2.66**. Dabei ist es ohne Einfluss, ob sie insgesamt oder nur in einzelnen Regelungen in den Vertrag einbezogen werden soll.

§ 305 Abs. 2 BGB Einbeziehung Allgemeiner Geschäftsbedingungen in den Vertrag
... (2) Allgemeine Geschäftsbedingungen werden nur dann Bestandteil eines Vertrags, wenn der Verwender bei Vertragsschluss
1. die andere Vertragspartei ausdrücklich oder, wenn ein ausdrücklicher Hinweis wegen der Art des Vertragsschlusses nur unter unverhältnismäßigen Schwierigkeiten möglich ist, durch deutlich sichtbaren Aushang am Ort des Vertragsschlusses auf sie hinweist und
2. der anderen Vertragspartei die Möglichkeit verschafft, in zumutbarer Weise, die auch eine für den Verwender erkennbare körperliche Behinderung der anderen Vertragspartei angemessen berücksichtigt, von ihrem Inhalt Kenntnis zu nehmen, und wenn die andere Vertragspartei mit ihrer Geltung einverstanden ist ...

Bild 2.66 Einbeziehung der allgemeinen Geschäftsbedingungen in den Vertrag, § 305 Abs. 2 BGB

2.7 Grundsätze zum Abschluss des Werkvertrags [2.2], [2.20]

Nach welchen Grundsätzen erfolgt der Abschluss des Werkvertrags?

Der Werkvertrag wird nach den allgemeinen vertragsrechtlichen Grundsätzen in den §§ 145 bis 157 BGB abgeschlossen. Zustande kommt der Werkvertrag durch Angebot und inhaltsgleiche Annahme. Zur Angebots- und Auftragserstellung wird auf die VDE-Schriftenreihe 132 „Regelungen im Bauordnungsrecht für die Elektrotechnik“ [2.21] verwiesen. Die vertraglichen Grundsätze nach den §§ 145 bis 157 BGB zeigt **Bild 2.67**.

§ 145 Bindung an den Antrag
Wer einem anderen die Schließung eines Vertrags anträgt, ist an den Antrag gebunden, es sei denn, dass er die Gebundenheit ausgeschlossen hat.

§ 146 Erlöschen des Antrags
Der Antrag erlischt, wenn er dem Antragenden gegenüber abgelehnt oder wenn er nicht diesem gegenüber nach den §§ 147 bis 149 rechtzeitig angenommen wird.

§ 147 Annahmefrist
(1) Der einem Anwesenden gemachte Antrag kann nur sofort angenommen werden. Dies gilt auch von einem mittels Fernsprechers oder einer sonstigen technischen Einrichtung von Person zu Person gemachten Antrag.
(2) Der einem Abwesenden gemachte Antrag kann nur bis zu dem Zeitpunkt angenommen werden, in welchem der Antragende den Eingang der Antwort unter regelmäßigen Umständen erwarten darf.

§ 148 Bestimmung einer Annahmefrist
Hat der Antragende für die Annahme des Antrags eine Frist bestimmt, so kann die Annahme nur innerhalb der Frist erfolgen.

§ 149 Verspätet zugegangene Annahmeerklärung
Ist eine dem Antragenden verspätet zugegangene Annahmeerklärung dergestalt abgesendet worden, dass sie bei regelmäßiger Beförderung ihm rechtzeitig zugegangen sein würde, und musste der Antragende dies erkennen, so hat er die Verspätung dem Annehmenden unverzüglich nach dem Empfang der Erklärung anzuzeigen, sofern es nicht schon vorher geschehen ist. Verzögert er die Absendung der Anzeige, so gilt die Annahme als nicht verspätet.

§ 150 Verspätete und abändernde Annahme
(1) Die verspätete Annahme eines Antrags gilt als neuer Antrag.
(2) Eine Annahme unter Erweiterungen, Einschränkungen oder sonstigen Änderungen gilt als Ablehnung verbunden mit einem neuen Antrag.

§ 151 Annahme ohne Erklärung gegenüber dem Antragenden
Der Vertrag kommt durch die Annahme des Antrags zustande, ohne dass die Annahme dem Antragenden gegenüber erklärt zu werden braucht, wenn eine solche Erklärung nach der Verkehrssitte nicht zu erwarten ist oder der Antragende auf sie verzichtet hat. Der Zeitpunkt, in welchem der Antrag erlischt, bestimmt sich nach dem aus dem Antrag oder den Umständen zu entnehmenden Willen des Antragenden.

§ 152 Annahme bei notarieller Beurkundung
Wird ein Vertrag notariell beurkundet, ohne dass beide Teile gleichzeitig anwesend sind, so kommt der Vertrag mit der nach § 128 erfolgten Beurkundung der Annahme zustande, wenn nicht ein anderes bestimmt ist. Die Vorschrift des § 151 Satz 2 findet Anwendung.

§ 153 Tod oder Geschäftsunfähigkeit des Antragenden
Das Zustandekommen des Vertrags wird nicht dadurch gehindert, dass der Antragende vor der Annahme stirbt oder geschäftsunfähig wird, es sei denn, dass ein anderer Wille des Antragenden anzunehmen ist.

§ 154 Offener Einigungsmangel; fehlende Beurkundung
(1) Solange nicht die Parteien sich über alle Punkte eines Vertrags geeinigt haben, über die nach der Erklärung auch nur einer Partei eine Vereinbarung getroffen werden soll, ist im Zweifel der Vertrag nicht geschlossen. Die Verständigung über einzelne Punkte ist auch dann nicht bindend, wenn eine Aufzeichnung stattgefunden hat.
(2) Ist eine Beurkundung des beabsichtigten Vertrags verabredet worden, so ist im Zweifel der Vertrag nicht geschlossen, bis die Beurkundung erfolgt ist.

§ 155 Versteckter Einigungsmangel
Haben sich die Parteien bei einem Vertrag, den sie als geschlossen ansehen, über einen Punkt, über den eine Vereinbarung getroffen werden sollte, in Wirklichkeit nicht geeinigt, so gilt das Vereinbarte, sofern anzunehmen ist, dass der Vertrag auch ohne eine Bestimmung über diesen Punkt geschlossen sein würde.

§ 156 Vertragsschluss bei Versteigerung
Bei einer Versteigerung kommt der Vertrag erst durch den Zuschlag zustande. Ein Gebot erlischt, wenn ein Übergebot abgegeben oder die Versteigerung ohne Erteilung des Zuschlags geschlossen wird.

§ 157 Auslegung von Verträgen
Verträge sind so auszulegen, wie Treu und Glauben mit Rücksicht auf die Verkehrssitte es erfordern.

Bild 2.67 Vertragliche Grundsätze in den §§ 145 bis 157 BGB

Wird für den Bauvertrag eine bestimmte Form vorgeschrieben? Zitat [2.22]

Der Bauvertrag kann grundsätzlich formfrei geschlossen werden. Eine Ausnahme gilt nach dem durch das Gesetz zur Reform des Bauvertragsrechts und zur Änderung der kaufrechtlichen Mängelhaftung am 1. Januar 2018 in Kraft getretenen § 650i Abs. 2 BGB (BGBl. I 69 (2017) Nr. 23 vom 4.5.2017, S. 969–979). Danach bedürfen Verbraucherbauverträge der Textform. Die Anforderungen an die Textform sind geringer als bei der Schriftform. Nach § 126b BGB genügt dafür jede lesbare, dauerhafte Erklärung, in der die Person des Erklärenden genannt ist und erkennbar ist, dass diese Erklärung abgegeben wurde. Es bedarf keiner eigenhändigen Unterschrift. Es genügen daher auch Erklärungen in einer E-Mail, auf DVD oder einer Speicherkarte.

2.8 Vertragspflichten für den Unternehmer [2.2], [2.23]

Was beinhaltet die Herstellungspflicht des Unternehmers?

Der Unternehmer wird durch den Werkvertrag zur Herstellung des versprochenen Werks verpflichtet.

Wonach richtet sich der Umfang der übernommenen Pflichten für den Unternehmer?

- Nach dem Vertrag richtet sich der Umfang der übernommenen Pflichten.
- Der Umfang ist durch Auslegung zu ermitteln, die nach allgemeinen Grundsätzen erfolgt. Das Ergebnis der Auslegung wird in **Bild 2.68** gezeigt.

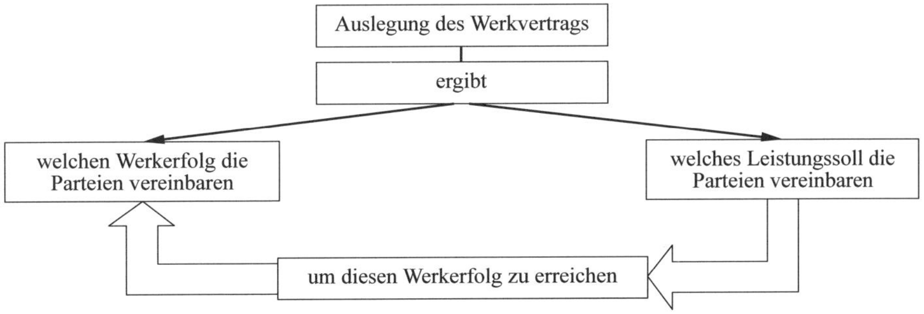

Bild 2.68 Auslegung des Werkvertrags nach BGB

2.9 Werkerfolg für den Unternehmer [2.2], [2.23]

Worin besteht der Werkerfolg für den Unternehmer?

- Der Werkerfolg besteht darin, das nach dem Vertrag geschuldete Werk
  - funktionstauglich und
  - zweckentsprechend

  zu errichten.
- Den Werkerfolg hat der Unternehmer herbeizuführen, um seine Herstellungspflicht zu erfüllen.
- Für den Unternehmer ist der Werkerfolg der Maßstab für seine Erfolgshaftung.
- Der Vertrag ist nicht erfüllt, solange der Werkerfolg nicht herbeigeführt ist.
- Dem Auftraggeber/Besteller stehen die Rechte und Ansprüche sowie Erfüllungsansprüche nach § 634 BGB.

2.10 Leistungssoll und sonstige vertraglich übernommene Pflichten [2.2], [2.23]

Was beinhaltet das Leistungssoll?

Das Leistungssoll ist das Äquivalent für die vereinbarte Vergütung. Das Leistungssoll beschreibt die Leistung, die die Vertragsparteien vereinbaren, um den vertraglich geschuldeten Erfolg herbeizuführen. Zu den Kriterien und Anforderungen an eine Leistungsbeschreibung wird auf die VDE-Schriftenreihe 132 „Regelungen im Bauordnungsrecht für die Elektrotechnik“ [2.21] verwiesen.

Ein Beispiel für eine Leistungsbeschreibung zum Austausch von Datenleitungen in einem Verwaltungsgebäude zeigt **Bild 2.69**.

Was ist zu tun, wenn die vereinbarten Leistungen nicht ausreichen, um den Erfolg herbeizuführen?

In diesem Fall sind Vereinbarungen über Leistungsänderungen notwendig oder Zusatzaufträge zu vereinbaren, z. B. zum Hauptauftrag der Erweiterung einer Stellwerkanlage mit Linienzugbeeinflussung wird ein Zusatzvertrag über Blitzschutzarbeiten notwendig.

Der vertraglich geschuldete Erfolg kann über das Leistungssoll hinausgehen.

Austausch von Datenleitungen im Verwaltungsgebäude Block 5				
Titel 1				
Position				**Einheitspreis . . . Preis**
1.3	Doppelsteckdosen austauschen mit Beschriftung	210	Stück	......€........... €
1.4	Datenleitung Cat. 6 STP/S PIMF 4×2×23 AWG	4230	Meter	......€........... €
1.5	Auflegen der Einzeladern je Leitungsende	272	Stück	......€........... €
1.6	Messung und Protokollierung je RJ-45-Port	272	Stück	......€........... €
1.7	Vorhandene Sockelleisten demontieren/montieren	538,90	Meter	......€........... €
1.8	Vorhandene PVC-Kanäle öffnen und schließen	321,40	Meter	......€........... €
1.9	Vorhandene Stahlblechkanäle öffnen und schließen	33,20	Meter	......€........... €
1.10	Vorhandene Cat.-Leitungen demontieren	4344	Meter	......€........... €
1.11	Vorhandene Cat. 3-Doppeldosen demontieren	145	Stück	......€........... €
1.12	Vorhandene Patchfelder demontieren	7	Stück	......€........... €

Bild 2.69 Beispiel für eine Leistungsbeschreibung (Auszug)
Quelle: *Jackisch, J.*: Regelungen im Bauordnungsrecht für die Elektrotechnik, VDE-Schriftenreihe 132 [2.21]

Die vereinbarten Leistungen können ebenso über den vertraglich geschuldeten Erfolg hinausgehen. Sie sind zu erbringen und Gegenstand der Leistungspflicht.

Im Schuldrecht wird zwischen Leistungspflichten und Schutzpflichten unterschieden.

Die Abgrenzung kann bezogen auf den Einzelfall schwierig sein.

Bild 2.69 zeigt einen Ausschnitt aus einer Leistungsbeschreibung im Auftrag.

Im Verlauf der Bauausführung wurden zusätzliche Leistungen notwendig, ohne die die beauftragte Anlage nicht wie geplant errichtet werden kann (erreichen des geschuldeten Erfolgs).

Diese Leistungen waren noch nicht Bestandteil des Auftrags. Über diese Leistungen muss eine zusätzliche vertragliche Vereinbarung nachträglich zum bestehenden Vertrag geschlossen werden.

Was sind sonstige vertraglich übernommene Pflichten des Unternehmers?

Die sonstigen Vereinbarungen ergeben sich aus den Einzelheiten des abgeschlossenen Vertrags. Ein Beispiel sind die häufig ausgemachten Bauzeitvereinbarungen. **Bild 2.70** zeigt einen Auszug aus einem Bauzeitenplan. Wird die Bauzeit im Vertrag vereinbart, ist die Einhaltung der vertraglich vereinbarten Bauzeit geschuldet. Die Überschreitung der Bauzeit löst unter den gesetzlichen oder vertraglich vereinbarten Voraussetzungen den Verzug des Unternehmers aus. Dieser kann Ansprüche des Auftraggebers/Bestellers auf Ersatz des Verzugsschadens begründen.

Gewerk		März		April				Mai					Juni				Juli				August					September				Oktober				November			
		KW 12	KW 13	KW 14	KW 15	KW 16	KW 17	KW 18	KW 19	KW 20	KW 21	KW 22	KW 23	KW 24	KW 25	KW 26	KW 27	KW 28	KW 29	KW 30	KW 31	KW 32	KW 33	KW 34	KW 35	KW 36	KW 37	KW 38	KW 39	KW 40	KW 41	KW 42	KW 43	KW 44	KW 45	KW 46	KW 47
Erdarbeiten	Erl.	✓																																			
Vermessung	Erl.		✓																																		
Bodenplatte	Erl.		✓																																		
EG Mauern	Erl.			✓																																	
Decke	Erl.					O		X																													
Dachstuhl	Erl.							O	X																												
OG Mauern	Erl.						O				X																										
Dach decken	Erl.										O		X																								
Klinkern	Erl.													O	X	X	X																				
Fenster	Erl.																	✓																			
Trockenbau	Erl.																	✓																			
Elektro	Erl.																		✓																		
Innenputz	Erl.																			✓																	
Klinkerfugen	Erl.																				✓																
Sohlbänke	Erl.																			✓																	
Sanitär	Erl.																				✓																
Estrich	Erl.																					✓	✓														
Hausanschluss	Erl.																							O		O	X										
Dachkästen																							O														
Trockenbau 2	Erl.																									✓											
Gerüst weg	Erl.																								X												
Heizung	Erl.																									✓											
Schaltkasten	Erl.																										✓										
Fliesen	Erl.																														O	X	X	X			
Sanitär 2	Erl.																																			✓	
Elektro 2	Erl.																												✓								
Blower Door	Erl.																													✓							
Treppe	Erl.																																			✓	
Innentüren	Erl.																																		✓		
Hausübergabe																																					O

Ende der vertraglichen Bauzeit! (KW 34)

✓ pünktlich ausgeführt   O mündliche Zusage für Durchführung   X verspätet ausgeführt

Bild 2.70 Beispiel Auszug aus Bauzeitenplan

Gibt es Pflichten, die der Unternehmer zu erfüllen hat, obwohl diese nicht im Vertrag geregelt sind?

Nicht ausdrücklich im Vertrag geregelte Pflichten können sich aus der Auslegung des Vertrags, insbesondere unter Berücksichtigung der gesamten Umstände des Vertrags und seines Zwecks, ergeben.

Geregelt hat der Gesetzgeber die Pflichten aus einem Schuldverhältnis, gleich ob es vertraglich oder im Gesetz geregelt ist, in § 241 BGB (**Bild 2.71**).

§ 241 BGB Pflichten aus dem Schuldverhältnis
(1) Kraft des Schuldverhältnisses ist der Gläubiger berechtigt, von dem Schuldner eine Leistung zu fordern. Die Leistung kann auch in einem Unterlassen bestehen.
(2) Das Schuldverhältnis kann nach seinem Inhalt jeden Teil zur Rücksicht auf die Rechte, Rechtsgüter und Interessen des anderen Teils verpflichten.

Bild 2.71 Pflichten aus dem Schuldverhältnis, § 241 BGB

Ob im vorvertraglichen Stadium ein schuldrechtliches Verhältnis vorliegt, ist in § 311 Abs. 2 BGB, **Bild 2.72** geregelt.

§ 311 BGB Rechtsgeschäftliche und rechtsgeschäftsähnliche Schuldverhältnisse
(1) Zur Begründung eines Schuldverhältnisses durch Rechtsgeschäft sowie zur Änderung des Inhalts eines Schuldverhältnisses ist ein Vertrag zwischen den Beteiligten erforderlich, soweit nicht das Gesetz ein anderes vorschreibt.
(2) Ein Schuldverhältnis mit Pflichten nach § 241 Abs. 2 entsteht auch durch
1. die Aufnahme von Vertragsverhandlungen,
2. die Anbahnung eines Vertrags, bei welcher der eine Teil im Hinblick auf eine etwaige rechtsgeschäftliche Beziehung dem anderen Teil die Möglichkeit zur Einwirkung auf seine Rechte, Rechtsgüter und Interessen gewährt oder ihm diese anvertraut, oder
3. ähnliche geschäftliche Kontakte.
(3) Ein Schuldverhältnis mit Pflichten nach § 241 Abs. 2 kann auch zu Personen entstehen, die nicht selbst Vertragspartei werden sollen. Ein solches Schuldverhältnis entsteht insbesondere, wenn der Dritte in besonderem Maße Vertrauen für sich in Anspruch nimmt und dadurch die Vertragsverhandlungen oder den Vertragsschluss erheblich beeinflusst.

Bild 2.72 Schuldverhältnisse, § 311 BGB

Schuldverhältnisse mit Pflichten nach § 241 Abs. 2 BGB, vgl. Bild 2.71, können z. B. entstehen:

- durch die Aufnahme von Vertragsverhandlungen
- durch die Anbahnung eines Vertrags
- durch ähnliche geschäftliche Kontakte
- zu Personen, die nicht selbst Vertragspartei werden sollen

Die Regelungen zum Schadensersatz stehen in den §§ 280 ff. BGB, siehe Kapitel 1.2.1. Wenn der Unternehmer (Schuldner) eine Pflicht verletzt, die nicht leistungsbezogen ist, so kann der Bauherr (Gläubiger) Schadensersatz verlangen. **Bild 2.73** zeigt ein Beispiel.

Beispiel: Die Mitarbeiter des Unternehmers „K“ verschmutzen bei der Frühstückspause die vom Vorunternehmer „M“ frisch gestrichenen Wände einer Küche.

§? Rechtsfolge
Der Unternehmer „K“ muss die Kosten für den Neuanstrich als Schadensersatz leisten, § 280 BGB.

Bild 2.73 Beispiel für Schadensersatzregelung bei nicht leistungsbezogener Pflichtverletzung, § 280 BGB

Weitere Pflichten (Aufzählung nicht abschließend) des Unternehmers sind die:

- Kooperationspflicht,
- Prüfungs- und Aufklärungspflichten,
- Beratungspflichten.

2.11 Kooperationspflicht des Unternehmers [2.2], [2.23]

Was beinhaltet die Kooperationspflicht des Unternehmers?

Der Unternehmer hat, wie auch der Bauherr (Besteller), die Verpflichtung zur Kooperation. Bei einer Baumaßnahme (Vertragsdurchführung) können Meinungsverschiedenheiten zwischen den Vertragsparteien eines Bauvertrags auftreten. Beispielsweise gibt es Meinungsverschiedenheiten

- über die Notwendigkeit einer Vertragsanpassung,
- über die Art und Weise einer Vertragsanpassung,
- über die Durchführung des Vertrags hinsichtlich geänderter Umstände.

Die Vertragsparteien sind grundsätzlich verpflichtet, durch Verhandlungen eine einvernehmliche Beilegung der Meinungsverschiedenheiten zu versuchen.

2.12 Prüfungs- und Aufklärungspflichten des Unternehmers [2.2], [2.23]

Was beinhalten die Prüfungs- und Aufklärungspflichten des Unternehmers?

- Mit Abschluss des Bauvertrags trifft den Unternehmer die Verpflichtung, ein mangelfreies Werk herzustellen.
- Der Unternehmer hat die vertraglichen Rahmenbedingungen daraufhin zu überprüfen, ob diese geeignet sind, ein mangelfreies Werk entstehen zu lassen.
- Führt er diese Prüfung nicht durch, kommt es zur Verletzung der Prüfungs- und Aufklärungspflicht.
- Führt diese Pflichtverletzung dazu, dass das Werk mangelhaft erstellt wird, ist der Vertrag nicht erfüllt.
- Wegen der Verletzung der Prüf- und Hinweispflicht entstehen daneben Schadensersatzansprüche.

2.13 Beratungspflicht [2.2], [2.23]

Welche Bedeutung hat die Beratungspflicht?

- Mit der Aufnahme der Vertragsverhandlungen können Beratungspflichten entstehen, vgl. die §§ 311 Abs. 2 und 241 Abs. 2 BGB, siehe Bild 2.72 und Bild 2.71.
- Beratungspflichten können sich als vorvertragliche Beratungspflicht ergeben.
- Beratungspflichten können sich als Hauptpflichten aus dem Vertrag ergeben.
- Beratungspflichten können sich als Nebenpflichten aus dem Vertrag ergeben.
- Die Verletzung der Beratungspflicht kann zu einem Mangel des Werks führen.
- Die Verletzung der Beratungspflicht kann unabhängig von der mangelfreien Erstellung des Werks Schadensersatzansprüche auslösen.

Der Unternehmer kann neben seiner Herstellungsverpflichtung auch rechtlich selbstständige Beratungspflichten übernehmen. Verletzt der Unternehmer diese Pflicht, so löst diese Pflichtverletzung dann einen Schadensersatzanspruch nach § 280 Abs. 1 BGB, siehe **Bild 2.74**, aus.

§ 280 Abs. 1 BGB Schadensersatz wegen Pflichtverletzung
(1) Verletzt der Schuldner eine Pflicht aus dem Schuldverhältnis, so kann der Gläubiger Ersatz des hierdurch entstehenden Schadens verlangen. Dies gilt nicht, wenn der Schuldner die Pflichtverletzung nicht zu vertreten hat ...

Bild 2.74 Schadensersatz wegen Pflichtverletzung, § 280 Abs. 1 BGB

Welche Folgen hat die Verletzung der Beratungspflicht?

Ist der Beratungsvertrag als Werkvertrag einzuordnen, so löst diese Pflichtverletzung Mängelansprüche aus, vgl. die §§ 634 ff. BGB. Dieser Schadensersatzanspruch und diese Mängelansprüche sind rechtlich selbstständig und bestehen auch dann, wenn das Bauwerk als solches mangelfrei errichtet worden ist.

2.14 Verletzung der Beratungspflicht als Hauptleistungspflicht [2.2], [2.23]

Welche Folgen hat die Verletzung der Beratungspflicht, die als Hauptleistungspflicht einzuordnen ist?

Folgendes Beispiel gibt einen Einblick in die oft komplexe Problematik.

Beispiel für die Verletzung der Beratungspflicht, die als Hauptleistungspflicht einzuordnen ist, Zitat [2.24]:

Bauer B möchte auf seiner Wiese eine Windenergieanlage errichten. Der Berater der Landwirtschaftskammer rät zu einem etwas kleineren Windrad eines bestimmten Herstellers und legt dazu auch eine erfolgversprechende Wirtschaftlichkeitsberechnung vor, in die auch die zu erwartenden öffentlichen Mittel zutreffend eingestellt worden sind. B wendet sich an den Hersteller und legt diesem auch die Wirtschaftlichkeitsberechnung vor. Er bittet um Prüfung und Beratung, welche der von ihm angebotenen Anlagen er nehmen soll. Der Hersteller teilt ihm mit, er habe die Sache eingehend geprüft, die von dem Berater der Landwirtschaftskammer ins Auge gefasste Anlage sei für B goldrichtig. B erteilt den Auftrag. Die Anlage wird mangelfrei erstellt, die Wirtschaftlichkeitsberechnung erweist sich als zutreffend. Nunmehr erfährt B aber, dass einige Wochen vor Vertragsabschluss die Subventionsvorschriften geändert worden sind.

Die zuständige Behörde hatte sich entschlossen, größere Anlagen besonders großzügig zu fördern, um auf diese Weise die Zahl der Windenergieanlagen gering zu halten. Hätte B die nächstgrößere und nur wenig teurere Anlage gewählt, wäre er in den Genuss besonders großzügiger Subventionen gekommen und hätte an der Anlage wesentlich mehr verdient, als das jetzt der Fall ist. Die Änderung der Rechtslage war dem Hersteller bestens bekannt. Er hatte B darauf aber nicht hingewiesen, weil er gerne seine kleineren Anlagen losschlagen wollte.

Rechtsfolge

Hier hat der Unternehmer neben seiner Herstellungsverpflichtung eine Beratungspflicht übernommen, die – unterstellt – als Hauptpflicht einzuordnen ist, weil die Beratungsleistung für B erkennbar von besonderer Bedeutung war. Die Verletzung der Beratungspflicht hat sich aber nicht in einem Mangel des Werks niedergeschlagen. B hat ein Windrad eines bestimmten Typs bestellt und erhalten. Dieses funktioniert tadellos, es wirft auch den erwarteten Gewinn ab.

Gleichwohl kann ihm von Seiten des Herstellers ein rechtlich selbstständiger Schadensersatzanspruch wegen fehlender Beratung zustehen.

2.15 Verletzung der Beratungspflicht als vor-nebenvertragliche Beratungspflicht [2.2], [2.23]

Welche Folgen hat die Verletzung der Beratungspflicht, die als vor-nebenvertragliche Beratungspflicht einzuordnen ist?

Die Verletzung der Beratungspflicht, die als vor-nebenvertragliche Beratungspflicht einzuordnen ist, kann unterschiedliche Rechtsfolgen auslösen.

- Sie kann für die Bestimmung der geschuldeten Werkleistung von maßgebender Bedeutung sein.
- Sie kann direkt zur Mängelhaftung führen.
- Sie kann selbst bei mangelfreier Erstellung des geschuldeten Werks Schadensersatzansprüche aus den §§ 241 Abs. 2 und 280 Abs. 1 BGB auslösen.
- Die Verletzung der Beratungspflicht schlägt sich in vielen Fällen nicht in einem Sachmangel, sondern in einem Vermögensschaden nieder.

Beispiel für die Verletzung der Beratungspflicht, die als vor-nebenvertragliche Beratungspflicht einzuordnen ist, Zitat [2.25]:

Bauer B möchte die oben schon erwähnte Windkraftanlage (Beispiel für die Verletzung der Beratungspflicht, die als Hauptleistungspflicht einzuordnen ist) errichten. Im Unterschied zu dem geschilderten Fall ersucht er den Hersteller aber nicht um eine eigene Prüfung und Beratung, sondern schickt ihm sogleich die Wirtschaftlichkeitsberechnung der Landwirtschaftskammer und das von ihm schon unterzeichnete Vertragsexemplar zu. Der Hersteller nimmt das Angebot an, ohne auf die Änderung in den Richtlinien für die Subventionierung hinzuweisen. Er erkennt zwar, dass die Wirtschaftlichkeitsberechnung vor der Änderung der Richtlinien erstellt worden ist und B bei der Antragstellung offensichtlich unbekannt war, möchte aber seine alten Anlagen verkaufen.

Rechtsfolge

In diesem Fall ist zwar kein selbstständiger Beratungsvertrag zustande gekommen. Mit Aufnahme der Vertragsverhandlungen entstand aber zwischen den Parteien ein Schuldverhältnis, das beide zur Rücksichtnahme auf die Rechtsgüter und Interessen des anderen Teils verpflichtete, vgl. die §§ 311 Abs. 2, 241 Abs. 2 BGB. Der Hersteller war hier wohl auch ohne zusätzlichen Beratungsauftrag zu einem Hinweis auf die geänderten Richtlinien verpflichtet. Er hat daher den entstandenen Schaden zu ersetzen, und B so zu stellen, wie er bei einem Hinweis auf die geänderten Richtlinien gestanden hätte, vgl. die §§ 280 Abs. 1, 241 Abs. 2 BGB (siehe Bild 2.74 und Bild 2.71).

2.16 Pflichtverletzung [2.2], [2.23]

Was beinhaltet der Begriff der Pflichtverletzung?

Mit dem Begriff der Pflichtverletzung wird ein Grundtatbestand geschaffen, der die Grundsätze der positiven Vertragsverletzung verallgemeinert.

Die Pflichtverletzung umfasst alle Formen der Leistungsstörung (Aufzählung nicht abschließend), z. B.

- der Unmöglichkeit der Werkleistung,
- der Schlechterfüllung,
- der mangelhaften Leistung,
- des Verzugs,
- der positiven Vertragsverletzung,
- des Verschuldens bei Vertragsabschluss.

Im allgemeinen Schuldrecht des BGB sind primär die Rechtsfolgen der Pflichtverletzung und der Unmöglichkeit der Werkleistung geregelt (**Bild 2.75**).

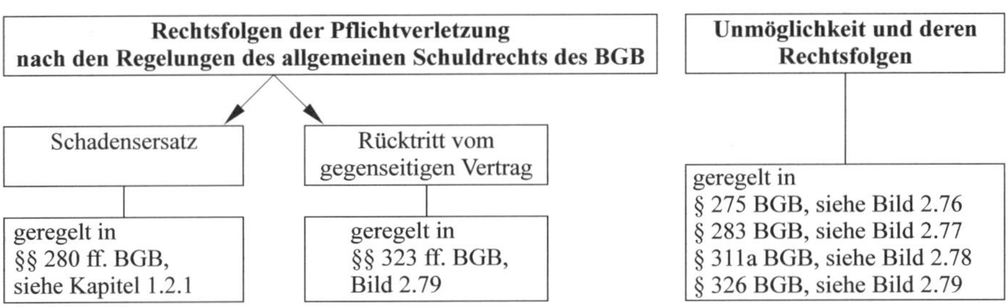

Bild 2.75 Pflichtverletzung und Unmöglichkeit der Werkleistung, Rechtsfolgen und Regelungen im BGB

2.17 Unmöglichkeit der Werkleistung im BGB [2.2], [2.23]

Wo wird die Unmöglichkeit der Werkleistung im BGB geregelt?

In den §§ 275, 283 und 311a, 326 BGB wird die Unmöglichkeit der Werkleistung geregelt, siehe **Bilder 2.76 bis 2.80**.

§ 275 BGB Ausschluss der Leistungspflicht
(1) Der Anspruch auf Leistung ist ausgeschlossen, soweit diese für den Schuldner oder für jedermann unmöglich ist.
(2) Der Schuldner kann die Leistung verweigern, soweit diese einen Aufwand erfordert, der unter Beachtung des Inhalts des Schuldverhältnisses und der Gebote von Treu und Glauben in einem groben Missverhältnis zu dem Leistungsinteresse des Gläubigers steht. Bei der Bestimmung der dem Schuldner zuzumutenden Anstrengungen ist auch zu berücksichtigen, ob der Schuldner das Leistungshindernis zu vertreten hat.
(3) Der Schuldner kann die Leistung ferner verweigern, wenn er die Leistung persönlich zu erbringen hat und sie ihm unter Abwägung des seiner Leistung entgegenstehenden Hindernisses mit dem Leistungsinteresse des Gläubigers nicht zugemutet werden kann.
(4) Die Rechte des Gläubigers bestimmen sich nach den § 280, §§ 283 bis 285, 311a und 326.

§ 283 BGB Schadensersatz statt der Leistung bei Ausschluss der Leistungspflicht
Braucht der Schuldner nach § 275 Abs. 1 bis 3 nicht zu leisten, kann der Gläubiger unter den Voraussetzungen des § 280 Abs. 1 Schadensersatz statt der Leistung verlangen. § 281 Abs. 1 Satz 2 und 3 und Abs. 5 findet entsprechende Anwendung.

§ 280 Abs. 1 BGB Schadensersatz wegen Pflichtverletzung
(1) Verletzt der Schuldner eine Pflicht aus dem Schuldverhältnis, so kann der Gläubiger Ersatz des hierdurch entstehenden Schadens verlangen. Dies gilt nicht, wenn der Schuldner die Pflichtverletzung nicht zu vertreten hat ...

§ 281 Abs. 1 Satz 2 und 3, Abs. 5 BGB Schadensersatz statt der Leistung wegen nicht oder nicht wie geschuldet erbrachter Leistung
(1) ...
Hat der Schuldner eine Teilleistung bewirkt, so kann der Gläubiger Schadensersatz statt der ganzen Leistung nur verlangen, wenn er an der Teilleistung kein Interesse hat. Hat der Schuldner die Leistung nicht wie geschuldet bewirkt, so kann der Gläubiger Schadensersatz statt der ganzen Leistung nicht verlangen, wenn die Pflichtverletzung unerheblich ist ...
(5) Verlangt der Gläubiger Schadensersatz statt der ganzen Leistung, so ist der Schuldner zur Rückforderung des Geleisteten nach den §§ 346 bis 348 berechtigt.

§§ 346 bis 348 BGB Rückforderungen, Bilder 1.24 bis 1.27

§ 284 BGB Ersatz vergeblicher Aufwendungen
Anstelle des Schadensersatzes statt der Leistung kann der Gläubiger Ersatz der Aufwendungen verlangen, die er im Vertrauen auf den Erhalt der Leistung gemacht hat und billigerweise machen durfte, es sei denn, deren Zweck wäre auch ohne die Pflichtverletzung des Schuldners nicht erreicht worden.

§ 285 BGB Herausgabe des Ersatzes
(1) Erlangt der Schuldner infolge des Umstands, aufgrund dessen er die Leistung nach § 275 Abs. 1 bis 3 nicht zu erbringen braucht, für den geschuldeten Gegenstand einen Ersatz oder einen Ersatzanspruch, so kann der Gläubiger Herausgabe des als Ersatz Empfangenen oder Abtretung des Ersatzanspruchs verlangen.
(2) Kann der Gläubiger statt der Leistung Schadensersatz verlangen, so mindert sich dieser, wenn er von dem in Abs. 1 bestimmten Recht Gebrauch macht, um den Wert des erlangten Ersatzes oder Ersatzanspruchs.

Bild 2.76 Zur Unmöglichkeit der Werkleistung im BGB – § 275 BGB „Ausschluss der Leistungspflicht" mit § 283 BGB, § 280 Abs. 1 BGB, § 281 Abs. 1 Satz 2 und 3, Abs. 5 BGB mit den §§ 346 bis 348 BGB „Rückforderungen", § 284 BGB, § 285 BGB

§ 275 BGB Ausschluss der Leistungspflicht
(1) Der Anspruch auf Leistung ist ausgeschlossen, soweit diese für den Schuldner oder für jedermann unmöglich ist.
(2) Der Schuldner kann die Leistung verweigern, soweit diese einen Aufwand erfordert, der unter Beachtung des Inhalts des Schuldverhältnisses und der Gebote von Treu und Glauben in einem groben Missverhältnis zu dem Leistungsinteresse des Gläubigers steht. Bei der Bestimmung der dem Schuldner zuzumutenden Anstrengungen ist auch zu berücksichtigen, ob der Schuldner das Leistungshindernis zu vertreten hat.
(3) Der Schuldner kann die Leistung ferner verweigern, wenn er die Leistung persönlich zu erbringen hat und sie ihm unter Abwägung des seiner Leistung entgegenstehenden Hindernisses mit dem Leistungsinteresse des Gläubigers nicht zugemutet werden kann.
(4) Die Rechte des Gläubigers bestimmen sich nach den
§ 280, §§ 283 bis 285, 311a und 326.

§ 280 BGB Schadensersatz wegen Pflichtverletzung
(1) Verletzt der Schuldner eine Pflicht aus dem Schuldverhältnis, so kann der Gläubiger Ersatz des hierdurch entstehenden Schadens verlangen. Dies gilt nicht, wenn der Schuldner die Pflichtverletzung nicht zu vertreten hat.
(2) Schadensersatz wegen Verzögerung der Leistung kann der Gläubiger nur unter der zusätzlichen Voraussetzung des
§ 286 verlangen.
(3) Schadensersatz statt der Leistung kann der Gläubiger nur unter den zusätzlichen Voraussetzungen
des § 281, des § 282 oder des § 283 verlangen.

§ 286 BGB Verzug des Schuldners
(1) Leistet der Schuldner auf eine Mahnung des Gläubigers nicht, die nach dem Eintritt der Fälligkeit erfolgt, so kommt er durch die Mahnung in Verzug. Der Mahnung stehen die Erhebung der Klage auf die Leistung sowie die Zustellung eines Mahnbescheids im Mahnverfahren gleich.
(2) Der Mahnung bedarf es nicht, wenn
1. für die Leistung eine Zeit nach dem Kalender bestimmt ist,
2. der Leistung ein Ereignis vorauszugehen hat und eine angemessene Zeit für die Leistung in der Weise bestimmt ist, dass sie sich von dem Ereignis an nach dem Kalender berechnen lässt,
3. der Schuldner die Leistung ernsthaft und endgültig verweigert,
4. aus besonderen Gründen unter Abwägung der beiderseitigen Interessen der sofortige Eintritt des Verzugs gerechtfertigt ist.
(3) Der Schuldner einer Entgeltforderung kommt spätestens in Verzug, wenn er nicht innerhalb von 30 Tagen nach Fälligkeit und Zugang einer Rechnung oder gleichwertigen Zahlungsaufstellung leistet; dies gilt gegenüber einem Schuldner, der Verbraucher ist, nur, wenn auf diese Folgen in der Rechnung oder Zahlungsaufstellung besonders hingewiesen worden ist. Wenn der Zeitpunkt des Zugangs der Rechnung oder Zahlungsaufstellung unsicher ist, kommt der Schuldner, der nicht Verbraucher ist, spätestens 30 Tage nach Fälligkeit und Empfang der Gegenleistung in Verzug.
(4) Der Schuldner kommt nicht in Verzug, solange die Leistung infolge eines Umstands unterbleibt, den er nicht zu vertreten hat.
(5) Für eine von den Abs. 1 bis 3 abweichende Vereinbarung über den Eintritt des Verzugs gilt § 271a Abs. 1 bis 5 entsprechend.

§§ 281 bis 283 BGB Schadensersatz – Bilder 1.19 bis 1.23

Bild 2.77 Zur Unmöglichkeit der Werkleistung im BGB – § 275 BGB „Ausschluss der Leistungspflicht“ mit § 280 BGB „Schadensersatz wegen Pflichtverletzung“ und § 286 BGB „Verzug des Schuldners“

§ 275 BGB Ausschluss der Leistungspflicht
(1) Der Anspruch auf Leistung ist ausgeschlossen, soweit diese für den Schuldner oder für jedermann unmöglich ist.
(2) Der Schuldner kann die Leistung verweigern, soweit diese einen Aufwand erfordert, der unter Beachtung des Inhalts des Schuldverhältnisses und der Gebote von Treu und Glauben in einem groben Missverhältnis zu dem Leistungsinteresse des Gläubigers steht. Bei der Bestimmung der dem Schuldner zuzumutenden Anstrengungen ist auch zu berücksichtigen, ob der Schuldner das Leistungshindernis zu vertreten hat.
(3) Der Schuldner kann die Leistung ferner verweigern, wenn er die Leistung persönlich zu erbringen hat und sie ihm unter Abwägung des seiner Leistung entgegenstehenden Hindernisses mit dem Leistungsinteresse des Gläubigers nicht zugemutet werden kann.
(4) Die Rechte des Gläubigers bestimmen sich nach den § 280, §§ 283 bis 285, § 311a und § 326.

§ 311a BGB Leistungshindernis bei Vertragsschluss
(1) Der Wirksamkeit eines Vertrags steht es nicht entgegen, dass der Schuldner nach § 275 Abs. 1 bis 3 nicht zu leisten braucht und das Leistungshindernis schon bei Vertragsschluss vorliegt.
(2) Der Gläubiger kann nach seiner Wahl Schadensersatz statt der Leistung oder Ersatz seiner Aufwendungen in dem in § 284 bestimmten Umfang verlangen. Dies gilt nicht, wenn der Schuldner das Leistungshindernis bei Vertragsschluss nicht kannte und seine Unkenntnis auch nicht zu vertreten hat. § 281 Abs. 1 Satz 2 und 3 und Abs. 5 findet entsprechende Anwendung.

§ 284 BGB Ersatz vergeblicher Aufwendungen
Anstelle des Schadensersatzes statt der Leistung kann der Gläubiger Ersatz der Aufwendungen verlangen, die er im Vertrauen auf den Erhalt der Leistung gemacht hat und billigerweise machen durfte, es sei denn, deren Zweck wäre auch ohne die Pflichtverletzung des Schuldners nicht erreicht worden.

§ 281 Abs. 1 Satz 2 und 3, Abs. 5 BGB Schadensersatz statt der Leistung wegen nicht oder nicht wie geschuldet erbrachter Leistung
(1) ...
Hat der Schuldner eine Teilleistung bewirkt, so kann der Gläubiger Schadensersatz statt der ganzen Leistung nur verlangen, wenn er an der Teilleistung kein Interesse hat. Hat der Schuldner die Leistung nicht wie geschuldet bewirkt, so kann der Gläubiger Schadensersatz statt der ganzen Leistung nicht verlangen, wenn die Pflichtverletzung unerheblich ist.
(5) Verlangt der Gläubiger Schadensersatz statt der ganzen Leistung, so ist der Schuldner zur Rückforderung des Geleisteten nach den §§ 346 bis 348 berechtigt.

§§ 346 bis 348 BGB Rückforderungen – Bilder 1.24 bis 1.27

Bild 2.78 Zur Unmöglichkeit der Werkleistung im BGB – § 275 BGB „Ausschluss der Leistungspflicht" mit § 311a BGB, § 284 BGB, § 281 Abs. 1 Satz 2 und 3, Abs. 5 BGB, §§ 346 bis 348 BGB

§ 275 BGB Ausschluss der Leistungspflicht

(1) Der Anspruch auf Leistung ist ausgeschlossen, soweit diese für den Schuldner oder für jedermann unmöglich ist.

(2) Der Schuldner kann die Leistung verweigern, soweit diese einen Aufwand erfordert, der unter Beachtung des Inhalts des Schuldverhältnisses und der Gebote von Treu und Glauben in einem groben Missverhältnis zu dem Leistungsinteresse des Gläubigers steht. Bei der Bestimmung der dem Schuldner zuzumutenden Anstrengungen ist auch zu berücksichtigen, ob der Schuldner das Leistungshindernis zu vertreten hat.

(3) Der Schuldner kann die Leistung ferner verweigern, wenn er die Leistung persönlich zu erbringen hat und sie ihm unter Abwägung des seiner Leistung entgegenstehenden Hindernisses mit dem Leistungsinteresse des Gläubigers nicht zugemutet werden kann.

(4) Die Rechte des Gläubigers bestimmen sich nach den § 280, §§ 283 bis 285, § 311a und § 326.

§ 326 BGB Befreiung von der Gegenleistung und Rücktritt beim Ausschluss der Leistungspflicht

(1) Braucht der Schuldner nach § 275 Abs. 1 bis 3 nicht zu leisten, entfällt der Anspruch auf die Gegenleistung; bei einer Teilleistung findet § 441 Abs. 3 entsprechende Anwendung. Satz 1 gilt nicht, wenn der Schuldner im Falle der nicht vertragsgemäßen Leistung die Nacherfüllung nach § 275 Abs. 1 bis 3 nicht zu erbringen braucht.

(2) Ist der Gläubiger für den Umstand, aufgrund dessen der Schuldner nach § 275 Abs. 1 bis 3 nicht zu leisten braucht, allein oder weit überwiegend verantwortlich oder tritt dieser vom Schuldner nicht zu vertretende Umstand zu einer Zeit ein, zu welcher der Gläubiger im Verzug der Annahme ist, so behält der Schuldner den Anspruch auf die Gegenleistung. Er muss sich jedoch dasjenige anrechnen lassen, was er infolge der Befreiung von der Leistung erspart oder durch anderweitige Verwendung seiner Arbeitskraft erwirbt oder zu erwerben böswillig unterlässt.

(3) Verlangt der Gläubiger nach § 285 Herausgabe des für den geschuldeten Gegenstand erlangten Ersatzes oder Abtretung des Ersatzanspruchs, so bleibt er zur Gegenleistung verpflichtet. Diese mindert sich jedoch nach Maßgabe des § 441 Abs. 3 insoweit, als der Wert des Ersatzes oder des Ersatzanspruchs hinter dem Wert der geschuldeten Leistung zurückbleibt.

(4) Soweit die nach dieser Vorschrift nicht geschuldete Gegenleistung bewirkt ist, kann das Geleistete nach den §§ 346 bis 348 zurückgefordert werden.

(5) Braucht der Schuldner nach § 275 Abs. 1 bis 3 nicht zu leisten, kann der Gläubiger zurücktreten; auf den Rücktritt findet § 323 mit der Maßgabe entsprechende Anwendung, dass die Fristsetzung entbehrlich ist.

§§ 346 bis 348 BGB Rückforderungen – Bilder 1.24 bis 1.27

§ 441 Abs. 3 BGB Minderung

... (3) Bei der Minderung ist der Kaufpreis in dem Verhältnis herabzusetzen, in welchem zur Zeit des Vertragsschlusses der Wert der Sache in mangelfreiem Zustand zu dem wirklichen Wert gestanden haben würde. Die Minderung ist, soweit erforderlich, durch Schätzung zu ermitteln ...

§ 285 BGB Herausgabe des Ersatzes

(1) Erlangt der Schuldner infolge des Umstands, aufgrund dessen er die Leistung nach § 275 Abs. 1 bis 3 nicht zu erbringen braucht, für den geschuldeten Gegenstand einen Ersatz oder einen Ersatzanspruch, so kann der Gläubiger Herausgabe des als Ersatz Empfangenen oder Abtretung des Ersatzanspruchs verlangen.

(2) Kann der Gläubiger statt der Leistung Schadensersatz verlangen, so mindert sich dieser, wenn er von dem in Abs. 1 bestimmten Recht Gebrauch macht, um den Wert des erlangten Ersatzes oder Ersatzanspruchs.

§ 323 BGB Rücktritt wegen nicht oder nicht vertragsgemäß erbrachter Leistung

(1) Erbringt bei einem gegenseitigen Vertrag der Schuldner eine fällige Leistung nicht oder nicht vertragsgemäß, so kann der Gläubiger, wenn er dem Schuldner erfolglos eine angemessene Frist zur Leistung oder Nacherfüllung bestimmt hat, vom Vertrag zurücktreten.

(2) Die Fristsetzung ist entbehrlich, wenn

1. der Schuldner die Leistung ernsthaft und endgültig verweigert,

2. der Schuldner die Leistung bis zu einem im Vertrag bestimmten Termin oder innerhalb einer im Vertrag bestimmten Frist nicht bewirkt, obwohl die termin- oder fristgerechte Leistung nach einer Mitteilung des Gläubigers an den Schuldner vor Vertragsschluss oder aufgrund anderer den Vertragsabschluss begleitenden Umstände für den Gläubiger wesentlich ist, oder

3. im Falle einer nicht vertragsgemäß erbrachten Leistung besondere Umstände vorliegen, die unter Abwägung der beiderseitigen Interessen den sofortigen Rücktritt rechtfertigen.

(3) Kommt nach der Art der Pflichtverletzung eine Fristsetzung nicht in Betracht, so tritt an deren Stelle eine Abmahnung.

(4) Der Gläubiger kann bereits vor dem Eintritt der Fälligkeit der Leistung zurücktreten, wenn offensichtlich ist, dass die Voraussetzungen des Rücktritts eintreten werden.

(5) 1 Hat der Schuldner eine Teilleistung bewirkt, so kann der Gläubiger vom ganzen Vertrag nur zurücktreten, wenn er an der Teilleistung kein Interesse hat. 2 Hat der Schuldner die Leistung nicht vertragsgemäß bewirkt, so kann der Gläubiger vom Vertrag nicht zurücktreten, wenn die Pflichtverletzung unerheblich ist.

(6) Der Rücktritt ist ausgeschlossen, wenn der Gläubiger für den Umstand, der ihn zum Rücktritt berechtigen würde, allein oder weit überwiegend verantwortlich ist oder, wenn der vom Schuldner nicht zu vertretende Umstand zu einer Zeit eintritt, zu welcher der Gläubiger im Verzug der Annahme ist.

Bild 2.79 Unmöglichkeit der Werkleistung im BGB § 275 BGB mit § 326 BGB, § 441 Abs. 3 BGB, § 285 BGB, § 323 BGB, §§ 346 bis 348 BGB

§ 283 BGB Schadensersatz statt der Leistung bei Ausschluss der Leistungspflicht
Braucht der Schuldner nach § 275 Abs. 1 bis 3 nicht zu leisten, kann der Gläubiger unter den Voraussetzungen des § 280 Abs. 1 Schadensersatz statt der Leistung verlangen.

§ 281 Abs. 1 Satz 2 und 3 und Abs. 5 findet entsprechende Anwendung.

§ 280 Abs. 1 BGB Schadensersatz wegen Pflichtverletzung
(1) Verletzt der Schuldner eine Pflicht aus dem Schuldverhältnis, so kann der Gläubiger Ersatz des hierdurch entstehenden Schadens verlangen. Dies gilt nicht, wenn der Schuldner die Pflichtverletzung nicht zu vertreten hat ...

§ 281 Abs. 1 Satz 2 und 3, Abs. 5 BGB Schadensersatz statt der Leistung wegen nicht oder nicht wie geschuldet erbrachter Leistung
(1) ...
Hat der Schuldner eine Teilleistung bewirkt, so kann der Gläubiger Schadensersatz statt der ganzen Leistung nur verlangen, wenn er an der Teilleistung kein Interesse hat. Hat der Schuldner die Leistung nicht wie geschuldet bewirkt, so kann der Gläubiger Schadensersatz statt der ganzen Leistung nicht verlangen, wenn die Pflichtverletzung unerheblich ist ...
(5) Verlangt der Gläubiger Schadensersatz statt der ganzen Leistung, so ist der Schuldner zur Rückforderung des Geleisteten nach den §§ 346 bis 348 berechtigt.

§§ 346 bis 348 BGB Rückforderungen – Bilder 1.24 bis 1.27

§ 275 Abs. 1 bis 3 BGB Ausschluss der Leistungspflicht
(1) Der Anspruch auf Leistung ist ausgeschlossen, soweit diese für den Schuldner oder für jedermann unmöglich ist.
(2) Der Schuldner kann die Leistung verweigern, soweit diese einen Aufwand erfordert, der unter Beachtung des Inhalts des Schuldverhältnisses und der Gebote von Treu und Glauben in einem groben Missverhältnis zu dem Leistungsinteresse des Gläubigers steht. Bei der Bestimmung der dem Schuldner zuzumutenden Anstrengungen ist auch zu berücksichtigen, ob der Schuldner das Leistungshindernis zu vertreten hat.
(3) Der Schuldner kann die Leistung ferner verweigern, wenn er die Leistung persönlich zu erbringen hat und sie ihm unter Abwägung des seiner Leistung entgegenstehenden Hindernisses mit dem Leistungsinteresse des Gläubigers nicht zugemutet werden kann ...

Bild 2.80 Zur Unmöglichkeit der Werkleistung im BGB – § 275 BGB mit § 280 Abs. 1 BGB, § 281 Abs. 1 Satz 2 und 3, Abs. 5 BGB, §§ 346 bis 348 BGB

Welchen Grundsatz gibt es für die Unmöglichkeit der Werkleistung im BGB?

- Die geschuldete Leistung ist unmöglich. In diesem Fall wird der Unternehmer von seiner Leistungspflicht gemäß § 275 Abs. 1 BGB befreit. Das geschieht unabhängig davon, ob er die Unmöglichkeit zu vertreten hat.
- Diese Regelung gilt gleichermaßen für die anfängliche und nachträgliche Unmöglichkeit.
- Es wird **nicht** zwischen objektiver und subjektiver Unmöglichkeit unterschieden.

- Der Anspruch auf Gegenleistung entfällt, § 326 Abs. 1 BGB. Im Regelfall ist die Vergütung die Gegenleistung.
- Abweichende Regelungsmöglichkeiten können auftreten, diese zeigt **Bild 2.81**.

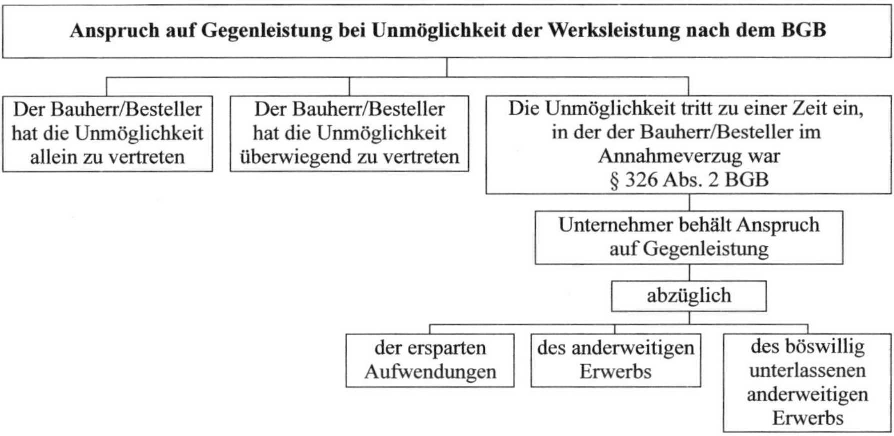

Bild 2.81 Anspruch auf Gegenleistung bei Unmöglichkeit nach BGB

Ist der Vertrag gültig, wenn die Leistung schon bei Vertragsabschluss unmöglich ist?

Es steht der Gültigkeit des Vertrags nach § 311a, Abs. 1 BGB, **Bild 2.82**, nicht entgegen, dass die Leistung schon bei Vertragsabschluss für den Unternehmer oder für jedermann unmöglich ist.

§ 311a Abs. 1 BGB Leistungshindernis bei Vertragsschluss
(1) Der Wirksamkeit eines Vertrags steht es nicht entgegen, dass der Schuldner nach § 275 Abs. 1 bis 3 nicht zu leisten braucht und das Leistungshindernis schon bei Vertragsschluss vorliegt…

§ 275 Abs. 1 bis 3 BGB Ausschluss der Leistungspflicht
(1) Der Anspruch auf Leistung ist ausgeschlossen, soweit diese für den Schuldner oder für jedermann unmöglich ist.
(2) Der Schuldner kann die Leistung verweigern, soweit diese einen Aufwand erfordert, der unter Beachtung des Inhalts des Schuldverhältnisses und der Gebote von Treu und Glauben in einem groben Missverhältnis zu dem Leistungsinteresse des Gläubigers steht. Bei der Bestimmung der dem Schuldner zuzumutenden Anstrengungen ist auch zu berücksichtigen, ob der Schuldner das Leistungshindernis zu vertreten hat.
(3) Der Schuldner kann die Leistung ferner verweigern, wenn er die Leistung persönlich zu erbringen hat und sie ihm unter Abwägung des seiner Leistung entgegenstehenden Hindernisses mit dem Leistungsinteresse des Gläubigers nicht zugemutet werden kann …

Bild 2.82 Leistungshindernis bei Vertragsschluss, § 311a Abs. 1 BGB

2.18 Schadensersatz bei anfänglicher Unmöglichkeit [2.2], [2.23]

Kann bei anfänglicher Unmöglichkeit Schadensersatz verlangt werden?

Bei der anfänglichen Unmöglichkeit trifft den Unternehmer die Schadensersatzpflicht nach § 311a Abs. 2 BGB, **Bild 2.83**.

§ 311a Abs. 2 BGB Leistungshindernis bei Vertragsschluss

...

(2) Der Gläubiger kann nach seiner Wahl Schadensersatz statt der Leistung oder Ersatz seiner Aufwendungen in dem in § 284 bestimmten Umfang verlangen. Dies gilt nicht, wenn der Schuldner das Leistungshindernis bei Vertragsschluss nicht kannte und seine Unkenntnis auch nicht zu vertreten hat. § 281 Abs. 1 Satz 2 und 3 und Abs. 5 findet entsprechende Anwendung...

§ 284 BGB Ersatz vergeblicher Aufwendungen

Anstelle des Schadensersatzes statt der Leistung kann der Gläubiger Ersatz der Aufwendungen verlangen, die er im Vertrauen auf den Erhalt der Leistung gemacht hat und billigerweise machen durfte, es sei denn, deren Zweck wäre auch ohne die Pflichtverletzung des Schuldners nicht erreicht worden.

§ 281 Abs. 1 Satz 2 und 3 und Abs. 5 BGB Schadensersatz statt der Leistung wegen nicht oder nicht wie geschuldet erbrachter Leistung

(1) ...

Hat der Schuldner eine Teilleistung bewirkt, so kann der Gläubiger Schadensersatz statt der ganzen Leistung nur verlangen, wenn er an der Teilleistung kein Interesse hat. Hat der Schuldner die Leistung nicht wie geschuldet bewirkt, so kann der Gläubiger Schadensersatz statt der ganzen Leistung nicht verlangen, wenn die Pflichtverletzung unerheblich ist.

...

(5) Verlangt der Gläubiger Schadensersatz statt der ganzen Leistung, so ist der Schuldner zur Rückforderung des Geleisteten nach den §§ 346 bis 348 berechtigt.

§§ 346 bis 348 BGB Rückforderung – siehe Bilder 1.24 bis 1.27

Bild 2.83 Leistungshindernis bei Vertragsschluss, § 311a Abs. 2 BGB

Der Bauherr (Besteller) kann Schadensersatz statt Leistung oder Ersatz seiner Aufwendungen in dem in § 284 BGB, Bild 2.83, bestimmten Umfang nach seiner Wahl verlangen.

Diese Regelung gilt nicht, wenn der Auftragnehmer (Unternehmer) das Leistungshindernis nicht kannte und seine Unkenntnis auch nicht zu vertreten hat. Die Regelungen in § 281 Abs. 1 Satz 2 und 3 und Abs. 5 BGB, Bild 2.83, finden entsprechende Anwendung.

Kann dem Unternehmer die Erfüllung seiner vertraglichen Pflichten auch nachträglich unmöglich werden?

Ja, dem Unternehmer kann die Erfüllung seiner vertraglichen Pflichten auch nachträglich unmöglich werden. Beispielsweise tritt dieser Fall wie folgt ein:

Der Unternehmer (Hauptunternehmer) hat von den in seinem Hauptauftrag geschuldeten Leistungen noch Teile zu erbringen. Der Bauherr (Auftraggeber) beauftragt mit einem gesonderten Vertrag einen Nachunternehmer mit genau diesen Teilen der noch geschuldeten Leistung. Der Nachunternehmer erbringt diese Teile der noch geschuldeten Leistung.

Der Vergütungsanspruch des Nachunternehmers gegenüber dem Hauptunternehmer ist hier in dem Fall gemäß § 441 Abs. 3 BGB, **Bild 2.84**, in gleicher Weise zu berechnen wie der Anspruch auf Vergütung aus einem gekündigten Werkvertrag errechnet wird.

§ 441 Abs. 3 BGB Minderung

...

(3) Bei der Minderung ist der Kaufpreis in dem Verhältnis herabzusetzen, in welchem zur Zeit des Vertragsschlusses der Wert der Sache in mangelfreiem Zustand zu dem wirklichen Wert gestanden haben würde. Die Minderung ist, soweit erforderlich, durch Schätzung zu ermitteln.

...

Bild 2.84 Minderung, § 441 Abs. 3 BGB

2.19 Schadensersatzansprüche wegen Leistungsverweigerung [2.2], [2.23]

Sind weiter Schadensersatzansprüche wegen Leistungsverweigerung möglich?

Das Gesetz gewährt einen Schadensersatzanspruch auch in den Fällen des § 275 Abs. 2 und 3 BGB, **Bild 2.85**.

§ 275 Abs. 2 bis 3 BGB Ausschluss der Leistungspflicht

...

(2) Der Schuldner kann die Leistung verweigern, soweit diese einen Aufwand erfordert, der unter Beachtung des Inhalts des Schuldverhältnisses und der Gebote von Treu und Glauben in einem groben Missverhältnis zu dem Leistungsinteresse des Gläubigers steht. Bei der Bestimmung der dem Schuldner zuzumutenden Anstrengungen ist auch zu berücksichtigen, ob der Schuldner das Leistungshindernis zu vertreten hat.

(3) Der Schuldner kann die Leistung ferner verweigern, wenn er die Leistung persönlich zu erbringen hat und sie ihm unter Abwägung des seiner Leistung entgegenstehenden Hindernisses mit dem Leistungsinteresse des Gläubigers nicht zugemutet werden kann.

Bild 2.85 Ausschluss der Leistungspflicht, § 275 Abs. 2 bis 3 BGB

Hier handelt es sich um die Fälle, in denen der Unternehmer (Schuldner) die Leistungen wegen

- unverhältnismäßiger Aufwendungen oder
- Unzumutbarkeit

verweigert.

Muss ein Unternehmer bei mangelhaft ausgeführter Leistung haften?

Für mangelhaft ausgeführte Leistungen gibt es ein Haftungsrecht für Mängel. Es ist in den §§ 633 ff. BGB geregelt.

2.20 Verzug [2.2], [2.23]

Was sind die Voraussetzungen für den Verzug?

Die Fälligkeit der Leistungsverpflichtung ist die Voraussetzung für den Verzug. Sie richtet sich nach den Vereinbarungen im Vertrag. Dabei kommt es auf

- den Inhalt der Leistungsverpflichtung als auch auf
- die zeitliche Komponente

an.

Was gibt es für Regeln, wenn der Vertrag keine Vereinbarung zur Fälligkeit von Leistungen und Teilleistungen enthält?

Für Verträge ohne Vereinbarungen zur Fälligkeit von Leistungen und Teilleistungen ist § 271 BGB, **Bild 2.86**, anwendbar.

§ 271 BGB Leistungszeit
(1) Ist eine Zeit für die Leistung weder bestimmt noch aus den Umständen zu entnehmen, so kann der Gläubiger die Leistung sofort verlangen, der Schuldner sie sofort bewirken.
(2) Ist eine Zeit bestimmt, so ist im Zweifel anzunehmen, dass der Gläubiger die Leistung nicht vor dieser Zeit verlangen, der Schuldner aber sie vorher bewirken kann.

Bild 2.86 Leistungszeit, § 271 BGB

Nach § 271 BGB, Bild 2.86, hat der Unternehmer (Schuldner) mit der Bauleistung sofort zu beginnen. Der Zeitpunkt in § 271 BGB bestimmt **nicht** die Fälligkeit der Bauleistung oder von Teilleistungen.

2.21 Rechtsfolgen bei verzögerter Leistung [2.2], [2.23]

Welche Rechtsfolgen haben verzögerte Leistungen?

Für den Fall, dass der Unternehmer die vertraglich geschuldete Leistung verzögert, sind die Rechtsfolgen aus dem allgemeinen Schuldrecht abzuleiten.

Der Bauherr (Besteller) kann Schadensersatz wegen Verzögerung der Leistung nur verlangen, wenn die Voraussetzungen des § 286 BGB erfüllt sind (§ 280 Abs. 2 BGB), **Bild 2.87**.

§ 280 Abs. 2 BGB Schadensersatz wegen Pflichtverletzung

...

(2) Schadensersatz wegen Verzögerung der Leistung kann der Gläubiger nur unter der zusätzlichen Voraussetzung des § 286 verlangen ...

§ 286 BGB Verzug des Schuldners

(1) Leistet der Schuldner auf eine Mahnung des Gläubigers nicht, die nach dem Eintritt der Fälligkeit erfolgt, so kommt er durch die Mahnung in Verzug. Der Mahnung stehen die Erhebung der Klage auf die Leistung sowie die Zustellung eines Mahnbescheids im Mahnverfahren gleich.

(2) Der Mahnung bedarf es nicht, wenn

1. für die Leistung eine Zeit nach dem Kalender bestimmt ist,

2. der Leistung ein Ereignis vorauszugehen hat und eine angemessene Zeit für die Leistung in der Weise bestimmt ist, dass sie sich von dem Ereignis an nach dem Kalender berechnen lässt,

3. der Schuldner die Leistung ernsthaft und endgültig verweigert,

4. aus besonderen Gründen unter Abwägung der beiderseitigen Interessen der sofortige Eintritt des Verzugs gerechtfertigt ist.

(3) Der Schuldner einer Entgeltforderung kommt spätestens in Verzug, wenn er nicht innerhalb von 30 Tagen nach Fälligkeit und Zugang einer Rechnung oder gleichwertigen Zahlungsaufstellung leistet; dies gilt gegenüber einem Schuldner, der Verbraucher ist, nur, wenn auf diese Folgen in der Rechnung oder Zahlungsaufstellung besonders hingewiesen worden ist. Wenn der Zeitpunkt des Zugangs der Rechnung oder Zahlungsaufstellung unsicher ist, kommt der Schuldner, der nicht Verbraucher ist, spätestens 30 Tage nach Fälligkeit und Empfang der Gegenleistung in Verzug.

(4) Der Schuldner kommt nicht in Verzug, solange die Leistung infolge eines Umstands unterbleibt, den er nicht zu vertreten hat.

(5) Für eine von den Abs. 1 bis 3 abweichende Vereinbarung über den Eintritt des Verzugs gilt § 271a Abs. 1 bis 5 entsprechend.

Bild 2.87 Schadensersatz wegen Pflichtverletzung, § 280 Abs. 2 BGB

Voraussetzung für einen Schadensersatzanspruch ist nach der Grundregel des § 286 Abs. 1 BGB, Bild 2.87, der Verzug des Unternehmers.

2.22 Fälligkeit der Bauleistung [2.2], [2.23]

Wonach richtet sich die Fälligkeit der Bauleistung?

- Die Fälligkeit der Bauleistung richtet sich nach dem Zeitpunkt, an dem sie fertig gestellt sein muss.
- Beim Zeitpunkt der Fertigstellung kommt es darauf an, in welcher Zeit die Fertigstellung, bei dem nach Vertrag vorausgesetzten Bauablauf, möglich war.
- Die Herstellung ist vom Unternehmer
  - in angemessener Zeit
  - zügig

  zu Ende zu führen.
- Bei der Fristbestimmung kommt es auf die objektiven Umstände an.
- Enthält der Vertrag Termine, die den Unternehmer verpflichten, die Leistung oder Teilleistungen zu einem bestimmten Zeitpunkt fertigzustellen, sind diese maßgeblich (z. B. ein im Vertrag enthaltener Bauzeitenplan mit Einzelfristen).
- Mit Ablauf des vertraglich vereinbarten Termins ist die Leistung fällig.
- Enthält der Vertrag einen bestimmbaren Termin, der den Unternehmer verpflichtet, die Leistung oder Teilleistungen bis zu diesem bestimmbaren Zeitpunkt fertigzustellen, ist dieser maßgeblich. Mit Ablauf des vertraglich vereinbarten Termins ist die Leistung fällig,
  - Beispiel: Der Vertrag enthält die Regelung, dass das Bauvorhaben binnen sieben Monate nach Erteilung der Baugenehmigung fertigzustellen ist.
- Die Möglichkeit zur Regelung vertraglicher Fälligkeiten von Leistungen und Teilleistungen sind vielfältig.

2.23 Mahnung [2.2], [2.23]

Wann ist eine Mahnung erforderlich?

Um den Verzug zu begründen, ist grundsätzlich eine Mahnung erforderlich.

Was ist eine Mahnung?

- Die Mahnung ist die ernsthafte Aufforderung zur Leistung.
- Der Mahnung steht die Erhebung der Klage auf die Leistung gleich, § 286 Abs. 1 Satz 2 BGB, Bild 2.90.

- Grundsätzlich darf nur die vertraglich geforderte Leistung in der Mahnung gefordert werden.

Wann muss die Mahnung erfolgen?

- Nur wenn die Mahnung zu einem Zeitpunkt erfolgt, in dem die Bauleistung fällig ist, kann sie den Verzug begründen, § 286 Abs. 1 Satz 1 BGB, Bild 2.88.
- Die Mahnung ist wirkungslos, wenn sie vor dem Fälligkeitstermin erfolgt.
- Die Mahnung ist auch wirkungslos:
  - wenn sich der vertraglich vereinbarte Fälligkeitstermin oder
  - der sich aus § 271 BGB, Bild 2.86, ergebende Fälligkeitstermin ändert und die Mahnung vor dem geänderten Termin erfolgt.

Was sind weitere Voraussetzungen, die den Verzug begründen?

Die weiteren Voraussetzungen für den Verzug des Unternehmers (Schuldners) sind in § 286 BGB, **Bild 2.88**, geregelt.

§ 286 BGB Verzug des Schuldners
(1) Leistet der Schuldner auf eine Mahnung des Gläubigers nicht, die nach dem Eintritt der Fälligkeit erfolgt, so kommt er durch die Mahnung in Verzug. Der Mahnung stehen die Erhebung der Klage auf die Leistung sowie die Zustellung eines Mahnbescheids im Mahnverfahren gleich.
(2) Der Mahnung bedarf es nicht, wenn
1. für die Leistung eine Zeit nach dem Kalender bestimmt ist,
2. der Leistung ein Ereignis vorauszugehen hat und eine angemessene Zeit für die Leistung in der Weise bestimmt ist, dass sie sich von dem Ereignis an nach dem Kalender berechnen lässt,
3. der Schuldner die Leistung ernsthaft und endgültig verweigert,
4. aus besonderen Gründen unter Abwägung der beiderseitigen Interessen der sofortige Eintritt des Verzugs gerechtfertigt ist.
(3) Der Schuldner einer Entgeltforderung kommt spätestens in Verzug, wenn er nicht innerhalb von 30 Tagen nach Fälligkeit und Zugang einer Rechnung oder gleichwertigen Zahlungsaufstellung leistet; dies gilt gegenüber einem Schuldner, der Verbraucher ist, nur, wenn auf diese Folgen in der Rechnung oder Zahlungsaufstellung besonders hingewiesen worden ist. Wenn der Zeitpunkt des Zugangs der Rechnung oder Zahlungsaufstellung unsicher ist, kommt der Schuldner, der nicht Verbraucher ist, spätestens 30 Tage nach Fälligkeit und Empfang der Gegenleistung in Verzug.
(4) Der Schuldner kommt nicht in Verzug, solange die Leistung infolge eines Umstands unterbleibt, den er nicht zu vertreten hat.
(5) Für eine von den Abs. 1 bis 3 abweichende Vereinbarung über den Eintritt des Verzugs gilt § 271a Abs. 1 bis 5 entsprechend.

Bild 2.88 Verzug des Schuldners, § 286 BGB

Wann bedarf es der Mahnung nicht?

- Wichtige Ausnahmen, Fälle in denen es für den Bauvertrag der Mahnung nicht bedarf, enthält § 286 Abs. 2 BGB, **Bild 2.89**.

§ 286 Abs. 2 BGB Verzug des Schuldners
(2) Der Mahnung bedarf es nicht, wenn
1. für die Leistung eine Zeit nach dem Kalender bestimmt ist,
2. der Leistung ein Ereignis vorauszugehen hat und eine angemessene Zeit für die Leistung in der Weise bestimmt ist, dass sie sich von dem Ereignis an nach dem Kalender berechnen lässt,
3. der Schuldner die Leistung ernsthaft und endgültig verweigert,
4. aus besonderen Gründen unter Abwägung der beiderseitigen Interessen der sofortige Eintritt des Verzugs gerechtfertigt ist ...

Bild 2.89 Keine Mahnung gemäß § 286 Abs. 2 BGB „Verzug des Schuldners“

- Für den Fall, das für die Leistung eine Zeit nach dem Kalender bestimmt ist, bedarf es der Mahnung nicht, § 286 Abs. 2 Nr. 1 BGB, Bild 2.89.

  Wann ist die Zeit für die Leistung gemäß § 286 Abs. 2 Nr. 1 BGB, Bild 2.89, nach dem Kalender bestimmt?

  Das ist im Folgenden der Fall:

  – Der Bauvertrag enthält für die Fertigstellung oder für die Einhaltung der Zwischentermine bestimmte Kalenderdaten oder
  – die Kalenderdaten lassen sich bei Vertragsabschluss genau bestimmen.
  – Die Vereinbarung eines ungefähren Termins – z. B. „Fertigstellung bis ca. Ende Mai“ – ist nicht ausreichend.
  – Ist eine Fertigstellung der Bauarbeiten nach Ablauf eines bestimmten Zeitraumes im Vertrag vereinbart und wird das Datum des Beginns dieses Zeitraums während der Vertragsdurchführung einvernehmlich festgelegt, so ist die Zeit für die Leistung gemäß § 286 Abs. 2 Nr. 1 BGB, Bild 2.89, auch nach dem Kalender bestimmt.

- Der Mahnung zur Begründung des Verzugs bedarf es nach der Regelung des § 286 Abs. 2 Nr. 2 BGB, Bild 2.89, für den Fall nicht, wenn der Leistung ein Ereignis vorauszugehen hat und eine angemessene Zeit für die Leistung in der Weise bestimmt ist, dass sie sich von dem Ereignis an nach dem Kalender berechnen lässt.

  Wann kann der Unternehmer im Fall der berechenbaren Zeit nach § 286 Abs. 2 Nr. 2 BGB, Bild 2.89, in Verzug geraten?

  Der Unternehmer kann in dem Fall in Verzug geraten:

  – wenn nach der vertraglichen Regelung die Leistung von einem ungewissen Ereignis abhängt und
  – die Leistungszeit nach Eintritt des Ereignisses jedoch auf Grundlage der vertraglichen Vereinbarungen berechnet werden kann.

  Der Unternehmer muss in diesem Fall selbstständig ermitteln, wann er in Verzug gerät, denn er wird nicht mehr durch die Mahnung gewarnt.

Bedarf es bei ernsthafter und endgültiger Leistungsverweigerung einer Mahnung?

Wenn der Unternehmer (Schuldner) die Leistung ernsthaft und endgültig verweigert, § 286 Abs. 2 Nr. 3 BGB, Bild 2.89, ist eine Mahnung entbehrlich.

Kann der Unternehmer immer in Verzug kommen?

Solange die Leistung infolge eines Umstandes unterbleibt, den der Unternehmer nicht zu vertreten hat, kommt er gemäß § 286 Abs. 4, **Bild 2.90**, nicht in Verzug.

§ 286 Abs. 4 BGB Verzug des Schuldners

...

(4) Der Schuldner kommt nicht in Verzug, solange die Leistung infolge eines Umstands unterbleibt, den er nicht zu vertreten hat.

Bild 2.90 Kein Verzug des Unternehmers gemäß § 286 Abs. 4 BGB

Gerät der Unternehmer wegen einer Bauzeitverlängerung durch Umstände nach § 286 Abs. 4 BGB, Bild 2.90, immer in Verzug?

Der Unternehmer gerät, obwohl mit Ablauf des Termins der Bauzeitverlängerung die Leistung fällig wird, nicht in Verzug in folgenden Fällen:

- Die Parteien haben sich wegen der Umstände nach § 286 Abs. 2 Nr. 4 BGB, Bild 2.90, nicht auf eine Bauzeitverlängerung geeinigt und
- aus dem Vertrag ergibt sich für den Unternehmer kein Anspruch auf eine Verschiebung des vereinbarten Fälligkeitstermins wegen der Umstände nach § 286 Abs. 4 BGB, Bild 2.90, oder
- aus Treu und Glauben ergibt sich für den Unternehmer kein Anspruch auf eine Verschiebung des vereinbarten Fälligkeitstermins wegen der Umstände nach § 286 Abs. 4 BGB, Bild 2.90.

Wie ist im Fall der Bauverzögerung in Folge der Umstände nach § 286 Abs. 4 BGB, Bild 2.90, die Verteilung der Beweislast nach dem Gesetz geregelt?

Der Unternehmer muss im Streitfall darlegen und beweisen, dass er die Verzögerung nicht zu vertreten hat.

2.24 Schadensersatzrecht [2.2], [2.23]

Wer haftet für Fahrlässigkeiten während des Verzugs?

Der Unternehmer (Schuldner) hat gemäß § 287 BGB, **Bild 2.91**, jede Fahrlässigkeit zu vertreten. Er haftet wegen der Leistung auch für Zufall, es sei denn, dass der Schaden auch bei rechtzeitiger Leistung eingetreten wäre.

§ 287 BGB Verantwortlichkeit während des Verzugs
Der Schuldner hat während des Verzugs jede Fahrlässigkeit zu vertreten. Er haftet wegen der Leistung auch für Zufall, es sei denn, dass der Schaden auch bei rechtzeitiger Leistung eingetreten sein würde.

Bild 2.91 Verantwortlichkeit während des Verzugs, § 287 BGB

Hat der Bauherr Anspruch auf Schadensersatz für den durch den Verzug entstandenen Schaden?

Der Bauherr hat gemäß der §§ 280 und 286 BGB, **Bild 2.92**, Anspruch auf den Ersatz des durch den Verzug entstandenen Schaden.

Hier gilt das allgemeine Schadensersatzrecht der §§ 249 ff. BGB, siehe **Bild 2.93**.

Der Unternehmer hat die Vermögensnachteile, die durch den Verzug begründet sind, auszugleichen. Welcher Schaden dem Bauherrn (Besteller) zuzuordnen ist, hängt von den Umständen des Einzelfalls ab.

§ 280 BGB Schadensersatz wegen Pflichtverletzung
(1) Verletzt der Schuldner eine Pflicht aus dem Schuldverhältnis, so kann der Gläubiger Ersatz des hierdurch entstehenden Schadens verlangen. Dies gilt nicht, wenn der Schuldner die Pflichtverletzung nicht zu vertreten hat.
(2) Schadensersatz wegen Verzögerung der Leistung kann der Gläubiger nur unter der zusätzlichen Voraussetzung des § 286 verlangen.
(3) Schadensersatz statt der Leistung kann der Gläubiger nur unter den zusätzlichen Voraussetzungen des § 281, des § 282 oder des § 283 verlangen.
Zu § 281 BGB, § 282 BGB und § 283 BGB siehe Bilder 1.19 bis 1.23.

§ 286 BGB Verzug des Schuldners
(1) Leistet der Schuldner auf eine Mahnung des Gläubigers nicht, die nach dem Eintritt der Fälligkeit erfolgt, so kommt er durch die Mahnung in Verzug. Der Mahnung stehen die Erhebung der Klage auf die Leistung sowie die Zustellung eines Mahnbescheids im Mahnverfahren gleich.
(2) Der Mahnung bedarf es nicht, wenn
1. für die Leistung eine Zeit nach dem Kalender bestimmt ist,
2. der Leistung ein Ereignis vorauszugehen hat und eine angemessene Zeit für die Leistung in der Weise bestimmt ist, dass sie sich von dem Ereignis an nach dem Kalender berechnen lässt,
3. der Schuldner die Leistung ernsthaft und endgültig verweigert,
4. aus besonderen Gründen unter Abwägung der beiderseitigen Interessen der sofortige Eintritt des Verzugs gerechtfertigt ist.
(3) Der Schuldner einer Entgeltforderung kommt spätestens in Verzug, wenn er nicht innerhalb von 30 Tagen nach Fälligkeit und Zugang einer Rechnung oder gleichwertigen Zahlungsaufstellung leistet; dies gilt gegenüber einem Schuldner, der Verbraucher ist, nur, wenn auf diese Folgen in der Rechnung oder Zahlungsaufstellung besonders hingewiesen worden ist. Wenn der Zeitpunkt des Zugangs der Rechnung oder Zahlungsaufstellung unsicher ist, kommt der Schuldner, der nicht Verbraucher ist, spätestens 30 Tage nach Fälligkeit und Empfang der Gegenleistung in Verzug.
(4) Der Schuldner kommt nicht in Verzug, solange die Leistung infolge eines Umstands unterbleibt, den er nicht zu vertreten hat.
(5) Für eine von den Abs. 1 bis 3 abweichende Vereinbarung über den Eintritt des Verzugs gilt § 271a Abs. 1 bis 5 entsprechend.

Bild 2.92 Schadensersatz wegen Verzug des Schuldners, §§ 280 und 286 BGB

§ 249 Art und Umfang des Schadensersatzes
(1) Wer zum Schadensersatz verpflichtet ist, hat den Zustand herzustellen, der bestehen würde, wenn der zum Ersatz verpflichtende Umstand nicht eingetreten wäre.
(2) Ist wegen Verletzung einer Person oder wegen Beschädigung einer Sache Schadensersatz zu leisten, so kann der Gläubiger statt der Herstellung den dazu erforderlichen Geldbetrag verlangen. Bei der Beschädigung einer Sache schließt der nach Satz 1 erforderliche Geldbetrag die Umsatzsteuer nur mit ein, wenn und soweit sie tatsächlich angefallen ist.

§ 250 Schadensersatz in Geld nach Fristsetzung
Der Gläubiger kann dem Ersatzpflichtigen zur Herstellung eine angemessene Frist mit der Erklärung bestimmen, dass er die Herstellung nach dem Ablauf der Frist ablehne. Nach dem Ablauf der Frist kann der Gläubiger den Ersatz in Geld verlangen, wenn nicht die Herstellung rechtzeitig erfolgt; der Anspruch auf die Herstellung ist ausgeschlossen.

§ 251 Schadensersatz in Geld ohne Fristsetzung
(1) Soweit die Herstellung nicht möglich oder zur Entschädigung des Gläubigers nicht genügend ist, hat der Ersatzpflichtige den Gläubiger in Geld zu entschädigen.
(2) Der Ersatzpflichtige kann den Gläubiger in Geld entschädigen, wenn die Herstellung nur mit unverhältnismäßigen Aufwendungen möglich ist. Die aus der Heilbehandlung eines verletzten Tieres entstandenen Aufwendungen sind nicht bereits dann unverhältnismäßig, wenn sie dessen Wert erheblich übersteigen.

§ 252 Entgangener Gewinn
Der zu ersetzende Schaden umfasst auch den entgangenen Gewinn. Als entgangen gilt der Gewinn, welcher nach dem gewöhnlichen Lauf der Dinge oder nach den besonderen Umständen, insbesondere nach den getroffenen Anstalten und Vorkehrungen, mit Wahrscheinlichkeit erwartet werden konnte.

§ 253 Immaterieller Schaden
(1) Wegen eines Schadens, der nicht Vermögensschaden ist, kann Entschädigung in Geld nur in den durch das Gesetz bestimmten Fällen gefordert werden.
(2) Ist wegen einer Verletzung des Körpers, der Gesundheit, der Freiheit oder der sexuellen Selbstbestimmung Schadensersatz zu leisten, kann auch wegen des Schadens, der nicht Vermögensschaden ist, eine billige Entschädigung in Geld gefordert werden.

§ 255 Abtretung der Ersatzansprüche
Wer für den Verlust einer Sache oder eines Rechts Schadensersatz zu leisten hat, ist zum Ersatz nur gegen Abtretung der Ansprüche verpflichtet, die dem Ersatzberechtigten aufgrund des Eigentums an der Sache oder aufgrund des Rechts gegen Dritte zustehen.

§ 254 Mitverschulden
(1) Hat bei der Entstehung des Schadens ein Verschulden des Beschädigten mitgewirkt, so hängt die Verpflichtung zum Ersatz sowie der Umfang des zu leistenden Ersatzes von den Umständen, insbesondere davon ab, inwieweit der Schaden vorwiegend von dem einen oder dem anderen Teil verursacht worden ist.
(2) Dies gilt auch dann, wenn sich das Verschulden des Beschädigten darauf beschränkt, dass er unterlassen hat, den Schuldner auf die Gefahr eines ungewöhnlich hohen Schadens aufmerksam zu machen, die der Schuldner weder kannte noch kennen musste, oder dass er unterlassen hat, den Schaden abzuwenden oder zu mindern. Die Vorschrift des § 278 findet entsprechende Anwendung.

→ **§ 278 BGB Verantwortlichkeit des Schuldners für Dritte**
Der Schuldner hat ein Verschulden seines gesetzlichen Vertreters und der Personen, deren er sich zur Erfüllung seiner Verbindlichkeit bedient, in gleichem Umfang zu vertreten wie eigenes Verschulden. Die Vorschrift des § 276 Abs. 3 findet keine Anwendung.

→ **§ 276 Abs. 3 BGB Verantwortlichkeit des Schuldners**
... (3) Die Haftung wegen Vorsatzes kann dem Schuldner nicht im Voraus erlassen werden.

Bild 2.93 Allgemeines Schadensersatzrecht, §§ 249 ff. BGB

Ist ein auf Zahlung gerichteter Anspruch aus dem Schaden durch den Verzug zu verzinsen?

Ein auf Zahlung gerichteter Anspruch wird nach den Regelungen der §§ 288 ff. BGB, **Bild 2.94**, verzinst.

§ 288 Verzugszinsen und sonstiger Verzugsschaden
(1) 1 Eine Geldschuld ist während des Verzugs zu verzinsen. 2 Der Verzugszinssatz beträgt für das Jahr fünf Prozentpunkte über dem Basiszinssatz.
(2) Bei Rechtsgeschäften, an denen ein Verbraucher nicht beteiligt ist, beträgt der Zinssatz für Entgeltforderungen neun Prozentpunkte über dem Basiszinssatz.
(3) Der Gläubiger kann aus einem anderen Rechtsgrund höhere Zinsen verlangen.
(4) Die Geltendmachung eines weiteren Schadens ist nicht ausgeschlossen.
(5) 1 Der Gläubiger einer Entgeltforderung hat bei Verzug des Schuldners, wenn dieser kein Verbraucher ist, außerdem einen Anspruch auf Zahlung einer Pauschale in Höhe von 40 €. 2 Dies gilt auch, wenn es sich bei der Entgeltforderung um eine Abschlagszahlung oder sonstige Ratenzahlung handelt. 3 Die Pauschale nach Satz 1 ist auf einen geschuldeten Schadensersatz anzurechnen, soweit der Schaden in Kosten der Rechtsverfolgung begründet ist.
(6) 1 Eine im Voraus getroffene Vereinbarung, die den Anspruch des Gläubigers einer Entgeltforderung auf Verzugszinsen ausschließt, ist unwirksam. 2 Gleiches gilt für eine Vereinbarung, die diesen Anspruch beschränkt oder den Anspruch des Gläubigers einer Entgeltforderung auf die Pauschale nach Abs. 5 oder auf Ersatz des Schadens, der in Kosten der Rechtsverfolgung begründet ist, ausschließt oder beschränkt, wenn sie im Hinblick auf die Belange des Gläubigers grob unbillig ist. 3 Eine Vereinbarung über den Ausschluss der Pauschale nach Abs. 5 oder des Ersatzes des Schadens, der in Kosten der Rechtsverfolgung begründet ist, ist im Zweifel als grob unbillig anzusehen. 4 Die Sätze 1 bis 3 sind nicht anzuwenden, wenn sich der Anspruch gegen einen Verbraucher richtet.

§ 289 Zinseszinsverbot
Von Zinsen sind Verzugszinsen nicht zu entrichten. Das Recht des Gläubigers auf Ersatz des durch den Verzug entstehenden Schadens bleibt unberührt.

§ 290 Verzinsung des Wertersatzes
Ist der Schuldner zum Ersatz des Werts eines Gegenstands verpflichtet, der während des Verzugs untergegangen ist oder aus einem während des Verzugs eingetretenen Grund nicht herausgegeben werden kann, so kann der Gläubiger Zinsen des zu ersetzenden Betrags von dem Zeitpunkt an verlangen, welcher der Bestimmung des Werts zugrunde gelegt wird. Das Gleiche gilt, wenn der Schuldner zum Ersatz der Minderung des Werts eines während des Verzugs verschlechterten Gegenstands verpflichtet ist.

Bild 2.94 Verzugszinsen – Regelungen der §§ 288 ff. BGB

2.25 Rücktritt vom Vertrag [2.2], [2.23]

Kann der Bauherr (Besteller) bei verzögerter Leistung gemäß § 323 BGB von dem Vertrag zurücktreten?

Der Bauherr (Besteller) hat das Recht, bei verzögerter Leistung gemäß § 323 BGB, **Bild 2.95**, vom Vertrag unter folgenden Voraussetzungen zurückzutreten:

- Der Unternehmer erbringt eine fällige Leistung nicht oder
- der Unternehmer erbringt eine fällige Leistung nicht vertragsgemäß und
- eine vom Bauherrn (Besteller) dem Unternehmer gesetzte angemessene Frist zur Leistung ist fruchtlos abgelaufen (§ 323 Abs. 1, Bild 2.95).

§ 323 BGB Rücktritt wegen nicht oder nicht vertragsgemäß erbrachter Leistung
(1) Erbringt bei einem gegenseitigen Vertrag der Schuldner eine fällige Leistung nicht oder nicht vertragsgemäß, so kann der Gläubiger, wenn er dem Schuldner erfolglos eine angemessene Frist zur Leistung oder Nacherfüllung bestimmt hat, vom Vertrag zurücktreten.
(2) Die Fristsetzung ist entbehrlich, wenn
1. der Schuldner die Leistung ernsthaft und endgültig verweigert,
2. der Schuldner die Leistung bis zu einem im Vertrag bestimmten Termin oder innerhalb einer im Vertrag bestimmten Frist nicht bewirkt, obwohl die termin- oder fristgerechte Leistung nach einer Mitteilung des Gläubigers an den Schuldner vor Vertragsschluss oder aufgrund anderer den Vertragsabschluss begleitenden Umstände für den Gläubiger wesentlich ist, oder
3. im Falle einer nicht vertragsgemäß erbrachten Leistung besondere Umstände vorliegen, die unter Abwägung der beiderseitigen Interessen den sofortigen Rücktritt rechtfertigen.
(3) Kommt nach der Art der Pflichtverletzung eine Fristsetzung nicht in Betracht, so tritt an deren Stelle eine Abmahnung.
(4) Der Gläubiger kann bereits vor dem Eintritt der Fälligkeit der Leistung zurücktreten, wenn offensichtlich ist, dass die Voraussetzungen des Rücktritts eintreten werden.
(5) 1 Hat der Schuldner eine Teilleistung bewirkt, so kann der Gläubiger vom ganzen Vertrag nur zurücktreten, wenn er an der Teilleistung kein Interesse hat. 2 Hat der Schuldner die Leistung nicht vertragsgemäß bewirkt, so kann der Gläubiger vom Vertrag nicht zurücktreten, wenn die Pflichtverletzung unerheblich ist.
(6) Der Rücktritt ist ausgeschlossen, wenn der Gläubiger für den Umstand, der ihn zum Rücktritt berechtigen würde, allein oder weit überwiegend verantwortlich ist oder, wenn der vom Schuldner nicht zu vertretende Umstand zu einer Zeit eintritt, zu welcher der Gläubiger im Verzug der Annahme ist.

Bild 2.95 Rücktritt wegen nicht oder nicht vertragsgemäß erbrachter Leistung, § 323 BGB

2.26 Vertragspflichten für den Bauherrn (Besteller) [2.2], [2.26], [2.27], [2.28]

Welche Verpflichtungen gibt es für den Bauherrn (Besteller) beim Werkvertrag?

Beim Werkvertrag wird der Bauherr (Besteller) zur Zahlung der vereinbarten Vergütung verpflichtet (siehe Bild 2.4 Erläuterung Werkvertrag).

2.27 Vergütungsanspruch [2.2], [2.26], [2.27], [2.28]

Wann entsteht der Vergütungsanspruch?

Mit Abschluss des Vertrags entsteht der Vergütungsanspruch.

Wann wird der Vergütungsanspruch grundsätzlich fällig?

Der Vergütungsanspruch wird gemäß § 641 BGB, siehe Kapitel 1.2.15, grundsätzlich mit der Abnahme der Bauleistung fällig.

2.28 Vorleistungsrisiko [2.2], [2.26], [2.27], [2.28]

Ist der Unternehmer zur Vorleistung verpflichtet?

Nach der Konzeption des gesetzlichen Werkvertragsrechts ist der Unternehmer zur Vorleistung verpflichtet.

Muss der Unternehmer seine Leistungen vorfinanzieren?

Der Unternehmer muss seine Leistung vorfinanzieren.

Was ist das Vorleistungsrisiko?

Beim Vorleistungsrisiko handelt es sich um das Risiko des Unternehmers, mit seiner Werklohnforderung auszufallen, wenn der Bauherr (Besteller) während oder nach Vollendung des Bauvorhabens zahlungsunfähig wird.

Wer trägt das Vorleistungsrisiko?

Der Unternehmer trägt das Vorleistungsrisiko.

Wann trägt der Bauherr (Besteller) das Vorleistungsrisiko?

Die Vertragsparteien können in den gesetzlichen Grenzen Vorauszahlungen vereinbaren. Der Bauherr (Besteller) finanziert in diesem Fall die Leistung des Unternehmers vor. Der Bauherr (Besteller) trägt nunmehr das Vorleistungsrisiko. Das Vorleistungsrisiko ist hier das Risiko des Bauherrn (Bestellers), für seine Vorleistung (Vorauszahlung) keine Gegenleistung zu erhalten. Beispielsweise kann das infolge der Insolvenz des Unternehmers der Fall sein.

Wie kann das Vorleistungsrisiko abgesichert werden? Zitat [2.29]

Der Unternehmer kann sich durch eine Bauhandwerkersicherung nach Maßgabe des § 650f BGB (gegen Zahlung der Avalkosten) oder durch Vereinbarung verträglicher Sicherheiten absichern. Für Sicherungsabreden in AGB gelten allerdings recht enge Grenzen. Der BGH hatte zwar vor Inkrafttreten des § 650m Abs. 4 BGB eine vollständige Absicherung des Werklohnanspruchs gegenüber einem privaten Auftraggeber für ein Einfamilienhaus zugelassen (BGH, Urteil vom 27.5.2010 – VII ZR 165/09; kritisch *Joussen* BauR 2010, S. 1 655 ff. [2.30]; vgl. auch *Pauly* BauR 2011, S. 910 ff. [2.31]). Nach § 650m Abs. 4 BGB darf nun beim Verbraucherbauvertrag bei einer vertraglichen Abschlagzahlungsregelung oder bei der Forderung von Abschlagszahlungen nach § 632a BGB eine vertragliche Sicherheit die nächste Abschlagszahlung oder 20 % der vereinbarten Vergütung nicht übersteigen. Auch im Übrigen ist bei der Bemessung des angemessenen Sicherungsbedürfnisses der vereinbarte Abschlagszahlungsanspruch (vgl. OLG Celle, Urteil vom 19.8.2009 – 13 U 48/09) und auch die Grenzen für Vertragserfüllungssicherheiten des Bestellers von 10 % (BGH, Urteil vom 9.12.2010 – VII ZR 7/10) zu berücksichtigen.

2.29 Vergütungsvereinbarung [2.2], [2.26], [2.27], [2.28]

Woraus ergeben sich die die Einzelheiten der Vergütungsvereinbarung?

Aus dem Vertrag ergeben sich die Einzelheiten der Vergütungsvereinbarung. Den Vertrag bestimmt auch insbesondere der Abrechnungsmodus als

- Einheitspreisvertrag, siehe VDE-Schriftenreihe 132 [2.21] und **Bild 2.96**,
- Pauschalvertrag oder
- Stundenlohnvertrag.

Im Leistungsverzeichnis wird die geschuldete Leistung in Positionen gegliedert

Bei den Teilleistungen werden deren Mengen angegeben nach Stückzahl und Maß oder Gewicht

Diese Positionen werden mit geschätzten Vordersätzen/Mengenansätzen zum Einheitspreis vereinbart

Auftrag Nr. 1417, Datum 16.7.2018
Austausch von Datenleitungen im Verwaltungsgebäude Block 5
Titel 1

Position				**Einheitspreis**	**Preis**
1.3	Doppelsteckdosen austauschen, mit Beschriftung	210	Stück	40,00 €	8400,00 €
1.4	Datenleitung Cat. 6 STP/S PIMF 4 × 2 × 23 AWG	4230	Meter	2,60 €	10998,00 €
1.5	Auflegen der Einzeladern je Leitungsende	272	Stück	8,00 €	576,00 €
1.6	Messung und Protokollierung je RJ-45-Port	72	Stück	7,00 €	1940,40 €
1.7	Vorhandene Sockelleisten demontieren/montieren	538,90	Meter	8,00 €	4311,20 €
1.8	Vorhandene PVC-Kanäle öffnen und schließen	321,40	Meter	2,00 €	642,40 €
1.9	Vorhandene Stahlblechkanäle öffnen und schließen	33,20	Meter	2,00 €	66,40 €
1.10	Vorhandene Cat.-Leitungen demontieren	4344	Meter	0,50 €	2172,00 €
1.11	Vorhandene Cat. 3-Doppeldosen demontieren	145	Stück	3,00 €	435,00 €
1.12	Vorhandene Patchfelder demontieren	7	Stück	30,00 €	210,00 €

Die Art der geschuldeten Leistung wird beschrieben und in Teilleistungen erfasst

Die geschuldete Vergütung (Positionspreis) ergibt sich aus der Multiplikation des Einheitspreises mit der tatsächlich erbrachten Menge (hier wäre Aufmaßlänge gleich Auftragslänge)

Bild 2.96 Beispiel für Einheitspreisvertrag (Auszug)
Quelle: *Jackisch, J.*: Regelungen im Bauordnungsrecht für die Elektrotechnik. VDE-Schriftenreihe 132 [2.21]

2.30 Einheitspreisvertrag [2.2], [2.26], [2.27], [2.28]

Was ist ein Einheitspreisvertrag?

- Grundlage für den Einheitspreisvertrag, Bild 2.96, ist ein Leistungsverzeichnis.
- In diesem Leistungsverzeichnis wird die geschuldete Leistung in Positionen gegliedert dargestellt. Dabei wird die Art der geschuldeten Leistung beschrieben.
- In den einzelnen Positionen werden technisch und wirtschaftlich einheitliche Teilleistungen erfasst.
- Von diesen Teilleistungen werden deren Mengen nach
  - Maß,
  - Gewicht oder
  - Stückzahl

  angegeben.
- Die Position kann auch nur eine Einheit von einer Leistung betreffen.
- Diese Positionen werden mit geschätzten Vordersätzen/Mengenansätzen zum Einheitspreis vereinbart.
- Die in der Position bezeichnete Menge erhält eine Einheit.
- Der Preis bezieht sich auf diese Einheit, die geschuldete Vergütung ergibt sich aus der Multiplikation der tatsächlich erbrachten Menge mit dem Einheitspreis (Positionspreis).
- Die rechnerische Gesamtvergütung ergibt sich aus der Summe der Positionspreise.
- Die tatsächlich ausgeführten Mengen werden aus dem Aufmaß ermittelt, siehe VDE-Schriftenreihe 132 [2.21] und **Bild 2.97**.

Was ist ein Einheitspreis?

- Ein Einheitspreis ist der Preis im Vertrag (Vertragspreis), siehe Bild 2.96.
- Der Einheitspreis bleibt grundsätzlich unverändert.
- Änderungen können notwendig werden bei
  - Wegfall der Geschäftsgrundlage,
  - offensichtlichem Kalkulationsirrtum,
  - Mengenänderung (im VOB-Vertrag besteht hier für beide Vertragsparteien ein Anpassungsanspruch).

Was ist die Voraussetzung für die Änderung des Einheitspreises?

- Eine Preisänderungsvereinbarung ist die Voraussetzung für die Änderung des Einheitspreises.

Aufmaß

Nummer 1 Firmenstempel mit Firmenname, Adresse, Telefon, Fax, E-Mail

Durchgeführte Arbeiten: Austausch von Datenleitungen

Verwal-tungs-gebäude Block 5 / Positio-nen	16er-Patch-feld	RJ-45-Steck-vorrich-tung	Doppel-steck-dose, mit Besch-riftung	Daten-leitung Cat. 6 STP/S PIMF 4 × 2 × 23 AWG	Auf-legen der Einzel-adern je Lei-tungs-ende	Messung und Proto-kol-lierung je RJ-45-Port	Vor-handene Sockel-leisten demon-tieren und wieder-verwen-den	Vorhan-denen PVC-Kanal öffnen/ schlie-ßen	Vorhan-denen Stahl-blech-kanal öffnen/ schlie-ßen
Titel 1 Position 1.1 bis 1.12	1.1	1.2	1.3	1.4	1.5	1.6	1.7	1.8	1.9
Menge	Stück	Stück	Stück	Meter	Stück	Stück	Meter	Meter	Meter
Raum 48	0	0	2	87	2	4	3,9	0	0
Raum 47	0	0	2	73	2	4	6,3	5,1	0
Raum 46	0	0	2	59	2	4	6,6	0	0
Raum 46B	0	0	2	45	2	4	6,7	0	0
Raum 44	0	0	1	15	1	2	3,3	0	0
Raum 42	0	0	1	10,5	1	2	3,6	0	0
Raum 39	0	0	1	42	1	2	1,3	0	0
Raum 41	0	0	2	73	2	4	4,5	0	0
Raum 43	0	0	2	77	2	4	13,3	2,8	0
Raum 45	0	0	2	52	2	4	7,5	0	0
Raum 49	0	0	2	32	2	4	6,7	0	0
Raum 51	0	0	3	17,5	3	6	0	5,6	0
Raum 52	0	0	14	0	14	0	0	8,4	0

Auftrag Nr. 1417, Datum 16.7.2018
Austausch von Datenleitungen im Verwaltungsgebäude Block 5
Titel 1

Position			Einheit
1.3	Doppelsteckdosen austauschen, mit Beschriftung	210	Stück 40
1.4	Datenleitung Cat. 6 STP/S PIMF 4 × 2 × 23 AWG	4230	Meter........ 2
1.5	Auflegen der Einzeladern je Leitungsende	272	Stück 8
1.6	Messung und Protokollierung je RJ-45-Port	72	Stück 7
1.7	Vorhandene Sockelleisten demontieren/montieren	538,90	Meter........ 8
1.8	Vorhandene PVC-Kanäle öffnen und schließen	321,40	Meter........ 2
1.9	Vorhandene Stahlblechkanäle öffnen und schließen	33,20	Meter........ 2
1.10	Vorhandene Cat.-Leitungen demontieren	4344	Meter........ 0
1.11	Vorhandene Cat. 3-Doppeldosen demontieren	145	Stück 3
1.12	Vorhandene Patchfelder demontieren	7	Stück 30

Die Aufstellungen im Aufmaß müssen den Aufstellungen im Vertrag zuzuordnen sein.

Grundlage für den Einheitspreisvertrag, Auftrag, ist ein Leistungsverzeichnis.

In den einzelnen Positionen werden technisch und wirtschaftlich einheitliche Teilleistungsmengen erfasst.

Die tatsächlich ausgeführten Mengen werden aus dem Aufmaß ermittelt.

Bild 2.97 Beispiel für ein Aufmaß
Quelle: *Jackisch, J.*: Regelungen im Bauordnungsrecht für die Elektrotechnik. VDE-Schriftenreihe 132 [2.21]

2.31 Aufmaß [2.2], [2.26], [2.27], [2.28]

Welche besonderen Regelungen gibt es im BGB für das Aufmaß?

- Das Gesetz enthält keine besonderen Regeln für das Aufmaß.
- Die vertraglichen Vereinbarungen sind maßgebend.

Wo sind Aufmaßregeln im Vertrag zu finden?

- Häufig sind Aufmaßregeln in den allgemeinen Geschäftsbedingungen zu finden.
- Wenn die VOB/B wirksam im Vertrag vereinbart ist, gilt automatisch nach § 1 Abs. 1 VOB/B die VOB/C mit ihren technischen Vertragsbedingungen als vereinbart.
- In den Abschnitten 5 der VOB/C sind für die einzelnen Gewerke Aufmaßregelungen enthalten.

Welche Bedeutung hat das gemeinsame Aufmaß?

- Mit dem gemeinsamen Aufmaß werden die Abrechnungsgrundlagen geklärt.
- Das gemeinsame Aufmaß dient zu Vermeidung von Streitigkeiten.
- Bei einer fairen Abwicklung des Bauvertrags müssen beide Vertragsparteien ein hohes Interesse daran haben, dass ein gemeinsames Aufmaß genommen wird.

Wer kann ein gemeinsames Aufmaß verlangen?

- Jede Vertragspartei kann ein gemeinsames Aufmaß verlangen, das gilt auch, wenn keine vertragliche Vereinbarung vorliegt. Begründet wird das mit dem jeden Bauvertrag immanenten Kooperationsangebot.

Wann kann das Aufmaß vom Unternehmer verlangt werden?

- Der richtige Zeitpunkt, ein gemeinsames Aufmaß zu verlangen, ist für den Unternehmer gegeben, wenn er die Berechtigung, eine Vergütung zu verlangen, erreicht hat, siehe auch § 649 BGB, Kapitel 1.2.25.
- Das Aufmaß ist z. B. Grundlage für die Abrechnung von Abschlagsforderungen.
- Der Unternehmer kann das gemeinsame Aufmaß auch dann verlangen, wenn er die Abnahme fordern kann.

Welche Bedeutung hat das Aufmaß im BGB-Vertrag? Zitat [2.32]

Bedeutung des Aufmaßes: Die Prüfbarkeit einer Schlussrechnung ist nunmehr auch im BGB-Bauvertrag gemäß § 650g Abs. 4 BGB Fälligkeitsvoraussetzung, nicht aber für den allgemeinen Werkvertrag. Die Fälligkeit der Werklohnforderung kann dann auch beim Bauvertrag in der Form des Einheitspreisvertrags von der Vorlage eines Aufmaßes abhängen. Denn, wird eine prüfbare Schlussrechnung zur Fälligkeitsvoraussetzung erhoben, muss zur Prüfbarkeit der angesetzten Massen soweit erforderlich ein Aufmaß vorgelegt werden und das Aufmaß aus sich heraus verständlich sein. Das BGB enthält keine generelle Verpflichtung zu Beifügung von Aufmaßunterlagen. Beim BGB-Bauvertrag kommt es auf den Einzelfall an.

Wann ist ein Aufmaß verständlich?

- Ein Aufmaß muss aus sich heraus zu verstehen sein. Das ist in der Regel nur gegeben, wenn
  - die Mengenberechnung,
  - die Zeichnungen und ggf.
  - andere Belege

  beigefügt sind. § 14 Abs. 1 Satz 3 VOB/B sieht eine entsprechende Verpflichtung vor.

Es kommt auf den Einzelfall an.

Kann das Aufmaß zur Feststellung fehlender geschuldeter, vertraglich vereinbarter Leistung gefordert werden?

- Die aufgemessene Leistung ist auch maßgebend, wenn sie hinter dem vertraglich geschuldeten Erfolg zurückliegt.
- Der Bauherr (Besteller) ist nur zur Vergütung der tatsächlich erbrachten Leistung verpflichtet. Das entspricht dem Inhalt der Vergütungsvereinbarung.

2.32 Gewährleistungsansprüche nach dem BGB [2.2], [2.32], [2.27], [2.28]

Steht der Vergütungsanspruch in Zusammenhang mit Gewährleistungsansprüchen des Bauherrn (Bestellers)?

- Der Vergütungsanspruch des Unternehmers besteht unabhängig davon, welche Gewährleistungsansprüche der Bauherr (Besteller) hat.
- Das Recht zur Minderung wegen mangelhafter Leistungen folgt eigenen Regeln.

Stehen dem Bauherrn (Besteller) für mangelhafte Leistungen Gewährleistungsansprüche nach dem BGB zu? Zitat [2.33]

Maßgebend ist die aufgemessene Leistung auch dann, wenn sie hinter dem vertraglich geschuldeten Erfolg zurückbleibt. Der Besteller muss nur die tatsächlich erbrachte Menge vergüten. Das ist Inhalt der Vergütungsvereinbarung. Der Vergütungsanspruch besteht unabhängig davon, welche Gewährleistungsansprüche der Besteller hat. Das Recht zur Minderung wegen einer mangelhaften Leistung folgt eigenen Regeln. Dem Besteller stehen neben den gegen die Vergütung gerichteten Einwendungen für den Fall einer mangelhaften Leistung Gewährleistungsansprüche zu. Macht er diese geltend, kann der Preis der nicht vergüteten, jedoch für die Herstellung einer mangelfreien Leistung notwendigen Mengen als Sowiesokosten zu berücksichtigen sein (BGH, Urteil vom 11.9.2003 – VII ZR 116/02). Bessert der Unternehmer seine Leistung nach, ist die Menge zu vergüten, die er bei ordnungsgemäßer Leistung hätte berechnen können. Der Besteller muss die Nacherfüllung nach allgemeinen Regeln zulassen.

2.33 Pauschalvertrag [2.2], [2.26], [2.27], [2.28]

Was ist ein Pauschalvertrag/Pauschalposition?

In diesem Fall wird der Vertrag über

- eine bestimmte oder bestimmbare Leistung
- zu einem Gesamtpreis

geschlossen, **Bild 2.98**.

Was ist ein Pauschalpreis?

- Hier ist der Preis nicht einzelnen Leistungselementen zugeordnet.
- Der Preis ist die „Pauschale“ für die vereinbarte Leistung, Bild 2.98.

Position	Beschreibung	Preis
17. 22	Vorbereiten des Schranks für den Einbau der Bedien- und Steuerelemente Überspannungsschutz gemäß DIN EN 62305-*x* (VDE 0185-305-*x*) Berührungsschutz und Beschriftung Ausführung gemäß • „Technische Anforderungen und Spezifikationen“ • Berührungsschutzplatten aus Plexiglas, 6 mm transparent, beidseitig beschichtet • Beschriftung sämtlicher Apparate und Klemmen, graviert • Beschriftung des Schranks auf Frontblende	Pauschal 145,35 €

Bild 2.98 Beispiel für eine Pauschalposition [2.34]

Was ist beim Pauschalpreis die Kalkulationsgrundlage?

- Für den Pauschalpreis ist der erforderliche Aufwand die Kalkulationsgrundlage.
- Unabhängig davon, welchen tatsächlichen Aufwand die vertraglich vorgesehene Leistung für den Unternehmer verursacht hat, ist die Leistung beim Pauschalvertrag zum vereinbarten Pauschalpreis zu erbringen.

Bei vertraglich vereinbarter Pauschalsumme bleibt die Vergütung bei unveränderter Leistung grundsätzlich auch unverändert.

Was sind die Voraussetzungen für die Änderung der Pauschalsumme im Pauschalvertrag?

- Die Leistungsverpflichtung bleibt unverändert.
- Der tatsächliche Aufwand weicht vom vertraglich vorgesehenen Aufwand so ab, dass ein Festhalten an der Pauschalsumme nicht zumutbar ist.
- In diesem Fall kann sowohl beim BGB-Vertrag als auch beim VOB-Vertrag § 2 Abs. 7 VOB/B nach den Grundsätzen über die Störung der Geschäftsgrundlage ein Ausgleich verlangt werden.
- Die Mehr- oder Minderkosten sind dabei zu berücksichtigen.
- Für den Fall der Mengenänderung gilt das auch.
- Für Leistungsänderungen oder zusätzliche Leistungen ist diese Regelung nicht anwendbar. Die Preisanpassung erfolgt nach allgemeinen Grundsätzen.

2.34 Stundenlohnvertrag [2.2], [2.26], [2.27], [2.28]

Was ist ein Stundenlohnvertrag?

- Die Vertragsparteien vereinbaren eine Vergütung der zu erbringenden Leistung.
- Die Vergütung wird nach einem vereinbarten Lohn pro Stunde berechnet.

Was ist die Berechnungsgrundlage für die geschuldete Vergütung beim Stundenlohnvertrag?

- Die Anzahl der Stunden, die der Unternehmer für die Erbringung der geschuldeten Leistung aufgewandt hat, ist die maßgebende Berechnungsgrundlage für die geschuldete Vergütung.
- Die Leistungen, die nach Stundenlohn abgerechnet werden können, ergeben sich aus dem durch Auslegung zu ermittelnden Inhalt der vertraglichen Vereinbarung.
- Die Höhe des Stundenlohns gehört zum Inhalt einer Vereinbarung über Stundenlohnarbeiten.
- Die Bauherren (Besteller) können besondere vertragliche Voraussetzungen für die Stundenlohnarbeiten vereinbaren.
- Werden keine Vereinbarungen zur Vergütung durch die Parteien getroffen, ist nach § 632 Abs. 2 BGB die übliche Vergütung als vereinbart anzusehen, siehe **Bild 2.99**.

> **§ 632 Abs. 2 BGB Vergütung**
> *... (2) Ist die Höhe der Vergütung nicht bestimmt, so ist bei dem Bestehen einer Taxe die taxmäßige Vergütung, in Ermangelung einer Taxe die übliche Vergütung als vereinbart anzusehen ...*

Bild 2.99 Übliche Vergütung nach § 632 BGB

Sind Stundenlohnarbeiten in einem Einheitspreisvertrag möglich?

Im Einheitspreisvertrag wird häufig die Stundenlohnabrede als Rahmenvereinbarung gestaltet:

- Die Stundenlohnabrechnungen werden nur für vertraglich noch nicht vorgesehene Leistungen vereinbart, **Bild 2.100**,
- hier bedarf es zur Auslösung der Stundenlohnarbeiten einer besonderen Beauftragung der Leistung, Bild 2.100 und Bild 2.102.

Position	Beschreibung	Menge/ Einheit	E-Preis	G-Preis
10.4	Stundenlohnarbeiten Stundenlohnarbeiten werden nach Erteilung gesonderter Aufforderung durch die Fachbauleitung ausgeführt und vergütet. Die Abrechnung erfolgt nach Verrechnungssätzen (€/h) gegen Nachweis der tatsächlich geleisteten Stunden und des Materialverbrauchs. Die Stundenverrechnungssätze enthalten: • den tatsächlichen Lohn mit den Zuschlägen für Gemeinkosten, • Sozialkassenbeiträge, • vermögenswirksame Leistungen, • Winterbau-Umlage und dergleichen sowie • Lohn- und Gehaltsnebenkosten. Nicht enthalten sind: • die Zuschläge für etwaige Überstunden, • Nacht-, Sonntags- und Feiertagsarbeit. Diese sind jeweils gesondert auszuweisen, soweit sie vom Auftraggeber angeordnet waren. Die Stundenverrechnungssätze sind Festpreise wie die übrigen Einheitspreise dieses Leistungsverzeichnisses. Sie gelten jedoch unabhängig von der Anzahl der abgerechneten Stunden. Stundenlohnarbeiten sind täglich von der Fachbauleitung bestätigen zu lassen. Auf den Stundenlohnzetteln ist einzutragen: • das Datum, • die Bezeichnung der Baustelle, • die genaue Bezeichnung des Ausführungsorts innerhalb der Baustelle, • die Art der Leistung, • die Namen der Arbeitskräfte und deren Berufs-, Lohn- oder Gehaltsgruppe, • die geleisteten Arbeitsstunden je Arbeitskraft, ggf. aufgegliedert nach Mehr-, Nacht-, Sonntags- und Feiertagsarbeit sowie nach im Verrechnungssatz nicht enthaltenen Erschwernissen und • die Gerätekenngröße. Stundenlohnrechnungen müssen entsprechend den Stundenlohnzetteln aufgegliedert werden. Beschäftigt der Bieter bei einer der nachstehenden Lohngruppen keine Arbeitskräfte, hat er dies anzugeben und stattdessen den Einsatz möglichst gleichwertiger Arbeitskräfte anzubieten. Verrechnungssatz für Ingenieurstunde, vom Bieter einzutragen: Zuschlag für Überstunden: …………………………………….. Zuschlag für Nachtarbeit: …………………………………….. Zuschlag für Sonn-/Feiertagsarbeit: ……………………………………..	10 h	75,50 €	755,00 €

Bild 2.100 Beispiel für eine Position zu Stundenlohnarbeiten im LV [2.34]

Wie erfolgt die Abrechnung von Stundenlohnarbeiten? Zitat [2.35]

- Der Unternehmer muss nach dem geschlossenen Vertrag abrechnen.
- Die Verpflichtung zur detaillierten Abrechnung kann sich aus der vertraglichen Vereinbarung ergeben, z. B. nach § 15 VOB/B, **Bild 2.102**. Danach gilt:
  - Stundenlohnarbeiten sind vor deren Beginn anzuzeigen.
  - Die Stundenlohnarbeiten sind in Stundenlohnzetteln zu dokumentieren, siehe **Bild 2.101**.
  - Die Stundenlohnzettel sind innerhalb eine Frist einzureichen.
  - Die eingereichten Stundenlohnzettel sind vom Auftraggeber zu bescheinigen und zurückzugeben, siehe Bild 2.101.

Stundenlohnzettel Leistung		Name, Berufsgruppe, Lohngruppe	Monat	Jahr	Woche
Datum	Arbeitsstunden	Ausgeführte Arbeit Bezeichnung Baustelle/Ort der Arbeit	Auftrags-Nr.	Meister	
Montag					
Dienstag					
Mittwoch					
Donnerstag					
Freitag					
Samstag					
Sonntag					
Name der ausführenden Firma:					

Bild 2.101 Beispiel für einen Stundenlohnzettel [2.34]

§ 15 VOB/B Stundenlohnarbeiten
(1) 1. Stundenlohnarbeiten werden nach den vertraglichen Vereinbarungen abgerechnet.
2. Soweit für die Vergütung keine Vereinbarungen getroffen worden sind, gilt die ortsübliche Vergütung. Ist diese nicht zu ermitteln, so werden die Aufwendungen des Auftragnehmers für Lohn- und Gehaltskosten der Baustelle, Lohn- und Gehaltsnebenkosten der Baustelle, Stoffkosten der Baustelle, Kosten der Einrichtungen, Geräte, Maschinen und maschinellen Anlagen der Baustelle, Fracht-, Fuhr- und Ladekosten, Sozialkassenbeiträge und Sonderkosten, die bei wirtschaftlicher Betriebsführung entstehen, mit angemessenen Zuschlägen für Gemeinkosten und Gewinn (einschließlich allgemeinem Unternehmerwagnis) zuzüglich Umsatzsteuer vergütet.
(2) Verlangt der Auftraggeber, dass die Stundenlohnarbeiten durch einen Polier oder eine andere Aufsichtsperson beaufsichtigt werden, oder ist die Aufsicht nach den einschlägigen Unfallverhütungsvorschriften notwendig, so gilt Abs. 1 entsprechend.
(3) Dem Auftraggeber ist die Ausführung von Stundenlohnarbeiten vor Beginn anzuzeigen. Über die geleisteten Arbeitsstunden und den dabei erforderlichen, besonders zu vergütenden Aufwand für den Verbrauch von Stoffen, für Vorhaltung von Einrichtungen, Geräten, Maschinen und maschinellen Anlagen, für Frachten, Fuhr- und Ladeleistungen sowie etwaige Sonderkosten sind, wenn nichts anderes vereinbart ist, je nach der Verkehrssitte werktäglich oder wöchentlich Listen (Stundenlohnzettel) einzureichen. Der Auftraggeber hat die von ihm bescheinigten Stundenlohnzettel unverzüglich, spätestens jedoch innerhalb von 6 Werktagen nach Zugang, zurückzugeben. Dabei kann er Einwendungen auf den Stundenlohnzetteln oder gesondert schriftlich erheben. Nicht fristgemäß zurückgegebene Stundenlohnzettel gelten als anerkannt.
(4) Stundenlohnrechnungen sind alsbald nach Abschluss der Stundenlohnarbeiten, längstens jedoch in Abständen von 4 Wochen, einzureichen. Für die Zahlung gilt § 16.
(5) Wenn Stundenlohnarbeiten zwar vereinbart waren, über den Umfang der Stundenlohnleistungen aber mangels rechtzeitiger Vorlage der Stundenlohnzettel Zweifel bestehen, so kann der Auftraggeber verlangen, dass für die nachweisbar ausgeführten Leistungen eine Vergütung vereinbart wird, die nach Maßgabe von Abs. 1 Nr. 2 für einen wirtschaftlich vertretbaren Aufwand an Arbeitszeit und Verbrauch von Stoffen, für Vorhaltung von Einrichtungen, Geräten, Maschinen und maschinellen Anlagen, für Frachten, Fuhr- und Ladeleistungen sowie etwaige Sonderkosten ermittelt wird.

Bild 2.102 Beispiel einer vertraglichen Vereinbarung für Stundenlohnarbeiten nach § 15 VOB/B

Schwierigkeiten bereitet in der Praxis häufig die Abrechnung der Stundenlohnarbeiten, weil der Inhalt der Stundenlohnvereinbarung nicht ausreichend berücksichtigt wird. Der Unternehmer muss nach dem Vertrag abrechnen. Bei einer einfachen Stundenlohnabrede muss der Unternehmer in seiner Abrechnung nur die Anzahl der geleisteten Stunden für die Vertragsleistung angeben und diese mit dem vereinbarten Stundenlohn multiplizieren (BGH, Urteil vom 5.1.2017 – VII ZR 184/14; Urteil vom 28.5.2009 – VII ZR 74/06).

Danach reicht es für eine schlüssige Klage auf Werklohn aus, dass der Unternehmer der geleisteten Stunden die Vertragsleistung bezeichnet und die Anzahl dafür angefallenen Stunden. Einzelheiten muss er nicht angeben. Es bedarf grundsätzlich auch nicht der Vorlage von Stundennachweisen oder sonstigen Belegen zum Umfang der erbrachten Tätigkeiten. Das hat auch beweismäßige Auswirkungen.

Zum Nachweis der Leistungen muss nicht bewiesen werden, dass bestimmte Leistungen an einem bestimmten Ort zu einer bestimmten Zeit erbracht worden sind; es genügt, ob ein Stundenaufwand für die erbrachte Leistung nachgewiesen werden könne (BGH, Urteil vom 5.1.2017 – VII ZR 184/14).

Wer trägt die Beweislast für die Vereinbarung einer nach Stundenlohn zu vergütenden Leistung?

- Der Unternehmer trägt die Beweislast für die Vereinbarung einer nach Stundenlohn zu vergütenden Leistung.
- Der Bauherr (Besteller) trägt immer die Darlegungs- und Beweislast dafür, dass die Anzahl der vom Unternehmer für die vereinbarte Leistung berechneten Stunden nicht einer wirtschaftlichen Betriebsführung entsprechen.

Was beinhaltet die Beweisführung des Unternehmers zum Nachweis einer Vereinbarung nach Stundenlohn?

Die Beweisführung des Unternehmers beinhaltet folgendes (Aufzählung nicht abschließend):

- Der Unternehmer muss den Beweis darüber führen, dass es eine Vereinbarung gibt, wonach eine bestimmte oder bestimmbare Leistung zu einem bestimmten oder bestimmbaren Stundenlohn (auch über § 632 BGB, siehe Kapitel 1.2.4) zu vergüten ist.
- Der Unternehmer muss beweisen, dass die abgerechnete Leistung mit der Leistung identisch ist, die nach Stundenlohn zu vergüten ist.

2.35 Weitere Pflichten des Bauherrn (Besteller) im Werkvertragsrecht [2.2], [2.26], [2.27], [2.28]

Welche weiteren Pflichten hat der Bauherr (Besteller) im Werkvertragsrecht?

Der Bauherr (Besteller) hat die Verpflichtung zur Zahlung einer Vergütung. Weitere sonstige Pflichten ergeben sich aus dem durch Auslegung zu ermittelnden Inhalt des Vertrags, dazu gehören die (Aufzählung nicht abschließend):

- Kooperationspflicht,
- Mitwirkungspflichten,
- Aufklärungspflichten,
- Obhuts- und Schutzpflichten.

2.36 Kooperationspflicht des Bauherrn [2.2], [2.26], [2.27], [2.28]

Was beinhaltet die Kooperationspflicht des Bauherrn?

Der Bauherr hat, wie auch der Unternehmer, die Verpflichtung zur Kooperation. Bei einer Baumaßnahme (Vertragsdurchführung) können Meinungsverschiedenheiten zwischen den Vertragsparteien eines Bauvertrags auftreten. Beispielsweise gibt es Meinungsverschiedenheiten

- über die Notwendigkeit einer Vertragsanpassung,
- über die Art und Weise einer Vertragsanpassung,
- über die Durchführung des Vertrags hinsichtlich geänderter Umstände.

Die Vertragsparteien sind grundsätzlich verpflichtet, durch Verhandlungen eine einvernehmliche Beilegung der Meinungsverschiedenheiten zu versuchen.

2.37 Mitwirkungspflichten des Bauherrn [2.2], [2.26], [2.27], [2.28]

Was beinhalten die Mitwirkungspflichten des Bauherrn?

Typische Mitwirkungshandlungen des Bauherrn sind (Aufzählung nicht abschließend):

- Bereitstellung des Baugrundstücks,
- Bereitstellung der Vorleistung,
- rechtzeitige Übergabe der Ausführungsunterlagen (Pläne),
- die Koordinierung der auf der Baustelle Tätigen,
- die Mitwirkung bei Anpassungsnotwendigkeiten.

Die in der Baupraxis wichtigsten Mitwirkungspflichten sind in der VOB/B und VOB/C ausdrücklich geregelt. Im BGB-Bauvertrag sollten die notwendigen oder gewünschten Mitwirkungshandlungen vertraglich geregelt werden. In § 642 BGB werden die Rechtsnatur und mögliche Inhalte der Mitwirkungspflicht dargestellt, siehe Kapitel 1.2.16.

2.38 Aufklärungspflichten des Bauherrn [2.2], [2.26], [2.27], [2.28]

Was zählt zu den Aufklärungspflichten des Bauherrn?

- Soweit der Unternehmer Risiken und Gefahren aus eigner Sach- und Fachkunde alleine nicht erkennen oder richtig einzuschätzen vermag, erwachsen dem Bauherrn Aufklärungspflichten.
- Im vorvertraglichen Stadium beginnen die Aufklärungspflichten.
- Die vom Bauherrn tatsächlich gemachten Angaben müssen zutreffen.
- Der Bauherr muss auf die Anfragen des Unternehmers korrekt antworten.
- In den Grenzen der §§ 138, 242 BGB, siehe **Bild 2.103**, sind Risikoübertragungen durch funktionale Leistungselemente oder Pauschalpreisvereinbarungen auf den Unternehmer zivilrechtlich zulässig.
- Den Bauherrn trifft die Verpflichtung zur Aufklärung, wenn er über für den Unternehmer vertragswesentliche Informationen verfügt.
- Aufklärungspflichten des Bauherrn während der Vertragsdurchführung sind (Aufzählung nicht abschließend):
  - leistungsablaufbezogene Informationspflichten z. B.:
    - wenn die Leistungszeit nicht vereinbart wurde, muss der Bauherr über den voraussichtlichen Arbeitsbeginn aufklären,
    - werden vom Bauherrn Behinderungen verursacht, so muss dieser den Unternehmer zunächst über den wahrscheinlichen Wegfall und anschließend über den tatsächlichen Wegfall informieren.
  - Die kooperationsrechtlich gebotene Aufklärung über die Ausübung von Leistungsverweigerungsrechten oder die beabsichtigte Ausübung von Gestaltungsrechten zählt zu den wichtigsten Mitteilungspflichten des Bauherrn.

§ 138 BGB Sittenwidriges Rechtsgeschäft; Wucher
(1) Ein Rechtsgeschäft, das gegen die guten Sitten verstößt, ist nichtig.
(2) Nichtig ist insbesondere ein Rechtsgeschäft, durch das jemand unter Ausbeutung der Zwangslage, der Unerfahrenheit, des Mangels an Urteilsvermögen oder der erheblichen Willensschwäche eines anderen sich oder einem Dritten für eine Leistung Vermögensvorteile versprechen oder gewähren lässt, die in einem auffälligen Missverhältnis zu der Leistung stehen.

§ 242 BGB Leistung nach Treu und Glauben
Der Schuldner ist verpflichtet, die Leistung so zu bewirken, wie Treu und Glauben mit Rücksicht auf die Verkehrssitte es erfordern.

Bild 2.103 Grenzen zur Risikoübertragung im BGB-Bauvertrag

2.39 Obhuts- und Schutzpflichten [2.2], [2.26], [2.27], [2.28]

Was beinhalten die Obhuts- und Schutzpflichten?

- Bei der Ausübung ihrer Vertragsrechte hat jede Partei auf die Rechte und Interessen der anderen Partei Rücksicht zu nehmen.
- Eine Verletzung der Pflicht zur Rücksichtnahme nach § 241 BGB, siehe **Bild 2.104**, liegt vor, wenn eine Vertragspartei von der anderen Vertragspartei etwas verlangt, dass ihr nach dem Vertrag nicht geschuldet ist oder ein Gestaltungsrecht ausübt, das nicht besteht.
- Grundsätzlich darf eine Partei die andere nicht zu Unrecht in Anspruch nehmen.
- Vor Inanspruchnahme der anderen Partei wegen Mängeln ist sorgfältig zu prüfen, ob die in Betracht kommenden Ursachen für den Punkt, hinter dem ein Mangel vermutet wird, nicht im Zuständigkeitsbereich der eigenen Partei liegen.

§ 241 BGB Pflichten aus dem Schuldverhältnis
(1) Kraft des Schuldverhältnisses ist der Gläubiger berechtigt, von dem Schuldner eine Leistung zu fordern. Die Leistung kann auch in einem Unterlassen bestehen.
(2) Das Schuldverhältnis kann nach seinem Inhalt jeden Teil zur Rücksicht auf die Rechte, Rechtsgüter und Interessen des anderen Teils verpflichten.

Bild 2.104 Pflicht zur Rücksichtnahme nach § 241 BGB

2.40 Arten der Zahlung beim Werkvertrag [2.2], [2.26], [2.27], [2.28], [2.36]

Auf welche Arten der Zahlung kann der Unternehmer beim Werkvertrag Anspruch haben?

Je nachdem, wie der Vertrag gestaltet ist, kann der Unternehmer Anspruch auf

- Vorauszahlung,
- Abschlagszahlung oder
- Schlusszahlung

haben.

2.41 Rechte des Unternehmers für den Fall der verzögerten Zahlung [2.2], [2.26], [2.27], [2.28]

Welche Rechte hat der Unternehmer für den Fall der verzögerten Zahlung durch den Bauherrn (Besteller)?

Für den Fall der verzögerten Zahlung durch den Bauherrn gewährt das Gesetz dem Unternehmer verschiedene Rechte (Aufzählung nicht abschließend):

- Der Unternehmer kann unter den Voraussetzungen des § 320 Abs. 1 und 2 BGB seine Leistung verweigern, siehe **Bild 2.105**.
- Der Unternehmer kann unter den Voraussetzungen des § 273 BGB, siehe **Bild 2.106**, wegen seiner Leistung ein Zurückbehaltungsrecht geltend machen.
- Den durch die Verzögerung entstehenden Schaden kann der Unternehmer gemäß § 280 BGB in Verbindung mit § 286 BGB geltend machen, siehe **Bild 2.107**.
- Der Unternehmer kann sich unter den Voraussetzungen des § 323 BGB vom Vertrag lösen, indem er den Rücktritt erklärt, siehe **Bild 2.108**.
- Der Unternehmer kann auch nach § 281 Abs. 1 BGB den Schadensersatz statt der Leistung wählen, siehe **Bild 2.109**.
- Der Unternehmer kann wegen eines Zahlungsverzugs sich auch durch Kündigung gemäß § 648a BGB vom Vertrag lösen.

§ 320 BGB Einrede des nicht erfüllten Vertrags
(1) Wer aus einem gegenseitigen Vertrag verpflichtet ist, kann die ihm obliegende Leistung bis zur Bewirkung der Gegenleistung verweigern, es sei denn, dass er vorzuleisten verpflichtet ist. Hat die Leistung an mehrere zu erfolgen, so kann dem einzelnen der ihm gebührende Teil bis zur Bewirkung der ganzen Gegenleistung verweigert werden. Die Vorschrift des § 273 Abs. 3, siehe Bild 2.106, *findet keine Anwendung.*
(2) Ist von der einen Seite teilweise geleistet worden, so kann die Gegenleistung insoweit nicht verweigert werden, als die Verweigerung nach den Umständen, insbesondere wegen verhältnismäßiger Geringfügigkeit des rückständigen Teiles, gegen Treu und Glauben verstoßen würde.

Bild 2.105 Voraussetzungen des § 320 Abs. 1 und 2 BGB zur Leistungsverweigerung

§ 273 BGB Zurückbehaltungsrecht
(1) Hat der Schuldner aus demselben rechtlichen Verhältnis, auf dem seine Verpflichtung beruht, einen fälligen Anspruch gegen den Gläubiger, so kann er, sofern nicht aus dem Schuldverhältnis sich ein anderes ergibt, die geschuldete Leistung verweigern, bis die ihm gebührende Leistung bewirkt wird (Zurückbehaltungsrecht).
(2) Wer zur Herausgabe eines Gegenstands verpflichtet ist, hat das gleiche Recht, wenn ihm ein fälliger Anspruch wegen Verwendungen auf den Gegenstand oder wegen eines ihm durch diesen verursachten Schadens zusteht, es sei denn, dass er den Gegenstand durch eine vorsätzlich begangene unerlaubte Handlung erlangt hat.
(3) Der Gläubiger kann die Ausübung des Zurückbehaltungsrechts durch Sicherheitsleistung abwenden. Die Sicherheitsleistung durch Bürgen ist ausgeschlossen.

Bild 2.106 Voraussetzungen des § 273 BGB zum Zurückbehaltungsrecht

§ 280 BGB Schadensersatz wegen Pflichtverletzung
(1) Verletzt der Schuldner eine Pflicht aus dem Schuldverhältnis, so kann der Gläubiger Ersatz des hierdurch entstehenden Schadens verlangen. Dies gilt nicht, wenn der Schuldner die Pflichtverletzung nicht zu vertreten hat.
(2) Schadensersatz wegen Verzögerung der Leistung kann der Gläubiger nur unter der zusätzlichen Voraussetzung des § 286 verlangen.
(3) Schadensersatz statt der Leistung kann der Gläubiger nur unter den zusätzlichen Voraussetzungen des § 281, des § 282 oder des § 283 verlangen.

§ 286 BGB Verzug des Schuldners
(1) 1 Leistet der Schuldner auf eine Mahnung des Gläubigers nicht, die nach dem Eintritt der Fälligkeit erfolgt, so kommt er durch die Mahnung in Verzug. 2 Der Mahnung stehen die Erhebung der Klage auf die Leistung sowie die Zustellung eines Mahnbescheids im Mahnverfahren gleich.
(2) Der Mahnung bedarf es nicht, wenn
1. für die Leistung eine Zeit nach dem Kalender bestimmt ist,
2. der Leistung ein Ereignis vorauszugehen hat und eine angemessene Zeit für die Leistung in der Weise bestimmt ist, dass sie sich von dem Ereignis an nach dem Kalender berechnen lässt,
3. der Schuldner die Leistung ernsthaft und endgültig verweigert,
4. aus besonderen Gründen unter Abwägung der beiderseitigen Interessen der sofortige Eintritt des Verzugs gerechtfertigt ist.
(3) 1 Der Schuldner einer Entgeltforderung kommt spätestens in Verzug, wenn er nicht innerhalb von 30 Tagen nach Fälligkeit und Zugang einer Rechnung oder gleichwertigen Zahlungsaufstellung leistet; dies gilt gegenüber einem Schuldner, der Verbraucher ist, nur, wenn auf diese Folgen in der Rechnung oder Zahlungsaufstellung besonders hingewiesen worden ist. 2 Wenn der Zeitpunkt des Zugangs der Rechnung oder Zahlungsaufstellung unsicher ist, kommt der Schuldner, der nicht Verbraucher ist, spätestens 30 Tage nach Fälligkeit und Empfang der Gegenleistung in Verzug.
(4) Der Schuldner kommt nicht in Verzug, solange die Leistung infolge eines Umstands unterbleibt, den er nicht zu vertreten hat.
(5) Für eine von den Abs. 1 bis 3 abweichende Vereinbarung über den Eintritt des Verzugs gilt § 271a Abs. 1 bis 5 entsprechend.

Bild 2.107 Schadensersatz wegen Verzögerung gemäß § 280 BGB in Verbindung mit § 286 BGB

§ 323 BGB Rücktritt wegen nicht oder nicht vertragsgemäß erbrachter Leistung
(1) Erbringt bei einem gegenseitigen Vertrag der Schuldner eine fällige Leistung nicht oder nicht vertragsgemäß, so kann der Gläubiger, wenn er dem Schuldner erfolglos eine angemessene Frist zur Leistung oder Nacherfüllung bestimmt hat, vom Vertrag zurücktreten.
(2) Die Fristsetzung ist entbehrlich, wenn
1. der Schuldner die Leistung ernsthaft und endgültig verweigert,
2. der Schuldner die Leistung bis zu einem im Vertrag bestimmten Termin oder innerhalb einer im Vertrag bestimmten Frist nicht bewirkt, obwohl die termin- oder fristgerechte Leistung nach einer Mitteilung des Gläubigers an den Schuldner vor Vertragsschluss oder aufgrund anderer den Vertragsabschluss begleitenden Umstände für den Gläubiger wesentlich ist, oder
3. im Falle einer nicht vertragsgemäß erbrachten Leistung besondere Umstände vorliegen, die unter Abwägung der beiderseitigen Interessen den sofortigen Rücktritt rechtfertigen.
(3) Kommt nach der Art der Pflichtverletzung eine Fristsetzung nicht in Betracht, so tritt an deren Stelle eine Abmahnung.
(4) Der Gläubiger kann bereits vor dem Eintritt der Fälligkeit der Leistung zurücktreten, wenn offensichtlich ist, dass die Voraussetzungen des Rücktritts eintreten werden.
(5) 1 Hat der Schuldner eine Teilleistung bewirkt, so kann der Gläubiger vom ganzen Vertrag nur zurücktreten, wenn er an der Teilleistung kein Interesse hat. 2 Hat der Schuldner die Leistung nicht vertragsgemäß bewirkt, so kann der Gläubiger vom Vertrag nicht zurücktreten, wenn die Pflichtverletzung unerheblich ist.
(6) Der Rücktritt ist ausgeschlossen, wenn der Gläubiger für den Umstand, der ihn zum Rücktritt berechtigen würde, allein oder weit überwiegend verantwortlich ist oder, wenn der vom Schuldner nicht zu vertretende Umstand zu einer Zeit eintritt, zu welcher der Gläubiger im Verzug der Annahme ist.

Bild 2.108 Voraussetzung zur Vertragslösung, Rücktritt nach § 323 BGB

§ 281 Abs. 1 BGB Schadensersatz statt der Leistung wegen nicht oder nicht wie geschuldet erbrachter Leistung
(1) Soweit der Schuldner die fällige Leistung nicht oder nicht wie geschuldet erbringt, kann der Gläubiger unter den Voraussetzungen des § 280 Abs. 1 Schadensersatz statt der Leistung verlangen, wenn er dem Schuldner erfolglos eine angemessene Frist zur Leistung oder Nacherfüllung bestimmt hat. Hat der Schuldner eine Teilleistung bewirkt, so kann der Gläubiger Schadensersatz statt der ganzen Leistung nur verlangen, wenn er an der Teilleistung kein Interesse hat. Hat der Schuldner die Leistung nicht wie geschuldet bewirkt, so kann der Gläubiger Schadensersatz statt der ganzen Leistung nicht verlangen, wenn die Pflichtverletzung unerheblich ist ...

§ 280 Abs. 1 BGB Schadensersatz wegen Pflichtverletzung
(1) Verletzt der Schuldner eine Pflicht aus dem Schuldverhältnis, so kann der Gläubiger Ersatz des hierdurch entstehenden Schadens verlangen. Dies gilt nicht, wenn der Schuldner die Pflichtverletzung nicht zu vertreten hat ...

Bild 2.109 Schadensersatz statt Leistung nach § 281 Abs. 1 BGB

2.42 Vergütung, § 632 BGB [2.2], [2.37]

Gilt der § 632 BGB als die zentrale Vergütungsvorschrift für das Werkvertragsrecht?

Der § 632 BGB ist **nicht die zentrale Vergütungsvorschrift** für das Werkvertragsrecht im BGB.

2.43 Vergütung beim Werkvertrag vereinbaren [2.2], [2.37]

Wie wird die Vergütung beim Werkvertrag vereinbart?

- Die Vergütung wird in der Regel ausdrücklich zwischen den Vertragsparteien vereinbart.
- Die Vergütung ergibt sich aus dieser Vereinbarung in Verbindung mit dem § 631 BGB, siehe Kapitel 1.2.
- In Ergänzung dazu regelt § 632 BGB drei Punkte, siehe **Bild 2.110**.

Ein Beispiel für die Anwendung von § 632 BGB (vgl. Rdn. 2) zeigt **Bild 2.111**.

Ruft jemand den Sanitärnotdienst an, so schließt er einen Werkvertrag ab, auch ohne Vereinbarung der hierfür zu zahlenden Vergütung.

Dass dann, wenn wie im Beispiel keine Vergütung vereinbart wurde, diese als stillschweigend vereinbart gilt, weil die Herstellung des Werks den Umständen nach nur gegen eine Vergütung zu erwarten ist, regelt § 632 Abs. 1 BGB. Die Vertragslücke wird durch die Rechtsfolge von § 632 BGB geschlossen.

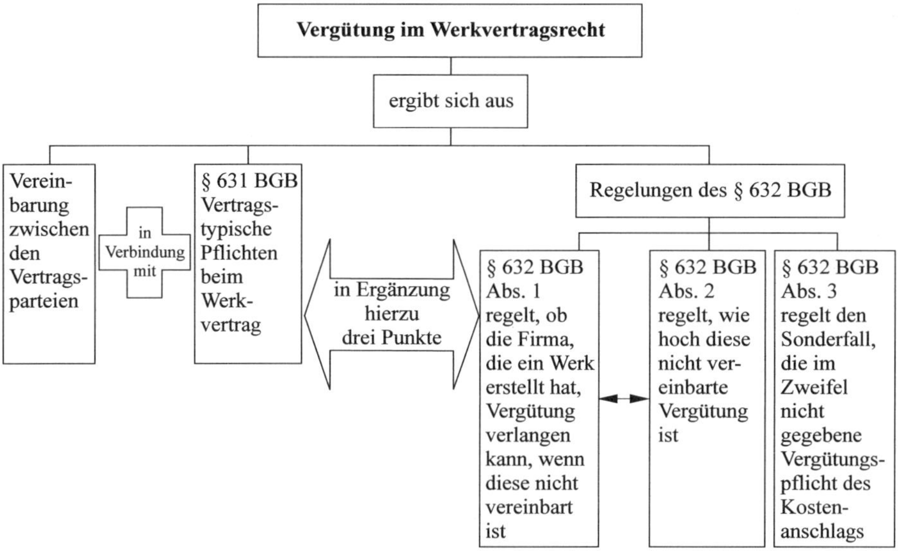

Bild 2.110 Vereinbarung der Vergütung im Werkvertragsrecht

Bild 2.111 Beispiel für Werkvertrag ohne Vereinbarung der Vergütung, Anwendung § 632 BGB

Wie wird die Vergütung nach § 632 BGB bestimmt?

Bild 2.112 zeigt eine Übersicht zur Vergütung nach § 632 BGB.

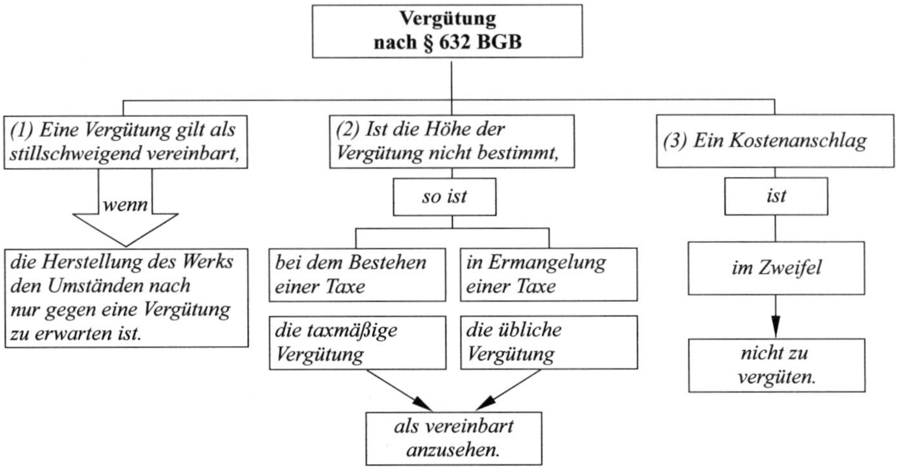

Bild 2.112 Vergütung beim Werkvertrag nach § 632 BGB

2.44 Taxe im Sinne des Werkvertrags [2.2], [2.38]

Was ist eine Taxe im Sinne des Werkvertrags nach § 632 BGB? [2.38]

Taxen im rechtlichen Sinn sind Vergütungen für gewerbliche Leistungen, **Bild 2.113**.

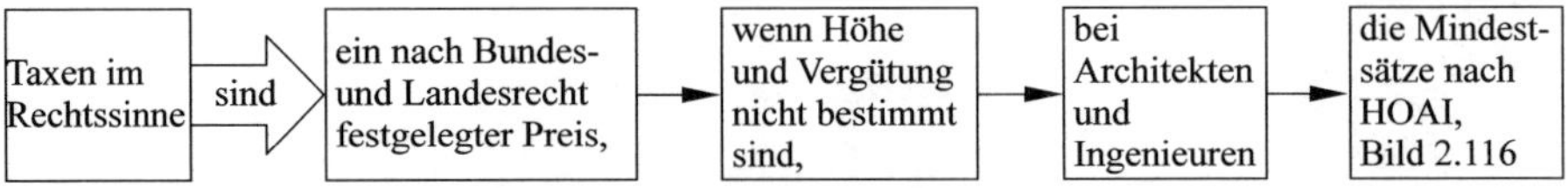

Bild 2.113 Taxen bei Ingenieuren nach § 632 BGB

Ist bei einem Werkvertrag die Höhe der Vergütung nicht bestimmt, so gilt die taxmäßige Vergütung als vereinbart. Taxen in diesem Sinne sind bei Architekten und Ingenieuren die Mindestsätze nach HOAI, **Bild 2.114**.

Verordnung über die Honorare für Architekten- und Ingenieurleistungen (Honorarordnung für Architekten und Ingenieure – HOAI)
§ 35 Honorare für Grundleistungen bei Gebäuden und Innenräumen

(1) Die Mindest- und Höchstsätze der Honorare für die in § 34 und der Anlage 10 Nummer 10.1 aufgeführten Grundleistungen für Gebäude und Innenräume sind in der folgenden Honorartafel festgesetzt:

Anrechenbare Kosten in €	Honorarzone I sehr geringe Anforderungen		Honorarzone II geringe Anforderungen		Honorarzone III durchschnittliche Anforderungen		Honorarzone IV hohe Anforderungen		Honorarzone V sehr hohe Anforderungen	
	von €	bis €	von €	bis €	von €	bis €	von €	bis €	von €	bis €
25 000	3 120	3 657	3 657	4 339	4 339	5 412	5 412	6 094	6 094	6 631
35 000	4 217	4 942	4 942	5 865	5 865	7 315	7 315	8 237	8 237	8 962
50 000	5 804	6 801	6 801	8 071	8 071	10 066	10 066	11 336	11 336	12 333
75 000	8 342	9 776	9 776	11 601	11 601	14 469	14 469	16 293	16 293	17 727
100 000	10 790	12 644	12 644	15 005	15 005	18 713	18 713	21 074	21 074	22 928
150 000	15 500	18 164	18 164	21 555	21 555	26 883	26 883	30 274	30 274	32 938
200 000	20 037	23 480	23 480	27 863	27 863	34 751	34 751	39 134	39 134	42 578
300 000	28 750	33 692	33 692	39 981	39 981	49 864	49 864	56 153	56 153	61 095
500 000	45 232	53 006	53 006	62 900	62 900	78 449	78 449	88 343	88 343	96 118
750 000	64 666	75 781	75 781	89 927	89 927	112 156	112 156	126 301	126 301	137 416
1 000 000	83 182	97 479	97 479	115 675	115 675	144 268	144 268	162 464	162 464	176 761
1 500 000	119 307	139 813	139 813	165 911	165 911	206 923	206 923	233 022	233 022	253 527
2 000 000	153 965	180 428	180 428	214 108	214 108	267 034	267 034	300 714	300 714	327 177
3 000 000	220 161	258 002	258 002	306 162	306 162	381 843	381 843	430 003	430 003	467 843
5 000 000	343 879	402 984	402 984	478 207	478 207	596 416	596 416	671 640	671 640	730 744
7 500 000	493 923	578 816	578 816	686 862	686 862	856 648	856 648	964 694	964 694	1 049 587
10 000 000	638 277	747 981	747 981	887 604	887 604	1 107 012	1 107 012	1 246 635	1 246 635	1 356 339
15 000 000	915 129	1 072 416	1 072 416	1 272 601	1 272 601	1 587 176	1 587 176	1 787 360	1 787 360	1 944 648
20 000 000	1 180 414	1 383 298	1 383 298	1 641 513	1 641 513	2 047 281	2 047 281	2 305 496	2 305 496	2 508 380
25 000 000	1 436 874	1 683 837	1 683 837	1 998 153	1 998 153	2 492 079	2 492 079	2 806 395	2 806 395	3 053 358

Bild 2.114 Beispiel Taxen bei Architekten nach § 632 BGB, HOAI, § 35 „Honorare für Grundleistungen bei Gebäuden und Innenräumen“

2.45 Voraussetzungen von Abschlagszahlungen beim Werkvertrag [2.2], [2.38]

Unter welchen Voraussetzungen können Abschlagszahlungen nach Werkvertragsrecht geleistet werden?

In § 632a BGB sind die Regelungen für Abschlagszahlungen enthalten.

2.46 Möglichkeit der Abschlagszahlungen beim Werkvertrag [2.2], [2.38]

Sind Abschlagszahlungen nach dem Werkvertragsrecht im BGB möglich?

Abschlagszahlungen nach dem Werkvertragsrecht im BGB sind möglich, **Bild 2.115**.

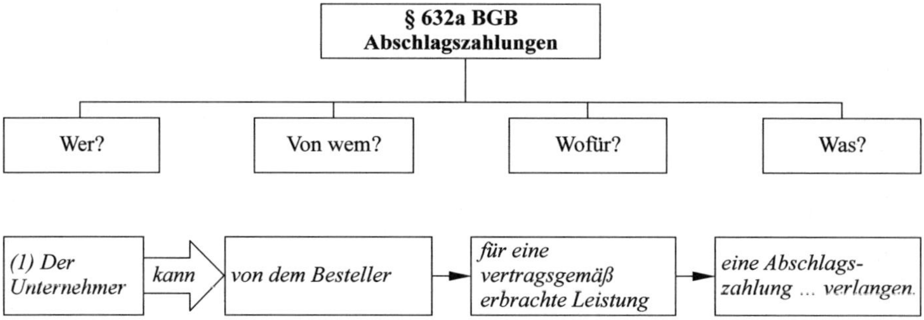

Bild 2.115 Möglichkeit der Abschlagszahlungen nach § 632a BGB

2.47 Höhe der Abschlagszahlungen nach dem Werkvertragsrecht [2.2], [2.38], [2.39]

In welcher Höhe sind Abschlagszahlungen nach dem Werkvertragsrecht möglich?

Welche Einbehalte von der Abschlagszahlung sind bei Mängeln nach dem Werkvertragsrecht möglich?

Wie sind die Leistungen für die Abschlagszahlungen nach § 632a BGB nachzuweisen? [2.39]

Die Leistungen sind durch eine Aufstellung nachzuweisen, mit der eine sichere und rasche Beurteilung der erbrachten Leistung möglich ist, **Bild 2.116**.

Ort des Firmensitzes, mit Datum der Rechnung

Abschlagsrechnung Nr. 1

Austausch von Datenleitungen im Verwaltungsgebäude Block 5

laut Ihrem Auftrag Nr. A 1417 vom 16.7.2018

Titel 1

1.3	Doppelsteckdosen austauschen mit Beschriftung	53	Stück	2 120,00 €
1.4	Datenleitung Cat. 6 STP/S PIMF 4 × 2 × 23 AWG	1 179,00	Meter	3 065,40 €
1.5	Auflegen der Einzeladern je Leitungsende	53	Stück	424,00 €
1.6	Messung und Protokollierung je RJ-45-Port	78	Stück	546,00 €
1.7	Vorhandene Sockelleisten demontieren/montieren	100,70	Meter	805,60 €
1.8	Vorhandene PVC-Kanäle öffnen und schließen	45,60	Meter	91,20 €
1.9	Vorhandene Stahlblechkanäle öffnen und schließen	0,30	Meter	0,60 €
1.10	Vorhandene Cat.-Leitungen demontieren	1 065,00	Meter	532,50 €
1.11	Vorhandene Cat. 3-Doppeldosen demontieren	38	Stück	114,00 €
1.12	Vorhandene Patchfelder demontieren	3	Stück	90,00 €

Summe inkl. Mehrwertsteuer 7 789,30 €

Bild 2.116 Rechnung für Datennetzarbeiten (Auszug)
Quelle: *Jackisch, J.*: Regelungen im Bauordnungsrecht für die Elektrotechnik, VDE-Schriftenreihe 132 [2.21]

2.48 Rasche und sichere Beurteilung der Leistung [2.2], [2.38]

Wodurch wird eine rasche und sichere Beurteilung der Leistung möglich? (Aufzählung nicht abschließend)

Siehe VDE-Schriftenreihe 132 [2.21]:

Der Auftragnehmer sollte bei der Erstellung der Rechnung u. a. Folgendes beachten:

- Auf der Rechnung muss der zugehörige Auftrag nachvollziehbar sein (Angabe der Auftragsnummer/Bezeichnung/Datum).
- Die Positionsnummern und die Positionen der Leistungsbeschreibung aus dem Auftrag sollen im Aufmaß, siehe VDE-Schriftenreihe 132 [2.21], und in der Rechnung, Bild 2.116, für die abzurechnenden Leistungen enthalten sein. Damit lässt sich die vertragsgerechte Ausführung und Abrechnung nachvollziehen.
- Die Menge der zu bezahlenden Leistung auf der Rechnung soll mit der Leistungsmenge aus dem Aufmaß zur Rechnung als Zahlungsbasis übereinstimmen und nachvollziehbar sein.

Die Auftragsabwicklung und Abrechnung ist auf den konkreten Fall bezogen zu betrachten, unter Anwendung der jeweiligen Fachliteratur.

2.49 Rechtscharakter von Abschlagszahlungen [2.41]

Welchen Rechtscharakter haben Abschlagszahlungen?

(Aufzählung nicht abschließend)

- Abschlagszahlungen sind anteilige Zahlungen auf bereits erbrachte Teilleistungen.
- Abschlagzahlungen sind keine abschließende Vergütung auf Teile des Gesamtwerks.
- Abschlagsrechnungen haben vorläufigen Charakter,
  - Unternehmer kann Fehler bei Schlussrechnung korrigieren,
  - Besteller kann mit Abschlagsrechnung abgegoltene Leistungen im Nachhinein infrage stellen.
- Abschlagzahlungen sind Anzahlungen auf die Vergütung für das Gesamtwerk.
- Zahlungen auf vorgelegte Abschlagsrechnungen sind nicht als Anerkenntnis des Bestellers zu werten.

- Abschlagsrechnungen sind eigenständige Forderungen und auch isoliert klageweise durchsetzbar.
- Ansprüche auf Abschlagsrechnungen können verjähren.
- Besondere Geltendmachung der Abschlagsrechnung endet mit Schlussrechnungsreife, siehe auch § 650g Abs. 4 BGB.
- Abschlagszahlungen sind nicht als Teilabnahmen zu werten.

Sind Abschlagszahlungen Vorauszahlungen?

Abschlagzahlungen sind keine Vorauszahlungen.

Was sind Vorauszahlungen?

- Vorauszahlungen sind Zahlungen des Bestellers vor der Leistungserbringung.
- Vorauszahlungen stehen im Widerspruch zur grundsätzlichen Vorleistungsplicht des Bestellers im Werksvertragsrecht.
- Vorauszahlungen werden nicht von § 632a BGB erfasst.

Wonach richtet sich die Abschlagszahlung? [2.42]

Bild 2.117 zeigt die Zusammenhänge von Wert der erbachten Leistung, vertraglicher Leistung und tatsächlicher Wertezuwachs bei Abschlagszahlungen.

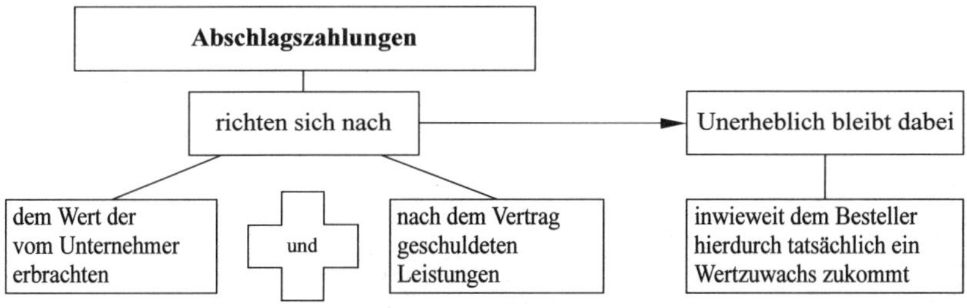

Bild 2.117 Zusammenhänge von Wert, Vertrag und Wertezuwachs bei Abschlagszahlungen

Wann kann der Unternehmer eine Abschlagzahlung verlangen?

Eine Abschlagzahlung kann der Unternehmer nur verlangen, wenn:

- die Leistung vertragsgemäß erbracht wurde,
- sein Werk den vertraglich vereinbarten Qualitätskriterien genügt.

Wann fallen die für die Bauleistung erforderlichen Stoffe und Bauteile unter die Regelungen zu Abschlagszahlungen in § 632a Abs. 1 BGB? [2.43]

Bild 2.118 zeigt eine Übersicht, wann die für die Bauleistung erforderlichen Stoffe (**Bild 2.119**) und Bauteile (**Bild 2.120**) unter die Regelungen zu Abschlagszahlungen in § 632a Abs. 1 BGB fallen.

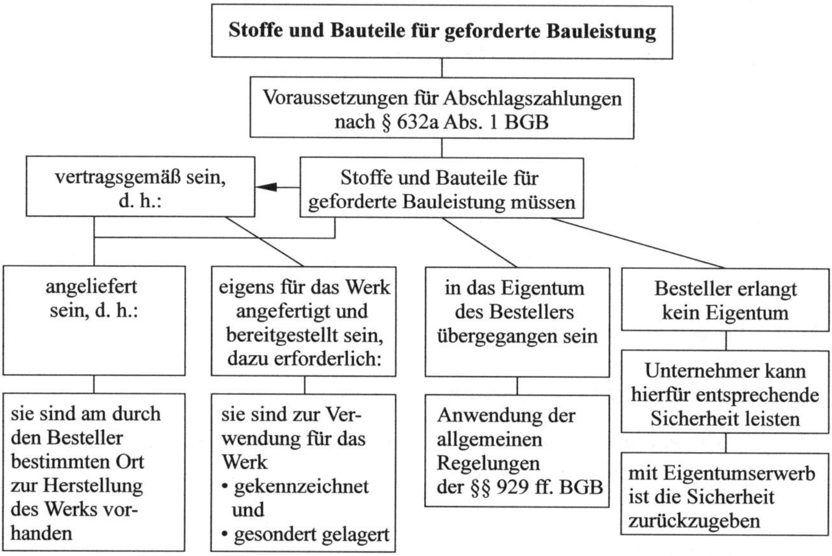

Bild 2.118 Voraussetzungen für Abschlagszahlungen nach § 632a Abs. 1 BGB für Stoffe und Bauteile von geforderten Bauleistungen

Bild 2.119 Beispiel für Baustoff
Quelle: *Jackisch, J.*: Elektrische Anlagen und Bauordnungsrecht. VDE-Schriftenreihe 131 [2.4]
(Foto: PRIORIT AG)

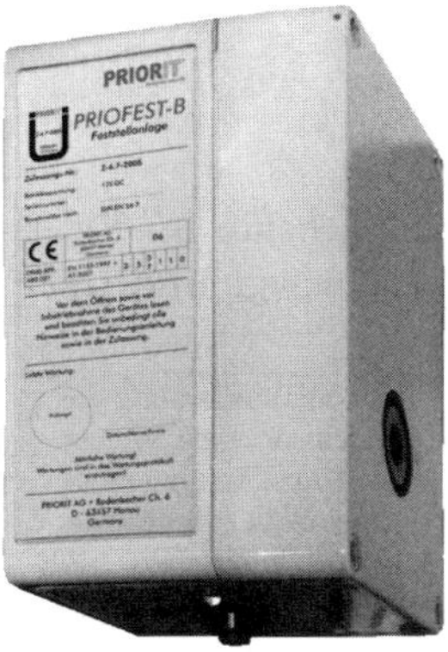

Bild 2.120 Beispiel für Bauteil – Batteriebetriebene Feststellanlage Typ PRIOFEST-B
Quelle: *Jackisch, J.*: Elektrische Anlagen und Bauordnungsrecht. VDE-Schriftenreihe 131 [2.4]

Welche Höhe der Sicherheit ist nach den Regelungen zu Abschlagszahlungen in § 632a Abs. 1 BGB vom Unternehmer zu leisten? [2.43]

Die Höhe der Sicherheit richtet sich nach dem Anteil der Stoffe und Bauteile die nicht in Eigentum des Bestellers gelangt sind.

Welche Arten und Anforderungen von Sicherheiten sind nach den Regelungen zu Abschlagszahlungen in § 632a Abs. 1 BGB vom Unternehmer zu leisten? [2.43]

Der Unternehmer der zur Sicherheitsleistung verpflichtet ist, hat die Wahl, welche Sicherheit er stellen will. **Bild 2.121** zeigt die Arten und Anforderungen an die Sicherheiten.

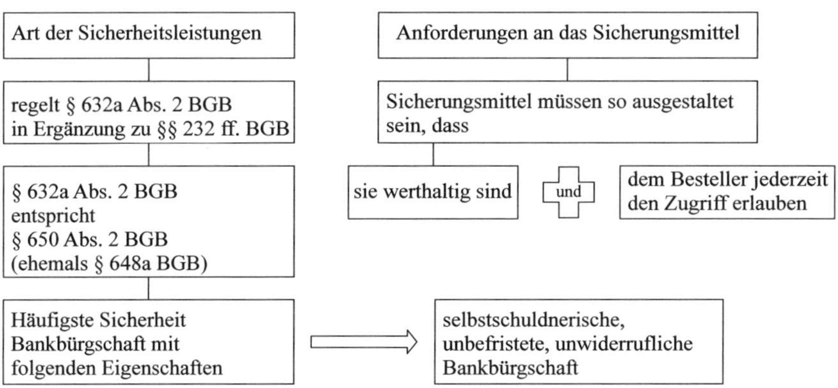

Bild 2.121 Arten und Anforderungen an die Sicherheiten nach den Regelungen zu Abschlagszahlungen in § 632a Abs. 1 BGB

2.50 Eigentum nach dem BGB [2.1], [2.2], [2.38]

Was bedeutet Eigentum nach dem BGB? [2.1]

Eigentum ist das umfassendste dingliche Recht an einer Sache (Sachenrecht). Eigentum ist die umfassendste Berechtigung, etwas an einer Sache zu tun, vgl. **Bild 2.122**.

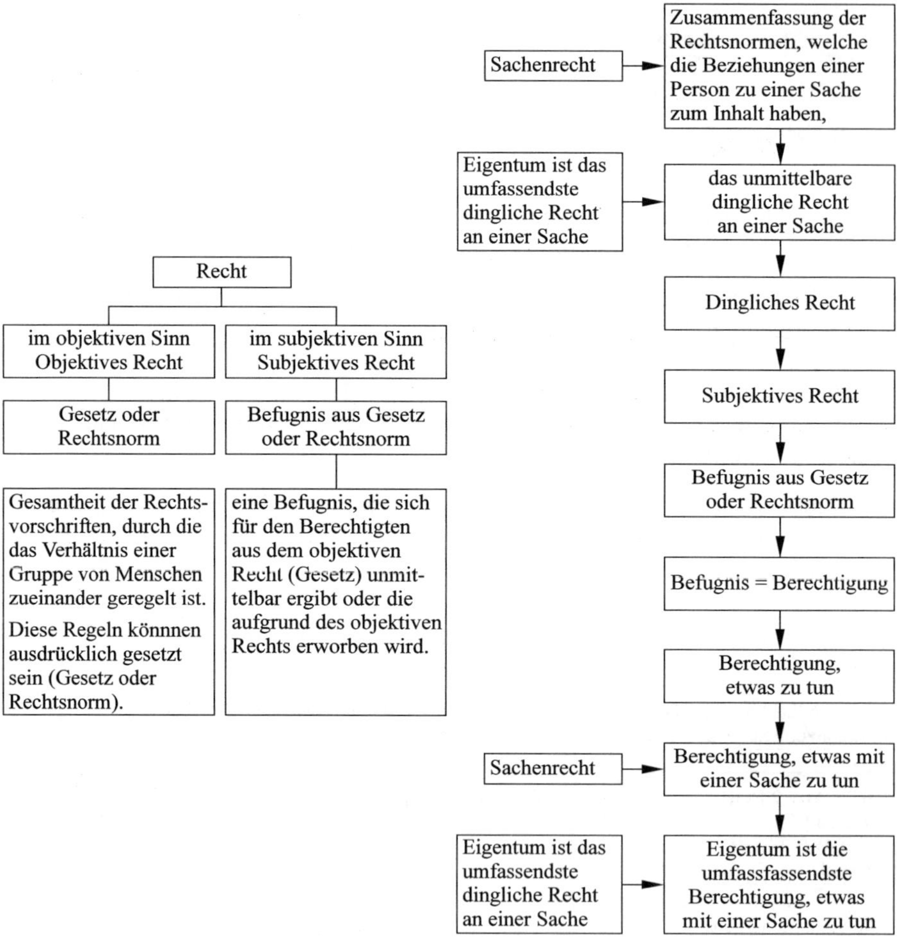

Bild 2.122 Eigentum nach § 632a BGB

2.51 Unterschied zwischen Eigentum und Besitz [2.1], [2.2], [2.38]

Was ist der Unterschied zwischen Eigentum und Besitz?

Der Besitz ist die tatsächliche Herrschaft über eine Sache. Der Besitz erhält im Gegensatz zum Eigentum keine rechtliche Zuordnung der Sache, siehe **Bild 2.123**.

Praxisbezug, **Bild 2.124**:
Ein Elektriker ist bei einem Installationsbetrieb beschäftigt. Der Installationsbetrieb stellt dem Elektriker Werkzeug für die Ausführung der Installationsarbeiten zur Verfügung. Während der Ausführung der Installationsarbeiten ist der Elektriker im Besitz des Werkzeugs und nutzt es zum Arbeiten (tatsächliche Herrschaft über die Sache). Mehr darf der Elektriker mit dem Werkzeug nicht tun. Der Installationsbetrieb als Eigentümer des Werkzeugs hat es hier dem Elektriker zum Ausführen der Arbeit überlassen. Der Betrieb kann das Werkzeug aushändigen, verschenken, verkaufen, ausleihen, verschrotten usw. (grundsätzlich unbeschränktes Herrschaftsrecht über die Sache).

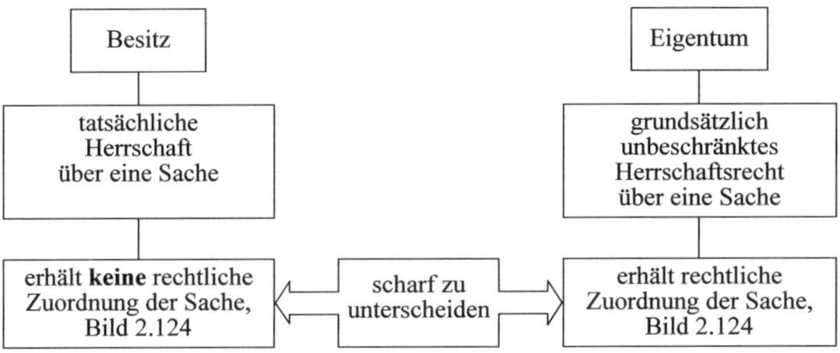

Bild 2.123 Unterschied zwischen Eigentum und Besitz

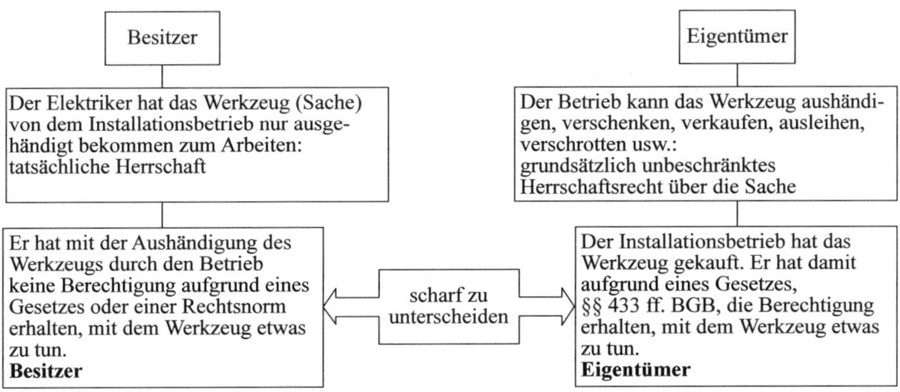

Bild 2.124 Praxisbezug zur Unterscheidung zwischen Eigentum und Besitz

2.52 Qualität des Werks [2.2], [2.38]

In welcher Qualität hat der Auftragnehmer dem Auftraggeber das Werk zu verschaffen?

Wann ist das Werk frei von Sachmängeln?

Was versteht man unter der vereinbarten Beschaffenheit?

Wann ist das Werk frei von Rechtsmängeln?

Zu diesen Fragen siehe die Regelungen in § 633, Sach- und Rechtsmangel, im BGB. **Bild 2.125** zeigt die Regelung zur Qualität des Werks nach § 633 Abs. 1 BGB.

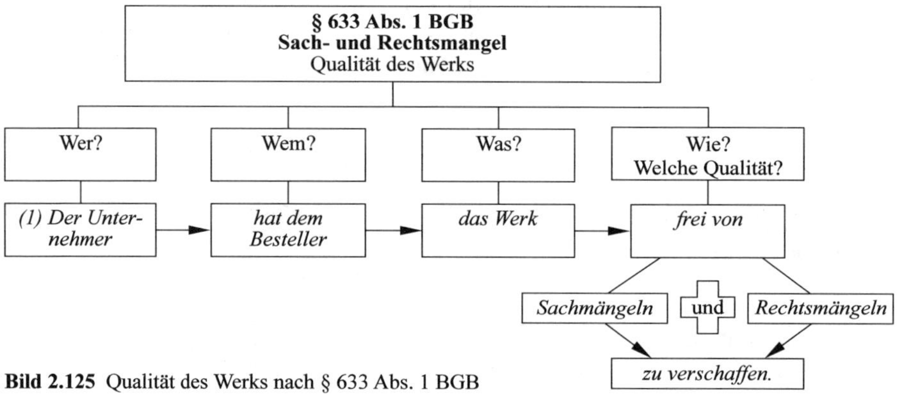

Bild 2.125 Qualität des Werks nach § 633 Abs. 1 BGB

Was sind weitere Sachmängel nach § 633 Abs. 2 BGB?

Im **Bild 2.126** sind weitere Sachmängel nach § 633 Abs. 2 BGB dargestellt.

Beispiele für ein Werk mit zu geringen Mengen und ein anderes Werk als bestellt sind:

- zu wenig Leuchten im Raum,
- Aufputzinstallation statt im Leitungskanal.

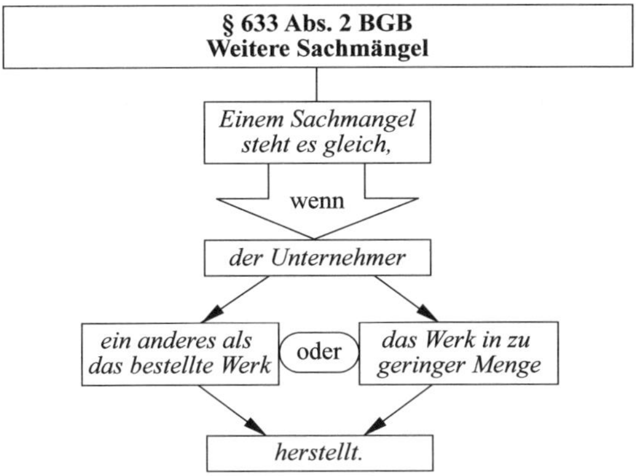

Bild 2.126 Weitere Sachmängel nach § 633 Abs. 2 BGB

2.53 Werk frei von Sachmängeln [2.2], [2.38]

Wann ist das Werk frei von Sachmängeln? [2.2]

Bild 2.127 zeigt die Regelung zur Sachmängelfreiheit eines Werks nach § 633 Abs. 2 BGB.

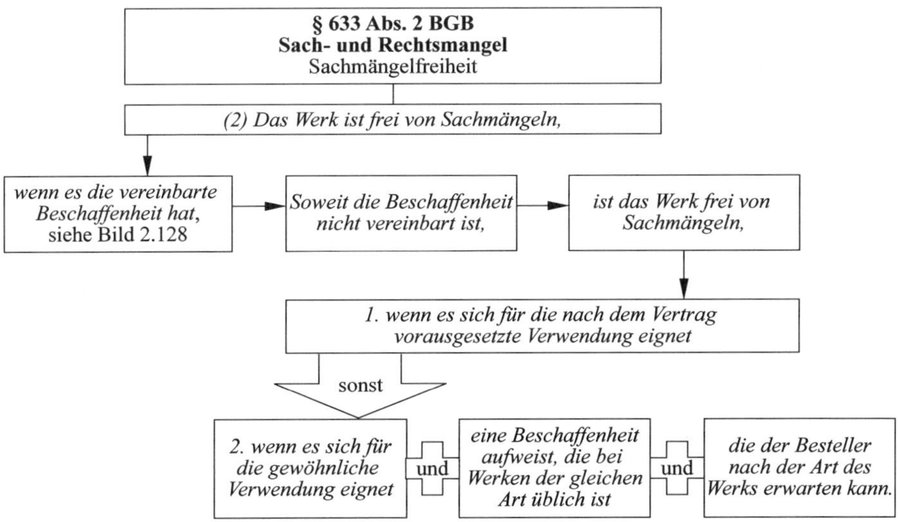

Bild 2.127 Sachmängelfreiheit nach § 633 Abs. 2 BGB

2.54 Vereinbarte Beschaffenheit [2.2], [2.38], [2.44]

Was versteht man unter der vereinbarten Beschaffenheit nach § 633 Abs. 2 BGB? [2.45]

Bei der vereinbarten Beschaffenheit handelt es sich um einen zentralen Begriff des Werkvertragsrechts, **Bild 2.128**.

In **Bild 2.129** ist ein Auszug aus einem Leistungsverzeichnis für ein Datennetz dargestellt. Mit den Positionen im LV wird die Beschaffenheit des Datennetzes im Auftrag/Vertrag vereinbart, Bild 2.127.

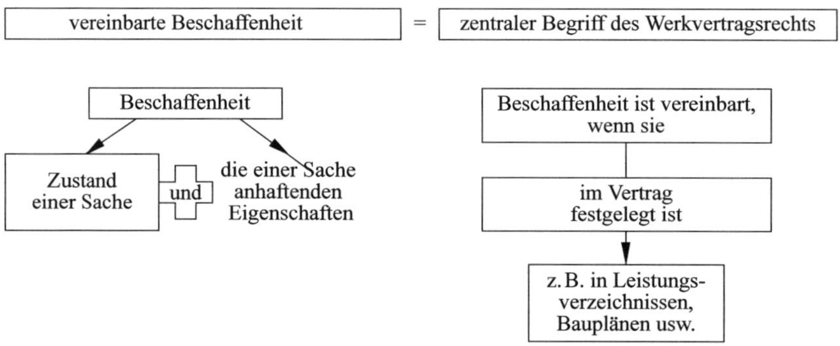

Bild 2.128 Vereinbarte Beschaffenheit nach § 633 Abs. 2 BGB

Austausch von Datenleitungen im Verwaltungsgebäude Block 5				
Titel 1				
Position				**Einheitspreis . . . Preis**
1.3	Doppelsteckdosen austauschen mit Beschriftung	210	Stück	. . . . . .€. . . . . €
1.4	Datenleitung Cat. 6 STP/S PIMF 4 × 2 × 23 AWG	4230	Meter	. . . . . .€. . . . . €
1.5	Auflegen der Einzeladern je Leitungsende	272	Stück	. . . . . .€. . . . . €
1.6	Messung und Protokollierung je RJ-45-Port	272	Stück	. . . . . .€. . . . . €
1.7	Vorhandene Sockelleisten demontieren/montieren	538,90	Meter	. . . . . .€. . . . . €
1.8	Vorhandene PVC-Kanäle öffnen und schließen	321,40	Meter	. . . . . .€. . . . . €
1.9	Vorhandene Stahlblechkanäle öffnen und schließen	33,20	Meter	. . . . . .€. . . . . €
1.10	Vorhandene Cat.-Leitungen demontieren	4344	Meter	. . . . . .€. . . . . €
1.11	Vorhandene Cat. 3-Doppeldosen demontieren	145	Stück	. . . . . .€. . . . . €
1.12	Vorhandene Patchfelder demontieren	7	Stück	. . . . . .€. . . . . €

Bild 2.129 Auszug aus einem Leistungsverzeichnis
Quelle: *Jackisch, J.*: Regelungen im Bauordnungsrecht für die Elektrotechnik. VDE-Schriftenreihe 132 [2.21]

2.55 Werk frei von Rechtsmängeln [2.2], [2.38]

Wann ist das Werk frei von Rechtsmängeln?

Bei der Rechtsmängelfreiheit nach § 633 Abs. 3 BGB werden die Rechte Dritter in Bezug auf das Werk gegenüber dem Besteller betrachtet, **Bild 2.130**.

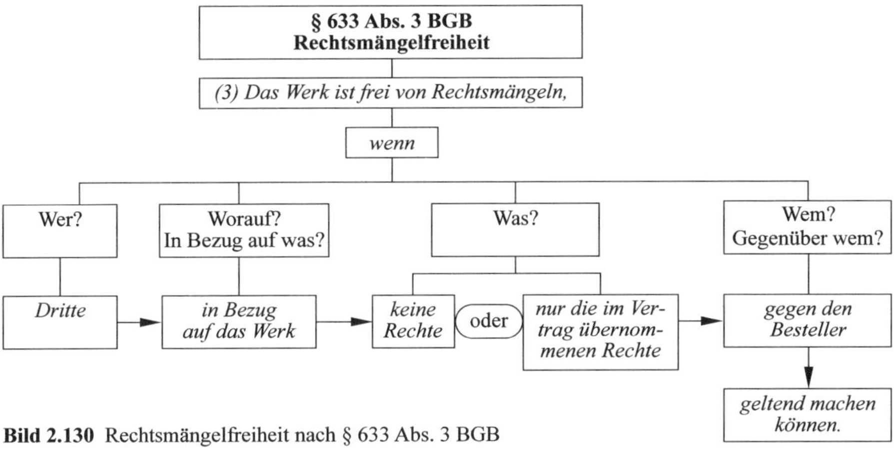

Bild 2.130 Rechtsmängelfreiheit nach § 633 Abs. 3 BGB

Ein Beispiel hierfür ist die Errichtung eines Funkmasts auf einem Privathaus/Privatgrundstück mit Dienstbarkeit (**Bild 2.131**).

Bild 2.131 Funkmast auf einem Privathaus/Privatgrundstück mit Dienstbarkeit
Quelle: *Jackisch, J.*: Elektrische Anlagen und Bauordnungsrecht. VDE-Schriftenreihe 131 [2.4]

2.56 Verjährung [2.46]

§ 634a Abs. 1 BGB – Dreiteilung der Verjährung [2.47]

Was beinhaltet die Dreiteilung der Verjährung nach § 634a Abs. 1 BGB? [2.47]

Ein Beispiel für die Dreiteilung der Verjährung nach § 634a Abs. 1 BGB zeigt **Bild 2.132**, Zitat [2.47].

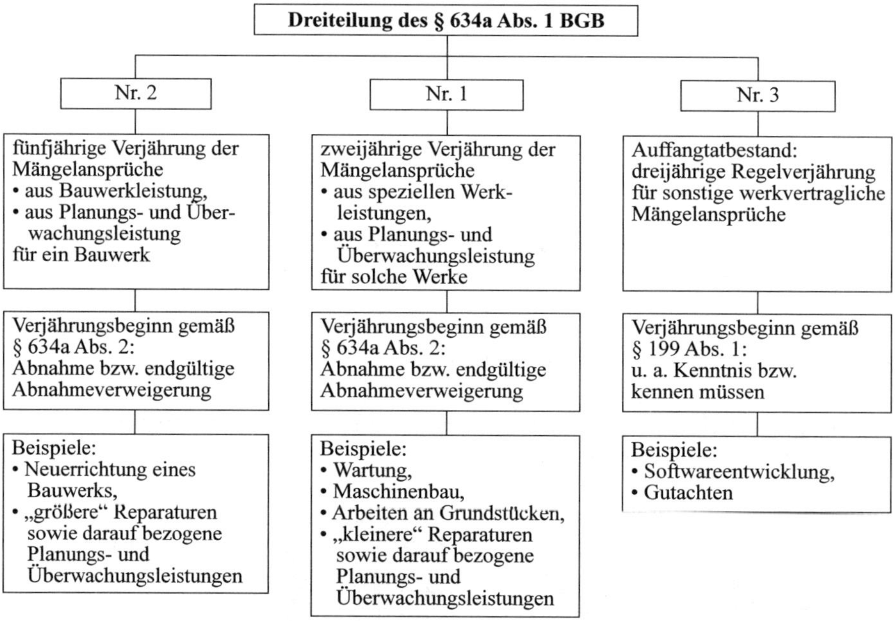

Bild 2.132 Beispiel für die Dreiteilung der Verjährung nach § 634a Abs. 1 BGB

Welche Anknüpfung hinsichtlich des Beginns der Verjährung beinhaltet die Dreiteilung des § 634a Abs. 1 BGB? Zitat [2.48], [2.47]

Die Anknüpfung hinsichtlich des Beginns der Verjährung, die die Dreiteilung des § 634a Abs. 1 BGB beinhaltet, zeigt **Bild 2.133**.

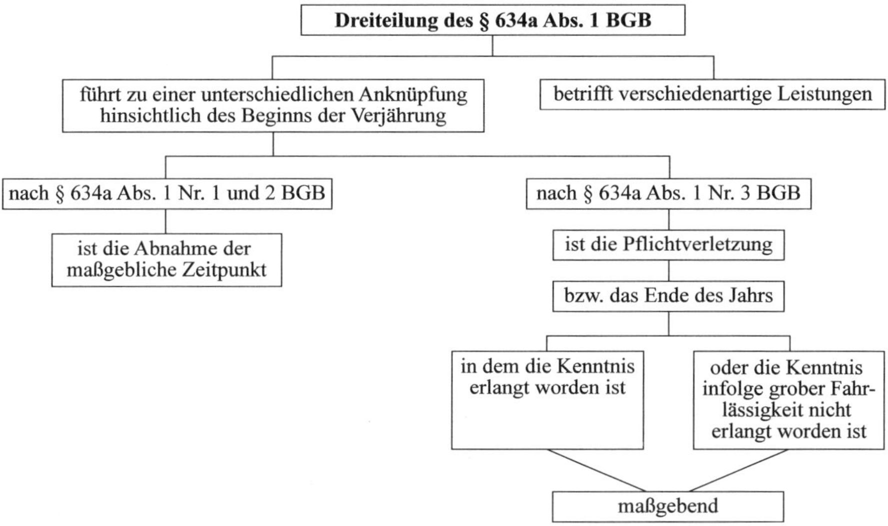

Bild 2.133 Anknüpfung hinsichtlich des Beginns der Verjährung, die die Dreiteilung des § 634a Abs. 1 BGB beinhaltet

Hat die Arglist nach der Abnahme Bedeutung für die Verjährung?

Zitat: Die Arglist nach der Abnahme hat keine Bedeutung für die Verjährung, die sich aus § 634a Abs. 3 BGB ergibt. Der maßgebliche Zeitpunkt für die Pflicht des Unternehmers, ihm bekannte oder für möglich gehaltene Mängel zu offenbaren, ist die Abnahme. Nicht entscheidend ist die Übergabe des Werks, denn diese steht der Abnahme nicht gleich. Der Unternehmer bleibt bis zur Billigung des Werks offenbarungspflichtig. Eine nach Abnahme unterlassene Aufklärung kann zur Verletzung von Vertragspflichten führen (BGH, Urteil vom 19.5.2011 – VII ZR 24/08; *Kniffka*, FS Heiermann, S. 201 [2.49]). Eine Übersicht zu den Verjährungsfristen bei arglistig verschwiegenen Mängeln zeigt **Bild 2.134**.

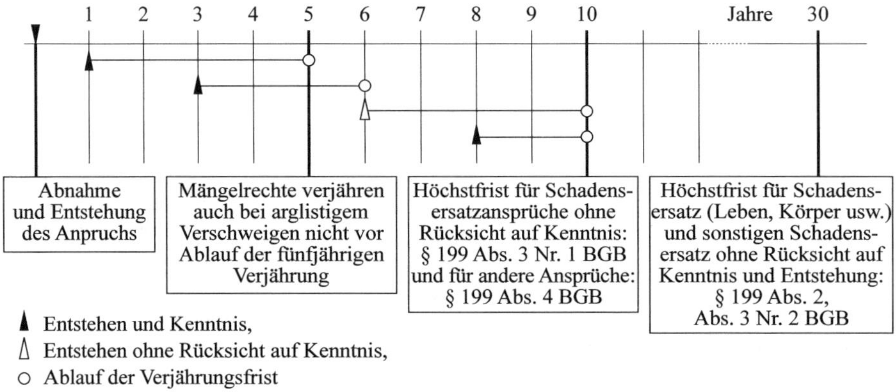

Bild 2.134 Verjährungsfristen bei arglistig verschwiegenen Mängeln [2.48]

2.57 § 640 BGB „Abnahme"

Gibt es seit dem 1. Januar 2018 neue Reglungen zur baulichen Abnahme in § 640 BGB? [2.50]

- Inhaltlich sind die Regelungen des jetzigen Abs. 1 gegenüber der Fassung des BGB vor dem 1. Januar 2018 unverändert.
- Vom neuen Werkvertragsrecht bleiben die Sätze 1 und 2 unangetastet.
- Mit inhaltlicher Modifikation wurde der bisherige Abs. 1 Satz 3 geändert und in Abs. 2 verschoben.
- Somit hat § 640 Abs. 2 BGB (Nachfristsetzung) neue Regelungen.

Wann ist ein Vorgehen nach § 640 Abs. 2 BGB möglich? [2.51]

Nur wenn das Werk fertiggestellt ist, kann nach § 640 Abs. 2 BGB vorgegangen werden.

Wann gilt ein Werk nach § 640 Abs. 2 BGB als fertiggestellt? [2.51]

Als fertiggestellt gestellt gilt nach dem BGB das Werk, wenn

- das Werk nach der vertraglichen Vereinbarung als fertig anzusehen ist,
- die im Vertrag genannten Leistungen abgearbeitet bzw. erbracht sind, unabhängig davon ob Mängel vorliegen oder nicht.

Was muss der Unternehmer beim Vorgehen nach § 640 Abs. 2 BGB im Streitfall beweisen?

Der Unternehmer muss im Streitfall

- die Fertigstellung des Werks,
- den Zugang einer angemessenen Fristsetzung,
- die fehlende bzw. unsachgemäße Antwort des Bestellers

darlegen und beweisen.

Die Darlegung der wesentlichen mängelfreien Herstellung des Werks ist nicht mehr gefordert – **neue Regelung in § 640 Abs. 2 BGB seit 1. Januar 2018**.

Wann kommt eine Abnahmefiktion nach § 640 Abs. 2 BGB nicht in Betracht?

Eine Abnahmefiktion kommt nach § 640 Abs. 2 BGB nicht in Betracht, wenn der Besteller einen wesentlichen Mangel form- und fristgerecht gerügt hat und deshalb die Abnahme verweigert.

Welche Fälle sind bei der Darlegungs- und Beweislast für § 640 BGB zu unterscheiden? [2.52]

(Aufzählung nicht abschließend)

Folgende Fälle sind zu unterscheiden:

Fall 1:

Auftragnehmer (AN) behauptet Fertigstellung, Auftraggeber (AG) reagiert auf Abnahmeverlangen nicht oder reagiert ablehnend mit Verweis auf fehlende Fertigstellung. Fall 1 wird in **Bild 2.135** gezeigt.

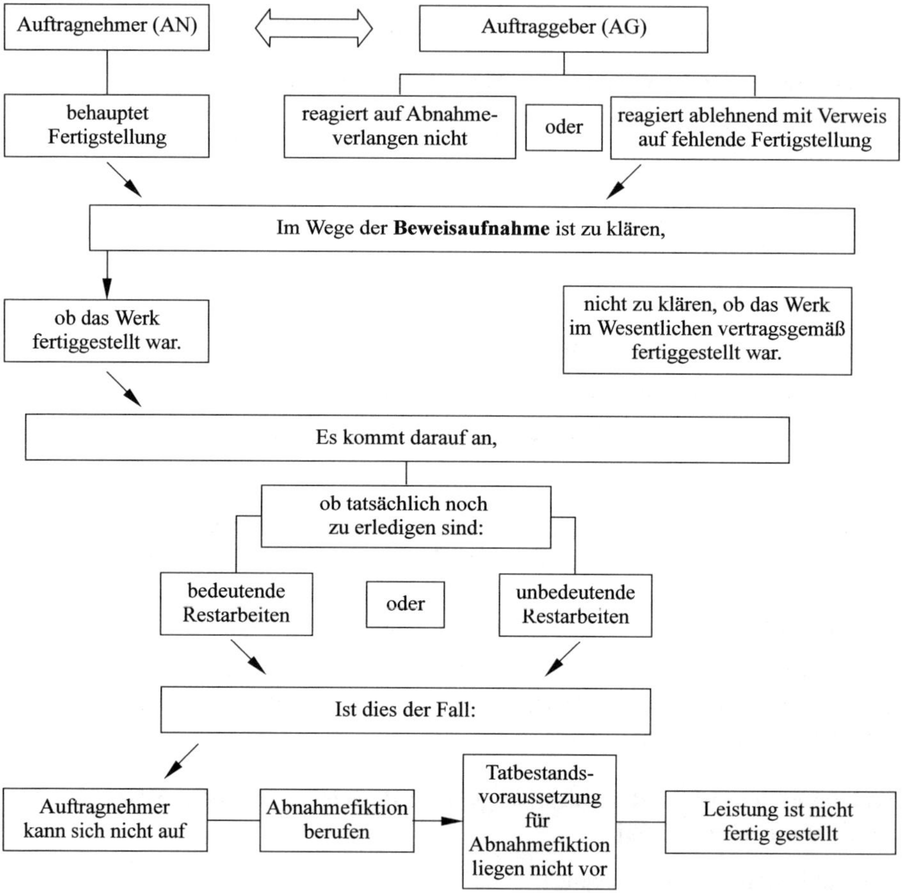

Bild 2.135 Fall 1: Auftragnehmer (AN) behauptet Fertigstellung, Auftraggeber (AG) reagiert auf Abnahmeverlangen nicht oder reagiert ablehnend mit Verweis auf fehlende Fertigstellung

Fall 2:

Auftragnehmer (AN) behauptet Fertigstellung (die unbestritten oder nach Beweisaufnahme vorliegt), der Auftraggeber (AG) schweigt. Der Auftraggeber (AG) lehnt eine Abnahme unter Verweis auf wesentliche Mängel ab.

Fall 2 wird in **Bild 2.136** gezeigt.

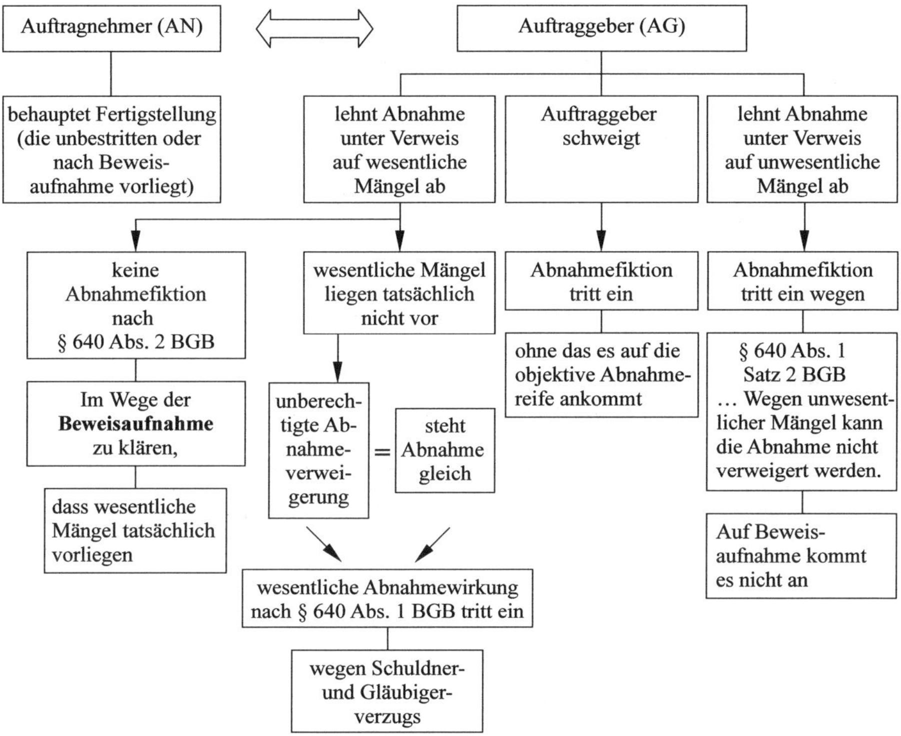

Bild 2.136 Fall 2: Auftragnehmer (AN) behauptet Fertigstellung (die unbestritten oder nach Beweisaufnahme vorliegt), Auftraggeber (AG) schweigt. Der Auftraggeber (AG) lehnt eine Abnahme unter Verweis auf wesentliche Mängel ab

Hat der Besteller bei der Zustandsfeststellung zur Abnahme nach § 640 BGB mitzuwirken? [2.53]

Hat der Besteller die Abnahme unter Angabe von Mängeln verweigert, so hat er nach § 650g Abs. 1 BGB (**Bild 2.137**) auf Verlangen des Unternehmers an einer gemeinsamen Feststellung des Zustands des Werks mitzuwirken, auch wenn die Abnahmeverweigerung unberechtigt oder unsubstanziiert war.

§ 650g Abs. 1 BGB Zustandsfeststellung bei Verweigerung der Abnahme – Schlussrechnung
(1) Verweigert der Besteller die Abnahme unter Angaben von Mängeln, hat er auf Verlangen des Unternehmers an einer gemeinsamen Feststellung des Zustands des Werks mitzuwirken.

Bild 2.137 § 650g Abs. 1 BGB „Zustandsfeststellung bei Verweigerung der Abnahme – Schlussrechnung"

Was ist bei der gemeinsamen Zustandsfeststellung zu beachten? [2.53]

Die gemeinsame Zustandsfeststellung

- soll mit der Angabe des Tags der Anfertigung versehen werden,
- ist von beiden Vertragsparteien zu unterschreiben.

Wann kann der Unternehmer die Zustandsfeststellung einseitig nach § 650g Abs. 2 BGB (Bild 2.138) vornehmen? [2.53]

§ 650g Abs. 2 BGB Zustandsfeststellung bei Verweigerung der Abnahme – Schlussrechnung
Bleibt der Besteller einem vereinbarten oder vom Unternehmer innerhalb einer angemessenen Frist bestimmten Termin zur Zustandsfeststellung fern, so kann der Unternehmer die Zustandsfeststellung auch einseitig vornehmen.

Bild 2.138 § 650g Abs. 2 BGB „Zustandsfeststellung bei Verweigerung der Abnahme – Schlussrechnung" [2.53]

Bild 2.139 zeigt die Regelungen für die einseitige Zustandsfeststellung des Unternehmers nach § 650g Abs. 2 BGB.

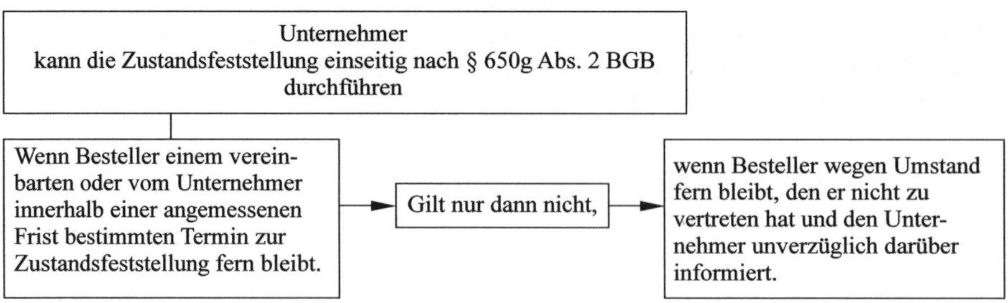

Bild 2.139 Regelungen für die einseitige Zustandsfeststellung des Unternehmers nach § 650g Abs. 2 BGB [2.53]

Was hat der Unternehmer nach der „einseitigen Zustandsfeststellung des Unternehmers“ nach § 650g Abs. 2 BGB zu erledigen? [2.53]

Hat der Unternehmer die einseitige Zustandsfeststellung vorgenommen so hat er

- auf dieser die Angabe des Tags der Anfertigung einzutragen,
- diese zu unterzeichnen,
- diese dem Besteller als Abschrift zur Verfügung zu stellen.

Welche Wirkung hat die Zustandsfeststellung nach § 650g Abs. 3 BGB? [2.53]

Bild 2.140 zeigt die Wirkung der Zustandsfeststellung nach § 650g Abs. 3 BGB.

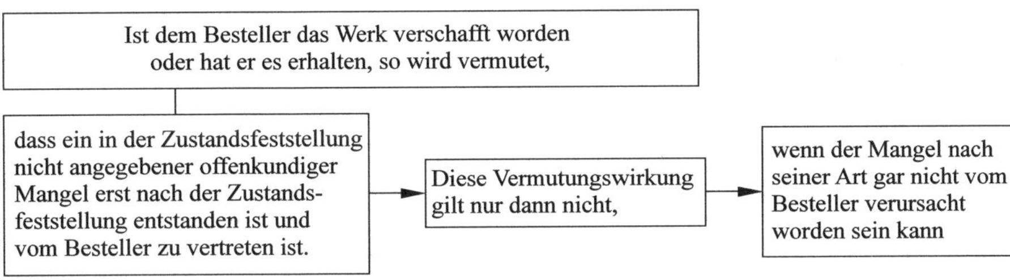

Bild 2.140 Wirkung der Zustandsfeststellung nach § 650g Abs. 3 BGB [2.53]

2.58 § 648a BGB „Kündigung aus wichtigem Grund“

Welche Wirkungen hat die Kündigung des Bauvertrags nach § 648a BGB? [2.54]

Bild 2.141 zeigt eine Übersicht zu Wirkungen der Kündigungen des Bauvertrags (Übersicht nicht abschließend).

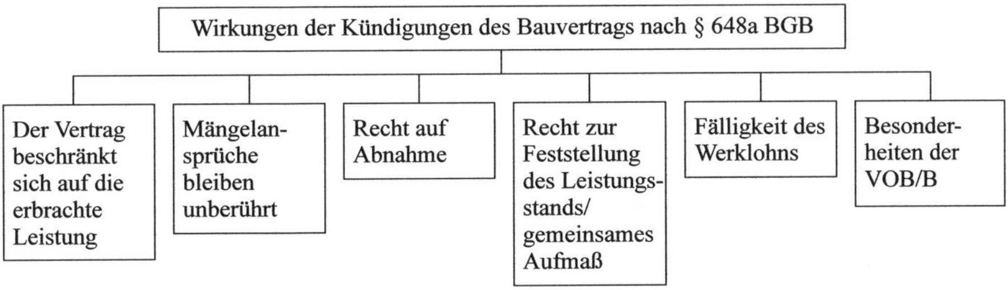

Bild 2.141 Übersicht zu Wirkungen der Kündigungen des Bauvertrags nach § 648a BGB [2.54]

Welche Umstände stellen einen wichtigen Kündigungsgrund dar? [2.55]

(Aufzählung nicht abschließend)

Folgende Umstände können einen wichtigen Kündigungsgrund darstellen:

- Zahlungsverzug des Bestellers,
- Terminverzug des Unternehmers,
- fehlende Vornahme von Beschleunigungsmaßnahme,
- Leistungseinstellung/Kündigungsandrohung,
- Schlechtleistung, wesentliche Mängel § 4 Abs. 7 VOB/B,
- unberechtigter Nachunternehmereinsatz,
- Kartell- und Wettbewerbsverstöße,
- unberechtigte Teilkündigung,
- Insolvenz,
- Verzug mit einer erforderlichen Mitwirkungshandlung des Bestellers,
- unterlassene Reaktion auf einen Bedenkenhinweis,
- unterlassene Stellung einer Bauhandwerkssicherheit,
- Baustillstand, Unterbrechung,
- unberechtigte Kündigung eines Vertragsteils,
- Straftaten,
- Nachtragsdiskussionen.

Die Prüfung jedes Einzelfalls ist notwendig.

Wer hat die Darlegungs- und Beweislast bei einer Kündigung aus wichtigem Grund nach § 648a BGB? [2.55]

Bild 2.142 zeigt die Zusammenhänge für die Darlegungs- und Beweislast die bei einer Kündigung aus wichtigem Grund nach § 648a BGB obliegt.

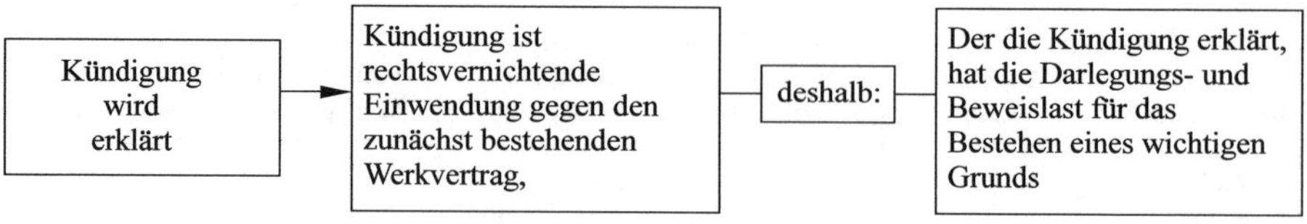

Bild 2.142 Zusammenhänge für die Darlegungs- und Beweislast bei einer Kündigung aus wichtigem Grund nach § 648a BGB

2.59 Literatur zu Kapitel 2

[2.1] *Creifelds, C.* (Hrsg.): Rechtswörterbuch. 22. Auflage. München: C H. Beck, 2017. – ISBN 978-3-406-69046-4

[2.2] Bürgerliches Gesetzbuch: BGB. 82. Auflage. München: Beck im dtv, 2018. – ISBN 978-3-423-05001-2

[2.3] Das Bürgerliche Gesetzbuch für jedermann in Erläuterungen und Beispielen. Sonderausgabe. München: Orbis-Verlag, 1991. – ISBN 978-3-572-00583-3

[2.4] *Jackisch, J.*: Elektrische Anlagen und Bauordnungsrecht. VDE-Schriftenreihe 131. 2. Auflage. Berlin · Offenbach: VDE VERLAG, 2014. – ISBN 978-3-8007-3563-1, ISSN 0506-6719

[2.5] *Kniffka, R.*: Einführung vor § 631 BGB. Rdn. 19–29, S. 6–9 in: *Kniffka, R.* (Hrsg.): Bauvertragsrecht – Kommentar zu §§ 631–651v BGB unter besonderer Berücksichtigung der Rechtsprechung des BGH. 3. Auflage. München: C. H. Beck, 2018. – ISBN 978-3-406-71520-4

[2.6] *Langen, W.*: § 650a BGB Bauvertrag. Rdn. 5–32, S. 134–143 in: *Langen, W.*; *Berger, A.*; *Dauner-Lieb, B.*: Kommentar zum neuen Bauvertragsrecht. Köln: Werner-Verlag, 2018. – ISBN 978-3-8041-5149-9

[2.7] *Langen, W.*: Vorbemerkungen zu §§ 650a bis 650h BGB. Rdn. 1–6, S. 130–131 in: *Langen, W.*; *Berger, A.*; *Dauner-Lieb, B.*: Kommentar zum neuen Bauvertragsrecht. Köln: Werner-Verlag, 2018. – ISBN 978-3-8041-5149-9

[2.8] Wikipedia – Die freie Enzyklopädie. Eintrag „Vorsatzschale", abgerufen am 18.12.2018. Wikimedia Foundation Inc., San Francisco, Kalifornien/ USA: https://de.wikipedia.org/wiki/Vorsatzschale

[2.9] Wikipedia – Die freie Enzyklopädie. Eintrag „Keller", abgerufen am 18.12.2018. Wikimedia Foundation Inc., San Francisco, Kalifornien/USA: https://de.wikipedia.org/wiki/Keller

[2.10] Wikipedia – Die freie Enzyklopädie. Eintrag „Raumbildender Ausbau", abgerufen am 18.12.2018. Wikimedia Foundation Inc., San Francisco, Kalifornien/USA: https://de.wikipedia.org/wiki/Raumbildender_Ausbau

[2.11] Wikipedia – Die freie Enzyklopädie. Eintrag „Ingenieurbauwerk", abgerufen am 18.12.2018. Wikimedia Foundation Inc., San Francisco, Kalifornien/USA: https://de.wikipedia.org/wiki/Ingenieurbauwerk

[2.12] Wikipedia – Die freie Enzyklopädie. Eintrag „Trogbauwerk", abgerufen am 18.12.2018. Wikimedia Foundation Inc., San Francisco, Kalifornien/USA: https://de.wikipedia.org/wiki/Trogbauwerk

[2.13] Wikipedia – Die freie Enzyklopädie. Eintrag „Kontrollschacht", abgerufen am 18.12.2018. Wikimedia Foundation Inc., San Francisco, Kalifornien/USA: https://de.wikipedia.org/wiki/Kontrollschacht

[2.14] Wikipedia – Die freie Enzyklopädie. Eintrag „Verkehrsanlage", abgerufen am 18.12.2018. Wikimedia Foundation Inc., San Francisco, Kalifornien/USA: https://de.wikipedia.org/wiki/Verkehrsanlage

[2.15] Wikipedia – Die freie Enzyklopädie. Eintrag „Bobine (Bergbau)", abgerufen am 18.12.2018. Wikimedia Foundation Inc., San Francisco, Kalifornien/USA: https://de.wikipedia.org/wiki/Bobine_(Bergbau)

[2.16] Wikipedia – die freie Enzyklopädie. Eintrag „Elektrohängebahn", abgerufen am 18.12.2018. Wikimedia Foundation Inc., San Francisco, Kalifornien/USA: https://de.wikipedia.org/wiki/Elektroh%C3%A4ngebahn

[2.17] Wikipedia – Die freie Enzyklopädie. Eintrag „Keller", abgerufen am 18.12.2018. Wikimedia Foundation Inc., San Francisco, Kalifornien/USA: https://de.wikipedia.org/wiki/Autohof

[2.18] *Kniffka, R.*: Einführung vor § 631 BGB. Rdn. 43, S. 13 in: *Kniffka, R.* (Hrsg.): Bauvertragsrecht – Kommentar zu §§ 631–651v BGB unter besonderer Berücksichtigung der Rechtsprechung des BGH. 3. Auflage. München: C. H. Beck, 2018. – ISBN 978-3-406-71520-4

[2.19] *Kniffka, R.*: Einführung vor § 631 BGB. Rdn. 47, S. 14 in: *Kniffka, R.* (Hrsg.): Bauvertragsrecht – Kommentar zu §§ 631–651v BGB unter besonderer Berücksichtigung der Rechtsprechung des BGH. 3. Auflage. München: C. H. Beck, 2018. – ISBN 978-3-406-71520-4

[2.20] *Jansen, G.*; *Rintelen, C. von*: § 631 Vertragstypische Pflichten beim Werkvertrag. Rdn. 6, S. 48 in: *Kniffka, R.* (Hrsg.): Bauvertragsrecht – Kommentar zu §§ 631–651v BGB unter besonderer Berücksichtigung der Rechtsprechung des BGH. 3. Auflage. München: C. H. Beck, 2018. – ISBN 978-3-406-71520-4

[2.21] *Jackisch, J.*: Regelungen im Bauordnungsrecht für die Elektrotechnik. VDE-Schriftenreihe 132. Berlin · Offenbach: VDE VERLAG, 2015. – ISBN 978-3-8007-3666-9, ISSN 0506-6719

[2.22] *Jansen, G.*; *Rintelen, C. von*: § 631 BGB Vertragstypische Pflichten beim Werkvertrag. Rdn. 153–155, S. 74 in: *Kniffka, R.* (Hrsg.): Bauvertragsrecht – Kommentar zu §§ 631–651v BGB unter besonderer Berücksichtigung der Rechtsprechung des BGH. 3. Auflage. München: C. H. Beck, 2018. – ISBN 978-3-406-71520-4

[2.23] *Jansen, G.*; *Rintelen, C. von*: § 631 BGB Vertragstypische Pflichten beim Werkvertrag. Rdn. 231–402, S. 88–117 in: *Kniffka, R.* (Hrsg.): Bauvertragsrecht – Kommentar zu §§ 631–651v BGB unter besonderer Berücksichtigung der Rechtsprechung des BGH. 3. Auflage. München: C. H. Beck, 2018. – ISBN 978-3-406-71520-4

[2.24] *Jansen, G.*; *Rintelen, C. von*: § 631 BGB Vertragstypische Pflichten beim Werkvertrag. Rdn. 263 und 264, S. 93–94 in: *Kniffka, R.* (Hrsg.): Bauvertragsrecht – Kommentar zu §§ 631–651v BGB unter besonderer Berücksichtigung der Rechtsprechung des BGH. 3. Auflage. München: C. H. Beck, 2018. – ISBN 978-3-406-71520-4

[2.25] *Jansen, G.*; *Rintelen, C. von*: § 631 BGB Vertragstypische Pflichten beim Werkvertrag. Rdn. 263, 271, 276 und 277, S. 93, 95, 96 in: *Kniffka, R.* (Hrsg.): Bauvertragsrecht – Kommentar zu §§ 631–651v BGB unter besonderer Berücksichtigung der Rechtsprechung des BGH. 3. Auflage. München: C. H. Beck, 2018. – ISBN 978-3-406-71520-4

[2.26] VOB Vertrags- und Vergabeordnung für Bauleistungen – Teil A: Allgemeine Bestimmungen für die Vergabe von Bauleistungen, Fassung 2016. Bekanntmachung vom 7. Januar 2016. BAnz 68 (2016) AT 01.07.2016 B4. – ISSN 0344-7634

[2.27] *Jansen, G.*; *Rintelen, C. von*: § 631 BGB Vertragstypische Pflichten beim Werkvertrag. Rdn. 403–479, S. 117–128 in: *Kniffka, R.* (Hrsg.): Bauvertragsrecht – Kommentar zu §§ 631–651v BGB unter besonderer Berücksichtigung der Rechtsprechung des BGH. 3. Auflage. München: C. H. Beck, 2018. – ISBN 978-3-406-71520-4

[2.28] *Jansen, G.*; *Rintelen, C. von*: § 631 BGB Vertragstypische Pflichten beim Werkvertrag. Rdn. 681–691, S. 166–168 in: *Kniffka, R.* (Hrsg.): Bauvertragsrecht – Kommentar zu §§ 631–651v BGB unter besonderer Berücksichtigung der Rechtsprechung des BGH. 3. Auflage. München: C. H. Beck, 2018. – ISBN 978-3-406-71520-4

[2.29] *Jansen, G.*; *Rintelen, C. von*: § 631 BGB Vertragstypische Pflichten beim Werkvertrag. Rdn. 409, S. 117 in: *Kniffka, R.* (Hrsg.): Bauvertragsrecht – Kommentar zu §§ 631–651v BGB unter besonderer Berücksichtigung der Rechtsprechung des BGH. 3. Auflage. München: C. H. Beck, 2018. – ISBN 978-3-406-71520-4

[2.30] *Joussen, E.*: Zahlungssicherheiten neben § 648a BGB. BauR baurecht Zeitschrift für das gesamte öffentliche und zivile Baurecht 41 (2010) H. 10, S. 1 655–1 658. – ISSN 0340-7489

[2.31] *Pauly, H.*: Rechtsprobleme des Fertighausvertrags. BauR baurecht Zeitschrift für das gesamte öffentliche und zivile Baurecht 42 (2011) H. 6, S. 910–915. – ISSN 0340-7489

[2.32] *Jansen, G.*; *Rintelen, C. von*: § 631 BGB Vertragstypische Pflichten beim Werkvertrag. Rdn. 431–440, S. 120–122 in: *Kniffka, R.* (Hrsg.): Bauvertragsrecht – Kommentar zu §§ 631–651v BGB unter besonderer Berücksichtigung der Rechtsprechung des BGH. 3. Auflage. München: C. H. Beck, 2018. – ISBN 978-3-406-71520-4

[2.33] *Jansen, G.*; *Rintelen, C. von*: § 631 BGB Vertragstypische Pflichten beim Werkvertrag. Rdn. 440, S. 122 in: *Kniffka, R.* (Hrsg.): Bauvertragsrecht – Kommentar zu §§ 631–651v BGB unter besonderer Berücksichtigung der Rechtsprechung des BGH. 3. Auflage. München: C. H. Beck, 2018. – ISBN 978-3-406-71520-4

[2.34] VHB Bayern – Handbuch für die Vergabe und Durchführung von Bauleistungen durch Behörden des Freistaates Bayern. Bayerischen Staatsministerium für Wohnen, Bau und Verkehr (Hrsg.). Stand: März 2018. München: Bayerisches Staatsministerium des Inneren, für Bau und Verkehr. – Onlinedokument unter: www.stmi.bayern.de/assets/stmi/buw/bauthemen/iiz5_vergabe_bauauftraege_vhb_vhb_bayern.pdf

[2.35] *Jansen, G.*; *Rintelen, C. von*: § 631 BGB Vertragstypische Pflichten beim Werkvertrag. Rdn. 457–458, S. 125 in: *Kniffka, R.* (Hrsg.): Bauvertragsrecht – Kommentar zu §§ 631–651v BGB unter besonderer Berücksichtigung der Rechtsprechung des BGH. 3. Auflage. München: C. H. Beck, 2018. – ISBN 978-3-406-71520-4

[2.36] *Jansen, G.*; *Rintelen, C. von*: § 631 BGB Vertragstypische Pflichten beim Werkvertrag. Rdn. 692, S. 169 in: *Kniffka, R.* (Hrsg.): Bauvertragsrecht – Kommentar zu §§ 631–651v BGB unter besonderer Berücksichtigung der Rechtsprechung des BGH. 3. Auflage. München: C. H. Beck, 2018. – ISBN 978-3-406-71520-4

[2.37] *Rintelen, C. von*: § 632 BGB Vergütung. Rdn. 1–78, S. 231–236 in: *Kniffka, R.* (Hrsg.): Bauvertragsrecht – Kommentar zu §§ 631–651v BGB unter besonderer Berücksichtigung der Rechtsprechung des BGH. 3. Auflage. München: C. H. Beck, 2018. – ISBN 978-3-406-71520-4

[2.38] *Rintelen, C. von*: § 632 BGB Vergütung. Rdn. 42, S. 229 in: *Kniffka, R.* (Hrsg.): Bauvertragsrecht – Kommentar zu §§ 631–651v BGB unter besonderer Berücksichtigung der Rechtsprechung des BGH. 3. Auflage. München: C. H. Beck, 2018. – ISBN 978-3-406-71520-4

[2.39] *Rintelen, C. von*: § 632a BGB Abschlagszahlungen. Rdn. 78, S. 236 in: *Kniffka, R.* (Hrsg.): Bauvertragsrecht – Kommentar zu §§ 631–651v BGB unter besonderer Berücksichtigung der Rechtsprechung des BGH. 3. Auflage. München: C. H. Beck, 2018. – ISBN 978-3-406-71520-4

[2.40] *Dressel F.*: § 632a BGB Abschlagszahlungen. Rdn. 5–10, S. 53–54 in: *Langen, W.*; *Berger, A.*; *Dauner-Lieb, B.*: Kommentar zum neuen Bauvertragsrecht. Köln: Werner-Verlag, 2018. – ISBN 978-3-8041-5149-9

[2.41] *Dressel F.*: § 632a BGB Abschlagszahlungen. Rdn. 18, S. 56 in: *Langen, W.*; *Berger, A.*; *Dauner-Lieb, B.*: Kommentar zum neuen Bauvertragsrecht. Köln: Werner-Verlag, 2018. – ISBN 978-3-8041-5149-9

[2.42] *Dressel F.*: § 632a BGB Abschlagszahlungen. Rdn. 31–36, S. 59–60 in: *Langen, W.*; *Berger, A.*; *Dauner-Lieb, B.*: Kommentar zum neuen Bauvertragsrecht. Köln: Werner-Verlag, 2018. – ISBN 978-3-8041-5149-9

[2.43] Baurecht Wörterbuch, Bausuchdienst GmbH, Pöcking: Eintrag „Vereinbarte Beschaffenheit", eingestellt von RA Dr. *Harald Heckelmann* (abgerufen am 18.12.2018): www.baurechtsuche.de/baurecht-woerterbuch/bauvertragsrecht/vereinbarte-beschaffenheit.html

[2.44] Verordnung über die Honorare für Architekten- und Ingenieurleistungen (Honorarordnung für Architekten und Ingenieure – HOAI) vom 10. Juli 2013. BGBl. I 65 (2013) Nr. 37 vom 16.7.2013, S. 2276–2374. – ISSN 0341-1095

[2.45] *Kniffka, R.*: § 634a Verjährung der Mängelansprüche. Rdn. 1, 2, 9, S. 341, 343 in: *Kniffka, R.* (Hrsg.): Bauvertragsrecht – Kommentar zu §§ 631–651v BGB unter besonderer Berücksichtigung der Rechtsprechung des BGH. 3. Auflage. München: C. H. Beck, 2018. – ISBN 978-3-406-71520-4

[2.46] *Kniffka, R.*: § 634a Verjährung der Mängelansprüche. Rdn. 14, S. 344 in: *Kniffka, R.* (Hrsg.): Bauvertragsrecht – Kommentar zu §§ 631–651v BGB unter besonderer Berücksichtigung der Rechtsprechung des BGH. 3. Auflage. München: C. H. Beck, 2018. – ISBN 978-3-406-71520-4

[2.47] *Kniffka, R.*: § 634a Verjährung der Mängelansprüche. Rdn. 49–52, S. 353 in: *Kniffka, R.* (Hrsg.): Bauvertragsrecht – Kommentar zu §§ 631–651v BGB unter besonderer Berücksichtigung der Rechtsprechung des BGH. 3. Auflage. München: C. H. Beck, 2018. – ISBN 978-3-406-71520-4

[2.48] *Kniffka, R.*: Aufklärungspflicht des Bauunternehmers nach der Abnahme – Zur Sekundärhaftung des Unternehmers, S. 201–216. in Festschrift für Wolfgang Heiermann zum 60. Geburtstag. Wiesbaden · Berlin: Bauverlag, 1995. – ISBN 978-3-7625-3174-6

[2.49] *Sonntag, G.*: § 640 BGB Abnahme. Rdn. 13, S. 65 in: *Langen, W.*; *Berger, A.*; *Dauner-Lieb, B.*: Kommentar zum neuen Bauvertragsrecht. Köln: Werner-Verlag, 2018. – ISBN 978-3-8041-5149-9

[2.50] *Sonntag, G.*: § 640 BGB Abnahme. Rdn. 47, S. 75 in: *Langen, W.*; *Berger, A.*; *Dauner-Lieb, B.*: Kommentar zum neuen Bauvertragsrecht. Köln: Werner-Verlag, 2018. – ISBN 978-3-8041-5149-9

[2.51] *Sonntag, G.*: § 640 BGB Abnahme. Rdn. 66, S. 81 in: *Langen, W.*; *Berger, A.*; *Dauner-Lieb, B.*: Kommentar zum neuen Bauvertragsrecht. Köln: Werner-Verlag, 2018. – ISBN 978-3-8041-5149-9

[2.52] *Sonntag, G.*: § 640 BGB Abnahme. Rdn. 70–73 in: *Langen, W.*; *Berger, A.*; *Dauner-Lieb, B.*: Kommentar zum neuen Bauvertragsrecht. Köln: Werner-Verlag, 2018. – ISBN 978-3-8041-5149-9

[2.53] *Sonntag, G.*: § 648a BGB Kündigung aus wichtigem Grund. Rdn. 16, S. 98 in: *Langen, W.*; *Berger, A.*; *Dauner-Lieb, B.*: Kommentar zum neuen Bauvertragsrecht. Köln: Werner-Verlag, 2018. – ISBN 978-3-8041-5149-9

[2.54] *Sonntag, G.*: § 648a BGB Kündigung aus wichtigem Grund. Rdn. 28–60, S. 102–112 in: *Langen, W.*; *Berger, A.*; *Dauner-Lieb, B.*: Kommentar zum neuen Bauvertragsrecht. Köln: Werner-Verlag, 2018. – ISBN 978-3-8041-5149-9

3 Der Ingenieurvertrag

3.1 Rechtliche Einordnung des Ingenieurvertrags [3.1]

Wie ist der Ingenieurvertrag rechtlich einzuordnen?

Ingenieurleistungen, die in der HOAI aufgenommen sind, werden in der Regel zum Werkvertragsrecht gezählt, vgl. **Bild 3.1**.

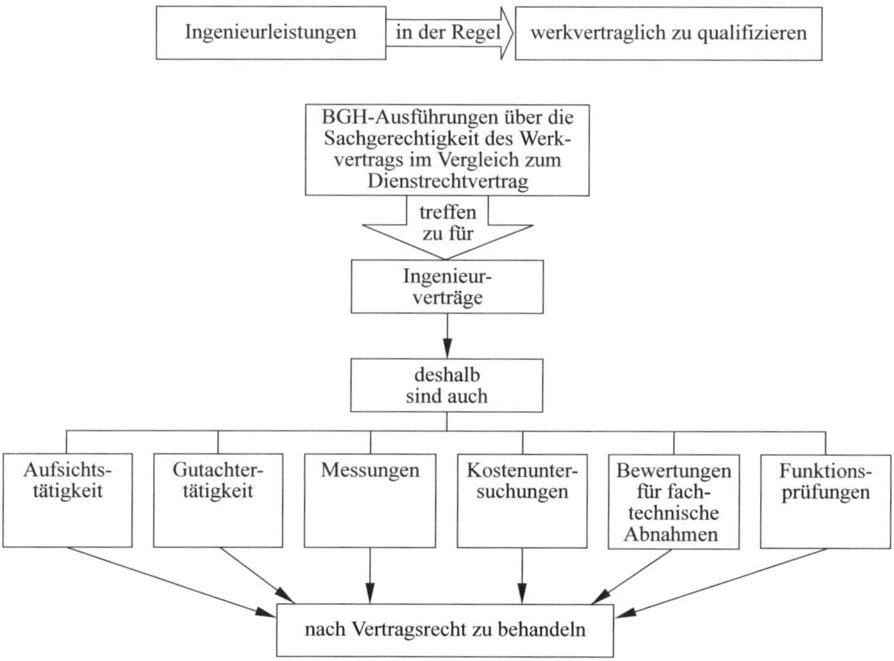

Bild 3.1 Ingenieurleistungen zählen in der Regel zum Werkvertragsrecht

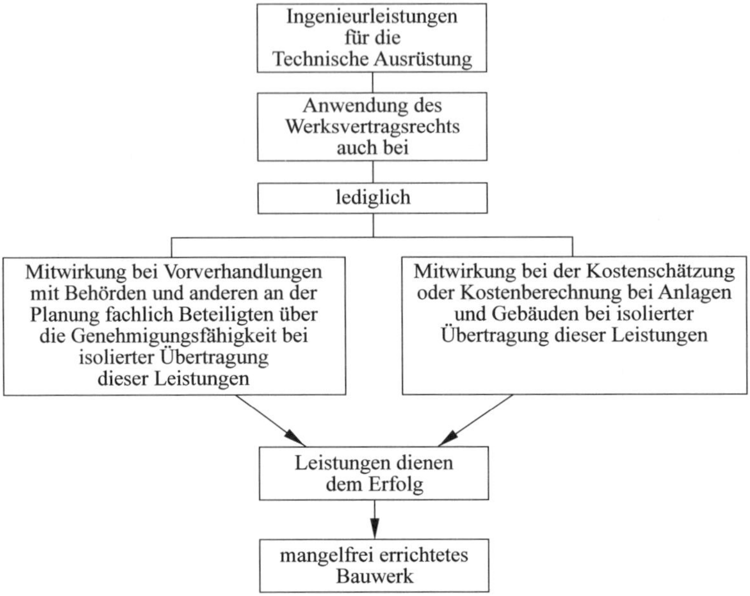

Bild 3.2 Ingenieurleistungen für die Technische Ausrüstung richten sich nach dem Werkvertragsrecht

Die der HOAI enthaltenen Ingenieurleistungen für die Technische Ausrüstung richten sich nach dem Werkvertragsrecht, **Bild 3.2**.

3.2 HOAI-Leistungsbild Technische Ausrüstung [3.2]

Was gehört zum Leistungsbild für Technische Ausrüstung nach der HOAI?

Die Regelungen für das Leistungsbild Technische Ausrüstung befinden sich in § 55 Abs. 1 der HOAI von 2013, **Bild 3.3** [3.2].

In Anlage 15 zur HOAI sind die einzelnen Leistungen jeder Leistungsphase, die Objektliste und die Honorarzonen dargestellt.

Grundleistungen und besondere Leistungen im Leistungsbild Technische Ausrüstung zeigt **Tabelle 3.1** [3.2].

Verordnung über die Honorare für Architekten- und Ingenieurleistungen (Honorarordnung für Architekten und Ingenieure – HOAI)

§ 55 Leistungsbild Technische Ausrüstung

(1) Das Leistungsbild Technische Ausrüstung umfasst Grundleistungen für Neuanlagen, Wiederaufbauten, Erweiterungsbauten, Umbauten, Modernisierungen, Instandhaltungen und Instandsetzungen. Die Grundleistungen bei der Technischen Ausrüstung sind in neun Leistungsphasen zusammengefasst und werden wie folgt in Prozentsätzen der Honorare des § 56 bewertet:

1. für die Leistungsphase 1 (Grundlagenermittlung) mit 2 Prozent,
2. für die Leistungsphase 2 (Vorplanung) mit 9 Prozent,
3. für die Leistungsphase 3 (Entwurfsplanung) mit 17 Prozent,
4. für die Leistungsphase 4 (Genehmigungsplanung) mit 2 Prozent,
5. für die Leistungsphase 5 (Ausführungsplanung) mit 22 Prozent,
6. für die Leistungsphase 6 (Vorbereitung der Vergabe) mit 7 Prozent,
7. für die Leistungsphase 7 (Mitwirkung bei der Vergabe) mit 5 Prozent,
8. für die Leistungsphase 8 (Objektüberwachung – Bauüberwachung) mit 35 Prozent,
9. für die Leistungsphase 9 (Objektbetreuung) mit 1 Prozent.

(2) Die Leistungsphase 5 ist abweichend von Abs. 1 Satz 2 mit einem Abschlag von jeweils 4 Prozent zu bewerten, sofern das Anfertigen von Schlitz- und Durchbruchsplänen oder das Prüfen der Montage- und Werkstattpläne der ausführenden Firmen nicht in Auftrag gegeben wird.

(3) Anlage 15 Nr. 15.1 regelt die Grundleistungen jeder Leistungsphase und enthält Beispiele für besondere Leistungen.

Bild 3.3 Beispiel für Leistungsbild für Technische Ausrüstung nach der HOAI [3.2]

Grundleistungen	**Besondere Leistungen**
LPH 1 Grundlagenermittlung	
a) Klären der Aufgabenstellung aufgrund der Vorgaben oder der Bedarfsplanung des Auftraggebers im Benehmen mit dem Objektplaner b) Ermitteln der Planungsrandbedingungen und Beraten zum Leistungsbedarf und ggf. zur technischen Erschließung c) Zusammenfassen, Erläutern und Dokumentieren der Ergebnisse	• Mitwirken bei der Bedarfsplanung für komplexe Nutzungen zur Analyse der Bedürfnisse, Ziele und einschränkenden Gegebenheiten (Kosten-, Termine und andere Rahmenbedingungen) des Bauherrn und wichtiger Beteiligter • Bestandsaufnahme, zeichnerische Darstellung und Nachrechnen vorhandener Anlagen und Anlagenteile • Datenerfassung, Analysen und Optimierungsprozesse im Bestand • Durchführen von Verbrauchsmessungen • Endoskopische Untersuchungen • Mitwirken bei der Ausarbeitung von Auslobungen und bei Vorprüfungen für Planungswettbewerbe

Tabelle 3.1 Grundleistungen und besondere Leistungen im Leistungsbild Technische Ausrüstung

Grundleistungen	Besondere Leistungen
LPH 2 Vorplanung (Projekt- und Planungsvorbereitung)	
a) Analysieren der Grundlagen Mitwirken beim Abstimmen der Leistungen mit den Planungsbeteiligten b) Erarbeiten eines Planungskonzepts, dazu gehören z. B.: Vordimensionieren der Systeme und maßbestimmenden Anlagenteile, Untersuchen von alternativen Lösungsmöglichkeiten bei gleichen Nutzungsanforderungen einschließlich Wirtschaftlichkeitsvorbetrachtung, zeichnerische Darstellung zur Integration in die Objektplanung unter Berücksichtigung exemplarischer Details, Angaben zum Raumbedarf c) Aufstellen eines Funktionsschemas bzw. Prinzipschaltbilds für jede Anlage d) Klären und Erläutern der wesentlichen fachübergreifenden Prozesse, Randbedingungen und Schnittstellen, Mitwirken bei der Integration der technischen Anlagen e) Vorverhandlungen mit Behörden über die Genehmigungsfähigkeit und mit den zu beteiligenden Stellen zur Infrastruktur f) Kostenschätzung nach DIN 276 (2. Ebene) und Terminplanung g) Zusammenfassen, Erläutern und Dokumentieren der Ergebnisse	• Erstellen des technischen Teils eines Raumbuchs • Durchführen von Versuchen und Modellversuchen
LPH 3 Entwurfsplanung (System- und Integrationsplanung)	
a) Durcharbeiten des Planungskonzepts (stufenweise Erarbeitung einer Lösung) unter Berücksichtigung aller fachspezifischen Anforderungen sowie unter Beachtung der durch die Objektplanung integrierten Fachplanungen, bis zum vollständigen Entwurf b) Festlegen aller Systeme und Anlagenteile c) Berechnen und Bemessen der technischen Anlagen und Anlagenteile, Abschätzen von jährlichen Bedarfswerten (z. B. Nutz-, End- und Primärenergiebedarf) und Betriebskosten; Abstimmen des Platzbedarfs für technische Anlagen und Anlagenteile; Zeichnerische Darstellung des Entwurfs in einem mit dem Objektplaner abgestimmten Ausgabemaßstab mit Angabe maßbestimmender Dimensionen Fortschreiben und Detaillieren der Funktions- und Strangschemata der Anlagen Auflisten aller Anlagen mit technischen Daten und Angaben z. B. für Energiebilanzierungen Anlagenbeschreibungen mit Angabe der Nutzungsbedingungen	• Erarbeiten von besonderen Daten für die Planung Dritter, z. B. für Stoffbilanzen usw. • Detaillierte Betriebskostenberechnung für die ausgewählte Anlage • Detaillierter Wirtschaftlichkeitsnachweis • Berechnung von Lebenszykluskosten • Detaillierte Schadstoffemissionsberechnung für die ausgewählte Anlage • Detaillierter Nachweis von Schadstoffemissionen • Aufstellen einer gewerkeübergreifenden Brandschutzmatrix • Fortschreiben des technischen Teils des Raumbuchs

Tabelle 3.1 (*Fortsetzung*) Grundleistungen und besondere Leistungen im Leistungsbild Technische Ausrüstung

Grundleistungen	Besondere Leistungen
d) Übergeben der Berechnungsergebnisse an andere Planungsbeteiligte zum Aufstellen vorgeschriebener Nachweise; Angabe und Abstimmung der für die Tragwerksplanung notwendigen Angaben über Durchführungen und Lastangaben (ohne Anfertigen von Schlitz- und Durchführungsplänen) e) Verhandlungen mit Behörden und mit anderen zu beteiligenden Stellen über die Genehmigungsfähigkeit f) Kostenberechnung nach DIN 276 (3. Ebene) und Terminplanung g) Kostenkontrolle durch Vergleich der Kostenberechnung mit der Kostenschätzung h) Zusammenfassen, Erläutern und Dokumentieren der Ergebnisse	• Auslegung der technischen Systeme bei Ingenieurbauwerken nach Maschinenrichtlinie • Anfertigen von Ausschreibungszeichnungen bei Leistungsbeschreibung mit Leistungsprogramm • Mitwirken bei einer vertieften Kostenberechnung • Simulationen zur Prognose des Verhaltens von Gebäuden, Bauteilen, Räumen und Freiräumen
LPH 4 Genehmigungsplanung	
a) Erarbeiten und Zusammenstellen der Vorlagen und Nachweise für öffentlich-rechtliche Genehmigungen oder Zustimmungen einschließlich der Anträge auf Ausnahmen oder Befreiungen sowie Mitwirken bei Verhandlungen mit Behörden b) Vervollständigen und Anpassen der Planungsunterlagen, Beschreibungen und Berechnungen	
LPH 5 Ausführungsplanung	
a) Erarbeiten der Ausführungsplanung auf Grundlage der Ergebnisse der Leistungsphasen 3 und 4 (stufenweise Erarbeitung und Darstellung der Lösung) unter Beachtung der durch die Objektplanung integrierten Fachplanungen bis zur ausführungsreifen Lösung b) Fortschreiben der Berechnungen und Bemessungen zur Auslegung der technischen Anlagen und Anlagenteile Zeichnerische Darstellung der Anlagen in einem mit dem Objektplaner abgestimmten Ausgabemaßstab und Detaillierungsgrad einschließlich Dimensionen (keine Montage- oder Werkstattpläne) Anpassen und Detaillieren der Funktions- und Strangschemata der Anlagen bzw. der GA-Funktionslisten Abstimmen der Ausführungszeichnungen mit dem Objektplaner und den übrigen Fachplanern c) Anfertigen von Schlitz- und Durchbruchsplänen d) Fortschreibung des Terminplans e) Fortschreiben der Ausführungsplanung auf den Stand der Ausschreibungsergebnisse und der dann vorliegenden Ausführungsplanung des Objektplaners, Übergeben der fortgeschriebenen Ausführungsplanung an die ausführenden Unternehmen f) Prüfen und Anerkennen der Montage- und Werkstattpläne der ausführenden Unternehmen auf Übereinstimmung mit der Ausführungsplanung	• Prüfen und Anerkennen von Schalplänen des Tragwerksplaners auf Übereinstimmung mit der Schlitz- und Durchbruchsplanung • Anfertigen von Plänen für Anschlüsse von beigestellten Betriebsmitteln und Maschinen (Maschinenanschlussplanung) mit besonderem Aufwand (z. B. bei Produktionseinrichtungen) • Leerrohrplanung mit besonderem Aufwand (z. B. bei Sichtbeton oder Fertigteilen) • Mitwirkung bei Detailplanungen mit besonderem Aufwand, z. B. Darstellung von Wandabwicklungen in hochinstallierten Bereichen • Anfertigen von allpoligen Stromlaufplänen

Tabelle 3.1 (*Fortsetzung*) Grundleistungen und besondere Leistungen im Leistungsbild Technische Ausrüstung

Grundleistungen	Besondere Leistungen
LPH 6 Vorbereitung der Vergabe	
a) Ermitteln von Mengen als Grundlage für das Aufstellen von Leistungsverzeichnissen in Abstimmung mit Beiträgen anderer an der Planung fachlich Beteiligter b) Aufstellen der Vergabeunterlagen, insbesondere mit Leistungsverzeichnissen nach Leistungsbereichen, einschließlich der Wartungsleistungen auf Grundlage bestehender Regelwerke c) Mitwirken beim Abstimmen der Schnittstellen zu den Leistungsbeschreibungen der anderen an der Planung fachlich Beteiligten d) Ermitteln der Kosten auf Grundlage der vom Planer bepreisten Leistungsverzeichnisse e) Kostenkontrolle durch Vergleich der vom Planer bepreisten Leistungsverzeichnisse mit der Kostenberechnung f) Zusammenstellen der Vergabeunterlagen	• Erarbeiten der Wartungsplanung und -organisation • Ausschreibung von Wartungsleistungen, soweit von bestehenden Regelwerken abweichend
LPH 7 Mitwirkung bei der Vergabe	
a) Einholen von Angeboten b) Prüfen und Werten der Angebote, Aufstellen der Preisspiegel nach Einzelpositionen, Prüfen und Werten der Angebote für zusätzliche oder geänderte Leistungen der ausführenden Unternehmen und der Angemessenheit der Preise c) Führen von Bietergesprächen d) Vergleichen der Ausschreibungsergebnisse mit den vom Planer bepreisten Leistungsverzeichnissen und der Kostenberechnung e) Erstellen der Vergabevorschläge, Mitwirken bei der Dokumentation der Vergabeverfahren f) Zusammenstellen der Vertragsunterlagen und bei der Auftragserteilung	• Prüfen und Werten von Nebenangeboten • Mitwirken bei der Prüfung von bauwirtschaftlich begründeten Angeboten (Claim-Abwehr)
LPH 8 Objektüberwachung (Bauüberwachung) und Dokumentation	
a) Überwachen der Ausführung des Objekts auf Übereinstimmung mit der öffentlich-rechtlichen Genehmigung oder Zustimmung, den Verträgen mit den ausführenden Unternehmen, den Ausführungsunterlagen, den Montage- und Werkstattplänen, den einschlägigen Vorschriften und den allgemein anerkannten Regeln der Technik b) Mitwirken bei der Koordination der am Projekt Beteiligten c) Aufstellen, Fortschreiben und Überwachen des Terminplans (Balkendiagramm) d) Dokumentation des Bauablaufs (Bautagebuch)	• Durchführen von Leistungsmessungen und Funktionsprüfungen • Werksabnahmen • Fortschreiben der Ausführungspläne (z. B. Grundrisse, Schnitte, Ansichten) bis zum Bestand • Erstellen von Rechnungsbelegen anstelle der ausführenden Firmen, z. B. Aufmaß

Tabelle 3.1 (*Fortsetzung*) Grundleistungen und besondere Leistungen im Leistungsbild Technische Ausrüstung

Grundleistungen	Besondere Leistungen
e) Prüfen und Bewerten der Notwendigkeit geänderter oder zusätzlicher Leistungen der Unternehmer und der Angemessenheit der Preise f) Gemeinsames Aufmaß mit den ausführenden Unternehmen g) Rechnungsprüfung in rechnerischer und fachlicher Hinsicht mit Prüfen und Bescheinigen des Leistungsstandes anhand nachvollziehbarer Leistungsnachweise h) Kostenkontrolle durch Überprüfen der Leistungsabrechnungen der ausführenden Unternehmen im Vergleich zu den Vertragspreisen und dem Kostenanschlag i) Kostenfeststellung j) Mitwirken bei Leistungs- und Funktionsprüfungen k) fachtechnische Abnahme der Leistungen auf Grundlage der vorgelegten Dokumentation, Erstellung eines Abnahmeprotokolls, Feststellen von Mängeln und Erteilen einer Abnahmeempfehlung l) Antrag auf behördliche Abnahmen und Teilnahme daran m) Prüfung der übergebenen Revisionsunterlagen auf Vollzähligkeit, Vollständigkeit und stichprobenartige Prüfung auf Übereinstimmung mit dem Stand der Ausführung n) Auflisten der Verjährungsfristen der Ansprüche auf Mängelbeseitigung o) Überwachen der Beseitigung der bei der Abnahme festgestellten Mängel p) Systematische Zusammenstellung der Dokumentation, der zeichnerischen Darstellungen und rechnerischen Ergebnisse des Objekts	• Schlussrechnung (Ersatzvornahme) • Erstellen fachübergreifender Betriebsanleitungen (z. B. Betriebshandbuch, Reparaturhandbuch) oder Computer-Aided Facility Managementkonzepte (CAFM) • Planung der Hilfsmittel für Reparaturzwecke
LPH 9 Objektbetreuung	
a) Fachliche Bewertung der innerhalb der Verjährungsfristen für Gewährleistungsansprüche festgestellten Mängel, längstens jedoch bis zum Ablauf von fünf Jahren seit Abnahme der Leistung, einschließlich notwendiger Begehungen b) Objektbegehung zur Mängelfeststellung vor Ablauf der Verjährungsfristen für Mängelansprüche gegenüber den ausführenden Unternehmen c) Mitwirken bei der Freigabe von Sicherheitsleistungen	• Überwachen der Mängelbeseitigung innerhalb der Verjährungsfrist • Energie-Monitoring innerhalb der Gewährleistungsphase, Mitwirkung bei den jährlichen Verbrauchsmessungen aller Medien • Vergleich mit den Bedarfswerten aus der Planung, Vorschläge für die Betriebsoptimierung und zur Senkung des Medien- und Energieverbrauchs

Tabelle 3.1 (*Fortsetzung*) Grundleistungen und besondere Leistungen im Leistungsbild Technische Ausrüstung

Anlage 15.2 der HOAI 2013 enthält die Objektliste mit den Honorarzonen. Diese Objektliste umfasst die

- Anlagengruppe 1 Abwasser-, Wasser- oder Gasanlagen,
- Anlagengruppe 2 Wärmeversorgungsanlagen,
- Anlagengruppe 3 Lufttechnische Anlagen,
- Anlagengruppe 4 Starkstromanlagen,
- Anlagengruppe 5 Fernmelde- oder informationstechnische Anlagen,
- Anlagengruppe 6 Förderanlagen,
- Anlagengruppe 7 Nutzungsspezifische oder verfahrenstechnische Anlagen mit 7.1. Nutzungsspezifische Anlagen, 7.2. Verfahrenstechnische Anlagen.

Was gehört zum sachlichen Anwendungsbereich der HOAI? (Beispiel § 55 Abs. 1 HOAI 2013) [3.1], [3.2]

Zum sachlichen Anwendungsbereich des § 55 HOAI 2013 gehören

- Neuanlagen,
- Wiederaufbauten,
- Erweiterungsbauten,
- Umbauten,
- Modernisierungen,
- Instandhaltungen,
- Instandsetzungen.

Können die Bestimmungen des § 55 HOAI unmittelbar Leistungspflichten begründen? [3.1], [3.2]

- Die Bestimmungen des § 55 HOAI sind Bestandteil einer Honorarordnung und können damit keine unmittelbaren Leistungspflichten begründen.
- Im Rahmen der Werkvertragsrechtparagrafen §§ 631 ff. BGB sind die Leistungspflichten des Ingenieurs nicht speziell geregelt.
- Das Leistungsbild des § 55 HOAI wird in Verbindung mit der Anlage 15 bei
  - Fragen des Umfangs der Leistungspflichten und
  - Fragen der Haftung

  mit herangezogen.

- Die Auslegung eines an den Leistungsphasen des § 53 HOAI orientierten Ingenieurvertrags führt im Regelfall dazu, dass der Ingenieur die vereinbarten Teilgrundleistungen als selbstständigen Leistungserfolg schuldet.

Wie soll die Planung nach dem Leistungsbild in § 55 HOAI erfolgen? [3.1], [3.2]

- Die Planungsentwicklung erfolgt schrittweise.
- Bei der Planungsentwicklung arbeiten
  - der Objektplaner,
  - der Auftraggeber,
  - der Fachingenieur intensiv zusammen (siehe VDE-Schriftenreihe 131 [3.3] und VDE-Schriftenreihe 132 [3.4]).
- Die Vergabe erfolgt im Regelfall auf der Grundlage der vom Fachplaner ermittelten Daten und Vorgaben (siehe VDE-Schriftenreihe 132 [3.4]).

Wer trägt bei der Planungsentwicklung nach dem Leistungsbild in § 55 HOAI die Verantwortung? [3.1], [3.2]

- Beim Fachplaner liegt die Planungsverantwortung.

Welche Besonderheiten gibt es bei einer funktionalen Ausschreibung? [3.1]

- Bei der funktionalen Ausschreibung wird versucht, die konventionelle Art der Planung und Bauausführung zu verkürzen.
- Wesentliche Teile der Planungsverantwortung werden vom Planer auf die ausführenden Firmen übertragen.

Gibt es Honorare für Grundleistungen der Technischen Ausrüstung? [3.2]

In der Verordnung über die Honorare für Architekten- und Ingenieurleistungen (Honorarordnung für Architekten und Ingenieure – HOAI) 2013 § 56 „Honorare für Grundleistungen der Technischen Ausrüstung“ werden Honorare festgeschrieben, **Tabelle 3.2**, Zitat:

(1) Die Mindest- und Höchstsätze der Honorare für die in § 55 und der Anlage 15.1 aufgeführten Grundleistungen bei einzelnen Anlagen sind in der folgenden Honorartafel festgesetzt:

Anrechenbare Kosten in €	Honorarzone I geringe Anforderungen		Honorarzone II durchschnittliche Anforderungen		Honorarzone III hohe Anforderungen	
	von	bis	von	bis	von	bis
	€		€		€	
5 000	2 132	2 547	2 547	2 990	2 990	3 405
10 000	3 689	4 408	4 408	5 174	5 174	5 893
15 000	5 084	6 075	6 075	7 131	7 131	8 122
25 000	7 615	9 098	9 098	10 681	10 681	12 164
35 000	9 934	11 869	11 869	13 934	13 934	15 869
50 000	13 165	15 729	15 729	18 465	18 465	21 029
75 000	18 122	21 652	21 652	25 418	25 418	28 948
100 000	22 723	27 150	27 150	31 872	31 872	36 299
150 000	31 228	37 311	37 311	43 800	43 800	49 883
250 000	46 640	55 726	55 726	65 418	65 418	74 504
500 000	80 684	96 402	96 402	113 168	113 168	128 886
750 000	111 105	132 749	132 749	155 836	155 836	177 480
1 000 000	139 347	166 493	166 493	195 448	195 448	222 594
1 250 000	166 043	198 389	198 389	232 891	232 891	265 237
1 500 000	191 545	228 859	228 859	268 660	268 660	305 974
2 000 000	239 792	286 504	286 504	336 331	336 331	383 044
2 500 000	285 649	341 295	341 295	400 650	400 650	456 296
3 000 000	329 420	393 593	393 593	462 044	462 044	526 217
3 500 000	371 491	443 859	443 859	521 052	521 052	593 420
4 000 000	412 126	492 410	492 410	578 046	578 046	658 331

Tabelle 3.2 Honorare für Grundleistungen der Technischen Ausrüstung, § 56 HOAI 2013

(2) Welchen Honorarzonen die Grundleistungen zugeordnet werden, richtet sich nach folgenden Bewertungsmerkmalen:

1. *Anzahl der Funktionsbereiche,*
2. *Integrationsansprüche,*
3. *technische Ausgestaltung,*
4. *Anforderungen an die Technik,*
5. *konstruktive Anforderungen.*

(3) Für die Zuordnung zu den Honorarzonen ist die Objektliste der Anlage 15 Nr. 15.2 zu berücksichtigen.

(4) Werden Anlagen einer Gruppe verschiedenen Honorarzonen zugeordnet, so ergibt sich das Honorar nach Abs. 1 aus der Summe der Einzelhonorare. Ein Einzelhonorar wird dabei für alle Anlagen ermittelt, die einer Honorarzone zugeordnet werden. Für die Ermittlung des Einzelhonorars ist zunächst das Honorar für die Anlagen jeder Honorarzone zu berechnen, das sich ergeben würde, wenn die gesamten anrechenbaren Kosten der Anlagengruppe nur der Honorarzone zugeordnet würden, für die das Einzelhonorar berechnet wird. Das Einzelhonorar ist dann nach dem Verhältnis der Summe der anrechenbaren Kosten der Anlagen einer Honorarzone zu den gesamten anrechenbaren Kosten der Anlagengruppe zu ermitteln.

(5) Für Umbauten und Modernisierungen kann bei einem durchschnittlichen Schwierigkeitsgrad ein Zuschlag gemäß § 6 Abs. 2 Satz 3 bis 50 Prozent schriftlich vereinbart werden.

(6) Steht der Planungsaufwand für die Technische Ausrüstung von Ingenieurbauwerken mit großer Längenausdehnung, die unter gleichen baulichen Bedingungen errichtet werden, in einem Missverhältnis zum ermittelten Honorar, ist § 7 Abs. 3 anzuwenden.

Was umfasst die Leistungsphase 1 (Grundlagenermittlung) [3.2], [3.5]

Der Inhalt der Leistungsphase 1 Grundlagenermittlung wird in der HOAI-Anlage 15 zu § 55 Abs. 3, § 56 Abs. 3, beschrieben:

Grundleistungen

LPH 1 Grundlagenermittlung

a) Klären der Aufgabenstellung aufgrund der Vorgaben oder der Bedarfsplanung des Auftraggebers im Benehmen mit dem Objektplaner

b) Ermitteln der Planungsrandbedingungen und Beraten zum Leistungsbedarf und ggf. zur technischen Erschließung

c) Zusammenfassen, Erläutern und Dokumentieren der Ergebnisse

Was beinhaltet die Klärung der Aufgabenstellung der Technischen Ausrüstung? [3.2], [3.5]

- Fachplaner, Auftraggeber und Objektplaner klären die Aufgabenstellung in enger Zusammenarbeit und stimmen die Grundlagen ab.
- Die Grundsatzfragen und Rahmenbedingungen der Technischen Ausrüstung werden festgelegt, insbesondere in

- technischer Hinsicht und in
- wirtschaftlicher Hinsicht.

- Ausschlaggebend werden die Bedürfnisse und Ansprüche des Auftraggebers hinsichtlich der Nutzung des Objekts sein.
- Die eigentlichen Planungsphasen bauen auf den Ergebnissen dieser Leistungsphase auf.

Welche Fragen sind für die Festlegung der Rahmenbedingungen zu beantworten? [3.2], [3.5]

(Aufzählung nicht abschließend)

- Was sind die wichtigsten Verbraucher (**Bilder 3.5 bis 3.16**)?
- Wie kann die Energieversorgung und Entsorgung erfolgen (**Bild 3.17**)?
- Welche Energiearten werden benötigt (**Bild 3.18**)?
- Welche Energiearten sollen verwendet werden (Bild 3.18)?
- Wie hoch muss die Sicherheit der verwendeten Energiearten sein?
- Wird einer Ersatzstromversorgung bei den technischen Anlagen benötigt (**Bild 3.4**)?
- Wird eine Redundanz bei technischen Anlagen benötigt?

Unterteilt nach den erzeugten Energieformen können elektrische Verbraucher u. a. sein, Zitat [3.6]:

- Licht (Lampen, Leuchtmittel, Scheinwerfer, Lasergeräte usw.),
- mechanische Energie (Elektromotoren, elektrisch angetriebene Maschinen, Rütteltische, Elektrofahrzeuge, elektrische Pumpen, Krane, Handgeräte usw.),
- Wärme oder Infrarotstrahlung (Heizlüfter, Lötkolben, Toaster, elektrische Schweißgeräte, Nachtspeicheröfen, elektrische Strahlungsheizungen usw.),
- chemische Energie (Elektrolyseanlagen, Akkumulatoren beim Laden),
- andere Form elektrischer Energie: Transformatoren, Netzteile, Wandler,
- Funkwellen, Mikrowellen (Sendeanlagen, Mikrowelle, Radar usw.),
- Informationsgewinnung, Informationsverarbeitung und Kommunikationstechnik (Fernseher, Computer, Radios, Telefon- und Faxgeräte, TV- und Digital-Kameras),
- elektrische Röntgen-, Plasma- und Ultraviolettquellen.

Bild 3.4 Ersatzstromversorgung bei den technischen Anlagen – z. B. USV in einem Rechenzentrum Quelle: Planungsbüro für Elektrotechnik Dipl.-Ing. (FH) *Volker Wörtz*, Pforzheim (www.buero-woertz.de)

Bild 3.5 Elektrische Verbraucher – Lampe mit Leuchtdioden

Bild 3.6 Elektrische Verbraucher – Flutlicht

Bild 3.7 Elektrische Verbraucher –Elektromotoren
Quelle: Wikipedia-Benutzer: C_J_Cowie
[CC-BY-SA 3.0]

Bild 3.8 Elektrische Verbraucher – Strahlungsheizung in Flugzeugwerft
Quelle: Wikipedia-Benutzer: ILA-boy

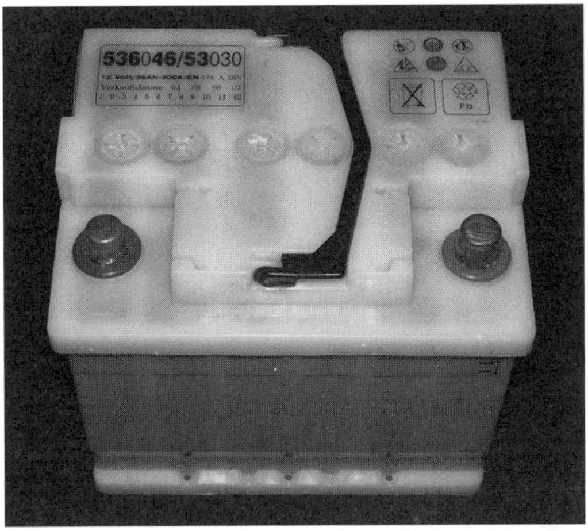

Bild 3.9 Elektrische Verbraucher 12 V – Starterbatterie
Quelle: *Thomas Wydra*

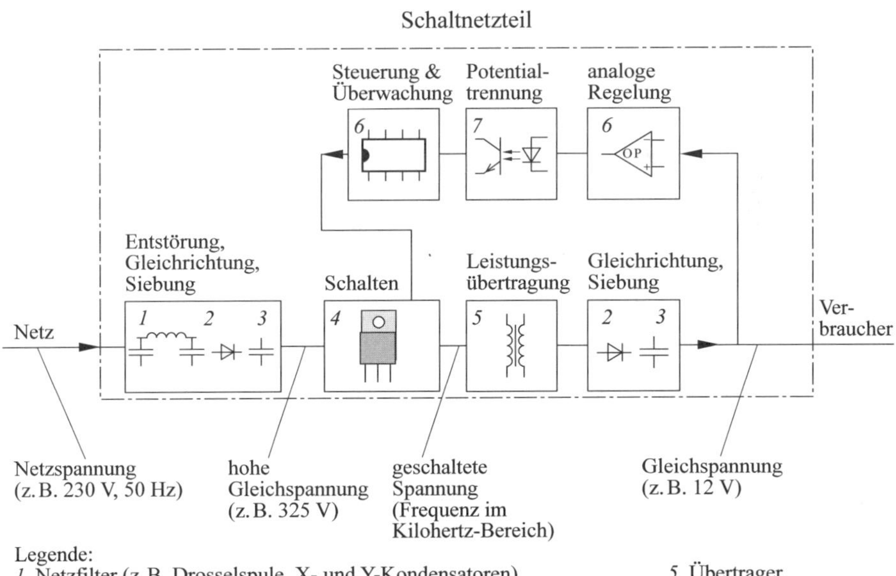

Legende:
1 Netzfilter (z. B. Drosselspule, X- und Y-Kondensatoren),
2 Gleichrichter (z. B. Brückengleichrichter oder einzelne Dioden),
3 Glättungskondensator,
4 Leistungstransistor (z. B. MOSFET),
5 Übertrager,
6 Steuerelektronik,
7 Optokoppler

Bild 3.10 Elektrische Verbraucher – Schaltnetzteil

Bild 3.11 Elektrische Verbraucher – Netzteil für PC
Quelle: *Baran Ivo*

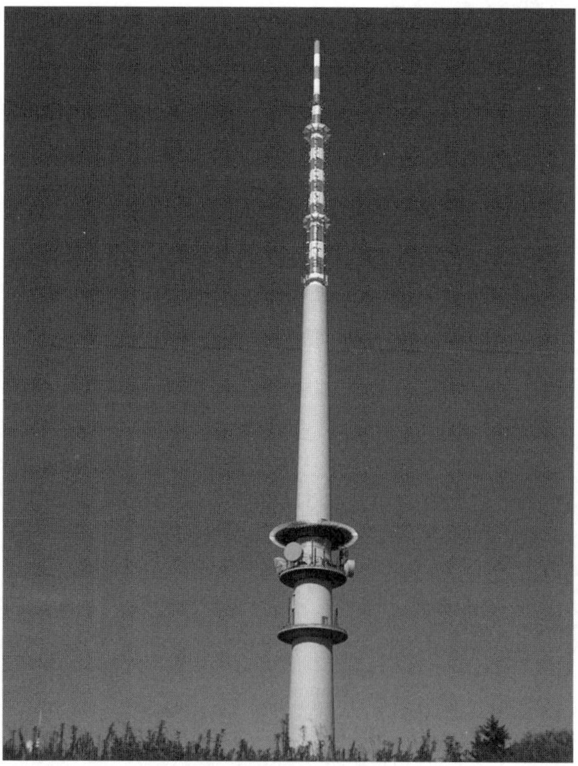

Bild 3.12 Elektrische Verbraucher – Sendemast
Quelle: *Michael Sander* [CC-BY-SA 3.0]

Bild 3.13 Elektrische Verbraucher – Flugüberwachung
Quelle: Airman *Joe Hendricks*, U. S. Navy

Bild 3.14 Elektrische Verbraucher – Radarantenne

Bild 3.15 Elektrische Verbraucher – Fernseher
Quelle: Panasonic Deutschland GmbH, Hamburg (www.panasonic.de)

Bild 3.16 Elektrische Verbraucher – Computer
Quelle: Argonne National Laboratory [CC-BY-SA 3.0]

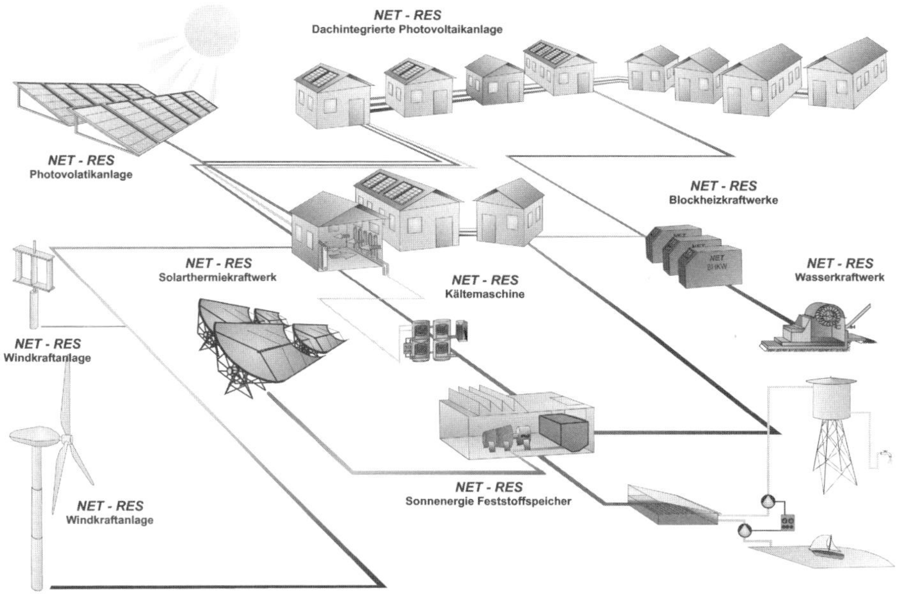

Bild 3.17 Ganzheitliche Lösungen für Ihre autarke Energieversorgung
Quelle: Renewable Energy Systems GmbH, Salzburg/Österreich (www.res-energy.at)

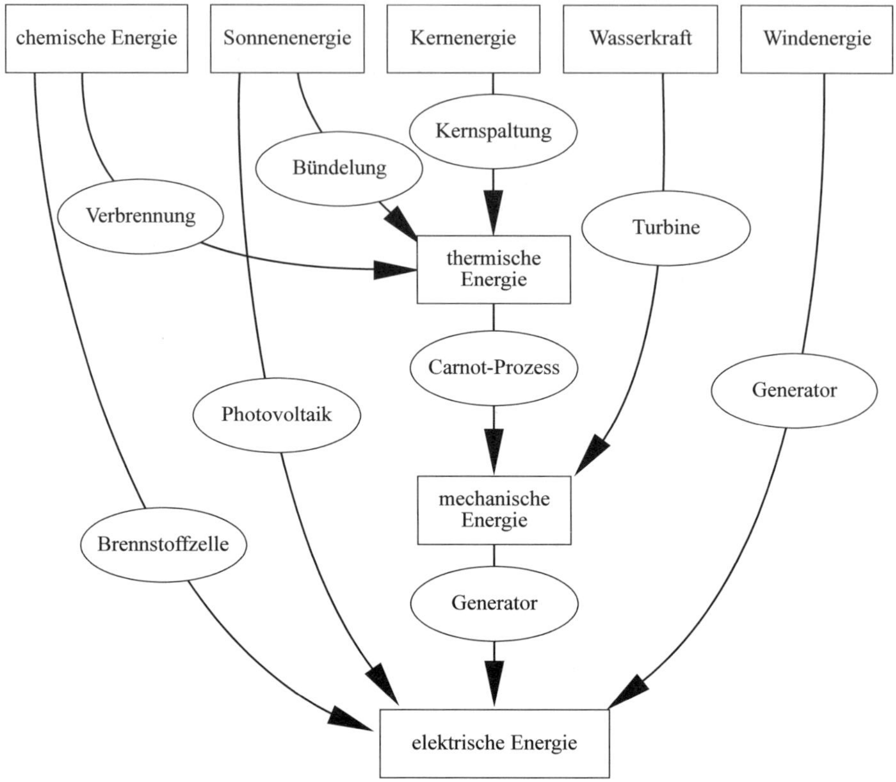

Bild 3.18 Energiearten

Wie erfolgt die Zusammenfassung der Ergebnisse der Grundlagenermittlung?

- Für die Zusammenfassung der Ergebnisse ist keine bestimmte Form vorgeschrieben.
- Es empfiehlt sich, die Schriftform zu wählen, da hier die Abstimmungen und Grundlagen des weiteren Planungsverlaufs mit dem Auftraggeber festgelegt sind.

3.3 Abnahme der Ingenieurleistungen [3.7], [3.8]

Die Betrachtung der Abnahme von Ingenieurleistungen kann weitgehend anhand der Grundsätze zur Abnahme der Architektenleistungen erfolgen.

Was beinhaltet die Abnahme der Ingenieurleistung?

Die Abnahme wird als „Dreh- und Angelpunkt des Bauvertrags" bezeichnet.

Sie bildet beim Ingenieurvertrag eine Zäsur zwischen der Erfüllungsebene einerseits und den Mängelansprüchen andererseits.

Als nahezu unbestritten gilt:

- Ingenieurverträge sind abnahmefähig.

Die Billigung des Werks als einer im Wesentlichen vertragsgemäßen Leistung, die aber die vertragsgemäße Erbringung aller im Ingenieurvertrag vorgesehenen und vom Ingenieur geschuldeten Leistungen voraussetzt, tritt an die Stelle der billigenden körperlichen Übergabe.

Bei Vorlage der Voraussetzungen der Abnahmefähigkeit hat der Auftraggeber eine Verpflichtung zur Abnahme des Ingenieurwerks.

Was sind die Voraussetzungen für die Abnahme bei Ingenieurleistungen?

- Die Vollendung der vertragsgemäß geschuldeten Ingenieurleistung ist die Voraussetzung für die Abnahme.
- Der Zeitpunkt der Abnahmefähigkeit ist von der Ausgestaltung und dem Inhalt des Ingenieurvertrags abhängig.
- In der Praxis erfolgt meist keine ausdrückliche Abnahme der Ingenieurleistungen. sondern eine konkludente Abnahme, **Bild 3.19**.

Was bedeutet konkludentes Handeln?

Das Gewollte kommt stillschweigend durch schlüssiges Handeln zum Ausdruck.

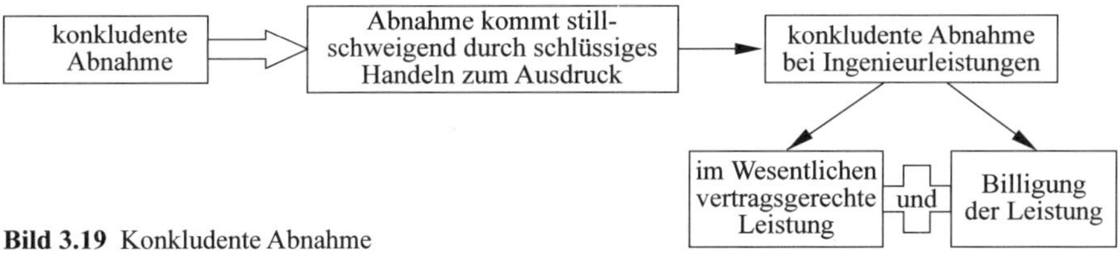

Bild 3.19 Konkludente Abnahme

3.4 Darlegungs- und Beweislast [3.9], [3.10]

Wer trägt die Darlegungs- und Beweislast für den Leistungsumfang und die Abnahme?

Diejenige Partei, die sich auf den Leistungsumfang oder die Abnahme beruft, trägt jeweils die Darlegungs- und Beweislast, **Bild 3.20**.

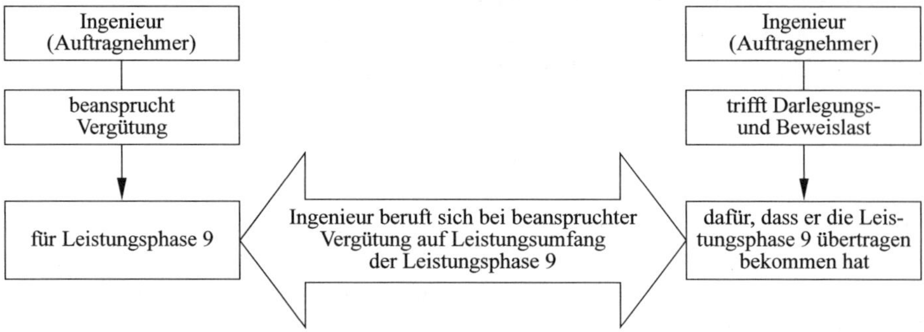

Bild 3.20 Beispiel für Darlegungs- und Beweislast beim Ingenieurvertrag

3.5 Die Beauftragung des Ingenieurs [3.11]

Wie erfolgt die Beauftragung des Ingenieurs?

Die Beauftragung des Ingcnicurs kann

- durch den Bauherrn bzw. Auftraggeber selbst,
- vom Architekten oder
- im Namen des Bauherrn bzw. Auftraggeber durch den Architekten

erfolgen.

Welche Form muss ein Ingenieurvertrag haben?

Der Ingenieurvertrag braucht keine bestimmte Form. Er kann folgendermaßen zustande kommen:

- schriftlich,
- mündlich,
- durch schlüssiges Verhalten.

Der Ingenieurvertrag kann

- individualvertraglich ausgehandelt oder
- ein Formularvertrag

sein.

Ein Beispiel für den Inhalt eines Ingenieurvertrags zeigt **Bild 3.21** (kein Anspruch auf Vollständigkeit, muss im Einzelfall geprüft werden).

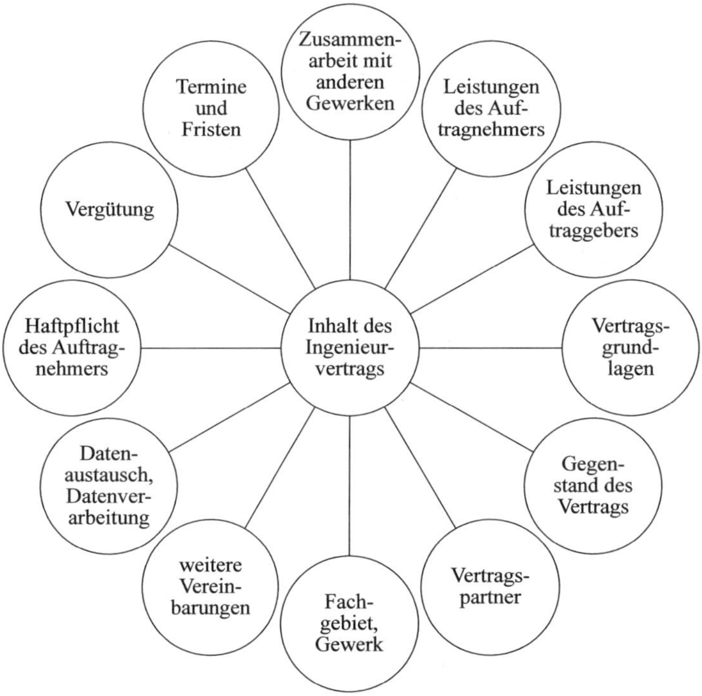

Bild 3.21 Übersicht wichtiger Vertragsbestandteile eines Ingenieurvertrags für eine Baumaßnahme (kein Anspruch auf Vollständigkeit, muss im Einzelfall geprüft werden)
Quelle: *Jackisch, J.*: Regelungen im Bauordnungsrecht für die Elektrotechnik. VDE-Schriftenreihe 132 [3.4]

Was für Grundsätze gelten für den Ingenieurvertrag?

Für den Ingenieurvertrag gelten in folgenden Punkten dieselben Grundsätze wie für den Architektenvertrag:

- für das Zustandekommen,
- hinsichtlich der Bauhandwerksversicherungshypothek,
- der Verjährung des Vergütungsanspruches,
- der Haftung,
- der Beendigung des Vertrags,
- der Abnahme,
- der Haftungsbeschränkungen.

3.6 Die Verjährung von Mängelansprüchen [3.12]

Wann verjähren Mängelansprüche gegenüber einem beauftragten Sonderfachmann?

Werden gegen den Sonderfachmann Mängelansprüche geltend gemacht, verjähren diese in fünf Jahren ab der Abnahme, **Bild 3.22**.

Bild 3.22 Verjährung von Mängelansprüchen gegen Fachplaner

Ist die Verjährung der Mängelansprüche von der Art der Beauftragung des Fachingenieurs abhängig?

Die Verjährung ist unabhängig von der Art der Beauftragung des Fachingenieurs durch den Auftraggeber, vgl. **Bild 3.23**.

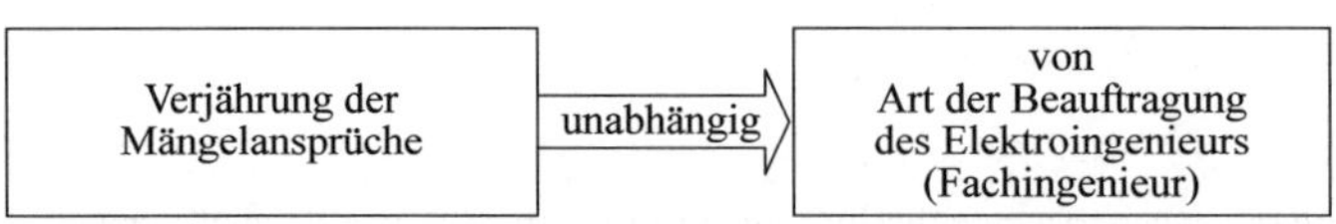

Bild 3.23 Zusammenhang zw. Art der Beauftragung des Fachingenieurs und der Verjährung der Mängelansprüche

Für die Beauftragung des Fachingenieurs gibt es mehrere Möglichkeiten:

- Der Auftraggeber beauftragt den Fachingenieur selbst.
- Der Architekt beauftragt den Fachingenieur in fremdem Namen.
- Der Architekt beauftragt den Fachingenieur in eigenem Namen.

Enthält ein Ingenieurvertrag eine formularmäßige Verkürzung der Verjährungsfrist, so verstößt diese auch im kaufmännischen Verkehr gegen § 307 BGB. Deshalb ist sie unwirksam.

3.7 Folgen der Abnahme [3.13]

Was sind die Folgen der Abnahme beim Ingenieurvertrag?

- Vor der Abnahme hat der Ingenieur die Beweislast für die Erfüllung seiner vertraglich geschuldeten Leistung.
- Ab der Abnahme hat der Auftraggeber die Beweislast für Mängel, **Bild 3.24**.
- Mit der Abnahme geht die Gefahr des zufälligen Untergangs auf den Auftraggeber über.
- Wird eine Vertragsstrafe nicht bei der Abnahme vorbehalten, kann sie nicht mehr durchgesetzt werden.
- Der Beginn der Verjährungsfrist für Mängelansprüche ist gemäß § 634a BGB an die Abnahme geknüpft.
- Die Fälligkeit der Vergütung des Ingenieurs ist abweichend von § 641 BGB **nicht von der Abnahme**, sondern von dem objektiven Maßstab der „vertragsgemäßen Erbringung der Leistung" abhängig.
- Die Abnahme hat noch bei bekannten Mängeln den
  - Verlust von Nachbesserung,
  - Verlust von Wandlung,
  - Verlust von Minderung

  mit Ausnahme von Schadensersatz zur Folge, § 640 Abs. 2 BGB.

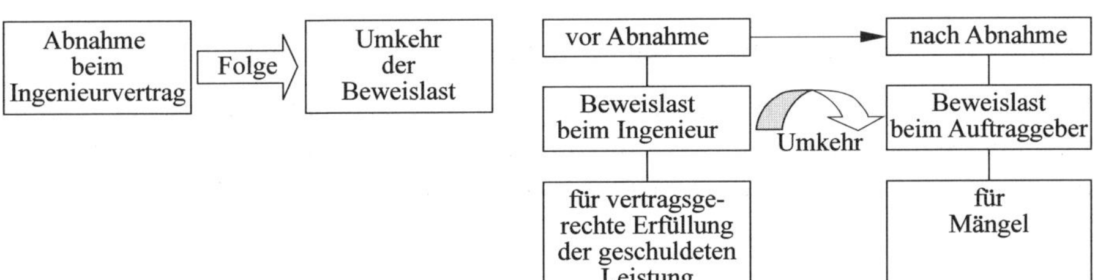

Bild 3.24 Folgen der Abnahme beim Ingenieurvertrag

3.8 Die Haftung für die in der HOAI aufgenommenen Ingenieurleistungen im Einzelnen [3.14]

Wie kann der Elektroingenieur bei der LV-Erstellung Schadensersatzansprüche vermeiden?

Will der Elektroingenieur Schadensersatzansprüche vermeiden, hat er seine Technik, z. B. die Datennetze unmissverständlich und nach den anerkannten Regeln der Technik entsprechend auszuschreiben.

Bild 3.25 zeigt einen LV-Auszug für ein Datennetz.

Austausch von Datenleitungen im Verwaltungsgebäude Block 5			
Titel 1			
Position			**Einheitspreis ... Preis**
1.3	Doppelsteckdosen austauschen mit Beschriftung	210	Stück......€........... €
1.4	Datenleitung Cat. 6 STP/S PIMF 4 × 2 × 23 AWG	4230	Meter......€........... €
1.5	Auflegen der Einzeladern je Leitungsende	272	Stück......€........... €
1.6	Messung und Protokollierung je RJ-45-Port	272	Stück......€........... €
1.7	Vorhandene Sockelleisten demontieren/montieren	538,90	Meter......€........... €
1.8	Vorhandene PVC-Kanäle öffnen und schließen	321,40	Meter......€........... €
1.9	Vorhandene Stahlblechkanäle öffnen und schließen	33,20	Meter......€........... €
1.10	Vorhandene Cat.-Leitungen demontieren	4344	Meter......€........... €
1.11	Vorhandene Cat. 3-Doppeldosen demontieren	145	Stück......€........... €
1.12	Vorhandene Patchfelder demontieren	7	Stück......€........... €

Bild 3.25 Auszug aus einem Leistungsverzeichnis
Quelle: *Jackisch, J.*: Regelungen im Bauordnungsrecht für die Elektrotechnik. VDE-Schriftenreihe 132 [3.4]

3.9 Haftungsabgrenzung zum Architekten [3.15]

Wann haften Ingenieur und Architekt gesamtschuldnerisch?

Wegen desselben Bauwerksmangels können der Architekt und der Ingenieur gesamtschuldnerisch haften. Eine Mitverantwortung des Architekten für einen Planungsfehler des Ingenieurs ist aber nur in folgenden Fällen gegeben (Aufzählung nicht abschließend):

- Der Architekt musste nach der Sachlage begründete Zweifel haben, ob der beauftragte Ingenieur die Aufgabenstellung bewältigen konnte oder bewältigt hat.

- Der Architekt hätte aufgrund seines Fachwissens mit nachteiligen Folgen rechnen müssen.
- Vor allem bei eklatantem Fehlverhalten des Ingenieurs, z. B. total falsche Berechnung des Energiebedarfs, wird eine Mitverantwortung des Architekten anzunehmen sein.

Grundsätzlich: Der Architekt kann sich auf das Spezialwissen des Fachingenieurs verlassen.

3.10 Mängelansprüche [3.16]

Wann sind Mängelansprüche bei Ingenieurverträgen gegeben?

- Ist die Ingenieurleistung insgesamt unverwertbar, ist ein Nacherfüllungsanspruch **nicht** gegeben.
- Der Auftraggeber kann bei insgesamt unverwertbarer Ingenieurleistung die nochmalige fehlerfreie Erbringung der geschuldeten Ingenieurleistung verlangen.
- Hat sich der Mangel der geistigen Leistung des Ingenieurs bereits im Bauwerk niedergeschlagen, ist häufig die Ingenieurleistung nicht mehr nachmessbar.
- Beispiele für Fälle, in denen nach begonnener Bauausführung Nacherfüllung verlangt werden kann, sind:
  - Ein Planungsfehler wird vor der Bauausführung erkannt.
  - Die Planung ist aus rechtlichen Gründen mangelhaft und
    - durch eine vom Ingenieur beantragte baurechtliche Befreiung kann nachträglich eine Genehmigung oder bauaufsichtliche Abnahme erreicht werden.

Wie haftet der Ingenieur für seine Planung?

- Wenn die Planung des Ingenieurs mangelhaft ist, so haftet der Ingenieur bei Vorliegen der übrigen Voraussetzungen auf Schadensersatz, wenn dieser Mangel zu einem Mangel am Bauwerk führt.
- Eine Nacherfüllungsfrist zu setzen ist nicht erforderlich.
- Hat sich die fehlerhafte Planung noch **nicht** in einem Bauwerksmangel niedergeschlagen, hat der Rücktritt Bedeutung. Hat sich die fehlerhafte Planung noch **nicht** in einem Bauwerksmangel niedergeschlagen, ist auch die Planung rückabwicklungsfähig.
- Bei Vorlage der Voraussetzungen für einen Rücktritt kommt auch eine Kündigung aus wichtigem Grund infrage.

3.11 Maßgeblicher Zeitpunkt für das Vorliegen eines Mangels [3.17]

Wann erfolgt die Beurteilung der Umsetzung der anerkannten Regeln der Technik?

Der wesentliche Zeitpunkt für die Beurteilung der anerkannten Regeln der Technik ist die Abnahme, Bild 3.24.

Gibt es Mängelansprüche bei Beachtung der anerkannten Regeln der Technik?

Ein Fehler im Sinne des § 633 BGB kann auch bei Beachtung der anerkannten Regeln der Technik vorliegen, wenn die Leistung Mängel aufweist (BGH BauR 1985, 567, für die Planung des Heizungsingenieurs, die zu Korrosionsschäden führt). Es bestehen dann zumindest verschuldungsunabhängige Mängelansprüche.

3.12 Sekundärhaftung des Fachingenieurs [3.18]

Was bedeutet Sekundärhaftung des Elektroingenieurs?

Hat der Architekt aufgrund einer umfassenden Beauftragung eine zentrale Stellung bei der Planung und Durchführung eines Bauvorhabens, so ist der Fachingenieur nicht primär Ansprechpartner des Bauherren, in Bezug auf das Bauvorhaben aber sehr wohl Ansprechpartner für die ihm übertragenen Fachingenieurleistungen, wie z. B. die Elektroplanung.

Werden die gesamten Leistungsbilder der HOAI, Tabelle 3.1, für den Fachingenieur zum Vertragsgegenstand, Bild 3.21, gemacht, so hat er, bezogen auf die ihm übertragenen Fachingenieurleistungen, dem Architekten vergleichbare Leistungen zu erbringen. Das betrifft insbesondere die Leistungen im Zusammenhang mit der Mängelfeststellung bei und nach der Abnahme.

Dem Ingenieur kommt gerade bei der Mängelfeststellung und Mängelbeseitigung an den seine Fachingenieurleistung betreffenden Gewerken eine mit dem Architekten vergleichbare Sachverwalterstellung zu. Es ergibt sich daraus die Pflicht zur Aufklärung über eigene Fehler, deren Verletzung zu einer Sekundärhaftung führt.

Bezüglich seines Pflichtenkreises und seiner Haftung ist der Fachingenieur im Wesentlichen dem Architekten gleichgestellt:

- Er hat die wirtschaftlichen und finanziellen Gesichtspunkte seines Auftraggebers zu beachten.
- Er muss die bestehenden wirtschaftlichen Vorgaben berücksichtigen.

- Er muss die Mengen möglichst genau ermitteln.
- Er muss die Baukosten möglichst genau ermitteln, Der Fachingenieur ist Sonderfachmann. Er hat ebenfalls einen Toleranzrahmen zu beanspruchen, sofern er für die Richtigkeit der Baukosten keine Garantie abgegeben hat.

Die in den Kapiteln 3.1 bis 3.12 dieses Buchs genannten Regelungen und Beispiele sind ab 1. Januar 2018 unter zusätzlicher Beachtung der Schuldrechtsreform anzuwenden. In Kapitel 3.13 werden grundlegende Auswirkungen der Schuldrechtsreform für die Ingenieurverträge vorgestellt.

3.13 § 650p „Vertragstypische Pflichten aus Architekten- und Ingenieurverträgen"

Was sind vertragstypische Pflichten aus einem Architekten- und Ingenieurvertrag?

Bild 3.26 zeigt eine Aufstellung vertragstypische Pflichten aus einem Architekten- und Ingenieurvertrag nach § 650p BGB.

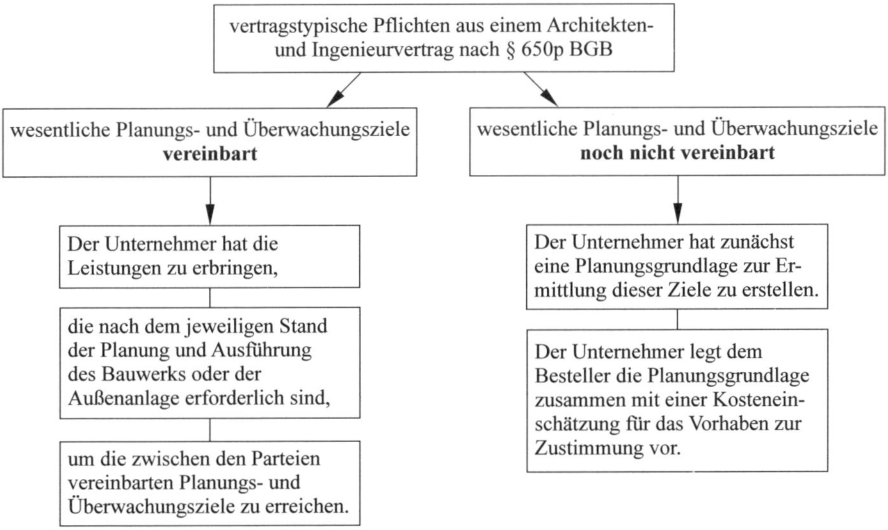

Bild 3.26 Aufstellung vertragstypischer Pflichten aus einem Architekten- und Ingenieurvertrag nach § 650p BGB

Haben Änderungswünsche des Bestellers Auswirkungen auf bereits getroffene Festlegungen?

Betreffen Änderungswünsche des Bestellers bereits getroffene Festlegungen, so sind entweder

- vertragliche Änderungsvereinbarungen erforderlich oder
- Geltendmachung über das Anordnungsrecht nach § 650b BGB

notwendig.

Beispiel, Zitat [3.19]:

Der Besteller hat in der Zielfindungsphase auf einen ausgebauten Keller verzichtet, wünscht jedoch später einen solchen Keller. Das erfordert eine zusätzliche Architektenleistung und auch eine Abänderung der bisherigen Pläne, was zusätzlich vergütet werden muss.

Beispiel, Zitat [3.19]:

Der Besteller hat ein Einfamilienhaus mit sechs Räumen als Planungsgrundlage akzeptiert. Später wünscht er ein Haus mit acht Räumen. Das erfordert eine Umplanung der bisherigen Planungsleistungen, jedenfalls beginnend mit der Vorplanung. Er kann eine zusätzliche Vergütung für diese Planungsleistungen verlangen.

Welche Anwendung findet die Vorschrift im BGB Titel 9 (Werkvertrag und ähnliche Verträge) auf Architekten- und Ingenieurverträge?

Der Architekten- und Ingenieurvertrag ist in einem eigenen Untertitel geregelt. Die Vorschrift Titel 9 (Werkvertrag und ähnliche Verträge) bestimmt, dass auf den Architekten- und Ingenieurvertrag die Vorschriften des Kapitels 1 des Untertitels 1 „Werkvertragsrecht“ grundsätzlich entsprechend Anwendung finden sollen. Danach ergibt sich folgendes Bild:

Auf den Architekten- und Ingenieurvertrag sind alle Regelungen des Kapitels 1 anwendbar, also die §§ 631 bis 650. Insoweit hat das BauVG keine Änderung zur bisherigen Rechtslage erfahren. Aus dem Kapitel 2 sind nahezu alle Regelungen (entsprechend) anwendbar:

- § 650b (Änderung des Vertrags – Anordnungsrecht des Bestellers),
- § 650e (Sicherungshypothek auch des Architekten),
- § 650f (Bauhandwerkersicherung auch des Architekten),
- § 650g (Zustandsfeststellung bei Verweigerung der Abnahme – Schlussrechnung),
- § 650h (Schriftform der Kündigung).

3.14 Literatur zu Kapitel 3

[3.1] *Koeble, W.*: Kommentar zur HOAI, § 53 Rdn. 1, 2, 5–10, S. 979–982 und Rdn. 13 und 14, S. 983–984; *Locher/Koeble/Frik*. 10. Auflage. Köln: Werner-Verlag, 2010. – ISBN 978-3-8041-4767-6

[3.2] Verordnung über die Honorare für Architekten- und Ingenieurleistungen (Honorarordnung für Architekten und Ingenieure – HOAI) vom 10. Juli 2013. BGBl. I 65 (2013) Nr. 37 vom 16.7.2013, S. 2276–2374. – ISSN 0341-1095

[3.3] *Jackisch, J.*: Elektrische Anlagen und Bauordnungsrecht. VDE-Schriftenreihe 131. 2. Auflage. Berlin · Offenbach: VDE VERLAG, 2014. – ISBN 978-3-8007-3563-1, ISSN 0506-6719

[3.4] *Jackisch, J.*: Regelungen im Bauordnungsrecht für die Elektrotechnik. VDE-Schriftenreihe 132. Berlin · Offenbach: VDE VERLAG, 2015. – ISBN 978-3-8007-3666-9, ISSN 0506-6719

[3.5] *Koeble, W.*: Kommentar zur HOAI, § 53 Rdn. 11–14, S. 982–984; *Locher/Koeble/Frik*. 10. Auflage. Köln: Werner-Verlag, 2010. – ISBN 978-3-8041-4767-6

[3.6] Wikipedia – die freie Enzyklopädie. Eintrag „Elektrischer Verbraucher“, abgerufen am 3.1.2017. Wikimedia Foundation Inc., San Francisco, Kalifornien/USA: https://de.wikipedia.org/wiki/Elektrischer_Verbraucher

[3.7] *Koeble, W.*: Kommentar zur HOAI, Einleitung Rdn. 325–326, S. 257 und Rdn. 132–143, S. 180–184; *Locher/Koeble/Frik*. 10. Auflage. Köln: Werner-Verlag, 2010. – ISBN 978-3-8041-4767-6

[3.8] *Koeble, W.*: Kommentar zur HOAI, § 640 BGB Abs. 1, S. 2; *Werner/Pastor* mit Verweis auf Kapitel zu § 640 BGB im Buch. 10. Auflage. Köln: Werner-Verlag, 2010. – ISBN 978-3-8041-4767-6

[3.9] *Creifelds, C.* (Hrsg.); *Guntz, D.*: Rechtswörterbuch. 13. Auflage. München: C. H. Beck, 1996. – ISBN 978-3-406-40130-5

[3.10] *Koeble, W.*: Kommentar zur HOAI, Einleitung Rdn. 136, S. 182; *Locher/Koeble/Frik*. 10. Auflage. Köln: Werner-Verlag, 2010. – ISBN 978-3-8041-4767-6

[3.11] *Koeble, W.*: Kommentar zur HOAI, Einleitung Rdn. 322–324, S. 255; *Locher/Koeble/Frik*. 10. Auflage. Köln: Werner-Verlag, 2010. – ISBN 978-3-8041-4767-6

[3.12] *Koeble, W.*: Kommentar zur HOAI, Einleitung Rdn. 334, S. 260; *Locher/Koeble/Frik.* 10. Auflage. Köln: Werner-Verlag, 2010. – ISBN 978-3-8041-4767-6

[3.13] *Koeble, W.*: Kommentar zur HOAI, Einleitung Rdn. 137, S. 182–183; *Locher/Koeble/Frik.* 10. Auflage. Köln: Werner-Verlag, 2010. – ISBN 978-3-8041-4767-6

[3.14] *Koeble, W.*: Kommentar zur HOAI, Einleitung Rdn. 336, S. 260; *Locher/Koeble/Frik.* 10. Auflage. Köln: Werner-Verlag, 2010. – ISBN 978-3-8041-4767-6

[3.15] *Koeble, W.*: Kommentar zur HOAI, Einleitung Rdn. 334, S. 258, Rdn. 329; *Locher/Koeble/Frik.* 10. Auflage. Köln: Werner-Verlag, 2010. – ISBN 978-3-8041-4767-6

[3.16] *Koeble, W.*: Kommentar zur HOAI, Einleitung Rdn. 328 und 329, S. 257–258; *Locher/Koeble/Frik.* 10. Auflage. Köln: Werner-Verlag, 2010. – ISBN 978-3-8041-4767-6

[3.17] *Koeble, W.*: Kommentar zur HOAI, Einleitung Rdn. 332–333, S. 259–260; *Locher/Koeble/Frik.* 10. Auflage. Köln: Werner-Verlag, 2010. – ISBN 978-3-8041-4767-6

[3.18] *Koeble, W.*: Kommentar zur HOAI, Einleitung Rdn. 331–332, S. 259; *Locher/Koeble/Frik.* 10. Auflage. Köln: Werner-Verlag, 2010. – ISBN 978-3-8041-4767-6

[3.19] *Kniffka, R.*: Das neue Recht nach dem Gesetz zur Reform des Bauvertragsrechts, zur Änderung der kaufrechtlichen Mängelhaftung und zur Stärkung des zivilprozessualen Rechtsschutzes (BauVG) – VI. Untertitel 2 Architekten- und Ingenieurvertrag. BauR baurecht Zeitschrift für das gesamte öffentliche und zivile Baurecht (Sonderheft zum neuen Bauvertragsrecht) 48 (2017) H. 10a, S. 1 846–1 881. – ISSN 0340-7489

4 Fallbeispiele

Die in den Kapiteln 4.1 bis 4.12 dieses Buchs genannten Regelungen und Beispiele sind für Fälle ab dem 1. Januar 2018 unter zusätzlicher Beachtung der Schuldrechtsreform zum 1. Januar 2018 anzuwenden.

4.1 Beratungspflicht – Haftung bei Planungs- und Beratungsfehlern [4.1]

§ 631 BGB Beratungspflicht – Haftung bei Planungs- und Beratungsfehlern

Beispiel, Zitat:

Der Bauherr plant die Errichtung eines großen Verwaltungskomplexes mitten in Frankfurt, der Großunternehmen zur Anmietung angeboten werden soll, möglichst im Ganzen.

Der Architekt legt eine beeindruckende Planung vor. Danach sollen zwei schmale 15-stöckige Gebäude errichtet werden, die im 5., 10. und 15. Stockwerk mit einem gläsernen Übergang verbunden sind. Der Bauherr ist begeistert. Nach Fertigstellung stellt sich heraus, dass die Büroflächen nicht vermietbar sind. Für kleinere Firmen sind sie von ihrem Zuschnitt her ungeeignet. Die angesprochenen Großunternehmen wären interessiert gewesen, wenn ihnen in dieser Lage Büroflächen von bestimmter Größe angeboten worden wären, stören sich hier aber an der Zerlegung in zwei Komplexe mit entsprechend geringerer Arbeitsfläche und der unglücklichen Verbindung durch lediglich drei Übergänge, wodurch die Arbeitsgänge nachhaltig erschwert werden.

Das ist ein Planungsfehler, der Architekt hat aber auch den Bauherren falsch beraten.

Folge dieses Planungs- und Beratungsfehlers ist, dass das erstellte Werk mangelhaft ist. Der Architekt haftet dafür nach §§ 634 Nr. 4, 636 BGB.

4.2 Verletzung der Beratungspflicht, Folge – Vermögensschaden – Schadensersatzanspruch [4.2]

§ 631 BGB „Verletzung der Beratungspflicht“ schlägt sich nicht in einem Sachmangel nieder, sondern in einem Vermögensschaden – Schadensersatzanspruch

Beispiel, Zitat:

Der Besteller beauftragt einen Fachunternehmer mit der Herstellung einer Biogasanlage. Die Parteien sprechen auch über die Finanzierung. Der Besteller erklärt, er werde den bereits ausgefüllten Antrag auf Gewährung öffentlicher Mittel in den folgenden Wochen persönlich bei der zuständigen Behörde einreichen, zusammen mit dem abgeschlossenen Vertrag über die Errichtung der Anlage.

Tatsächlich hängt, was der Besteller nicht weiß, die Gewährung der öffentlichen Mittel davon ab, dass der Antrag vor Vertragsabschluss eingereicht wird. Der Fachunternehmer, der das genau weiß, aber den Vertrag zum Abschluss bringen will, schweigt. Die Biogasanlage wird errichtet und funktioniert tadellos, der Antrag auf Gewährung öffentlicher Mittel wird aber als verspätet zurückgewiesen.

Hier steht, bejaht man die Verletzung der Beratungsplicht, dem Besteller ein Schadensersatzanspruch zu, unabhängig von der rechtzeitigen und mangelfreien Erfüllung der Herstellungsverpflichtung.

4.3 Vergütungsklauseln unwirksam nach § 307 BGB [4.3]

§ 631 BGB Vergütungsklauseln in den AGB des Bestellers – Vollständigkeits- und Pauschalierungsklausel – Klauseln, wenn die Erweiterung des Leistungsumfanges nicht kalkulierbar oder überraschend ist, werden nach § 307 BGB unwirksam sein.

Beispiele Zitat (Aufzählung nicht abschließend):

- Gerüstklausel: Vorhalten des Gerüstes für einen Nachfolgeunternehmer auch ohne Angaben der Dauer ist kalkulierbar, wenn der Unternehmer auf Erfahrungswerte zurückgreifen kann. Ihm wird durch eine entsprechende Position im LV kein ungewöhnliches Wagnis auferlegt (BGH, Urteil vom 8.9.1998 – X ZR 85/97),
- Änderungen 1: Auf Wünsche des Bestellers oder der zuständigen Behörde zurückzuführende Änderungen der statischen Berechnungen sind vom Unternehmer ohne Anspruch auf eine zusätzliche Vergütung zu fertigen und dem

Auftraggeber zur weiteren Veranlassung zu übergeben (BGH, Beschluss vom 5.6.1997 – VII ZR 54/96),

- Änderungen 2: Der Unternehmer ist verpflichtet, aufgrund von Prüfungen gemachte Auflagen zu beachten und zu erfüllen. Hieraus resultierende Terminverschiebungen oder Mehrkosten gehen zu seinen Lasten (BGH, Beschluss vom 5.6.1997 – VII ZR 54/96),
- Zusatzleistungen 2: Auf Verlangen des Bestellers hat der Unternehmer notwendige bzw. vom Besteller als erforderlich erachtete Prüfungen/Abnahmen bei unabhängigen Prüfinstituten/Gutachtern zu veranlassen … Der Unternehmer hat keinen Anspruch auf eine besondere Vergütung/Kostenerstattung (BGH, Beschluss vom 5.6.1997 – VII ZR 54/96),
- Zusatzleistungen 4: Der Besteller kann verlangen, dass Besprechungen auch außerhalb des Orts der Baustelle, jedoch in der Bundesrepublik, durchgeführt werden. Ein Anspruch auf Kostenerstattung entsteht dadurch nicht (BGH, Beschluss vom 5.6.1997 – VII ZR 54/96).
- Schriftformklauseln: Mit Schriftformklauseln wird die Vereinbarung von Zusatzaufträgen oder von Leistungsänderungen von der Einhaltung der Schriftform abhängig gemacht.
  - Ihre Wirksamkeit hängt von der Ausgestaltung und dem Anwendungsbereich der Klausel ab.
  - An der Schriftform können beide Vertragsparteien eines Bauvertrags ein Interesse haben, denn die Schriftform dient der Sicherheit im Rechtsverkehr.
- Schriftformklauseln sind nicht schlechthin nach § 307 BGB unzulässig.
- Unwirksam ist eine Schriftformklausel, wenn sie dazu dient, insbesondere nach Vertragsschluss getroffene mündliche Individualabreden zu unterlaufen, indem sie beim anderen Vertragsteil den Eindruck erweckt, eine lediglich mündliche Absprache sei entgegen allgemeinen Rechtsgrundsätzen unwirksam (BGH, Urteil vom 21.9.2005 – XII ZR 312/02; Urteil vom 27.9.2000 – VIII ZR 155/99, Urteil vom 15.2.1995 – VIII ZR 9394).

4.4 Beschaffensvereinbarung

4.4.1 Gegenstand der Beschaffensvereinbarung [4.4]

§ 633 BGB Gegenstand der Beschaffensvereinbarung, Zitat:

Welche Beschaffenheit vereinbart ist, ist dem Vertrag zu entnehmen. Die Parteien können grundsätzlich in den durch das Gesetz gezogenen Grenzen frei vereinbaren, welche Beschaffenheit das Werk haben soll. Das betrifft nicht nur die dem Werk anhaftenden Eigenschaften wie:

- Lage,
- Größe,
- Umfang,
- Gestaltung des Bauwerks,
- Menge und Qualität der Baustoffe und Materialien,

sondern auch

- Eigenschaften, die sich auf sonstige Merkmale beziehen.
- Die Parteien können vor allem auch bestimmte Ausführungsmodalitäten vereinbaren, die dann einzuhalten sind und dem Unternehmer die sonst bestehende Entscheidungsfreiheit nehmen.

Der vertraglich geschuldete Erfolg bestimmt sich nicht allein nach der zu seiner Erreichung vereinbarten Leistung oder Ausführungsart, sondern auch danach, welche Funktion das Werk nach dem Willen der Parteien erfüllen soll.

Die nach dem Vertrag vorausgesetzte oder vereinbarte Funktion des Werks gehört zur Beschaffenheitsvereinbarung und der Unternehmer ist auch dann verpflichtet, diese Funktion herbeizuführen, wenn die Ausführungsart dazu nicht geeignet ist. Der Unternehmer ist durch das Regelwerk, das in Anlehnung an § 4 Abs. 3 und § 13 Abs. 3 VOB/B entwickelt worden ist, ausreichend geschützt. Er kann sich von seiner Mängelhaftung befreien, wenn er seine Bedenkenhinweispflicht erfüllt. Hat er diese Pflicht nicht erfüllt, bleibt er in Haftung. Der Besteller muss jedoch die Sowiesokosten tragen und sich in Höhe seines eventuellen Mitverschuldens wegen der fehlerhaften Leistungsbeschreibung an den Mängelbeseitigungskosten beteiligen (§ 634 BGB).

Beispiel, Zitat:

Der Besteller schreibt ein Bauwerk ohne besonderen Schutz gegen drückendes Wasser aus. Nach Errichtung des Baus dringt Feuchtigkeit von unten in das Bauwerk ein. Es hätte eine weiße Wanne errichtet werden müssen, um das zu verhindern.

Das Bauwerk ist mangelhaft, weil das Gebäude dauerhaft trocken sein sollte. Der Unternehmer haftet jedoch nur dann, wenn er bei der von ihm zu verlangenden Prüfung der Ausschreibung erkennen konnte, dass die Grundwasserverhältnisse eine weiße Wanne erfordern und er auf diese Bedenken nicht hingewiesen hat. In diesem Fall haftet der Unternehmer nach Ablauf einer ihm gesetzten Mängelbeseitigungsfrist auf die Mängelbeseitigungskosten. Der Besteller muss sich daran in Höhe der Mehrkosten beteiligen, die entstanden wären, wenn er sofort eine weiße Wanne ausgeschrieben hätte. Zudem muss er sich mit der Mitverschuldensquote beteiligen, die zu seinen Lasten geht, wenn ihm oder seinen Planern ein Planungsfehler unterlaufen ist. Kostet die nachträgliche Errichtung der weißen Wanne z. B. 250 000 € und hätte der sofortige Einbau bei der Errichtung des Gebäudes Mehrkosten von 30 000 € erfordert, muss der Unternehmer zur Mängelbeseitigung 220 000 € aufbringen. Hätte auch der Architekt des Auftraggebers erkennen können, dass eine weiße Wanne notwendig war und sind seine Planung und Ausschreibung deshalb fehlerhaft, so werden die Kosten je nach Grad der Verschuldung verteilt; bei einem hälftigen Verschulden auf beiden Seiten müsste der Unternehmer also 110 000 € aufbringen.

4.4.2 Auslegungsgrundsätze [4.5]

§ 633 BGB Auslegungsgrundsätze

Enthält der Vertrag eine detaillierte Leistungsbeschreibung, ist diese maßgebend.

Diese ist einzuhalten, wenn sie die vertraglich vorausgesetzte oder vereinbarte Funktion gewährleistet. Das gilt auch dann, wenn die angestrebte Funktion auf andere Weise erreicht werden kann (BGH, Urteil vom 21.9.2004 – X ZR 244/01).

Beispiel, Zitat:

Die Parteien vereinbaren einen dreifachen Anstrich, ein zweifacher Anstrich hätte ausgereicht.

Der Unternehmer kann die Ausführung des dritten Anstrichs nicht verweigern, weil er nicht notwendig ist.

Soweit die Leistungsbeschreibung nicht geeignet ist, ein Werk entstehen zu lassen, dass die nach dem Vertrag vorausgesetzte oder vereinbarte Funktion erfüllt, liegt allerdings ungeachtet der detaillierten Leistungsbeschreibung ein Mangel vor.

Denn die Funktionsgerechtigkeit und Zweckentsprechung ist dem vertraglich Vereinbarten zuzuordnen (BGH, Urteil vom 8.11.2007 – VII ZR 183/05).

Welche Funktion nach dem Vertrag vorausgesetzt oder vereinbart ist, muss ebenfalls durch Auslegung ermittelt werden. Die Annahme einer nach dem Vertrag vorausgesetzten Verwendbarkeit oder Funktionstauglichkeit erfordert, dass sie anhand aller beim Vertragsabschluss vorliegenden Informationen auch für den Unternehmer erkennbar ist.

Das Ergebnis der Auslegung wird beim Werkvertrag in aller Regel eine bestimmte nach dem Vertrag vorausgesetzte Verwendung sein.

Beispielsweise liegen Funktionsstörungen vor, Zitat, wenn:

- das Bauwerk nicht genehmigungsfähig ist (BGH, Urteil vom 21.3.1968 – VII ZR 4/66),
- Fenster nicht regendicht sind (BGH, Urteil vom 2.5.1963 – VII ZR 221/61),
- das Dach einer Lagerhalle nicht regendicht ist (BGH, Urteil vom 11.11.1999 – VII ZR 403/98),
- das Bauwerk keine tragfähige Fundamentierung hat (BGH, Urteil vom 1.4.1965 – VII ZR 230/65),
- der Feuchtigkeit ausgesetzte Heizungsrohre nicht mit einem Korrosionsanstrich versehen sind (BGH, Urteil vom 15.3.1971 – VII ZR 153/69).

Je nach Sachlage kann die Verwendung umfassend vorausgesetzt, aber auch durch die Vertragsgestaltung eingeschränkt sein.

Beispiel, Zitat:

Wird z. B. eine Lagerhalle gebaut, ohne dass im Detail die Ausführung festgelegt wird, kann es für die Details darauf ankommen, wie die Halle nach den vertraglichen Vereinbarungen genutzt werden soll. Steht z. B. fest, dass das Lager mit schwer beladenen Gabelstaplern befahren werden muss, was gefahrlos nur auf einem Estrich möglich ist, so kann durch diesen Verwendungszweck die Gestaltung des Bodens festgelegt sein, wenn der Pauschalvertrag dazu keine Details enthält.

Beispiel, Zitat:

Der Vertrag soll die Abdichtung eines Hauses bewirken. Die Feuchtigkeitsursachen sind unklar. Der Unternehmer bietet mit entsprechender Aufklärung an, eine vertikale Abdichtung herzustellen. Als dieses nichts hilft, finden weitere Untersuchungen statt, mit denen festgestellt wird, dass noch eine horizontale Abdichtung erforderlich ist. Der Besteller verlangt vom Unternehmer eine solche Abdichtung.

Diese wird auch nicht auf der Grundlage des funktionalen Herstellungsbegriffs geschuldet, denn aus dem Angebot des Unternehmers folgt unmissverständlich, dass er nicht verspricht, sämtliche Feuchtigkeitsursachen zu beseitigen, sondern lediglich solche, die auf fehlende vertikale Abdichtungen zurückzuführen sind.

Beispiel, Zitat:

Der Vertrag sieht die Errichtung einer Bodenplatte vor, die im Winter überbaut sein wird.

Die Bodenplatte muss also der unmittelbaren Frostbelastung (Lastfall 2) nicht standhalten. Wird das Bauvorhaben nach der Errichtung der Bodenplatte verzögert, so dass die Bodenplatte entgegen der nach dem Vertrag vorausgesetzten Funktion doch der unmittelbaren Frostbelastung ausgesetzt ist, liegt kein Mangel vor (vgl. BGH, Urteil vom 19.5.2011 – VII ZR 24/08).

4.4.3 Sachmangel ohne Beschaffenheitsvereinbarung – gewöhnliche Verwendung [4.6]

§ 633 BGB Sachmangel ohne Beschaffenheitsvereinbarung – gewöhnliche Verwendung

Die Alternativen Nr. 1 und Nr. 2 des § 633 Abs. 2 Satz 2 BGB unterscheiden sich lediglich darin, dass in dem einen Fall eine nach dem Vertrag vorausgesetzte Verwendung vorliegt, in dem anderen nicht. Gib es keine nach dem Vertrag vorausgesetzte Verwendung, gilt die gewöhnliche Verwendung.

Beispiele, Zitat:

Wird eine Lagerhalle erbaut, so steht nur der Verwendungszweck „Lagerung“ fest.

Lässt sich dem Vertrag nichts Näheres entnehmen und kann auch nicht festgestellt werden, dass die Parteien eine übliche Verwendung gewollt haben, so greift § 633 Abs. 2 Nr. 2 BGB ein: es kommt auf die gewöhnliche Verwendung als Lager an.

Gibt es in dem Vertrag keinen Hinweis auf die beabsichtigte Nutzung, kommt es für das obige Beispiel, welchen Boden die Halle haben muss, auf die gewöhnliche Verwendung an. Das Beispiel zeigt, dass es sehr schwierig sein kann, die gewöhnliche Verwendung zu ermitteln.

4.4.4 Sachmangel ohne Beschaffenheitsvereinbarung – übliche Beschaffenheit [4.7]

§ 633 BGB Sachmangel ohne Beschaffenheitsvereinbarung – übliche Beschaffenheit

Auf die übliche Beschaffenheit kommt es nur an, wenn eine Beschaffenheit nicht vereinbart ist, also nicht einmal festgestellt werden kann, dass die Parteien eben diese wollten. Durch § 633 Abs. 2 Satz 2 Nr. 2 BGB wird die fehlende Vereinbarung über die Beschaffenheit stets durch objektive Kriterien der Beschaffenheit ersetzt. Das Werk muss in der Weise hergestellt werden, wie es bei Werken der gleichen Art üblich ist und die der Besteller nach Art des Werks erwarten kann. Auf die übliche Beschaffenheit kommt es auch dann an, wenn sich der Inhalt der Leistung an einer anderen Leistung orientiert, zu der keine Beschaffenheit vereinbart worden ist. Wird z. B. eine technische Ausrüstung für ein Bauwerk in Auftrag gegeben, ohne dass die Beschaffenheit des Bauwerks vereinbart ist, kommt es auf die übliche Beschaffenheit des Bauwerks an.

Beispiel, Zitat:

Hat ein Unternehmer eine Lüftungsanlage für ein Bistro herzustellen, ohne dass die Ausstattung des Bistros mit Küchengeräten Gegenstand der dem Auftrag zu Grunde liegenden Planung ist und lässt sich diese Ausstattung auch nicht aus den sonstigen Umständen ermitteln, kommt es darauf an, wie ein Bistro üblicherweise mit Küchengeräten ausgestattet ist. Hat der Unternehmer eine Lüftung hergestellt, die bei üblicher Ausstattung mit Küchengeräten nicht ausreichend ist, ist seine Leistung mangelhaft (BGH, Urteil vom 13.3.2008 – VII ZR 194/069).

4.4.5 Sachmangel ohne Beschaffenheitsvereinbarung – Unzureichende Leistungsbeschreibung [4.8]

§ 633 BGB Probleme mit der Beschaffenheitsvereinbarung – Unzureichende Leistungsbeschreibung

Beispiel 1, Zitat:

Ist die vertragliche Leistungsbeschreibung nicht geeignet, die vorausgesetzte oder vereinbarte Funktion zu bewerkstelligen, liegt ein Mangel vor. Der Unternehmer muss also die Funktionstauglichkeit herbeiführen. Wird vor der Ausführung der Leistung bemerkt, dass sie nicht ausreichend ist, hat der Unternehmer Anspruch darauf, dass der Besteller an einer Änderung der Leistung mitwirkt, also eine zweckentsprechende Leistung unter Abänderung des Vertrags in Auftrag gibt. Erfüllt er diese Mitwirkungsobliegenheit nicht, ist der Unternehmer berechtigt, unter den Voraussetzungen des § 645 BGB den Vertrag zu kündigen und nach § 645 BGB abzurechnen. Der Bundesgerichtshof hat entschieden, dass der Unternehmer den weitergehenden Anspruch aus § 326 BGB geltend machen kann, wenn der Besteller die Nacherfüllung durch seine Weigerung unmöglich macht, eine notwendige Mitwirkung vorzunehmen (BGH, Urteil vom 8.11.2007 – VII ZR 183/05).

Beispiel 2, Zitat:

Muss der Unternehmer erst nach der Abnahme bemerken, dass die vereinbarte Ausführung nicht funktionstauglich ist, so kann er verpflichtet sein, den Besteller auf die fehlende Funktionstauglichkeit hinzuweisen. Eine solche Hinweispflicht ergibt sich aus Treu und Glauben und wird regelmäßig zu bejahen sein, wenn der Hinweis den Besteller vor vermeidbaren Schäden bewahrt und der Unternehmer davon ausgehen muss, dass der Besteller die fehlende Funktionstauglichkeit nicht oder nicht hinreichend berücksichtigt (vgl. BGH, Urteil vom 19.5.2011 – VII ZR 24/08).

Beispiel 3, Zitat:

Wird die Leistung ausgeführt, obwohl sie nicht die vorausgesetzte oder vereinbarte Funktion erfüllen kann, ist sie mangelhaft. Der Unternehmer muss grundsätzlich mittels des Wegs der Nacherfüllung dafür sorgen, dass eine funktionsgerechte Leistung entsteht. Von dieser Verpflichtung wird er nur frei, wenn er seine Bedenkenhinweispflicht erfüllt hat, also den Besteller auf für ihn erkennbare Bedenken gegen die vertraglichen Vorgaben hingewiesen hat. Ist das nicht oder nicht ordnungsgemäß geschehen, bleibt es – von gewissen Ausnahmen abgesehen – bei seiner Nacherfüllungspflicht. Der Besteller muss sich jedoch mit den sog. Sowiesokosten an der Nacherfüllung beteiligen, § 634 BGB.

Sowiesokosten sind diejenigen Kosten, die dem Besteller bei vertragsgerechtem Verhalten des Unternehmers, also rechtzeitigem Hinweis auf die Ungeeignetheit der vertraglichen Vorgaben, sowieso entstanden wären.

Außerdem muss sich der Besteller an den Mängelbeseitigungskosten beteiligen, wenn ihn oder seine Erfüllungsgehilfen ein Verschulden an den fehlerhaften Vorgaben im Vertrag trifft, § 634 BGB.

Beispiel 4, Zitat:

An der Nacherfüllung muss der Besteller mitwirken, soweit das notwendig ist. Das ist z. B. dann der Fall, wenn die erbrachte Leistung deshalb nicht funktioniert, weil eine Vorleistung nicht ordnungsgemäß erbracht ist. Der Besteller muss dafür sorgen, dass er eine ordnungsgemäße Vorleistung zur Verfügung stellt. Geschieht das nicht, wird der Unternehmer von seiner Nacherfüllungspflicht frei und der Vertrag kann nach § 326 Abs. 2 BGB abgerechnet werden (BGH, Urteil vom 8.11.2007 – VII ZR 183/05).

4.4.6 Probleme mit der Beschaffenheitsvereinbarung – Anerkannte Regeln der Technik [4.9]

§ 633 BGB Probleme mit der Beschaffenheitsvereinbarung – Anerkannte Regeln der Technik

Anerkannte Regeln der Technik, Zitat:

Anerkannte Regeln der Technik sind diejenigen Regeln für den Entwurf und die Ausführung baulicher Anlagen, die in der technischen Wissenschaft als theoretisch richtig erkannt sind und feststehen sowie insbesondere in dem Kreis der für die Anwendung der betreffenden Regeln maßgeblichen, nach dem neuesten Erkenntnisstand vorgebildeten Technikern durchweg bekannt und aufgrund fortdauernder praktischer Erfahrung als technisch geeignet, angemessen und notwendig anerkannt sind (OLG Bamberg, Urteil vom 20.11.1998 – 6 U 19/98, OLG Hamm, Urteil vom 17.8.1990 – 26 U 180/89, *Ingenstau/Korbion-Oppler*, VOB/B, § 4 Abs. 2 Rdn. 48, RG, Urteil vom 11.10.1910 – IV 644/10).

Die anerkannten Regeln der Technik sind vom Stand der Technik und vom Stand der Wissenschaft und Technik zu unterscheiden (vgl. *Seibl*, Baumängel und anerkannte Regeln der Technik, Rdn. 20 f.).

Beispiel, Zitat:

Der Unternehmer hat, auch ohne dass dies im Vertrag ausdrücklich geregelt sein müsste, grundsätzlich nach den anerkannten Regeln der Technik zu arbeiten. Auch soweit der Unternehmer verpflichtet ist, die Verkehrssicherheit zu gewährleisten, kann er sich mangels anderweitiger Vereinbarungen an den anerkannten Regeln der Technik orientieren (BGH, Urteil vom 13.3.2001 – VI ZR 142/00).

Bestimmung der anerkannten Regeln der Technik, Zitat:

In der Praxis erweist es sich häufig als schwierig, im Einzelfall die für die Bauausführung maßgeblich anerkannten Regeln der Technik zu bestimmen. Regelwerke für die gewerkespezifische Ausführung bergen die widerlegliche Vermutung, dass sie den anerkannten Stand der Technik wiedergeben (BGH, Urteil vom 14.5.1998 – VII ZR 184/97). Dazu gehören u. a. die DIN-VDE-Normen.

4.5 Sachmangel nach § 633 Abs. 2 BGB [4.10]

§ 633 BGB Beispiele für den Sachmangel nach § 633 Abs. 2 BGB – Einbau einer Tür

Beispiel Fall 1, Zitat:

Der Vertrag über die schlüsselfertige Errichtung eines Ärztehauses enthält ein Leistungsverzeichnis, in dem die Tür zwischen Behandlungszimmer und Warteraum als Eichentür mit einem bestimmten bewehrten Schalldämmmaß ausgeschrieben ist (45 dB). Der Unternehmer baut eine Eichentür mit einem Schalldämmmaß von 38 dB ein. Das ist ein Sachmangel nach § 633 Abs. 2 Satz 1, weil gegen die Beschaffenheitsvereinbarung 45 dB verstoßen wurde.

Beispiel Fall 2, Zitat:

Der Unternehmer baut eine Kunststofftür ein, die das ausreichende Dämmmaß hat. Das ist ebenfalls ein Fall des § 633 Abs. 2 Satz 1 BGB, weil die vereinbarte Beschaffenheit nicht eingehalten ist, denn geschuldet ist eine Eichentür. Es kommt nicht darauf an, ob die Tür für die nach dem Vertrag vorausgesetzte Verwendung geeignet ist.

Beispiel Fall 3, Zitat:

Der Vertrag enthält die Verpflichtung zum Einbau einer nicht näher beschriebenen Tür, die ein Dämmmaß von 45 dB haben muss. Eingebaut wird eine Kunststofftür mit diesem Dämmmaß. Der Besteller fordert eine Eichentür. Da die Tür sonst nicht näher beschrieben ist, ist der Vertrag auszulegen. Die Auslegung orientiert sich an der sonstigen Ausstattung des Ärztehauses. Ergibt sie keine Anforderung an die Tür in Kunststoff oder Holz, liegt insoweit keine Beschaffenheitsvereinbarung vor.

Ein Mangel nach der 1. Alternative des § 633 Abs. 2 Satz 1 BGB liegt nicht vor.

Da die Kunststofftür die vereinbarte Verwendung erfüllt, kommt insoweit ein Mangel nach § 633 Abs. 2 Satz 1 BGB nicht in Betracht. Entscheidend ist also, ob die Kunststofftür die übliche und eine Beschaffenheit aufweist, die der Besteller nach Art des Werks erwarten kann. Es wird also geprüft, mit welcher Art Türen Ärztehäuser mit vergleichbarer Ausstattung versehen sind. Ergibt sich insoweit die Verpflichtung zum Einbau einer Eichentür, liegt ein Mangel nach § 633 Abs. 2 Satz 2 Nr. 2 BGB vor.

Das gleiche Ergebnis wird erzielt, wenn die Beschaffenheitsvereinbarung dahin ausgelegt wird, dass die übliche Qualität geschuldet ist. Dann liegt bereits ein Sachmangel nach § 633 Abs. 2 Satz 1 BGB vor.

Beispiel Fall 4, Zitat:

Der Vertrag sieht ausdrücklich vor, dass die Eichentür so gedämmt sein muss, dass das Patientengespräch im Wartezimmer nicht hörbar ist. Es wird aber ein nicht ausreichendes Dämmmaß von 38 dB vorgegeben. Der Unternehmer baut die entsprechende Tür ein, obwohl er erkennen konnte, dass dieses Dämmmaß nicht ausreichend ist. Die Tür ist mangelhaft, denn sie erfüllt nicht die vertraglich vereinbarte Funktion. Weil die Funktion als Beschaffenheit vereinbart ist, liegt ein Fall des § 633 Abs. 2 Satz 1 BGB vor. Der Unternehmer muss Gewähr leisten, da er seiner Bedenkenhinweispflicht nicht nachgekommen ist. Der Besteller muss Sowiesokosten übernehmen und sich in Höhe seines Planungsverschuldens beteiligen.

Beispiel Fall 5, Zitat:

Die Beschreibung sieht überhaupt keine Beschaffenheitsvereinbarung für die Türen vor. Der Unternehmer baut eine nicht besonders schallgedämmte Eichentür ein. Es kommt darauf an, was die Auslegung des Vertrags hinsichtlich der Beschaffenheit und des Verwendungszweckes ergibt. Kann die Tür als Tür zwischen Ärztezimmer und Wartezimmer lokalisiert werden, so kann bereits die Auslegung ergeben, dass sie nach den insoweit zu stellenden Anforderungen besonders gedämmt sein muss. Die eingebaute Tür entspricht dann nicht der vereinbarten Beschaffenheit, weil sie keine dämmende Funktion hat. Die Leistung ist deshalb mangelhaft nach § 633 Abs. 2 Satz 1 BGB.

Beispiel Fall 6, Zitat:

Der Vertrag enthält keine Beschaffenheitsvereinbarungen über die Türen. Es lässt sich auch nicht erkennen, wo die Türen eingebaut werden sollen, weil alle Türen einheitlich ausgeschrieben sind und genaue Pläne, wo sich die Behandlungszimmer befinden, noch nicht vorhanden sind. Der Vertrag enthält auch keine Angaben über die Qualität und sonstige Eigenschaften der Türen. Der Unternehmer baut überall Kunststofftüren ein. Ist nicht erkennbar, dass Türen auch das Ärztezimmer vom Wartezimmer trennen, schuldet der Unternehmer den Einbau einer Tür, die für die gewöhnliche Verwendung geeignet ist und eine Beschaffenheit aufweist, die bei Werken der gleichen Art üblich ist und die der Besteller nach Art des Werks erwarten kann, § 633, Abs. 2 Satz 2 Nr. 2 BGB. Ein Mangel kann deshalb nicht darin liegen, dass die Tür zwischen dem späteren Behandlungszimmer und Wartezimmer keine erhöhte Schalldämmung aufweist. Ob der Einbau der Kunststofftüren mangelhaft ist, richtet sich danach, welche übliche Beschaffenheit Türen in einem Ärztehaus haben.

4.6 Sach- und Rechtsmangel

4.6.1 Sach- und Rechtsmangel – geringe Mängelwirkung [4.11]

§ 633 BGB Sach- und Rechtsmangel – geringe Mängelwirkung

Beispiel, Zitat:

Ein Haus wird um ca. 1 m höher gegründet als geplant. Die Abweichung von der dem Vertrag zugrunde liegenden Planung ist ein Mangel, auch wenn das Haus schöner und erhabener wirkt (vgl. BGH, Urteil vom 7.3.2002 – VII ZR 1/00).

4.6.2 Sach- und Rechtsmangel – Gefährdung [4.12]

§ 633 BGB Sach- und Rechtsmangel – Gefährdung

Beispiel, Zitat:

Ein Mangel kann auch dann vorliegen, wenn das Bauwerk die Gefährdung von Personen oder Sachgütern birgt. Auch in diesen Fällen kommt es nicht darauf an, ob die Gefahr sich bereits realisiert hat. Das gilt insbesondere dann, wenn Gesundheitsgefahren durch gefährliche Stoffe zu befürchten sind. Allerdings kann es – wenn nicht anders vereinbart ist – nicht allein darauf ankommen, ob der Besteller überempfindlich reagiert, sondern die Beurteilung muss sich an einem objektiven Verständnis orientieren.

4.6.3 Sach- und Rechtsmangel – Verschleiß [4.13]

§ 633 BGB Sach- und Rechtsmangel – Verschleiß

Beispiel, Zitat:

In einer Vielzahl von Fällen stellt sich die Frage, ob die vom Besteller beanstandete Erscheinung ein Mangel der Bauleistung oder lediglich auf üblichen Verschleiß zurückzuführen ist. In diesen Fällen ist zu klären, welche Beschaffenheitsvereinbarung zur Nutzungsdauer des Werks getroffen worden ist.

Regelmäßig garantiert der Unternehmer die Gebrauchsfähigkeit seines Werks während der Gewährleistungszeit. Aus der Art der Werkleistung kann es sich jedoch ergeben, dass das Werk schon vorher gebrauchsunfähig werden darf. Das ist bei der Herstellung kurzlebiger Verbrauchsgüter so, z. B. bei der Installation einer Beleuchtungsanlage hinsichtlich der Leuchtmittel. Inwieweit Verschleißteile vorliegen, muss nach Treu und Glauben und unter Berücksichtigung der Verkehrssitte beurteilt werden. Gleiches gilt für die vertragsmäßige Dauer ihrer Nutzung. Eine Glühbirne, die nach einem Tag defekt ist, ist mangelhaft. Der Unternehmer muss sie kostenlos auswechseln. Eine Glühbirne, die nach zwei Jahren nicht mehr brennt, muss er dagegen nicht auswechseln. Ein Mangel entsteht nicht durch den nach dem Vertrag vorausgesetzten Verschleiß.

4.6.4 Sach- und Rechtsmangel – Abwicklung der Mängelansprüche [4.14]

§ 633 BGB Sach- und Rechtsmangel – Abwicklung der Mängelansprüche

Beispiel, Zitat:

Ein Mangel bei einer Beschaffenheitsvereinbarung wird nur dann angenommen werden können, wenn der Beschaffenheitsvereinbarung unabhängig von dem Verwendungszweck eine eigenständige Bedeutung zukommt. Das entscheidet der Einzelfall. Jedenfalls muss das angenommen werden, wenn eine bestimmte Eigenschaft derart zugesichert worden ist, dass damit der Wunsch des Bestellers nach der besonderen Ausführungsart Rechnung getragen wird. Das ist der Fall, wenn bestimmte Toleranzen für weitere Verwendung eingehalten werden oder wenn ein Markenprodukt vereinbart wurde, ohne dass insoweit eine Zusicherung festgestellt werden könnte und so genannte No-Name-Produkte eingebaut werden, die technisch identisch sind.

Abgesehen davon ist die Annahme eines Mangels bei einer Abweichung von der Beschaffenheitsvereinbarung ohne Beeinträchtigung des Werks nicht so dramatisch, wie es sich anhört. Denn ohne die Beeinträchtigung des Werks oder der Gebrauchstauglichkeit wird der Besteller aus der Mangelhaftigkeit in vielen Fällen keine Rechte herleiten können.

Denn der Unternehmer wird dem Verlangen nach einer Mängelbeseitigung häufig den Einwand der unverhältnismäßigen Kosten, § 635 Abs. 3 BGB, entgegenhalten können. Die Mängelbeseitigungspflicht entfällt dann. Auch eine Minderung scheitert häufig daran, dass mangels Beeinträchtigung des Werts kein Minderwert festgestellt werden kann. Eine Minderung dürfte in den Fällen vorzunehmen sein, in denen ein von der vereinbarten Qualitätsmarke abweichendes No-Name-Produkt verwendet wird. In diesen Fällen ist die Gebrauchstauglichkeit zwar regelmäßig nicht gemindert. Jedoch liegen Abweichungen von der Sollbeschaffenheit und möglicherweise auch Wertbeeinträchtigungen vor. Hier ist es gerechtfertigt, die Minderung mindestens in der Höhe der Ersparnis des Unternehmers vorzunehmen, die er durch die vom Vertrag abweichende Leistung erzielt hat.

Beispiel, Zitat:

Der Unternehmer schuldet den Einbau eines Aggregates der renommierten Firma *X*.

Er baut das baugleiche Aggregat der Firma *Y* ein und spart 5 000 €. Die Minderung des Werklohns ist jedenfalls um diesen Betrag vorzunehmen.

Beispiel, Zitat:

Der Unternehmer baut mit Beton B25 statt dem vereinbarten B30. Lässt sich merkantiler oder technischer Minderwert nicht feststellen, muss der Unternehmer jedenfalls Minderung in Höhe seiner Ersparnis leisten (BGH, Urteil vom 9.1.2003 – VII ZR 181/00).

Der Rücktritt wird in der Regel ausgeschlossen sein, weil das Verfehlen einer Beschaffenheitsvereinbarung, die nicht zu einer Beeinträchtigung des Werks oder der Gebrauchstauglichkeit führt, in der Regel eine unerhebliche Pflichtverletzung ist, § 323 Abs. 5 Satz 2 BGB. Der große Schadensersatzanspruch scheidet aus diesem Grunde aus, § 281 Abs. 1 Satz 3 BGB.

Der kleine Schadensersatzanspruch, der auf den Ersatz der Mängelbeseitigungskosten gerichtet ist, ist allerdings grundsätzlich möglich. Denn der Unternehmer kann sich beim Schadensersatzanspruch nicht darauf berufen, dass er die Nacherfüllung wegen der unverhältnismäßigen Kosten verweigern darf.

4.6.5 Sach- und Rechtsmangel – anderes Werk [4.15]

§ 633 BGB Sach- und Rechtsmangel – anderes Werk

Beispiel, Zitat:

Klar gestellt wird in § 633 Abs. 2 Satz 3 BGB, dass das Gewährleistungsrecht auch dann Anwendung findet, wenn der Unternehmer ein anderes Werk herstellt. Häufig ist die Abgrenzung schwierig, ob eine vom Vertrag abweichende Leistung lediglich mangelhaft ist oder eine dem Vertrag überhaupt nicht entsprechende Leistung darstellt, also ein anderes Werk ist.

Beispiel, Zitat:

Schuldet der Unternehmer einen Mineralputz, bringt er jedoch einen Kunststoffputz an, kann das als mangelhafte Leistung, aber auch als andere Leistung angesehen werden.

Es finden die Gewährleistungsregeln Anwendung. Das bedeutet, dass der Besteller auch in den Fällen der Herstellung eines sog. Aliuds das Selbstvornahmerecht mit dem Anspruch auf Aufwandsersatz hat bzw. Minderung verlangen kann. Anwendbar sind aber auch die Gewährleistungsfristen des § 634a BGB und nicht die regelmäßige Verjährungsfrist, soweit sie durch § 634a BGB verdrängt wird.

4.7 Rechte des Bestellers bei Mängeln [4.16]

4.7.1 Rechte des Bestellers bei Mängeln – Gesamtschuldnerausgleich

§ 634 BGB Rechte des Bestellers bei Mängeln – Gesamtschuldnerausgleich

Beispiel, Zitat:

Der Gesamtschuldnerausgleich ist im Baurecht von erheblicher Bedeutung. Bauen ist Zusammenwirken vieler Baubeteiligter mit dem gemeinsamen Ziel, ein Bauwerk funktionstauglich und zweckgerecht nach den vorgegebenen Verträgen entstehen zu lassen. Nur dieses koordinierte Zusammenwirken von Bestellern, Planern, Sonderfachleuten, Gutachtern, Bauunternehmern, Fachunternehmen und Bauleitern ermöglicht ein erfolgreiches Bauen. Die Fehler eines Baubeteiligten wirken sich häufig auf andere Beteiligte aus. Gutachterfehler führen zu Planungsfehlern. Planungsfehler führen zu Baufehlern. Aufsichtsfehler verhindern das Entdecken von Plan- und Baufehlern. Baufehler von vorleistenden Unternehmen führen zu Mängeln des nachfolgenden Gewerks. Jeden der Baubeteiligten trifft eine eigene Verantwortung für die Fehler seiner Leistung, häufig aufgrund der Erfolgshaftung des Werksvertragsrechts unabhängig von einem Verschulden. Die Folge ist, dass mehrere Baubeteiligte dem Besteller dafür einzustehen haben, dass Mängel des Bauwerks beseitigt werden oder jedenfalls dem Besteller die Mängelbeseitigungskosten zu ersetzen sind und Schadensersatz für die Folgen von Mängeln zu leisten ist. Liegen die Voraussetzungen für eine Gesamtschuld vor, haften mehrere Baubeteiligte als Gesamtschuldner.

4.7.2 Rechte des Bestellers bei Mängeln – Gesamtschuldnerausgleich – Gesamtschuld

§ 634 BGB Rechte des Bestellers bei Mängeln – Gesamtschuldnerausgleich – Gesamtschuld

Beispiel, Zitat:

Voraussetzung für den Innenausgleich ist, dass zwischen den Mangelverursachern ein Gesamtschuldverhältnis besteht.

Ein **Gesamtschuldverhältnis** wird angenommen, wenn die Verpflichtungen der jeweiligen Schuldner nach der maßgeblichen Interessenlage des Gläubigers grundsätzlich inhaltsgleich ist. Das ist in der Regel dann anzunehmen, wenn die Schuld demselben Zweck dient, wenn also jeder Schuldner auf seine Art für die Beseitigung desselben Schadens einzustehen hat, den der Besteller dadurch erleidet, dass jeder von ihnen seine vertraglich geschuldeten Pflichten mangelhaft erfüllt hat (BGH, Urteil vom 19.12.1968 – VII ZR 23/66).

4.7.3 Rechte des Bestellers bei Mängeln – Gesamtschuldnerausgleich – Gesamtschuldverhältnis im Baurecht

§ 634 BGB Rechte des Bestellers bei Mängeln – Gesamtschuldnerausgleich – Gesamtschuldverhältnis im Baurecht

Beispiel, Zitat:

Ein Gesamtschuldverhältnis zwischen dem Bauunternehmer und dem bauleitenden Architekten besteht, wenn dieser seine Herstellerpflichten und jener seine Aufsichtspflichten verletzt und diese Pflichtverletzungen zu einem Mangel am Bauwerk führen (BGH, Beschluss vom 1.2.1965 – GSZ 1/64).

Ein Gesamtschuldverhältnis besteht auch zwischen dem planenden und dem bauleitenden Architekten (BGH, Urteil vom 29.9.1988 – VII ZR 182/87).

Gesamtschuldverhältnis zwischen Architekt und Unternehmer, Zitat:

Zwischen Architekt und Unternehmer besteht ein Gesamtschuldverhältnis, wenn sie beide wegen desselben Mangels haften. Das gilt für alle Fallmöglichkeiten, in denen Architekt und Bauunternehmer wechselseitig zu Nacherfüllung, Minderung oder Schadensersatz wegen Nichterfüllung verpflichtet sind.

Ein Gesamtschuldverhältnis liegt auch dann vor, wenn der Architekt auf Zahlung und der Unternehmer im Wege des Rücktritts in Anspruch genommen werden.

Auch der Rücktritt ist ein durch den Mangel bedingtes Gestaltungsrecht. Das Interesse dessen, der dem Rücktritt des Bestellers ausgesetzt ist, gebietet es, ihm hinsichtlich des durch den Rücktritt eingetretenen Verlustes einen Ausgleichsanspruch zu geben, sofern und soweit der Rücktritt auch den Mitschuldner von seinen Verpflichtungen gegenüber dem Besteller befreit.

Nimmt der Besteller den Architekten auf Schadensersatz und den Unternehmer auf Vorschuss in Anspruch wegen Mangels, der auf einem Planungsfehler und dessen Umsetzung durch den Unternehmer beruht, obwohl dieser den Planungsmangel erkennen konnte, haften beide als Gesamtschuldner im Umfang der gemeinsamen Quote.

Beispiel, Zitat:

Betragen die Mängelbeseitigungskosten z. B. 50 000 € und beträgt die dem Unternehmer zur Last gelegte Quote 40 %, sind Architekt und Unternehmer Gesamtschuldner in Höhe von 20 000 € ungeachtet des Umstandes, dass der eine Schadensersatz und der andere Vorschuss zu zahlen hat (vgl. BGH, Urteil vom 7.3.2002 – VII ZR 1/00).

Gesamtschuld mehrerer Unternehmer, Zitat:

Eine Gesamtschuld ist auch möglich, wenn mehrere Unternehmer einen Baumangel verursacht haben. Eine Gesamtschuld liegt vor, wenn Unternehmer sich vertraglich gesamtschuldnerisch zu derselben Leistung verpflichtet haben.

Ein Gesamtschuld kommt in Betracht, wenn mehrere Bauunternehmer sich nicht vertraglich zu derselben Leistung verpflichtet haben, sondern unabhängig voneinander wegen eines Mangels die gleiche Nacherfüllungsleistung oder anderweitige Gewährleistung wie Kostenerstattung oder Schadensersatz schulden.

Beispiel, Zitat:

Unabhängig voneinander produzieren der vor- und der nachleistende Unternehmer (Rohbauer und Putzer) Mängel, die nur auf eine Weise beseitigt werden können (BGH, Urteil vom 26.6.2003 – VII ZR 126/02).

Beispiel, Zitat:

Der nachfolgende Unternehmer produziert den Mangel nicht unabhängig von dem Mangel des Vorgewerks, sondern sein Werk ist gerade deshalb mangelhaft, weil das Vorwerk keine geeignete Grundlage für seine Leistung war.

Der nachfolgende Unternehmer ist in diesen Fällen für den Mangel seines Gewerks verantwortlich (BGH, Urteil vom 8.11.2007 – VII ZR 183/05).

Ein Gesamtschuldschuldverhältnis liegt nicht vor, wenn sich die Leistungen und auch Nacherfüllungsleistungen der Unternehmer nicht überschneiden (BGH, Urteil 16.5.1974 – VII ZR 35/72).

4.8 Privates Baurecht – Nichtzulassungsbeschwerde (NZB) [4.17], [4.18], [4.19]

Privates Baurecht – Allgemeines Baurecht (Nichtzulassungsbeschwerden, NZB), Zitat:

1. Werden Brandschutzklappen beauftragt und abgerechnet, aber nicht eingebaut, ist das ein Mangel, der arglistig verschwiegen wurde. Siehe BGB §§ 195, 199, 634a Abs. 3 Satz 2; BGB a. F. § 635 BGH, Beschluss vom 16. Oktober 2014 – VII ZR 43/14 (NZB zurückgewiesen); OLG Jena, Urteil vom 12. Februar 2014 – 7 U 458/13; LG Erfurt, Urteil vom 6. Mai 2013 – 8 0 903/11.
2. Verhandlungen eines Geschäftsführers einer insolventen ARGE hemmen die Verjährung nicht, BGB §§ 362, 640, 641, 728, 732 ff., InsO §§ 80, 84 BGH,

Beschluss vom 10. Juli 2014 – VII ZR 117/13 (NZB zurückgewiesen); OLG Frankfurt, Urteil vom 25. April 2013 – 5 U 162/12; LG Frankfurt, Beschluss vom 14. Juni 2012 – 3-040131/09.

3. Abweichung vom LV BGB §§ 677, 812; VOB/B §§ 1, 2: Wenn der Auftragnehmer eigenmächtig von den Vorgaben des Leistungsverzeichnisses abweicht, verletzt er die ihm vertraglich obliegenden Verpflichtungen und es besteht kein Anspruch auf Vergütung oder Aufwendungs- bzw. Wertersatz. BGH, Beschluss vom 13. November 2014 – VII ZR 214/12 (NZB zurückgewiesen); OLG Köln, Urteil vom 26. Juni 2012 – 15 U 223/11; LG Köln, Urteil vom 17. November 2011 – 50138/07.

4.9 Architekten-, Ingenieur- und Sachverständigenrecht – Nichtzulassungsbeschwerde [4.20], [4.21]

Architekten-, Ingenieur- und Sachverständigenrecht, Zitat (Nichtzulassungsbeschwerde)

1. Nebenkosten von 5 % nur bei Vertrag nach HOAI 1996 § 6: Ein Honorar für Nebenkosten in Form eines pauschalen Zuschlags von 5 % kann der Architekt nur verlangen, wenn dies bei Auftragserteilung schriftlich vereinbart worden ist, BGH, Beschluss vom 17. September 2014 – VII ZR 240/1 2 (NZB zurückgewiesen); KG, Urteil vom 16. August 2012 – 27 U 169/11; LG Berlin, Urteil vom 10. November 2011 – 70567/10.

2. Zurechnung falscher Daten des Unternehmers nach BGB §§ 278, 280 Abs. 1, 634 Nr. 4: Eine Tragwerksplanung hat die konkreten Lastangaben am Übergang zwischen der wärmetechnischen Gebäudeausrüstung und den daran angrenzenden Stahlbetonteilen aufzuweisen. Allerdings ist die Beschaffung dieser Daten Bestandteil der vom Architekten geschuldeten Grundleistungen ab LPH 2. Verlässt sich der Architekt bei der Planung auf (unrichtige) Angaben des vom Auftraggeber beauftragten Bauunternehmers und kommt es aufgrund dessen zu einem Mangel am Bauwerk, hat sich der Auftraggeber die fehlerhafte Auskunft nicht anspruchsmindernd im Rahmen des Schadensersatzanspruchs zurechnen zu lassen. BGH, Beschluss vom 22. Januar 2015 – VII ZR 215/14 (NZB zurückgewiesen); OLG Hamm, Urteil vom 1. September 2014 – 17 U 30/12; LG Dortmund, Urteil vom 13. Januar 2012 – 60 437/08.

4.10 Architekten-, Ingenieur- und Sachverständigenrecht – Entscheidungen [4.22]

Architekten-, Ingenieur- und Sachverständigenrecht (Entscheidungen)

1. Vergaberecht und Nichtigkeit des Vertrags nach BGB §§ 134, 138, 817; § 13: Wenn Auftraggeber und Bieter kollusiv zusammenwirken, ist der geschlossene Vertrag nichtig. Dies ist insbesondere der Fall, wenn den Parteien bekannt ist, dass Leistungen auszuschreiben sind und trotz dieser Kenntnis eine Vergabe ohne Durchführung einer entsprechenden Ausschreibung erfolgt. Dann handeln sie mutwillig. In diesem Fall ist das Rechtsgeschäft objektiv sittenwidrig und nichtig. Wenn der Vertrag wegen kollusiver Umgehung vergaberechtlicher Vorschriften sittenwidrig und damit nichtig ist, sind auch Vergütungs-, Rückforderungs- und Gewährleistungsansprüche wechselseitig ausgeschlossen (im Anschluss an BGH, Urteil vom 10.04.2014 – VII ZR 241/13 und BGH, Urteil vom 01.08.2013 – VII ZR 6/13). LG Saarbrücken, Urteil vom 6. November 2014 – 3 O 260/11 (nicht rechtskräftig) (L. d. R.).

4.11 Risiko des späteren Schadens [4.23]

§§ 633, 634a BGB – Risiko des späteren Schadens

Birgt die ausgeführte Werkleistung das Risiko eines späteren Schadens in sich, muss der Auftraggeber den Schadenseintritt nicht erst abwarten. Für die Annahme eines Mangels kann es ausreichen, wenn Ungewissheit über die Risiken des Gebrauchs besteht. BGH, Beschluss vom 26. März 2015 – VII ZR 15/14 (NZB zurückgewiesen), OLG Karlsruhe, Urteil vom 29. November 2013 – 13 U 80/12; LG Freiburg, Urteil vom 27. März 2012 – 8057/12.

4.12 Kostenobergrenze [4.24]

§ 633 BGB Kostenobergrenze

Eine Kostenobergrenze kann auch stillschweigend neben einem schriftlichen Architektenvertrag vereinbart werden. Das kann etwa dadurch geschehen, dass der Bauherr nur begrenzte Finanzierungsmöglichkeiten hat, dem Architekten dies bekannt ist und er diesen Umstand seiner Tätigkeit zugrunde legt. BGH, Beschluss vom 12. März 2015 – VII ZR 333/12 (NZB zurückgewiesen); OLG Schleswig, Beschluss vom 22. November 2012 – 1 U 8/12; LG Kiel, Urteil vom 23. Dezember 2011 – 11 043/06.

4.13 Wertzuwachsregelung [4.25]

Gilt bei Abschlagszahlungen die Wertzuwachsregelung?

Bisher (vor dem 1. Januar.2018, also vor der Schuldrechtsreform) hing die Abschlagszahlung nach § 632a Abs. 1 BGB a. F. davon ab, welcher Wertzuwachs auf Seiten des Bestellers durch die bisher erfolgten Leistungen eingetreten ist (im Vertrag keine VOB/B vereinbart).

Im Einzelfall ist die Höhe des Wertezuwachses durch die vom Unternehmer vorgenommenen Leistungen nur schwer zu ermitteln. Deshalb wird nunmehr auf den Wert der vom Unternehmer erbrachten nachgewiesenen Leistung abgestellt (weitgehender Gleichlauf der Vorschrift des BGB mit der Regelung in der VOB/B).

Beispiel, Zitat [4.25]:

Ein Bauunternehmer soll für 600 000 € ein Gebäude errichten. Nachdem er mit dem Rohbau fertig ist, verlangt er 240 000 € Abschlagszahlung, weil er gemessen an der Vergütungsvereinbarung 40 % des Werts seiner Leistung erbracht habe Der Besteller macht hingegen geltend, der Rohbau habe den Wert seines Grundstücks nicht wesentlich gesteigert und will allenfalls 100 000 € zahlen.

4.14 Überhöhte Einheitspreise [4.25]

Wann müssen überhöhte Einheitspreise bezahlt werden?

Sind überhöhte Einheitspreise für die Anfangsleistung vereinbart worden und die Vereinbarung ist wirksam so sind diese Einheitspreise zu bezahlen. Einheitspreise sind vereinbarte Preise. Wenn nur ein Pauschalpreis vereinbart ist, dem keine Vereinbarungen über Teilleistungen zugrunde liegen ist der Unternehmer nicht berechtigt einen überhöhten Wert anzusetzen.

Beispiel, Zitat [4.25]:

Der Unternehmer hat für die Baustelleneinrichtung und die Gründung hohe Einheitspreise eingesetzt, die den Wert der Leistung überschreiten. Diese Einheitspreise sind vereinbart und müssen bezahlt werden, wenn die Vereinbarung wirksam ist.

4.15 Bedeutung von wesentlichen Mängeln [4.25]

Welche Auswirkungen haben wesentliche Mängel?

Abschlagszahlungen können bei wesentlichen Mängeln der Bauleistung verweigert werden. Bei unwesentlichen Mängeln muss ein Abschlag gezahlt werden. Dabei ist ein Leistungsverweigerungsrechts in Höhe des in der Regel Doppelten der Mängelbeseitigungskosten (§ 641 Abs. 3 BGB) zu berücksichtigen.

Beispiel, Zitat [4.25]:

Der Unternehmer eines Gesamtbauwerks hat die gesamte Aufzugsanlage errichtet zum Wert von 200 000 €. Er möchte in dieser Höhe einen Abschlag haben. Unstreitig funktioniert der Motor nicht, was nicht sofort repariert werden kann, weil die Lieferzeit für einen neuen Antrieb vier Monate beträgt. Nach geltendem Recht kann der Unternehmer den Abschlag nicht durchsetzen. Der Besteller muss nichts zahlen, obwohl die Anlage als vertragliche Leistung ansonsten erbracht ist. Sind die Mängelbeseitigungskosten für die Beschaffung und den Einbau des neuen Motors 20 000 €, so muss der Auftraggeber 160 000 € Abschlag bezahlen. In Höhe von 40 000 € hängt die Zahlungspflicht davon ab, ob der Mangel beseitigt wird. Im Prozess erfolgt eine Zug-um-Zug-Verurteilung. Auf diese Weise wird verhindert, dass der Konflikt für die Baustelle eskaliert.

Beispiel, Zitat [4.25]:

Der Unternehmer hat ein Gebäude vollständig fertiggestellt. Die Abnahme wird verweigert, weil der Aufzug wegen des Motorschadens nicht funktioniert. Das ist ein wesentlicher Mangel, sodass die Schlusszahlung nicht fällig wird. Der Unternehmer kann nunmehr eine Abschlagszahlung fordern. Der Besteller darf nur das Doppelte der Mängelkosten verweigern und muss ansonsten einen Abschlag zahlen.

4.16 Beschaffenheitsvereinbarung [4.25]

Wer trägt die Beweislast über die Beschaffenheitsvereinbarung?

Die Beweislast für die vertragsmäßige Leistung bleibt bis zur Abnahme beim Unternehmer (§ 632a Abs. 1 Satz 3 BGB). Besteht Streit über die Beschaffenheitsvereinbarung, so trägt derjenige die Beweislast, der aus der Beschaffenheitsvereinbarung Rechte herleitet.

Beispiel, Zitat [4.25]:

Ein Unternehmer streicht auf der Grundlage einer streitigen mündlichen Vereinbarung ein Haus grün. Der Besteller behauptet, er habe eine weiße Farbe bestellt. Dieser Streit geht über die Beschaffenheitsvereinbarung. Jede Partei, die aus der von ihr behaupteten Beschaffenheitsvereinbarung Rechte herleiten will, trägt die Beweislast für die Beschaffenheitsvereinbarung. Der Unternehmer der Zahlung will, gleich ob Abschlagszahlung oder Schlusszahlung, erhält nichts, wenn er die Vereinbarung nicht beweisen kann. Der Besteller, der Selbstvornahmemehrkosten geltend macht, weil er einen Drittunternehmer damit beauftragt hat, das Haus weiß zu streichen, erhält auch nichts, wenn er die Vereinbarung nicht beweisen kann.

4.17 Abnahme [4.25]

Welche rechtlichen Wirkungen können Abnahmen haben?

Bild 4.1 zeigt drei Varianten möglicher Abnahmefälle und die rechtlichen Wirkungen im Vergleich der Rechtsprechung vor dem 1. Januar 2018 und ab dem 1. Januar 2018. Die Beispielvariantenaufzählung ist nicht abschließend.

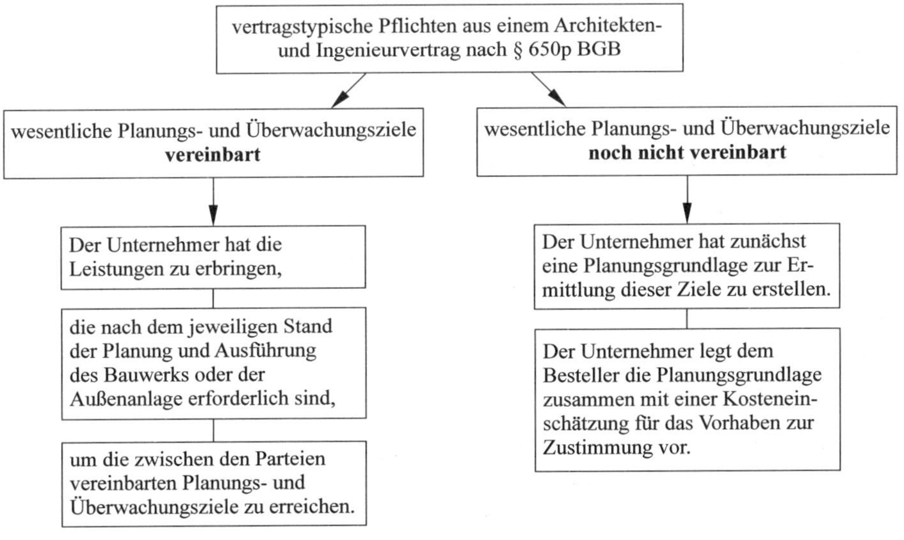

Bild 4.1 Abnahmevarianten nach § 640 BGB [4.25]

4.18 Teilweise erbrachte Leistungen [4.25]

Kann bei teilweise erbrachten Leistungen die Abnahme verlangt werden?

Leistungen die nur teilweise erbracht sind, sind nicht fertig. Ist der nicht erbrachte Teil der Leistungen nicht unwesentlich, kann die Abnahme nicht verlangt werden.

Beispiel, Zitat [4.25]:

Die Außenanlage ist als letzte Leistung nahezu fertiggestellt. Es fehlen von sechs zu pflanzenden Sträuchern noch drei. Diese können nicht mehr gepflanzt werden, weil durch Verzögerung das Bauwerk in den Winter gekommen ist. Die Abnahme kann verlangt werden, weil die fehlenden drei Sträucher – auch angesichts der Umstände – als geringfügig fehlende Restleistung einzuordnen ist.

4.19 Fertigstellung des Werks bei Mängelfreiheit [4.25]

Wann gilt das Werk als fertiggestellt?

Ist das Werk aus Sicht des Unternehmers im Wesentlichen mängelfrei, so ist es im Sinne des Gesetzes fertiggestellt.

Beispiel, Zitat [4.25]:

Der Unternehmer hat einen Aufzug installiert und verlangt die Abnahme, obwohl der eingebaute Motor einen Getriebeschaden hat. Dieses Abnahmeverlangen ist unredlich. Es kann die Fiktion nicht auslösen.

Beispiel, Zitat [4.25]:

Der Unternehmer hat einen Getränkemarkt errichtet. Es fehlen am Eingang die Geländer. Die Leistung ist noch nicht fertiggestellt. Es handelt sich auch nicht um eine unwesentliche Restleistung, weil die Geländer sicherheitsrelevant sind. Die Abnahme kann nicht verlangt werden.

Beispiel, Zitat [4.25]:

Der Unternehmer hat Fliesen verlegt und verfugt. Die Fugen weisen Unregelmäßigkeiten auf. Der Unternehmer ist der die Auffassung, das seien Schönheitsfehler, die allenfalls unwesentliche Mängel darstellen. Der Unternehmer kann die Abnahme nach § 640 Abs. 2 BGB verlangen, der Besteller muss die Mängel benennen, um die Fiktion zu verhindern.

4.20 Literatur zu Kapitel 4

[4.1] *Jansen, G.*; *Rintelen, C. von*: § 631 BGB Vertragstypische Pflichten beim Werkvertrag. Rdn. 259–260, S. 93 in: *Kniffka, R.* (Hrsg.): Bauvertragsrecht – Kommentar zu §§ 631–651v BGB unter besonderer Berücksichtigung der Rechtsprechung des BGH. 3. Auflage. München: C. H. Beck, 2018. – ISBN 978-3-406-71520-4

[4.2] *Jansen, G.*; *Rintelen, C. von*: § 631 BGB Vertragstypische Pflichten beim Werkvertrag. Rdn. 274–275, S. 95 in: *Kniffka, R.* (Hrsg.): Bauvertragsrecht – Kommentar zu §§ 631–651v BGB unter besonderer Berücksichtigung der Rechtsprechung des BGH. 3. Auflage. München: C. H. Beck, 2018. – ISBN 978-3-406-71520-4

[4.3] *Jansen, G.*; *Rintelen, C. von*: § 631 BGB Vertragstypische Pflichten beim Werkvertrag. Rdn. 628–633, S. 155–156 in: *Kniffka, R.* (Hrsg.): Bauvertragsrecht – Kommentar zu §§ 631–651v BGB unter besonderer Berücksichtigung der Rechtsprechung des BGH. 3. Auflage. München: C. H. Beck, 2018. – ISBN 978-3-406-71520-4

[4.4] *Kniffka, R.*: § 633 BGB Sach- und Rechtsmangel. Rdn. 19–47, S. 270–280 in: *Kniffka, R.* (Hrsg.): Bauvertragsrecht – Kommentar zu §§ 631–651v BGB unter besonderer Berücksichtigung der Rechtsprechung des BGH. 3. Auflage. München: C. H. Beck, 2018. – ISBN 978-3-406-71520-4

[4.5] *Kniffka, R.*: § 633 BGB Sach- und Rechtsmangel. Rdn. 50–79, S. 281–288 in: *Kniffka, R.* (Hrsg.): Bauvertragsrecht – Kommentar zu §§ 631–651v BGB unter besonderer Berücksichtigung der Rechtsprechung des BGH. 3. Auflage. München: C. H. Beck, 2018. – ISBN 978-3-406-71520-4

[4.6] *Kniffka, R.*: § 633 BGB Sach- und Rechtsmangel. Rdn. 95, 97, S. 292–293 in: *Kniffka, R.* (Hrsg.): Bauvertragsrecht – Kommentar zu §§ 631–651v BGB unter besonderer Berücksichtigung der Rechtsprechung des BGH. 3. Auflage. München: C. H. Beck, 2018. – ISBN 978-3-406-71520-4

[4.7] *Kniffka, R.*: § 633 BGB Sach- und Rechtsmangel. Rdn. 95, 98, S. 292–293 in: *Kniffka, R.* (Hrsg.): Bauvertragsrecht – Kommentar zu §§ 631–651v BGB unter besonderer Berücksichtigung der Rechtsprechung des BGH. 3. Auflage. München: C. H. Beck, 2018. – ISBN 978-3-406-71520-4

[4.8] *Kniffka, R.*: § 633 BGB Sach- und Rechtsmangel. Rdn. 23–24, S. 271–272 in: *Kniffka, R.* (Hrsg.): Bauvertragsrecht – Kommentar zu §§ 631–651v BGB unter besonderer Berücksichtigung der Rechtsprechung des BGH. 3. Auflage. München: C. H. Beck, 2018. – ISBN 978-3-406-71520-4

[4.9] *Kniffka, R.*: § 633 BGB Sach- und Rechtsmangel. Rdn. 23–24, S. 271–272; Rdn. 36, S. 276; Rdn. 67, S. 285 in: *Kniffka, R.* (Hrsg.): Bauvertragsrecht – Kommentar zu §§ 631–651v BGB unter besonderer Berücksichtigung der Rechtsprechung des BGH. 3. Auflage. München: C. H. Beck, 2018. – ISBN 978-3-406-71520-4

[4.10] *Kniffka, R.*: § 633 BGB Sach- und Rechtsmangel. Rdn. 25, S. 259–260 in: *Kniffka, R.* (Hrsg.): Bauvertragsrecht – Kommentar zu den Grundzügen des gesetzlichen Bauvertragsrecht (§§ 631 bis 651 BGB) unter besonderer Berücksichtigung der Rechtsprechung des Bundesgerichtshofs. München: C. H. Beck, 2012. – ISBN 978-3-406-62343-1

[4.11] *Kniffka, R.*: § 633 BGB Sach- und Rechtsmangel. Rdn. 36, S. 264 in: *Kniffka, R.* (Hrsg.): Bauvertragsrecht – Kommentar zu den Grundzügen des gesetzlichen Bauvertragsrecht (§§ 631 bis 651 BGB) unter besonderer Berücksichtigung der Rechtsprechung des Bundesgerichtshofs. München: C. H. Beck, 2012. – ISBN 978-3-406-62343-1

[4.12] *Kniffka, R.*: § 633 BGB Sach- und Rechtsmangel. Rdn. 37, S. 265 in: *Kniffka, R.* (Hrsg.): Bauvertragsrecht – Kommentar zu den Grundzügen des gesetzlichen Bauvertragsrecht (§§ 631 bis 651 BGB) unter besonderer Berücksichtigung der Rechtsprechung des Bundesgerichtshofs. München: C. H. Beck, 2012. – ISBN 978-3-406-62343-1

[4.13] *Kniffka, R.*: § 633 BGB Sach- und Rechtsmangel. Rdn. 38, S. 265 in: *Kniffka, R.* (Hrsg.): Bauvertragsrecht – Kommentar zu den Grundzügen des gesetzlichen Bauvertragsrecht (§§ 631 bis 651 BGB) unter besonderer Berücksichtigung der Rechtsprechung des Bundesgerichtshofs. München: C. H. Beck, 2012. – ISBN 978-3-406-62343-1

[4.14] *Kniffka, R.*: § 633 BGB Sach- und Rechtsmangel. Rdn. 45–49, S. 266–267 in: *Kniffka, R.* (Hrsg.): Bauvertragsrecht – Kommentar zu den Grundzügen des gesetzlichen Bauvertragsrecht (§§ 631 bis 651 BGB) unter besonderer Berücksichtigung der Rechtsprechung des Bundesgerichtshofs. München: C. H. Beck, 2012. – ISBN 978-3-406-62343-1

[4.15] *Kniffka, R.*: § 633 BGB Sach- und Rechtsmangel. Rdn. 51–52, S. 267 in: *Kniffka, R.* (Hrsg.): Bauvertragsrecht – Kommentar zu den Grundzügen des gesetzlichen Bauvertragsrecht (§§ 631 bis 651 BGB) unter besonderer Berücksichtigung der Rechtsprechung des Bundesgerichtshofs. München: C. H. Beck, 2012. – ISBN 978-3-406-62343-1

[4.16] *Krause-Allenstein, F.*: § 634 BGB Rechte des Bestellers bei Mängeln. Rdn. 142–147, S. 325–327 in: *Kniffka, R.* (Hrsg.): Bauvertragsrecht – Kommentar zu §§ 631–651v BGB unter besonderer Berücksichtigung der Rechtsprechung des BGH. 3. Auflage. München: C. H. Beck, 2018. – ISBN 978-3-406-71520-4

[4.17] **Werden Brandschutzklappen beauftragt und abgerechnet, aber nicht eingebaut, ist das ein Mangel, der arglistig verschwiegen wurde**. Leitsatzüberblicke – Leitsätze Baurecht/verwandte Rechtsgebiete – II. Privates Baurecht – Allgemeines Baurecht (**Nichtzulassungsbeschwerden**). BauR baurecht Zeitschrift für das gesamte öffentliche und zivile Baurecht 46 (2015) H. 2, S. 309. – ISSN 0340-7489

[4.18] **Verhandlungen eines Geschäftsführers einer insolventen ARGE hemmen die Verjährung nicht**. Leitsatzüberblicke – Leitsätze Baurecht/verwandte Rechtsgebiete – II. Privates Baurecht – Allgemeines Baurecht (**Nichtzulassungsbeschwerden**). BauR baurecht Zeitschrift für das gesamte öffentliche und zivile Baurecht 46 (2015) H. 2, S. 310. – ISSN 0340-7489

[4.19] **Abweichung vom LV**. Leitsatzüberblicke – Leitsätze Baurecht/verwandte Rechtsgebiete – II. Privates Baurecht – Allgemeines Baurecht (**Nichtzulassungsbeschwerden**). BauR baurecht Zeitschrift für das gesamte öffentliche und zivile Baurecht 46 (2015) H. 8, S. 1366. – ISSN 0340-7489

[4.20] **Nebenkosten von 5 % nur bei Vertrag**. Leitsatzüberblicke – Leitsätze Baurecht/verwandte Rechtsgebiete – IV. Architekten-, Ingenieur- und Sachverständigenrecht (**Nichtzulassungsbeschwerde**). BauR baurecht Zeitschrift für das gesamte öffentliche und zivile Baurecht 46 (2015) H. 2, S. 312. – ISSN 0340-7489

[4.21] **Zurechnung falscher Daten des Unternehmers**. Leitsatzüberblicke – Leitsätze Baurecht/verwandte Rechtsgebiete – IV. Architekten-, Ingenieur- und Sachverständigenrecht (**Nichtzulassungsbeschwerden**). BauR baurecht Zeitschrift für das gesamte öffentliche und zivile Baurecht 46 (2015) H. 8, S. 1 370. – ISSN 0340-7489

[4.22] **Vergaberecht und Nichtigkeit des Vertrags**. Leitsatzüberblicke – Leitsätze Baurecht/verwandte Rechtsgebiete – Architekten-, Ingenieur- und Sachverständigenrecht (**Entscheidungen**). BauR baurecht Zeitschrift für das gesamte öffentliche und zivile Baurecht 46 (2015) H. 2, S. 312. – ISSN 0340-7489

[4.23] **Risiko des späteren Schadens**. Leitsatzüberblicke – Leitsätze Baurecht/verwandte Rechtsgebiete – II. Privates Baurecht – Allgemeines Baurecht (**Nichtzulassungsbeschwerden**). BauR baurecht Zeitschrift für das gesamte öffentliche und zivile Baurecht 46 (2015) H. 8, S. 1 367. – ISSN 0340-7489

[4.24] **Kostenobergrenze**. Leitsatzüberblicke – Leitsätze Baurecht/verwandte Rechtsgebiete. IV. Architekten-, Ingenieur- und Sachverständigenrecht (**Nichtzulassungsbeschwerde**). BauR baurecht Zeitschrift für das gesamte öffentliche und zivile Baurecht 46 (2015) H. 8, S. 1 370. – ISSN 0340-7489

[4.25] *Kniffka, R.*: Das neue Recht nach dem Gesetz zur Reform des Bauvertragsrechts, zur Änderung der kaufrechtlichen Mängelhaftung und zur Stärkung des zivilprozessualen Rechtsschutzes (BauVG) – II. Untertitel 1 Kapitel 1 Werkvertragsrecht. BauR baurecht Zeitschrift für das gesamte öffentliche und zivile Baurecht (Sonderheft zum neuen Bauvertragsrecht) 48 (2017) H. 10a, S. 1 759–1 780. – ISSN 0340-7489

5 Verbraucherbauvertrag

5.1 Verbraucherbauvertrag im BGB und Schuldrechtsreform zum 1. Januar 2018

Zu welchem Zweck wurde der Verbraucherbauvertrag im BGB im Zuge der Schuldrechtsreform zum 1. Januar 2018 geschaffen?

Zum Zwecke des Verbraucherschutzes wurde der Verbraucherbauvertrag im BGB entwickelt (§ 650i BGB).

Wie wird der Schutz des Verbrauchers im Verbraucherbauvertrag im BGB verwirklicht?

Der Schutz des Verbrauchers im Verbraucherbauvertrag wird mit mehreren Maßnahmen verwirklicht, siehe **Bild 5.1**.

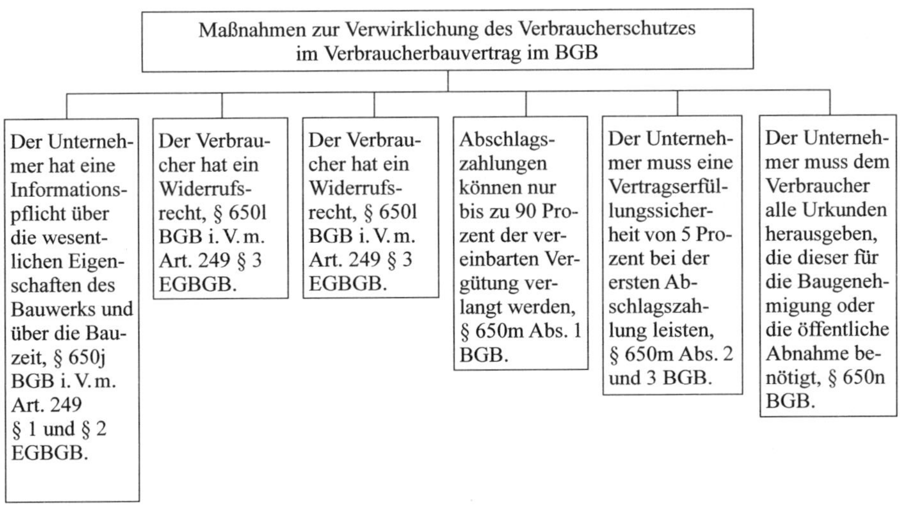

Bild 5.1 Maßnahmen zur Verwirklichung des Verbraucherschutzes im Verbraucherbauvertrag im BGB

Sind die Vorschriften des Werkvertragsrechts und die des Bauvertrags im Verbraucherbauvertrag anwendbar?

Im Verbraucherbauvertrag sind die Vorschriften des Werkvertragsrechts, aber auch diejenigen des Bauvertrags anwendbar, soweit dessen Voraussetzungen vorliegen. Das ist insbesondere wichtig für die besonderen Regeln des Anordnungsrechts, der Abschlagszahlung und der Zustandsfeststellung, aber auch der Bauhandwerkersicherung.

Was unterscheidet den Bauvertrag nach § 650a und den Verbraucherbauvertrag nach § 650i BGB? [5.2]

Bild 5.2 zeigt die Texte für den Bauvertrag nach § 650a BGB und den Verbraucherbauvertrag nach § 650i BGB mit den wesentlichen Unterschieden.

§ 650a BGB Bauvertrag
(1) 1 Ein Bauvertrag ist ein Vertrag über die Herstellung, die Wiederherstellung, die Beseitigung oder den Umbau eines Bauwerks, einer Außenanlage oder eines Teils davon.
2 Für den Bauvertrag gelten ergänzend die folgenden Vorschriften dieses Kapitels.
(2) Ein Vertrag über die Instandhaltung eines Bauwerks ist ein Bauvertrag, wenn das Werk für die Konstruktion, den Bestand oder den bestimmungsgemäßen Gebrauch von wesentlicher Bedeutung ist.

§ 650a BGB Bauvertrag
Kommt es ausschließlich auf den Inhalt der übernommenen Werkleistung an,

unabhängig davon, ob

der Besteller Verbraucher, Unternehmer, Behörde ist.

§ 650i BGB Verbraucherbauvertrag
(1) Verbraucherbauverträge sind Verträge, durch die der Unternehmer von einem Verbraucher zum Bau eines neuen Gebäudes oder zu erheblichen Umbaumaßnahmen an einem bestehenden Gebäude verpflichtet wird.
(2) Der Verbraucherbauvertrag bedarf der Textform.
(3) Für Verbraucherbauverträge gelten ergänzend die folgenden Vorschriften dieses Kapitels.

§ 650i BGB Verbraucherbauvertrag
enthält eigenständige Definition unter dem Blickwinkel des europäisch geprägten Verbraucherschutzrechts.

Bild 5.2 Texte für den Bauvertrag nach § 650a BGB und den Verbraucherbauvertrag nach § 650i BGB mit den wesentlichen Unterschieden

Wer gilt als Besteller nach § 631 Abs. 1 BGB?

Besteller nach § 631 Abs. 1 BGB sind

- Verbraucher,
- Unternehmer,
- Behörden.

Welche inhaltlichen Voraussetzungen müssen für einen Verbraucherbauvertrag erfüllt sein? [5.3]

Die inhaltlichen Voraussetzungen für einen Verbraucherbauvertrag zeigt **Bild 5.3** (Aufzählung nicht abschließend).

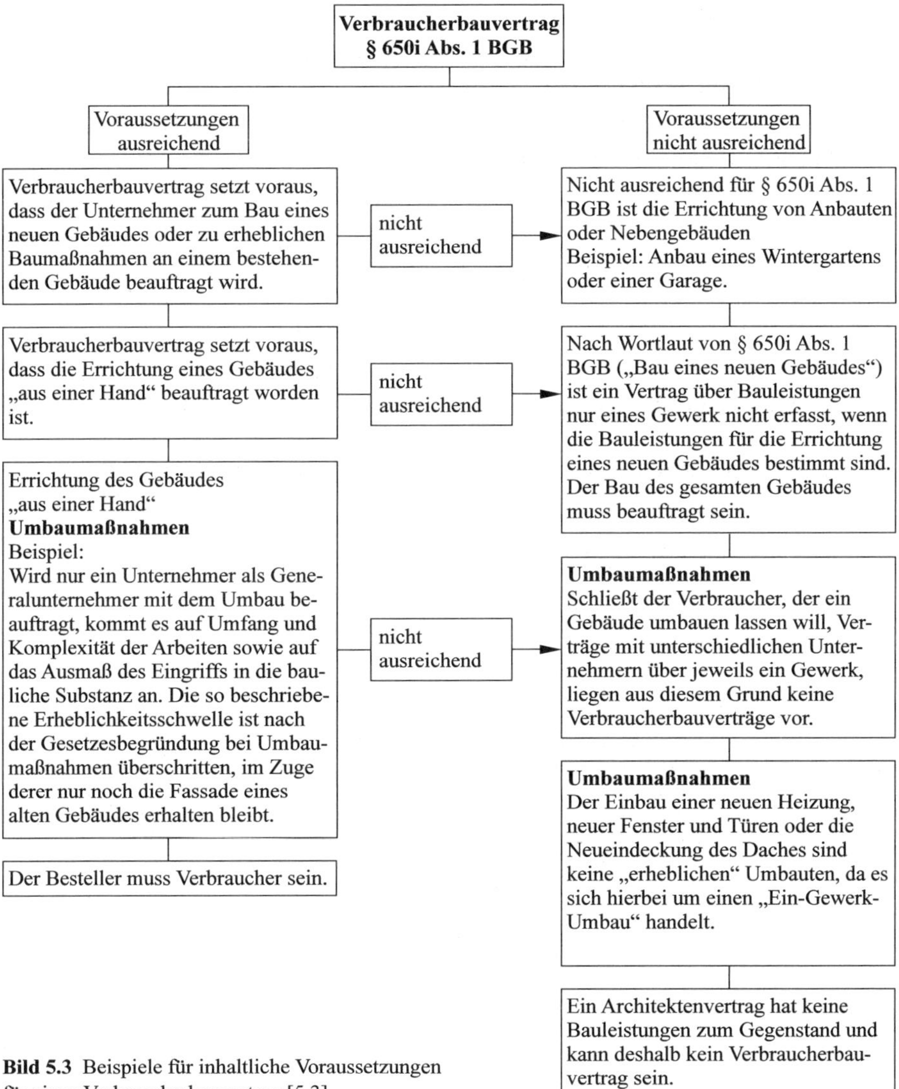

Bild 5.3 Beispiele für inhaltliche Voraussetzungen für einen Verbraucherbauvertrag [5.3]

Wer ist nach dem BGB ein Verbraucher?[5.3]

Ein Verbraucher ist nach dem Gesetz jede natürliche Person, die ein Rechtsgeschäft zu Zwecken abschließt, die überwiegend weder ihrer gewerblichen noch ihrer selbstständigen beruflichen Tätigkeit zugerechnet werden können, § 13 BGB.

Beispiele, Zitat [5.3]:

- Ein Familienvater schließt einen Vertrag über den Bau eines Einfamilienhauses. Das ist **ein Verbraucherbauvertrag**.
- Ein Rechtsanwalt schließt einen Vertrag über einen erheblichen Büroumbau. Das **ist kein Verbraucherbauvertrag**.
- Eine nur aus Privatpersonen bestehende Gesellschaft bürgerlichen Rechts schließt einen Vertrag über ein Mehrfamilienhaus zum Zwecke der Altersabsicherung durch Mieteinnahmen. Das ist **ein Verbraucherbauvertrag**.

Wie muss der Verbrauchervertrag geschlossen werden? [5.3]

Der Verbrauchervertrag muss in Textform (§ 126b BGB) geschlossen werden. Wird der Verbraucherbauvertrag nicht in Textform geschlossen, ist er nichtig (§ 125 BGB).

Welche Rechtsfolgen hat das Vorliegen eines Verbrauchervertrags? [5.3]

(Aufzählung nicht abschließend)

Bild 5.4 zeigt eine Übersicht möglicher Rechtsfolgen.

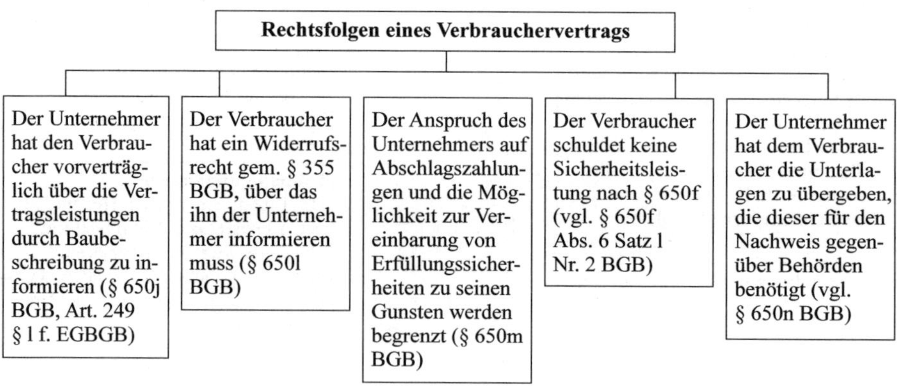

Bild 5.4 Rechtsfolgen bei Vorliegen eines Verbrauchervertrags [5.3]

Wie ist das inhaltliche Bausoll definiert? [5.3]

Vertragsinhalt wird der Inhalt der Baubeschreibung. Dieser definiert das Leistungssoll, sofern die Vertragsparteien nichts anderes ausdrücklich vereinbart haben. Die Baubeschreibung und der Verbraucherbauvertrag unterliegen der Textform (§ 650i Abs. 2 BGB bzw. Art. 249 § 1 EGBGB).

Wann ist die Baubeschreibung vorzulegen? Zitat [5.3]

Die Baubeschreibung ist rechtzeitig vor der Vertragserklärung des Verbrauchers dem Verbraucher vorzulegen damit dieser einen Preisvergleich durchführen kann. Erstellt der Verbraucher oder ein von ihm beauftragter Architekt oder Fachplaner die wesentlichen Planungsvorgaben für das Vorhaben, besteht die Pflicht zur Übergabe der Baubeschreibung nicht.

Wie müssen die Angaben gemacht werden? Zitat [5.3]

Die Angaben müssen für den Verbraucher mit durchschnittlichen Kenntnissen klar verständlich sein. Der Unternehmer muss darauf hinweisen, wenn Unwägbarkeiten und Risiken „ausnahmsweise“ nicht mit dem Preis veranschlagt werden. Beispiel: unerwartete Risiken resultierend aus der Baugrundbeschaffenheit.

Welche Informationen sind in der Baubeschreibung für einen Verbraucherbauvertrag aufzunehmen?

In der Baubeschreibung sind die wesentlichen Eigenschaften des angebotenen Werks in klarer Weise darzustellen. Sie muss mindestens folgende Informationen enthalten, die in **Bild 5.5** dargestellt sind.

Darüberhinausgehende Informationen in der Baubeschreibung sind möglich.

Welche Rechtsfolge hat die Baubeschreibung?

Die Baubeschreibung wird inhaltlich und zeitlich zum Vertragssoll, vgl. § 650k BGB.

Bild 5.5 Inhalt der Baubeschreibung für Verbraucherbauvertrag [5.3]

5.2 Literatur zu Kapitel 5

[5.1] *Langen, W.*; *Berger, A.*; *Dauner-Lieb, B.*: Kommentar zum neuen Bauvertragsrecht. Köln: Werner-Verlag, 2018, Rdn. 1–30, S. 278–285. – ISBN 978-3-8041-5149-9

[5.2] *Langen, W.*; *Berger, A.*; *Dauner-Lieb, B.*: Kommentar zum neuen Bauvertragsrecht. Köln: Werner-Verlag, 2018, Rdn. 1–6, S. 130–131. – ISBN 978-3-8041-5149-9

[5.3] *Retzlaff, B.*: Das neue Recht nach dem Gesetz zur Reform des Bauvertragsrechts, zur Änderung der kaufrechtlichen Mängelhaftung und zur Stärkung des zivilprozessualen Rechtsschutzes (BauVG) – IV. Kapitel 3 Verbraucherbauvertrag. BauR baurecht Zeitschrift für das gesamte öffentliche und zivile Baurecht (Sonderheft zum neuen Bauvertragsrecht) 48 (2017) H. 10a, S. 1 830–1 845. – ISSN 0340-7489

Stichwortverzeichnis

W

Z